建筑施工企业主要负责人、项目负责人、专职安全生产
管理人员安全生产培训考核及继续教育教材

建设工程安全生产技术

（第二版）

住房和城乡建设部工程质量安全监管司　组织编写

中国建筑工业出版社

图书在版编目(CIP)数据

建设工程安全生产技术/住房和城乡建设部工程质量安全监管司组织编写. —2版. —北京：中国建筑工业出版社，2008
建筑施工企业主要负责人、项目负责人、专职安全生产管理人员安全生产培训考核及继续教育教材
ISBN 978-7-112-10172-6

Ⅰ.建… Ⅱ.住… Ⅲ.建筑工程—工程施工—安全技术—技术培训—教材 Ⅳ.TU714

中国版本图书馆CIP数据核字(2008)第085816号

本书共分为二部分，第一部分有14章，分别是土方工程、模板工程、起重吊装、拆除工程、建筑机械、垂直运输机械、脚手架工程、高处作业、临时用电、焊接工程、职业卫生、施工现场防火、季节性施工和锅炉及压力容器等；第二部分是安全技术试题。

全书基本覆盖了建筑施工过程中消除和控制易发和多发伤亡事故的技术，便于施工企业主要负责人、项目负责人和专职安全管理人员安全培训的需要，适用于土建、安装、市政及装修等专业施工人员使用。本书既可作为培训教材，也可供相关专业人员参考使用。

* * *

责任编辑：常 燕

建筑施工企业主要负责人、项目负责人、专职安全生产管理
人员安全生产培训考核及继续教育教材

建设工程安全生产技术
（第二版）

住房和城乡建设部工程质量安全监管司 组织编写

*

中国建筑工业出版社出版、发行（北京西郊百万庄）
各地新华书店、建筑书店经销
广州恒伟电脑制作有限公司制版
北京中科印刷有限公司印刷

*

开本：787×1092毫米 1/16 印张：27$\frac{1}{2}$ 字数：666千字
2008年11月第二版 2014年4月第五十次印刷
定价：43.00元
ISBN 978-7-112-10172-6
(16975)

版权所有 翻印必究
如有印装质量问题，可寄本社退换
（邮政编码 100037）

第二版编写委员会

顾　问：

　　郑一军　　张青林　　王铁宏　　徐义屏

主　任：

　　陈　重

副主任：

　　吴慧娟　　王树平　　吴　涛

委　员：

　　邵长利　　邓　谦　　王英姿　　秦春芳　　李　印　　丛培经
　　马小良　　方东平　　张守健　　何佰洲

编写组成员：（以姓氏笔划排名）

丁阳华	王　昭	王天祥	王明吉	王锁炳	王晓峰
石广富	石　卫	孙宗辅	孙俊伟	伍　进	祁忠华
刘　斌	刘　锦	刘朝军	邱建仁	李华一	李朗杰
李培臣	张　健	张　强	张英明	张寒冬	张有闻
张镇华	杨东明	佘强夫	苏义坤	陈立军	陈志飞
陈永池	陈卫东	吴秀丽	郑　超	周显峰	周　伟
庞　城	胡炳炳	胡曙海	敖　军	徐荣杰	徐崇宝
顾永才	黄吉欣	黄宝良	谢　楠	蒲宇锋	魏忠泽
魏铁山	戴贞洁				

第一版编写委员会

顾　问：
　　　　张青林　金德钧　徐义屏

主　任：
　　　　徐　波

副主任：
　　　　吴慧娟　吴　涛

委　员：
　　　　邓　谦　姚天玮　秦春芳　李　印　丛培经　马小良
　　　　方东平　张守健　何佰洲

编写组成员：（以姓氏笔划排名）

丁阳华	王　昭	王天祥	王明吉	王锁炳	石广富
孙宗辅	孙俊伟	伍　进	邱建仁	李华一	李朗杰
李培臣	祁忠华	刘　斌	刘　锦	刘朝军	张　健
张　强	张英明	张寒冬	杨东明	佘强夫	苏义坤
陈立军	陈志飞	吴秀丽	郑　超	周显峰	庞　城
胡炳炳	胡曙海	徐荣杰	徐崇宝	顾永才	黄吉欣
黄宝良	蒲宇锋	魏忠泽	魏铁山	戴贞洁

第 二 版 前 言

本套书自 2004 年出版以来，对于规范建筑施工企业主要负责人、项目负责人、专职安全管理人员（以下简称三类人员）的安全生产培训考核工作，提高各级安全生产管理人员及广大从业人员的安全意识和管理水平，保障建筑施工企业的安全生产起到了积极的作用。为认真贯彻"安全第一，预防为主"的方针，依据《中华人民共和国安全生产法》和《建设工程安全生产管理条例》中关于三类人员培训、考核的有关规定，结合近年来有关法律、行政法规、强制性标准的调整以及建筑施工企业安全生产工作中新问题的出现，对本套书第一版的内容予以调整和完善。

本套书的修订原则是基本保持原框架不变，章节作适当调整，内容坚持删旧补新。《建设工程安全生产管理》在以下方面进行了修订：概述部分，主要增加了我国建设工程安全生产的基本情况、我国近年来建设工程安全事故的特点及规律分析、建设工程安全管理相关理论与方法；体制部分，依据《安全生产领域违法违纪行为政纪处分暂行规定》和"刑法修正案（六）"对建设工程各方责任主体的安全责任部分进行修订；制度部分，依据《建筑施工企业安全生产许可证动态监管暂行办法》修改了建筑施工企业安全生产许可制度。同时依据近年来出台的工作导则、审查办法、管理规定和标准条例，对内容作了适当的增减和调整。《建设工程安全生产技术》依据我国近年来建筑安全生产事故的特点，增加了典型事故的专项预防技术内容；依据近年来修订的规范和标准及技术规程的相关内容进行了修订和调整。《建设工程安全生产法律法规》依据近年来新发布和修改的各种法律法规、标准、规范、规定和通知，对相应部分的内容进行了重新整理和归类，补充了民事责任与行政责任、刑事责任的区别及相关的法律责任；增加了《中华人民共和国环境影响评价法》；删补了一些部门规章及规范性文件。本套书的试题部分也进行了相应的删改和补充。

本套书由中国建筑业协会工程项目管理委员会具体组织建筑施工企业、大专院校和行业协会的专家学者修订。本套书在修订过程中得到了湖北省建设工程质量监督总站、北京市建委施工安全管理处、广东省建设工程质量安全监督检测总站、南京市建筑安全生产监督站、武汉市城建安全生产管理站、南京建工建筑机械安全检测站、北京建工集团有限公司、中铁十六局集团有限公司、哈尔滨工业大学、清华大学、北京建筑工程学院等单位的大力支持和热情帮助。由于我们水平有限，难免存在不少疏漏之处，真诚希望读者能够提出宝贵意见，予以赐教指正。

住房和城乡建设部工程质量安全监管司
2008 年 10 月

第 一 版 前 言

为认真贯彻"安全第一,预防为主"的方针,依据《安全生产法》第二十条"建筑施工单位的主要负责人和安全生产管理人员,应当由有关主管部门对其安全生产知识和管理能力考核合格后方可任职",《建设工程安全生产管理条例》第三十六条"施工单位的主要负责人、项目负责人、专职安全生产管理人员应当经建设行政主管部门或其他有关部门考核合格后方可任职",我们组织编写了《建筑施工企业主要负责人、项目负责人、专职安全生产管理人员安全生产培训考核教材》(以下简称《教材》),以规范建筑施工企业主要负责人、项目负责人、专职安全生产管理人员(以下简称三类人员)的安全生产培训考核工作,提高各级安全生产管理人员及广大从业人员的安全素质和管理水平,保障建筑施工企业的安全生产。

鉴于建设工程安全生产涉及面广、影响因素多、技术要求高,因此,本《教材》内容力求以点带面,解决施工项目安全管理的实践问题,特别是在理论研究和管理要素上本着源于实践、高于实践的原则,重点介绍建设工程安全生产保证体系、人的不安全行为和物的不安全状态以及不良环境条件的控制,强调安全生产工作"以人为本"的理念。本《教材》依照《建筑施工企业主要负责人、项目负责人和专职安全生产管理人员安全生产考核管理暂行规定》(建质[2004]59号)要点编写;力求反映我国建设工程施工安全生产实践,并借鉴国外先进的安全管理成果,以达到学以致用的目的;文字上尽量做到深入浅出、通俗易懂,以便于三类人员自学。

本《教材》由中国建筑业协会工程项目管理委员会、中国建筑业协会建筑安全分会具体组织建筑施工企业、大专院校和行业协会的专家学者编写。本《教材》在编写过程中得到了山东省建筑施工安全监督站、武汉市城建安全生产管理站、北京建工集团、北京城建集团、天津建工集团、山西建工集团、山东建工集团、中建一局、中铁建工集团、中铁十六局集团有限公司、清华大学、哈尔滨工业大学、东北财经大学、北京建筑工程学院等单位的大力支持和热情帮助。由于我们水平有限,难免存在不少疏漏和不足之处,真诚希望读者能够提出宝贵意见,予以赐教指正。

建设部工程质量安全监督与行业发展司
2004 年 6 月

目 录

前言
第1章 土方工程 1
  1.1 概述 1
    1.1.1 基坑开挖土方工程的施工工艺 1
    1.1.2 施工组织设计的内容 2
  1.2 土的分类 2
    1.2.1 土的工程分类 2
    1.2.2 土的野外鉴别 3
  1.3 土的开挖 4
    1.3.1 斜坡土挖方 4
    1.3.2 滑坡地段挖方 5
    1.3.3 基坑(槽)和管沟挖方 5
    1.3.4 湿土地区挖方 5
    1.3.5 膨胀土地区挖方 5
    1.3.6 坑壁支撑 6
    1.3.7 挖土的一般规定 6
  1.4 基坑(槽)边坡的稳定 6
    1.4.1 放坡开挖的一般规定 6
    1.4.2 边坡稳定性验算 7
  1.5 基坑侧壁安全等级和基坑变形控制值 7
    1.5.1 基坑侧壁的安全等级划分 7
    1.5.2 基坑支护结构的安全等级重要性控制值 8
    1.5.3 基坑变形控制值 8
  1.6 浅基坑(挖深5m以内)的土壁支撑形式 8
  1.7 深基坑支护结构体系的方案选择 10
  1.8 支撑及拉锚的施工与拆除 12
  1.9 深基坑支护常遇问题及防治处理方法 14
  1.10 土钉墙支护 16
    1.10.1 构造要求 16
    1.10.2 施工工艺要点 16
  1.11 挡土墙 17
    1.11.1 挡土墙的构造和基本形式 17
    1.11.2 挡土墙的计算 18
  1.12 地面及基坑(槽)排水 18

  1.12.1 大面积场地地面排水 …………………………………………… 18
  1.12.2 基坑(槽)排水 …………………………………………………… 19
  1.12.3 人工降低地下水位 ……………………………………………… 19
 1.13 基坑工程监测 ………………………………………………………………… 20
  1.13.1 深基施工监测的目的 …………………………………………… 20
  1.13.2 基坑监测工作要点 ……………………………………………… 20
 1.14 基坑挖土和支护工程施工操作安全措施 ………………………………… 22
  1.14.1 基坑挖土操作的安全重点 ……………………………………… 22
  1.14.2 机械挖土安全措施 ……………………………………………… 22
  1.14.3 基坑支护工程施工安全技术 …………………………………… 24
 1.15 顶管施工 ……………………………………………………………………… 24
  1.15.1 顶管法施工的分类 ……………………………………………… 25
  1.15.2 顶管法施工准备工作 …………………………………………… 25
  1.15.3 物质、设备的施工准备工作 …………………………………… 25
  1.15.4 顶管法施工应注意事项 ………………………………………… 25
 1.16 盾构施工 ……………………………………………………………………… 27
  1.16.1 盾构机 …………………………………………………………… 27
  1.16.2 盾构机施工 ……………………………………………………… 27
  1.16.3 盾构机施工应注意的事项 ……………………………………… 27
  1.16.4 盾构施工进场和盾构进洞整个流程 …………………………… 28
  1.16.5 盾构施工开工阶段 ……………………………………………… 28
  1.16.6 盾构进出洞作业 ………………………………………………… 29
  1.16.7 管片堆放作业 …………………………………………………… 29
  1.16.8 行车垂直运输作业 ……………………………………………… 29
  1.16.9 电机车水平运输作业 …………………………………………… 29
  1.16.10 车架段交叉施工作业 ………………………………………… 30
  1.16.11 管片拼装作业 ………………………………………………… 30

第 2 章 模板工程 ……………………………………………………………………… 31
 2.1 模板工程概述 ………………………………………………………………… 31
 2.2 模板分类 ……………………………………………………………………… 32
 2.3 模板工程使用的材料 ………………………………………………………… 33
 2.4 荷载 …………………………………………………………………………… 34
  2.4.1 荷载标准值 ……………………………………………………… 34
  2.4.2 荷载效应组合 …………………………………………………… 36
 2.5 设计 …………………………………………………………………………… 37
  2.5.1 一般规定 ………………………………………………………… 37
  2.5.2 模板结构计算 …………………………………………………… 38
 2.6 模板结构构造 ………………………………………………………………… 46
  2.6.1 木立柱模板支架 ………………………………………………… 46
  2.6.2 扣件式钢管支架 ………………………………………………… 47
  2.6.3 门式钢管支架 …………………………………………………… 49

2.7 模板安装 ... 50
2.7.1 施工准备 ... 50
2.7.2 一般规定 ... 50
2.7.3 各类模板安装 ... 50
2.8 模板拆除 ... 52
2.8.1 一般规定 ... 52
2.8.2 各类模板拆除 ... 53
2.9 检查与验收 ... 54
2.9.1 扣件式钢管支架的检查与验收 ... 54
2.9.2 门式钢管支架的检查与验收 ... 55
2.10 管理与维护 ... 56

第3章 起重吊装 ... 58
3.1 常用索具和吊具 ... 58
3.1.1 麻绳 ... 58
3.1.2 钢丝绳 ... 59
3.1.3 化学纤维绳 ... 62
3.1.4 链条 ... 63
3.1.5 卡环 ... 63
3.1.6 吊钩 ... 64
3.1.7 绳夹 ... 65
3.1.8 几种特制吊具 ... 66
3.2 常用起重机具 ... 67
3.2.1 千斤顶 ... 67
3.2.2 手拉葫芦 ... 70
3.2.3 桅杆 ... 71
3.2.4 电动卷扬机 ... 71
3.2.5 地锚 ... 73
3.2.6 滑轮及滑轮组 ... 74
3.3 常用行走式起重机械 ... 74
3.3.1 履带式起重机 ... 74
3.3.2 汽车式起重机 ... 75
3.3.3 轮胎式起重机 ... 75
3.4 构件与设备吊装 ... 76
3.4.1 大型吊车的吊装 ... 76
3.4.2 桅杆滑移法吊装 ... 77
3.4.3 桅杆扳转法吊装 ... 81
3.4.4 无锚点吊推法吊装 ... 83
3.4.5 移动式龙门桅杆吊装 ... 84
3.4.6 滑移法 ... 85

第4章 拆除工程 ... 87
4.1 拆除工程施工前的工作 ... 87

4.2 施工单位准备工作 ·· 87
4.3 应急情况处理 ·· 87
4.4 拆除工程安全施工管理 ·· 88
4.5 人工拆除 ·· 88
4.6 机械拆除 ·· 88
4.7 爆破拆除 ·· 89
4.8 安全防护措施 ·· 90
4.9 拆除工程文明施工管理 ·· 91

第5章 建筑机械 ·· 92
5.1 土方机械 ·· 92
　　5.1.1 概述 ·· 92
　　5.1.2 推土机 ·· 92
　　5.1.3 铲运机 ·· 94
　　5.1.4 装载机 ·· 95
　　5.1.5 挖掘机 ·· 97
　　5.1.6 压路机 ·· 98
　　5.1.7 平地机 ·· 99
5.2 桩工机械 ·· 99
　　5.2.1 桩工机械的适用范围及其优缺点 ·························· 100
　　5.2.2 桩架 ·· 100
　　5.2.3 柴油打桩锤 ·· 100
　　5.2.4 振动桩锤 ·· 101
　　5.2.5 静力压桩机 ·· 102
5.3 混凝土机械 ··· 102
　　5.3.1 常用的混凝土搅拌机 ······································ 103
　　5.3.2 混凝土搅拌输送车 ·· 104
　　5.3.3 混凝土泵及泵车 ·· 104
　　5.3.4 混凝土振动器 ··· 105
　　5.3.5 混凝土布料机 ··· 106
5.4 钢筋机械 ··· 106
　　5.4.1 钢筋强化机械 ··· 107
　　5.4.2 钢筋加工机械 ··· 108
　　5.4.3 钢筋焊接机械 ··· 111
　　5.4.4 钢筋预应力机械 ·· 112
5.5 装修机械 ··· 114
　　5.5.1 灰浆制备机械 ··· 114
　　5.5.2 灰浆喷涂机械 ··· 115
　　5.5.3 涂料喷刷机械 ··· 115
　　5.5.4 地面修整机械 ··· 116
　　5.5.5 手持机具 ·· 116

5.6 木工机械 ... 120
5.6.1 锯机分类与特点 ... 120
5.6.2 木工刨床分类与特点 ... 120
5.6.3 木工机械的使用 ... 120

5.7 其他机械 ... 122
5.7.1 机动翻斗车 ... 122
5.7.2 蛙式打夯机 ... 123
5.7.3 水泵 ... 123

第6章 垂直运输机械 ... 126
6.1 概述 ... 126
6.2 塔式起重机 ... 126
6.2.1 塔式起重机的分类 ... 127
6.2.2 塔式起重机的性能参数 ... 129
6.2.3 塔式起重机的主要机构 ... 130
6.2.4 吊钩、滑轮、卷筒与钢丝绳 ... 131
6.2.5 安全装置 ... 131
6.2.6 塔式起重机的安装拆卸方案 ... 134
6.2.7 塔机的安装拆卸 ... 135
6.2.8 塔式起重机的验收 ... 138
6.2.9 塔式起重机的安全使用 ... 138

6.3 施工升降机 ... 139
6.3.1 施工升降机的概念和分类 ... 139
6.3.2 施工升降机的构造 ... 140
6.3.3 安装与拆卸 ... 143
6.3.4 施工升降机的安全使用和维修保养 ... 143

6.4 物料提升机 ... 144
6.4.1 物料提升机的分类 ... 144
6.4.2 物料提升机的结构 ... 145
6.4.3 物料提升机的稳定 ... 146
6.4.4 物料提升机的安全保护装置 ... 147
6.4.5 物料提升机的安装与拆卸 ... 148
6.4.6 安全使用和维修保养 ... 148

第7章 脚手架工程 ... 150
7.1 脚手架种类 ... 150
7.1.1 外脚手架 ... 150
7.1.2 内脚手架 ... 150
7.1.3 工具式脚手架 ... 150

7.2 扣件式钢管脚手架 ... 151
7.2.1 特点 ... 151
7.2.2 适用范围 ... 151
7.2.3 适宜搭设高度 ... 152

7.2.4	主要组成	152
7.2.5	基本要求	153
7.2.6	构配件质量与检验	153
7.2.7	构造要求	157

7.3 设计计算 ………………………………………………………… 162
    7.3.1 基本规定 ………………………………………………… 162
    7.3.2 扣件式脚手架的计算项目及要求 …………………………… 163
    7.3.3 荷载 ……………………………………………………… 163
    7.3.4 纵向、横向水平杆(大、小横杆)计算 ……………………… 165
    7.3.5 立杆计算 ………………………………………………… 165
    7.3.6 连墙件计算 ……………………………………………… 165
    7.3.7 立杆基础承载力计算 ……………………………………… 165

7.4 扣件式脚手架的搭设、使用与拆除 ………………………………… 166
    7.4.1 搭设前的准备工作 ………………………………………… 166
    7.4.2 搭设过程中的注意事项 …………………………………… 166
    7.4.3 脚手架搭设质量、检查验收 ……………………………… 166
    7.4.4 脚手架使用过程中的管理 ………………………………… 169
    7.4.5 确保施工安全 …………………………………………… 169

第8章 高处作业 …………………………………………………… 170

8.1 高处作业概述 ……………………………………………………… 170
    8.1.1 高处作业的定义 …………………………………………… 170
    8.1.2 高处作业的级别 …………………………………………… 170
    8.1.3 高处作业的标记 …………………………………………… 171
    8.1.4 高处作业时的安全防护技术措施 ………………………… 171
    8.1.5 高处作业时应注意事项 …………………………………… 171

8.2 临边作业与洞口作业 ……………………………………………… 172
    8.2.1 临边防护 ………………………………………………… 172
    8.2.2 洞口作业 ………………………………………………… 173

8.3 攀登与悬空作业 …………………………………………………… 174
    8.3.1 攀登作业 ………………………………………………… 174
    8.3.2 悬空作业 ………………………………………………… 175

8.4 操作平台与交叉作业 ……………………………………………… 176
    8.4.1 操作平台 ………………………………………………… 176
    8.4.2 交叉作业 ………………………………………………… 177

8.5 高处作业安全防护设施的验收 …………………………………… 178

8.6 安全帽、安全带、安全网 ………………………………………… 178
    8.6.1 安全帽 …………………………………………………… 178
    8.6.2 安全带 …………………………………………………… 179
    8.6.3 安全网 …………………………………………………… 179
    8.6.4 密目式安全网 …………………………………………… 179
    8.6.5 高处作业重大危险源控制 ………………………………… 180

第9章 临时用电 181

9.1 施工现场临时用电的原则 181
- 9.1.1 采用 TN-S 接地、接零保护系统 181
- 9.1.2 采用三级配电系统 182
- 9.1.3 采用二级漏电保护系统 182

9.2 施工现场临时用电管理 182
- 9.2.1 施工现场用电组织设计 182
- 9.2.2 电工及用电人员 183
- 9.2.3 安全技术档案 184

9.3 供配电系统 184
- 9.3.1 系统的基本结构 185
- 9.3.2 系统的设置规则 185
- 9.3.3 配电室的设置 186
- 9.3.4 自备电源的设置 186

9.4 基本保护系统 186
- 9.4.1 TN-S 接地、接零保护系统 187
- 9.4.2 过载、短路保护系统 188
- 9.4.3 漏电保护系统 188

9.5 接地装置 190

9.6 配电装置 191
- 9.6.1 配电装置的箱体结构 191
- 9.6.2 配电装置的电器配置与接线 192
- 9.6.3 配电装置的使用与维护 196

9.7 配电线路 196
- 9.7.1 配电线的选择 196
- 9.7.2 架空线路的敷设 197
- 9.7.3 电缆线路的敷设 197
- 9.7.4 室内配线的敷设 198

9.8 用电设备 198
- 9.8.1 电动建筑机械的选择和使用 199
- 9.8.2 手持式电动工具的选择和使用 201
- 9.8.3 照明器的选择和使用 202

9.9 外电防护 203
- 9.9.1 保证安全操作距离 203
- 9.9.2 架设安全防护设施 204
- 9.9.3 无足够安全操作距离,且无可靠安全防护设施时的处置 204

9.10 防雷 205
- 9.10.1 防雷装置 205
- 9.10.2 防雷部位 205
- 9.10.3 防雷保护范围 205

9.11 安全用电措施和电气防火措施 206

  9.11.1 安全用电措施 ··· 206
  9.11.2 电气防火措施 ··· 207

第10章 焊接工程 ··· 208
10.1 焊接的实质 ··· 208
10.2 焊接作业存在的不安全因素 ··· 208
10.3 焊接场地的安全检查 ··· 208
10.4 电焊机使用常识及安全要点 ··· 209
10.5 气焊与气割基本原理及安全要点 ·· 210
  10.5.1 气焊与气割的原理 ·· 210
  10.5.2 碳化钙 ··· 210
  10.5.3 乙炔 ··· 210
  10.5.4 石油气 ··· 210
  10.5.5 液化石油气 ··· 210
10.6 乙炔瓶在使用中应注意的问题 ··· 211
10.7 石油气瓶在使用中应注意的问题 ··· 211
10.8 氧气瓶在使用、运输和贮存时应注意的问题 ······························· 212
10.9 焊炬与割炬在使用中应注意的问题 ·· 212
10.10 焊接安全管理 ·· 213
10.11 防火防爆的基本原则 ··· 213
  10.11.1 火灾过程的特点及预防原则 ·· 213
  10.11.2 防火原则的基本要求 ··· 214
  10.11.3 爆炸过程特点及预防原则 ·· 214
10.12 预防触电事故的基本措施 ·· 214
10.13 登高焊割作业安全措施 ··· 215
10.14 中毒事故及其防止措施 ··· 216

第11章 职业卫生 ··· 217
11.1 建筑业存在的职业病 ··· 217
  11.1.1 职业中毒 ·· 217
  11.1.2 尘肺 ··· 218
  11.1.3 物理因素职业病 ··· 218
  11.1.4 职业性皮肤病 ·· 218
  11.1.5 职业性眼病 ··· 218
  11.1.6 职业性耳鼻喉口腔疾病 ··· 218
  11.1.7 职业性肿瘤 ··· 218
  11.1.8 其他职业病 ··· 218
11.2 建筑业存在职业危害的主要工种 ·· 219
11.3 职业危害程度 ··· 220
  11.3.1 粉尘危害 ·· 220
  11.3.2 毒物危害 ·· 221
  11.3.3 放射线伤害 ··· 223

　　　　11.3.4　噪声危害 ……………………………………………………………………… 223
　　　　11.3.5　振动危害 ……………………………………………………………………… 223
　　　　11.3.6　弧光辐射的危害 ……………………………………………………………… 224
　　　　11.3.7　高温作业 ……………………………………………………………………… 224
　　11.4　职业卫生工程技术 …………………………………………………………………… 224
　　　　11.4.1　防尘技术措施 ………………………………………………………………… 224
　　　　11.4.2　防毒技术措施 ………………………………………………………………… 225
　　　　11.4.3　弧光辐射、红外线、紫外线的防护措施 …………………………………… 226
　　　　11.4.4　防止噪声危害的技术措施 …………………………………………………… 226
　　　　11.4.5　防止振动危害的技术措施 …………………………………………………… 227
　　　　11.4.6　防暑降温措施 ………………………………………………………………… 227

第12章　施工现场防火 …………………………………………………………………………… 228
　　12.1　消防安全一般常识 …………………………………………………………………… 228
　　　　12.1.1　术语 …………………………………………………………………………… 228
　　　　12.1.2　建筑防火 ……………………………………………………………………… 230
　　　　12.1.3　火灾危险性分类 ……………………………………………………………… 233
　　　　12.1.4　防火分区和防火分隔 ………………………………………………………… 234
　　12.2　施工现场仓库防火 …………………………………………………………………… 235
　　　　12.2.1　易燃易爆物品仓库的设置 …………………………………………………… 235
　　　　12.2.2　建筑材料分类、几种材料的高温性能以及几种常用易燃材料储存防火要求
　　　　　　　　 ………………………………………………………………………………… 236
　　　　12.2.3　易燃易爆物品贮存注意事项 ………………………………………………… 237
　　　　12.2.4　易燃仓库的装卸管理 ………………………………………………………… 238
　　　　12.2.5　易燃仓库的用电管理 ………………………………………………………… 238
　　12.3　施工现场防火 ………………………………………………………………………… 238
　　　　12.3.1　动火区域划分 ………………………………………………………………… 238
　　　　12.3.2　施工现场平面布置的防火要求 ……………………………………………… 239
　　　　12.3.3　施工现场防火要求 …………………………………………………………… 240
　　　　12.3.4　地下建筑消防 ………………………………………………………………… 245
　　　　12.3.5　高层建筑消防 ………………………………………………………………… 245
　　12.4　一般火灾的灭火原理、方法和灭火器材的使用方法 ……………………………… 246
　　　　12.4.1　火灾的灭火原理、方法 ……………………………………………………… 246
　　　　12.4.2　灭火常识 ……………………………………………………………………… 247
　　　　12.4.3　消防器材的分类 ……………………………………………………………… 247
　　　　12.4.4　消防器具的用途和使用方法 ………………………………………………… 249
　　　　12.4.5　施工现场灭火器的配备 ……………………………………………………… 251
　　12.5　消防管理制度 ………………………………………………………………………… 252

第13章　季节性施工 ……………………………………………………………………………… 254
　　13.1　概述 …………………………………………………………………………………… 254
　　13.2　雨期施工 ……………………………………………………………………………… 254
　　　　13.2.1　雨期施工的气象知识 ………………………………………………………… 254

13.2.2 雨期施工的准备工作 256
　　　13.2.3 分部分项工程雨期施工 257
　　　13.2.4 雨期施工的机械设备使用、用电与防雷 258
　　　13.2.5 雨期施工的宿舍、办公室等临时设施 260
　　　13.2.6 夏季施工的卫生保健 260
　13.3 冬期施工 261
　　　13.3.1 冬期施工概念 261
　　　13.3.2 冬期施工特点 261
　　　13.3.3 冬期施工基本要求 261
　　　13.3.4 冬期施工的准备 262
　　　13.3.5 土方与地基基础工程冬期施工 262
　　　13.3.6 钢筋工程冬期施工应注意的安全事项 263
　　　13.3.7 砌体工程冬期施工应注意的安全事项 263
　　　13.3.8 冬期混凝土施工应注意的安全事项 264
　　　13.3.9 冬期施工起重机械设备的安全使用 264
　　　13.3.10 冬期施工防火要求 265

第 14 章 锅炉及压力容器 267
　14.1 锅炉安全附件 267
　14.2 压力容器及其结构 268
　　　14.2.1 压力容器的定义 268
　　　14.2.2 压力容器的分类 268
　　　14.2.3 压力容器安全附件 269
　14.3 压力容器的破裂形式 271
　　　14.3.1 延性破裂 271
　　　14.3.2 脆性破裂 271
　　　14.3.3 疲劳破裂 271
　　　14.3.4 腐蚀破裂 271
　　　14.3.5 压力冲击破裂 271
　　　14.3.6 蠕变破裂 271
　14.4 锅炉与压力容器的安全规定 272
　　　施工现场临时锅炉房的安全要求 272
　14.5 锅炉与压力容器常见事故 272
　　　14.5.1 事故分类 273
　　　14.5.2 事故产生的主要原因 273
　　　14.5.3 典型锅炉事故及预防 273
　14.6 气瓶 277
　　　14.6.1 气瓶的分类 277
　　　14.6.2 钢质气瓶的结构 278
　　　14.6.3 气瓶的安全使用 281
　　　14.6.4 常用气瓶的安全使用要点 281

附录 试题 283

第1章 土方工程

本章要点

本章包括地面挖土方和地下挖掘土方两个部分。主要介绍了土的分类,野外鉴别方法;不同情况的挖方规定,小于5m和大于5m深度的基坑的支护方法,土层锚杆和挡土墙的应用及基坑排水的方法与措施。地下挖掘土方主要介绍了顶管及盾构作业时的安全规定。

重点应掌握基坑边坡的支护、基坑排水及地上、地下施工的安全规定。

1.1 概 述

1.1.1 基坑开挖土方工程的施工工艺

随着城市建设的快速发展,高层超高层建筑、地下工程的数量愈来愈多,工程规模也愈来愈大、愈来愈深,技术日益复杂新颖。城市面貌日新月异,施工技术的发展带来了巨大的经济效益和社会效益。同时,如果设计、施工技术失误,安全生产管理跟不上,安全事故也时有发生。就目前发生的工程事故来看,土方工程塌方占了不少的比重。这个问题应引起足够的重视。

必须掌握正确的施工安全技术和进行严格的管理,才能保证安全。基坑开挖土方工程的施工工艺一般有两种:

(1) 放坡开挖(无支护开挖);

(2) 有支护开挖,在支护体系保护下开挖。

前者既简单又经济,在空旷地区或周围环境能保证边坡稳定的条件下应优先采用。但是在城市施工,往往不具备放坡开挖的条件,只能采取有支护开挖。对支护结构的要求,一方面是创造条件便于基坑土方的开挖,但在建筑稠密的城市地区还有更重要的是保证周围建筑物的安全,以及管道和道路设施的安全,使周围环境不受破坏。因此对支护结构的精心设计与施工是土方顺利、安全开挖的先决条件。

在地下水位较高的基坑开挖施工中,为了保证开挖过程中以及开挖完毕后基础施工过程中坑壁的稳定,降低地下水位又是一项必须的重要措施。同时还要监测周围建筑物、构筑物、管道工程等,保证其不受影响。

1.1.2 施工组织设计的内容

基坑土方工程,必须要有一个完整的、科学的施工组织设计来保证施工安全和监管。主要内容应包括:
(1) 勘察测量、场地平整;
(2) 降水设计;
(3) 支护结构体系的选择和设计;
(4) 土方开挖方案设计;
(5) 基坑及周围建筑物、构筑物、道路、管道的安全监测和保护措施;
(6) 环保要求和措施;
(7) 现场施工平面布置、机械设备选择及临时水电的说明。

基坑土方工程施工组织设计应收集下列资料:
(1) 岩土工程的勘察报告;
(2) 临近建筑物、构筑物和地下设施分布情况(位置、标高类型);
(3) 建筑总平面图、地下结构施工图、红线范围。

进行基坑工程设计时,应考虑的问题有:
(1) 土压力;
(2) 水压力。除了基础施工期间的降水,还要考虑由于大量土方开挖,水压向上顶起基础的作用,有时应在上部结构施工到规定程度,才能停止降水;
(3) 坑边地面荷载。包括施工荷载、汽车运输、吊车、堆放材料等;
(4) 影响范围内的建筑物、构筑物产生的荷载(一般);
(5) 大量排水对临近建筑的沉降的影响。

1.2 土的分类

1.2.1 土的工程分类

土的种类繁多,其工程性质会直接影响土方工程的施工方法、劳动力消耗、工程费用和保证安全的措施,应予以重视。我国将土按照坚硬程度和开挖方法及使用工具分为松软土、普通土、坚土、砂砾坚土、软石、次坚石、坚石、特坚石等八类,见表 1-1。

土的工程分类　　　　表 1-1

土的分类	土的级别	岩、土名称	重力密度 (kN/m³)	抗压强度 (MPa)	坚固系数 f	开挖方法及工具
一类土 (松软土)	Ⅰ	略有黏性的砂土、粉土、腐殖土及疏松的种植土,泥炭(淤泥)	6~15	—	0.5~0.6	用锹,少许用脚蹬或用板锄挖掘
二类土 (普通土)	Ⅱ	潮湿的黏性土和黄土,软的盐土和碱土,含有建筑材料碎屑、碎石、卵石的堆积土和种植土	11~16	—	0.6~0.8	用锹、条锄挖掘、需用脚蹬,少许用镐

续表

土的分类	土的级别	岩、土名称	重力密度（kN/m³）	抗压强度（MPa）	坚固系数 f	开挖方法及工具
三类土（坚土）	Ⅲ	中等密实的黏性土或黄土，含有碎石、卵石或建筑材料碎屑的潮湿的黏性土或黄土	18~19	—	0.8~1.0	主要用镐、条锄，少许用锹
四类土（砂砾坚土）	Ⅳ	坚硬密实的黏性土或黄土，含有碎石、砾石（体积在10%~30%重量在25kg以下石块）的中等密实黏性土或黄土；硬化的重盐土；软泥灰岩	19	—	1~1.5	全部用镐、条锄挖掘，少许用撬棍挖掘
五类土（软石）	Ⅴ~Ⅵ	硬的石炭纪黏土；胶结不紧的砾石；软石、节理多的石灰岩及页壳石灰岩；坚实的白垩；中等坚实的页岩、泥灰岩	12~27	20~40	1.5~4.0	用镐或撬棍、大锤挖掘，部分使用爆破方法
六类土（次坚石）	Ⅷ~Ⅸ	坚硬的泥质页岩；坚实的泥灰岩；角砾状花岗岩；泥灰质石灰岩；黏土质砂岩；云母页岩及砂质页岩；风化的花岗岩、片麻岩及正常岩；滑石质的蛇蚊岩；密实的石灰岩；硅质胶结的砾岩；砂岩；砂质石灰页岩	22~29	40~80	4~10	用爆破方法开挖，部分用风镐
七类土（坚石）	Ⅹ~Ⅻ	白云岩；大理石；坚实的石灰岩、石灰质及石英质的砂岩；坚硬的砂质页岩；蛇蚊岩；粗粒正长岩；有风化痕迹的安山岩及玄武岩；片麻岩；粗面岩；中粗花岗岩；坚实的片麻岩；粗面岩；辉绿岩；玢岩；中粗正长岩	25~31	80~160	10~18	用爆破方法开挖
八类土（特坚石）	ⅩⅣ~ⅩⅥ	坚实的细花岗岩；花岗片麻岩；闪长岩；坚实的玢岩；角闪岩、辉长岩、石英岩、安山岩、玄武岩、最坚实的辉绿岩、石灰岩及闪长岩；橄榄石质玄武岩；特别坚实的辉长岩、石英岩及玢岩	27~33	160~250	18~25以上	用爆破方法开挖

注：1. 土的级别为相当于一般16级土石分类级别。
　　2. 坚固系数 f 为相当于普氏岩石强度系数。

1.2.2　土的野外鉴别

土方开挖后，为保证边坡稳定，需采用放坡或支护等方法，这些都与土的种类性质有关，就需要了解在野外怎么样鉴别土，下面介绍几种方法，见表1-2、表1-3。

土的野外鉴别方法　　　　表1-2

土的名称	湿润时用刀切的感觉	湿土用手捻摸时的感觉	土的状态 干土	土的状态 湿土	湿土搓条情况
黏土	切面光滑,有粘刀阻力	有滑腻感,感觉不到有砂粒,水分较大时很粘手	土块坚硬,用锤才能打碎	易粘着物体,干燥后不易剥去	塑性大,能搓成直径小于0.5mm的长条(长度不短于手掌),手持一端不易断裂
粉质黏土	稍有光滑面,切面平整	稍有滑腻感,有黏滞感,感觉有少量砂粒	土块用力可压碎	能粘着物体,干燥后较易剥去	有塑性,能搓成直径为0.5~2mm的土条
粉土	无光滑面,切面稍粗糙	有轻微粘滞感或无粘滞感,感觉到砂粒较多,粗糙	土块用手捏或抛扔时易碎	不易粘着物体,干燥后一碰就掉	塑性小,能搓成直径为2~3mm的短条
砂土	无光滑面,切面粗糙	无粘滞感,感觉到全是砂粒,粗糙	松散	不能粘着物体	无塑性,不能搓成土条

人工填土、淤泥、黄土、泥炭野外鉴别方法　　　　表1-3

土的名称	观察颜色	夹杂物质	形状(构造)	浸入水中的现象	湿土搓条情况
人工填土	无固定颜色	砖瓦碎块、垃圾、炉灰等	夹杂物显露于外,构造无规律	大部分变为稀软淤泥,其余部分为碎瓦、炉渣在水中单独出现	一般能搓成3mm土条,但易断,遇有杂质甚多时则不能搓成条
淤泥	灰黑色有臭味	池沼中有半腐朽的细小植物遗体,如草根、小螺壳等	夹杂物经仔细观察可以发觉,构造常呈现层状,但有时不明显	外观无显著变化,在水面出现气泡	一般淤泥质土接近轻亚黏土,故能搓成3mm土条(长至少3mm)容易断裂
黄土	黄褐两色的混合色	有白色粉末出现在纹理中	夹杂物常清晰显见。构造上有垂直大孔(肉眼可见)	即行崩散分成颗粒集团,在水面上出现很多白色液体	搓条情况与正常的亚黏土类似
泥炭	深灰或黑色	有半腐朽动植物遗体,其含量超过60%	夹杂物有时可见,构造无规律	极易崩碎,变为稀软淤泥,其余部分为植物根、动物残体渣滓悬浮于水中	一般能搓成1~3mm泥条,但残渣甚多时,仅能搓成3mm以上土条

1.3　土的开挖

1.3.1　斜坡土挖方

土坡坡度要根据工程地质和土坡高度,结合当地同类土体的稳定坡度值确定。

土方开挖宜从上到下分层分段依次进行，并随时做成一定的坡势以利泄水，且不应在影响边坡稳定的范围内积水。

在斜坡上方弃土时，应保证挖方边坡的稳定。弃土堆应连续设置，其顶面应向外倾斜，以防山坡水流入挖方场地。但坡度陡于1/5或在软土地区，禁止在挖方上侧弃土。在挖方下侧弃土时，要将弃土堆表面整平，并向外倾斜，弃土表面要低于挖方场地的设计标高，或在弃土堆与挖方场地间设置排水沟，防止地面水流入挖方场地。

1.3.2 滑坡地段挖方

在滑坡地段挖方时应符合下列规定：

（1）施工前先了解工程地质勘察资料、地形、地貌及滑坡迹象等情况；

（2）不宜雨期施工，同时不应破坏挖方上坡的自然植被。并要事先做好地面和地下排水设施；

（3）遵循先整治后开挖的施工顺序，在开挖时，须遵循由上到下的开挖顺序，严禁先切除坡脚；

（4）爆破施工时，严防因爆破振动产生滑坡；

（5）抗滑挡土墙要尽量在旱季施工，基槽开挖应分段进行，并加设支撑。开挖一段就要做好这段的挡土墙；

（6）开挖过程中如发现滑坡迹象（如裂缝、滑动等）时，应暂停施工，必要时，所有人员和机械要撤至安全地点。

1.3.3 基坑（槽）和管沟挖方

施工中应防止地面水流入坑、沟内，以免边坡塌方。

挖方边坡要随挖随撑，并支撑牢固，且在施工过程中应经常检查，如有松动、变形等现象，要及时加固或更换。

1.3.4 湿土地区挖方

湿土地区开挖时要符合下列规定：

（1）施工前需要做好地面排水和降低地下水位的工作，若为人工降水时，要降至坑底0.5~1.0m时，方可开挖，采用明排水时可不受此限；

（2）相邻基坑和管沟开挖时，要先深后浅，并要及时做好基础；

（3）挖出的土不要堆放在坡顶上，要立即转运至规定的距离以外。

1.3.5 膨胀土地区挖方

在膨胀土地区开挖时，要符合下列规定：

（1）开挖前要做好排水工作，防止地表水、施工用水和生活废水浸入施工现场或冲刷边坡；

（2）开挖后的基土不许受烈日暴晒或水浸泡；

（3）开挖、作垫层、基础施工和回填土等要连续进行；

(4) 采用回填砂地基时,要先将砂浇水至饱和后再铺填夯实,不能在基坑(槽)或管沟内浇水使砂沉落的方法施工。

钢(木)支撑的拆除,要按回填顺序依次进行。多层支撑应自下而上逐层拆除,随拆随填。

1.3.6 坑壁支撑

(1) 采用钢板桩、钢筋混凝土预制桩做坑壁支撑时,要符合下列规定:
1) 应尽量减少打桩对邻近建筑物和构筑物的影响;
2) 当土质较差时,宜采用啮合式板桩;
3) 采用钢筋混凝土灌注桩时,要在桩身混凝土达到设计强度后,方可开挖;
4) 在桩身附近挖土时,不能伤及桩身。

(2) 采用钢板桩、钢筋混凝土桩作坑壁支撑并设有锚杆时,要符合下列规定:
1) 锚杆宜选用螺纹钢筋,使用前应清除油污和浮锈,以便增强粘结的握裹力和防止发生意外;
2) 锚固段应设置在稳定性较好土层或岩层中,长度应大于或等于计算规定;
3) 钻孔时不应损坏已有管沟、电缆等地下埋设物;
4) 施工前需测定锚杆的抗拉力,验证可靠后,方可施工;
5) 锚杆段要用水泥砂浆灌注密实,并需经常检查锚头紧固性和锚杆周围土质情况。

1.3.7 挖土的一般规定

挖土时应遵守的规定:
(1) 人工开挖时,两个人操作间距离应保持2~3m,并应自上而下逐层挖掘,严禁采用掏洞的挖掘操作方法;
(2) 挖土时要随时注意土壁变动的情况,如发现有裂纹或部分塌落现象,要及时进行支撑或改缓放坡,并注意支撑的稳固和边坡的变化;
(3) 上下坑沟应先挖好阶梯或设木梯,不应踩踏土壁其及支撑上下;
(4) 用挖土机施工时,挖土机的工作范围内,不进行其他工作;且应至少留0.3m深,最后由工人修挖至设计标高;
(5) 在坑边堆放弃土、材料和移动施工机械,应与坑边保持一定距离。

1.4 基坑(槽)边坡的稳定

1.4.1 放坡开挖的一般规定

(1) 临时性挖方的边坡值应符合表1-4的规定。

临时性挖方边坡值(GB 50202—2002)　　　　　表1-4

土 的 类 型		边坡值(高:宽)
砂土(不包括细砂、粉砂)		1:1.25～1:1.50
一般性黏土	硬	1:0.75～1:1.00
	硬、塑	1:1.00～1:1.25
	软	1:1.50 或缓
碎石类土	充填坚硬、硬塑黏性土	1:0.50～1:1.00
	充填砂土	1:1.00～1:1.50

注:1. 设计有要求时,应符合设计要求。
　　2. 如采用降水或其他加固措施,可不受本表限制,但应计算复核。
　　3. 开挖深度,对软土不应超过4m,对硬土不应超过8m。

(2)开挖深度较大的基坑,当采用放坡挖土宜设置多级平台多层开挖,每级平台宽度不宜小于1.5m。

1.4.2　边坡稳定性验算

(1)坡顶有堆积荷载;
(2)边坡高度超过表1-4的规定;
(3)具有软弱的倾斜土层(滑动面);
(4)边坡土层层面倾斜方向与边坡开挖面方向一致。

1.5　基坑侧壁安全等级和基坑变形控制值

1.5.1　基坑侧壁的安全等级划分

基坑工程分级标准,各地不尽相同。我国目前施工深基坑较多的上海市根据基坑工程的重要性,上海市标准《基坑工程设计规程》DBJ 508—61—91将基坑如下分三级:
(1)符合下列情况之一,为一级基坑:
1)重要工程或支护结构做主体结构的一部分;
2)开挖深度大于10m;
3)与临近建筑物、重要设施的距离在开挖深度以内的基坑;
4)基坑邻近有历史文物、近代优秀建筑、重要管线等严加保护的基坑。
(2)三级基坑为开挖深度小于7m,且周围环境无特别要求时的基坑。
(3)除一级和三级外的基坑属二级基坑。
(4)但是位于地铁、隧道等大型地下设施安全保护范围内的基坑工程、以及城市生命线工程或对位移有特殊要求的精密仪器使用场所附近的基坑工程除外,这些基坑工程应遵照有关专门文件和规定执行。

1.5.2 基坑支护结构的安全等级重要性控制值

根据《建筑基坑支护技术规范》JGJ 120—99 规定:基坑侧壁的安全等级分为三级(见表 1-5),不同等级采用相对应的重要性系数 γ_0。

基坑侧壁安全等级的重要性系数　　　　　　　　　　表 1-5

安全等级	破 坏 后 果	重要性系数 γ_0
一级	支持结构破坏,土体失稳或过大变形对基坑周边环境及地下结构施工影响很严重	1.10
二级	支持结构破坏,土体失稳或过大变形对基坑周边环境及地下结构施工影响一般	1.00
三级	支持结构破坏,土体失稳或过大变形对基坑周边环境及地下结构施工影响不严重	0.90

注:1. 有特殊要求的建筑基坑侧壁安全等级可根据具体情况另行确定。
　　2. 对一级安全等级和对支护结构变形有限定的二级的基坑侧壁,应对基坑周边环境及支护结构变形进行验算。

1.5.3 基坑变形控制值

基坑(槽)、管沟土方工程验收必须确保支护结构安全和周围环境安全为前提。当设计有指标时,以设计要求为依据,如无设计指标时应按 GB 50202—2002 表 7.1.7 的规定执行基坑变形的控制值(cm),见表 1-6。

基坑变形的控制值(cm)　　　　　　　　　　表 1-6

基坑类别	围护结构墙顶位移监控值	围护结构墙体最大位移监控值	地面最大沉降监控值
一级基坑	3	5	3
二级基坑	6	8	6
三级基坑	8	10	10

1.6 浅基坑(挖深 5m 以内)的土壁支撑形式

对于基坑深度在 5m 以内的边坡支护形式有多种多样,这里仅列举了 8 种方法,见表 1-7。

浅基础支撑形式表　　　　　　　　　　表 1-7

支撑名称	适用范围	支 撑 简 图	支撑方法
间断式水平支撑	干土或天然湿度的黏土类土,深度在 2m 以内		两侧挡土板水平放置,用撑木加木楔顶紧,挖一层土支顶一层

续表

支撑名称	适用范围	支撑简图	支撑方法
断续式水平支撑	挖掘湿度小的黏性土及挖土深度小于3m时		挡土板水平放置，中间留出间隔，然后两侧同时对称立上竖木方，再用工具式横撑上下顶紧
连续式水平支撑	挖掘较潮湿的或散粒的土及挖土深度小于5m时		挡土板水平放置，相互靠紧，不留间隔，然后两侧同时对称立上竖木方上下各顶一根撑木，端头加木楔顶紧
连续式垂直支撑	挖掘松散的或湿度很高的土（挖土深度不限）		挡土板垂直放置，然后每侧上下各水平放置木方一根用撑木顶紧，再用木楔顶紧
锚拉支撑	开挖较大基坑或使用较大型的机械挖土，而不能安装横撑时		挡土板水平顶在柱桩的内侧，柱桩一端打入土中，另一端用拉杆与远处锚桩拉紧，挡土板内侧回填土

续表

支撑名称	适用范围	支撑简图	支撑方法
斜柱支撑	开挖较大基坑或使用较大型的机械挖土,而不能采用锚拉支撑时		挡土板1水平钉在柱桩的内侧,柱桩外侧由斜撑支牢,斜撑的底端只顶在撑桩上,然后在挡土板内侧回填土
短柱横隔支撑	开挖宽度大的基坑,当部分地段下部放坡不足时		打入小短木桩,一半露出地面,一半打入地下,地上部分背面钉上横板,在背面填土
临时挡土墙支撑	开挖宽度大的基坑,当部分地段下部放坡不足时		坡角用砖、石叠砌或用草袋装土叠砌,使其保持稳定

表中图注:1—水平挡土板;2—垂直挡土板;3—竖木方;4—横木方;5—撑木;6—工具式横撑;7—木楔;8—柱桩;9—锚桩;10—拉杆;11—斜撑;12—撑桩;13—回填土;14—装土草袋

1.7 深基坑支护结构体系的方案选择

由于基坑的支护结构既要挡土又挡水,为基坑土方开挖和地下结构施工创造条件,同时还要保护周围环境。为了不使在施工期间,引起周围的建(构)筑物和地下设施产生过大的变形而影响正常使用;为了正确地进行支护结构设计和合理地组织施工,在进行支护结构设计之前,需要对影响基坑支护结构设计和施工的基础资料进行全面地收集,并加以深入了解和分析,以便其能很好地为基坑支护结构的设计和施工服务。这些资料包括:

(1)工程地质和水文地质资料;
(2)周围环境及地下管线状况调查;

（3）主体工程地下结构设计资料调查。

常用支护结构形式的选择见表1-8。

常用支护结构形式的选择　　　　　　　　　　　　　表1-8

类型、名称	支护形式、特点	适用条件
挡土灌注排桩或地下连续墙	挡土灌注排桩系以现场灌注桩按队列式布置组成的支护结构；地下连续墙系用机械施工方法成槽浇钢筋混凝土形成的地下墙体 特点：刚度大，抗弯强度高；变形小，适用性强，需工作场地不大，振动小，噪声低。但排桩墙不能止水，连续墙施工需较多机具设备	1. 基坑侧壁安全等级一、二、三级 2. 在软土场地中深度不宜大于5m 3. 当地下水位高于基坑地面时，宜采用降水、排桩与水泥土桩组合截水帷幕或采用地下连续墙 4. 适用于逆作法施工 5. 变形较大的基坑边可选用双排桩
排桩土层锚杆支护	系在稳定土层钻孔，用水泥浆或水泥砂浆将钢筋与图体粘结在一起拉结排桩挡土 特点：能与土体结合承受很大拉力，变形小，适应性强；不用大型机械，需工作场地小，省钢材，费用低	1. 适于基坑侧壁安全等级一、二、三级 2. 适用于难以采用支撑的大面积深基坑 3. 不宜用于地下水大、含化学腐蚀物的土层
排桩内支撑支护	系在排桩内侧设置型钢或钢筋混凝土水平支撑，用以支挡基坑侧壁进行挡土 特点：受力合理，易于控制变形，安全可靠；但需大量支撑材料	1. 适于基坑侧壁安全等级一、二、三级 2. 适用于各种不易设置锚杆的较松软土层及软土地基 3. 当地下水位高于基坑底面时，宜采用降水措施或采用止水结构
水泥土墙支护	系有水泥土桩相互搭接形成的格栅状、壁状等形式的连续重力式挡土止水墙体 特点：具有挡土、截水双重功能；施工机具设备相对简单；城墙速度快，适用材料单一，造价较低	1. 基坑侧壁安全等级宜为二、三级 2. 水泥土墙施工范围内的地基土承载力不宜小于150kPa 3. 基坑深度不宜大于6m 4. 基坑周围具备水泥土墙的施工宽度
土钉墙或喷锚支护	系用土钉或预应力锚杆加固的基坑侧壁土体，与喷射钢筋混凝土护面组成的支护结构 特点：结构简单，承载力较高；可阻水，变形小，安全可靠，适应性强；施工机具简单，施工灵活，污染小，噪声低，对周边环境影响小，支护费用低	1. 基坑侧壁安全等级宜为二、三级的非软土场地 2. 土钉墙基坑深度不宜大于12m；喷锚支护适于无流砂、含水量不高、不是淤泥等流塑土层的基坑，开挖深度不大于18m 3. 当地下水位高于基坑底面时，应采取降水或截水措施
钢板桩	采用特制的型钢板桩，机械打入地下，构成一道连续的板墙，作为挡土、挡水围护结构 特点：承载力高，刚度大、整体性好、锁口紧密、水密性强，能适应各种平面形状和土质，打设方便、施工快速、可回收使用，但需大量钢材，一次性投资较高	1. 基坑侧壁安全等级二、三级 2. 基坑深度不宜大于10m 3. 当地下水位高于基坑底面时，应采用降水或截水措施

1.8 支撑及拉锚的施工与拆除

支撑(拉锚)常用形式有钢内支撑,钢筋混凝土支撑及土层锚杆等,其施工应遵循下列基本原则:

(1) 支撑(拉锚)的安装与拆除顺序应与基坑支护结构设计计算工况相一致;

(2) 支撑(拉锚)的安装必须按"先支撑后开挖"顺序施工,支撑(拉锚)的拆除,除最上一道支撑拆除后设计容许处于悬臂状态外,均应按"先换撑后拆除"的顺序施工;

(3) 基坑竖向土方施工应分层开挖。土方在平面内分区开挖时,支护应随开挖进度分区安装,并使一个区段的支撑形成整体;

(4) 支撑安装应采用开槽架设。当支撑顶面需运行挖土机械时,支撑顶面的安装标高宜低于坑内土面200~300mm,支撑与坑挖土之间的空隙应用粗砂回填,并在挖土机及土方车辆的通道外架设路基箱;

(5) 立柱穿过结构底板及主体结构地下室外墙的部位,必须采取可靠的止水措施;

(6) 支撑与围檩交接处要用千斤预加应力,将千斤顶在支撑围檩之间加压,在缝隙处塞钢楔锚固,然后撤去千斤顶。钢支撑预加压力施工应符合下列要求:

1) 千斤顶必须有计量装置,应定期校验;

2) 支撑安装完毕后要全面检查节点连接状况,确认后符合要求后,在支撑两端同步对称加压;

3) 预应力应反复调整,加至设计值时,应逐个检查连接点的情况,待预定压力稳定后予以锁定。预压力控制在支撑设计值的40%~50%,不宜太大。

(7) 钢筋混凝土支撑体系应在同一平面内整浇,支撑与支撑、支撑与围檩相交处宜采用加腋,使形成刚性节点,施工宜采用开槽浇筑方法,底模可用素混凝土也可采用小钢模铺设也可用槽底作土模,侧模用小刚模或木模。

支撑与立柱节点在顶层可采用钢板承托方式,顶层以下,立柱可直穿过支撑。

支撑与支护墙腰梁间应浇筑密实。

(8) 土层锚杆

近年来国外大量将土层锚杆用于地下结构作护墙的支撑,它不仅用于基坑立壁的临时支护,而且在永久性建筑工程中亦得到广泛应用。土层锚杆由锚头、拉杆、锚固体等组成[图1-1(a)],同时根据主动滑动面分为锚固段和非锚固段[图1-1(b)]。土层锚杆目前还是根据经验数据进行设计,然后通过现场试验进行检验,一般包括:确定基坑支护承受的荷载及锚杆布置;锚杆承载能力计算,锚杆的稳定性计算;确定锚固体长度、锚和锚杆直径等。

一端锚固在土体中,将支护结构的荷载通过拉杆传递到周围稳定的土层中。土层锚杆可与钢筋混凝土钻孔灌注桩、钢板桩、地下连接墙等支护桩与墙联合使用,这已是非常成功的经验,已广泛应用。如北京宾馆采用地下连接墙架4层锚杆,基坑开挖14m深;北京京城大厦采用H型钢加3层锚杆,开挖深度达到24m。土层锚杆的锚固力较大,低黏性土中最大锚固力可达 1000kN，非黏性土中可达 2500kN，无内支撑，大大改善基坑开挖施工条件，造价低。但它的使用也受到一定限制，在有机质土，液限大于 50%的黏土及松散的土层中不宜采用，基坑周围有地管线或其他障碍也不能用。

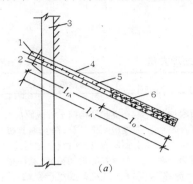 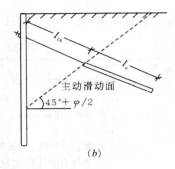

图 1-1　土层锚杆

(a)土层锚杆示意图；(b)锚固段与非锚固段的划分
1—锚头；2—锚头垫座；3—支护；4—钻孔；5—拉杆；6—锚固体；
l_0—锚固段长度；l_{fA}—非锚固段长度；l_A—锚杆长度

土层锚杆施工的工艺流程如下：

钻孔→安放拉杆→灌浆→养护→安装锚头→张拉锚固→下层土方开挖。

锚杆张拉与施加预应力(锁定)应符合以下规定：

(1) 锚固段强度大于 15MPa 并不小于设计强度等级的 75% 后可进行张拉；
(2) 锚杆张拉顺序应考虑对邻近锚杆的影响；
(3) 锚杆宜张拉至设计荷载的 0.9~1.0 倍后，再按设计要求锁定；
(4) 锚杆张拉控制应力不应超过锚杆杆体强度标准值的 0.75 倍。

为减少对邻近锚杆的影响，又不影响施工进度，通常可采用间隔张拉的方法，如"隔二张一"的方法。

张拉宜采用分级加载，每级加载应稳定 3min，最后一级加载应稳定 5min。

施工中还应做好张拉纪录。

预加应力的锚杆，要正确估算预应力损失。由于土层锚杆与一般预应力结构不同，导致预应力损失的因素主要有：

(1) 张拉时由于摩擦造成的预应力损失；
(2) 锚固时由于锚具滑移造成的预应力损失；
(3) 钢材松弛产生的预应力损失；
(4) 相邻锚杆施工引起土层压缩而造成的预应力损失；
(5) 支护结构(板桩墙等)变形引起的预应力损失；
(6) 土体蠕变引起的预应力损失；
(7) 温度变化造成的预应力损失。

1.9　深基坑支护常遇问题及防治处理方法

深基坑支护常遇问题及防治处理方法见表1-9。

深基坑支护常遇问题及防治处理方法　　　　　表1-9

名称、现象	产 生 原 因	防治处理方法
位移（支护结构向基坑内侧产生位移，从而导致桩后地面沉降和附近房屋裂缝，边坡出现滑移、失去稳定）	1. 挡土桩截面小，入土深度不够；设计漏算地面附加荷载（如桩顶堆土、行走挖土机、运输汽车、堆放材料等），造成支护结构强度、刚度和稳定性不够 2. 灌注桩与阻水桩质量较差，止水幕未形成，桩间土在动水压力作用下，大量流入基坑，使桩外侧土体侧移，从而导致地面产生较大沉降 3. 基坑开挖施工程序不当，如挡土桩顶圈梁未施工锚杆未设置，桩强度未达到设计要求，就将基坑一次开挖到设计深度，造成土应力突然释放，土压力增大，从而使龄期短、强度低，整体性差的支护系统产生较大的变形侧移 4. 锚杆施工质量差，未深入到可靠锚固层或深度不够，固而造成较大变形和土体蠕变，引起支护较大变形 5. 施工管理不善，未严格按支护设计、施工上部未进行卸土、削坡、随意改短挡土桩入土深度，在支护结构顶部随意堆放土方、工程用料、停放大型挖土机构、行驶载重汽车，使支护严重超载，土压力增大，导致大量变形 6. 基坑未进行降水就大面积开挖，此时孔隙水压力很高，潜水将沿着渗透系数大的土层，水平方向向坑内流动，形成水平向应力使桩位移 7. 开挖超出深度、超出分层设计或上层支护体系未产生作用时，过程进行下层土方开挖	支护结构挡土桩截面及入土深度应严格计算，防止漏算桩顶地面堆土、行走机械、运输车辆、堆放材料等附加荷载；灌注桩与阻水旋喷桩间必须严密结合，使形成封闭止水幕，阻止桩后土在动水压力作用下大量流入基坑；基坑开挖前应将整个支护系统包括土层锚杆、桩顶圈梁等施工完成，挡土桩应达到强度，以保证支护结构的强度和整体刚度，减少变形；锚杆施工必须保证质量，深入到可靠锚固段内；施工时，应加强管理，避免在支护结构边大量堆载和停放挖土机械和运输汽车；基坑开挖前应进行降水，以减少桩侧土压力和水流渗入基坑，使桩产生位移 处理方法：应在位移较大部位卸荷和补桩，或在该部位进行水泥压浆加固土层。严格按分层设计开挖，不超挖，不过早开挖
管涌及流砂（基坑开挖时，基坑底下面的土产生流动状态，随地下水流一起从坑底或四侧涌入基坑，引起周围地面沉陷、建筑物裂缝）	1. 设计支护时对场地地质条件和周围建筑物类型调查不够，设计桩长未穿过基坑底粉细砂层 2. 挡土桩设计、施工未闭合，桩间存在空隙产生水流缺口，水从间隙口流入后，在桩间隙内形成通道，造成水土流失涌入基坑 3. 桩嵌入基坑底深度过浅，当坑外流向坑内的动水压力等于或大于颗粒的浸水密度，使基坑内粉砂土产生管涌、流砂现象 4. 支护设计不够合理，未将止水旋喷桩与挡土桩间紧密结合，存在一定距离，使止水桩阻水变形能力差，起不到帷幕墙的作用 5. 施工未进行有效的降水或基坑附近给排水管道破裂，大量水流携带泥砂涌入基坑	加强地质勘察，探明土质情况，挡土桩宜穿透基坑底部粉细砂层；当挡土间存在间隙，应在背面设置喷止水桩挡水，避免出现流水缺口，造成水土流失，涌入基坑；桩嵌入坑底深度应经计算确定；使土颗烂的浸水密度大于桩侧土渗出动水压力；止水桩设计应与挡土桩相切，保持紧密结合，以提高支护刚度和起到帷幕墙的作用；施工中应采用井点或深井对基坑进行有效降水。大型机械行驶及机械开挖应防止损坏给、排水管道，发现破裂应及时修复

续表

名称、现象	产生原因	防治处理方法
塌方（基坑开挖中支护结构失效，边坡局部大面积失稳塌方）	1. 挡土桩强度不够或锚杆质量差，使支护结构破坏失去作用从而造成塌方 2. 挡土桩入土深度不够或未深入到坚实土层，造成整个支护系统失稳塌方 3. 基坑开挖未进行有效的降水或降水井点系统失效，动水压力和土压力增大而导致滑塌 4. 未按支护结构程序施工随意改变支技结构受力模型和尺寸，使支护结构强度、刚度和整体性下降或失去作用 5. 支护结构未施工完成而在桩顶部随意增加大量附加荷载	挡土桩设计应有足够的强度、刚度，并用顶部圈梁连成整体；土层锚杆应深入到坚实土层内，并灌浆密实；挡土桩应有足够入土深度，并嵌入到坚实土层内，保证支护的整体稳定性；基坑开挖前应先采用有效降水方法，将地下水降低到开挖基底0.5m以下；支护结构应一次施工完成，应防止随挖随支，特别要按设计规定程序施工，不得随意改动支护结构的受力状态或在支护结构上随意增加支护设计未考虑的大量施工荷载

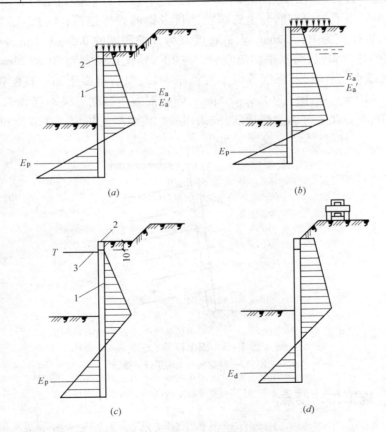

图1-2 深基坑开挖改变支护结构受力模式
(a) 原设计削坡卸荷，将护坡挡土桩深埋，并设圈梁；(b) 施工未削坡卸荷，将保坡挡土桩改浅，取消圈梁；
(c) 原设计削坡卸荷并设锚杆；(d) 施工未削坡卸荷，设置锚杆，随意增加动荷载，增大土压力
1—护坡挡土桩；2—圈梁；3—锚杆

1.10 土钉墙支护

土钉墙支护,系在开挖边坡表面铺钢筋网喷射细石混凝土,并每隔一定距离埋设土钉,使与边坡土体形成复合体共同工作,从而有效提高边坡稳定的能力。

土钉墙支护为一种边坡稳定式支护结构,具有结构简单,可以阻水,施工方便、快速,节省材料,费用较低兼等优点。适用于淤泥、淤泥质土、黏土、粉质黏土、粉土等地基,地下水位较低,基坑开挖深度在12m以内采用,北京国际金融大厦工程就采用这种支护,基坑深达13.7m,效果良好。

1.10.1 构造要求

土钉墙支护的构造做法如图1-3,墙面的坡度不宜大于1:0.1;土钉必须和面层有效连接,应设置承压板或加强钢筋与土钉螺栓连接或钢筋焊接连接;土钉钢筋宜采用新Ⅱ、Ⅲ级钢筋,钢筋直径宜为16~32mm,土钉长度宜为开挖深度的0.5~1.2倍,间距宜为1~2m,呈矩形或梅花形布置,与水平夹角宜为5°~20°,钻孔直径宜为70~120mm;注浆材料宜采用水泥浆或水泥砂浆,其强度等级不宜低于M10;喷射混凝土面层宜配置钢筋网,钢筋直径宜为6~10mm,间距宜为150~300mm;喷射混凝土强度等级不宜低于C20,面层厚度不宜小于80mm。在土钉墙的墙顶部,应采用砂浆或混凝土护面。在坡顶和坡脚应设排水设施,坡面上可根据具体情况设置泄水孔。

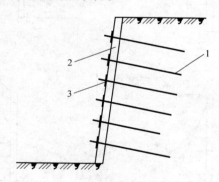

图1-3 图土钉墙支护
1—土钉;2—喷射混凝土面层;3—垫板

1.10.2 施工工艺要点

(1)土钉墙的施工顺序为:按设计要求自上而下分段、分层开挖工作面,修整坡面(平整度允许偏差±20mm)→埋设喷射混凝土厚度控制标志,喷射第一层混凝土→钻孔、安设土钉→注浆,安设连接件→绑扎钢筋网→焊接承压板→喷射第二层混凝土→设置坡顶、坡面和坡脚的排水系统;

(2)基坑开挖应按设计要求分层分段开挖,分层开挖高度由设计要求土钉的竖向距离确定，超挖土钉向下不超过0.5m；

（3）钻孔方法与土层锚杆基本相同，可用螺栓钻、冲击钻、地质钻机和工程钻机，当土质较好，孔深度不大亦可用洛阳铲成孔。成孔的尺寸允许偏差为：孔深±50mm；孔径±5mm；孔距±100mm；成孔倾斜角±5%；钢筋保护层厚度不小于25mm；

（4）喷射混凝土面层，喷射混凝土的强度等级不宜低于C20，石子粒径不大于15mm，水泥与砂石的重量比宜为1:4~1:4.5，砂率宜为45%~55%，水灰比为0.40~0.45。喷射作业应分段进行，同一分段内喷射顺序应自下而上，一次喷射厚度不宜小于40mm；喷射混凝土时，喷头与受喷面应保持垂直，距离宜为0.6~1.0m。喷射表面应平整，呈湿润光泽，无干斑、流淌现象。喷射混凝土终凝2h后，应喷水养护，养护时间宜为3~7d；

（5）喷射混凝土面层中的钢筋网应在喷射第一层混凝土后铺设，钢筋保护层厚度不宜小于20mm；采用双层钢筋网时，第二层钢筋网应在第一层钢筋网被混凝土覆盖后铺设。每层钢筋网之间搭接长度应不小于300mm。钢筋网用插入土中的钢筋固定，与土钉应连接牢固；

（6）土钉注浆，材料宜选用水泥浆或水泥砂浆；水泥浆的水灰比宜为0.5，水泥砂浆配合比宜为1:1~1:2（重量比），水灰比宜为0.38~0.45。水泥浆、水泥砂浆应拌和均匀，随拌随用，一次拌和的水泥浆、水泥砂浆应在初凝前用完；

（7）注浆作业前应将孔内残留或松动的杂土清除干净；注浆开始或中途停止超过30min时，应用水或稀水泥浆润滑注浆泵及其管路；注浆时，注浆管应插至距孔底250~500mm处，孔口部位宜设置止浆塞及排气管。土钉钢筋插入孔内应设定位支架，间距2.5m，以保证土钉位于孔的中央；

（8）土钉墙支护的质量检测：土钉采用抗拉试验检测承载力，同一条件下，试验数量不宜少于土钉总数的1%，且不少于3根；土钉抗拉力平均值应大于设计要求，且抗拔力最小值应不小于设计抗拔力的0.9倍；墙面喷射混凝土厚度应采用钻孔检测，钻孔数宜为每100m²墙面积一组，每组不应少于3点。

1.11 挡 土 墙

1.11.1 挡土墙的构造和基本形式

1. 挡土墙的作用

它主要用来维护土体边坡的稳定，防止坡体的滑动和边坡的坍塌，因而在建筑工程中广泛的使用。但由于处理不当，使挡土墙崩塌而发生的伤亡事故也不少，对于挡土墙的安全使用是十分必要的。

2. 挡土墙的基本构造和形式

挡土墙有重力式挡土墙、钢筋混凝土挡土墙、锚杆挡土墙、锚定板挡土墙和其他轻型挡土墙等。对于度高在5m以内的，一般多采用重力式挡土墙，既主要靠自身的重力来抵抗倾覆，这类挡土墙构造简单、施工方便，也便于就地取材。

重力式挡土墙的基本形式有垂直式和倾斜式两种(图1-4),墙面坡度采用1:0.05～1:0.25。其基础埋置深度应根据地基上的容许承载力、冻结深度、岩石风化程度、雨水冲刷等因素来确定。对于土质地基,挡土墙埋深一般为1.0～1.2m;对于岩石地基,挡土墙埋深则视风化程度而定,一般为0.25～1.0m。基础宽与墙高之比为1/2～2/3,沿水平方向每隔10～25m要设置一道宽10～20mm的伸缩缝或沉降缝,缝内填塞沥青柔性防水材料。在墙体的纵横方向,每隔2～3m,外斜5%,留置孔眼尺寸不小于 $\varphi100mm$ 的泄水孔,并在墙后做滤水层和必要的排水盲沟,要向地面宜铺设防水层;当墙后有山坡时,还应在坡下设置排水沟,以便减少土压力。

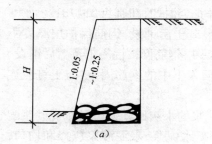 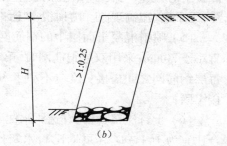

图1-4 重力式挡土墙
(a)垂直式;(b)倾斜式

1.11.2 挡土墙的计算

按选定的形式,参考有关的资料或经验,初步估计确定一个墙身的截面尺寸,并验算墙身的稳定性和地基的强度,若所得结果过大或不足时,应重新选定尺寸再验算,直到满足设计要求及合理为止。计算的内容主要是:

(1) 土压力计算;
(2) 倾覆稳定性验算;
(3) 滑动稳定性验算;
(4) 墙身强度验算。

挡土墙本身一般尺寸较大,不需作墙体抗压、抗拉验算。

1.12 地面及基坑(槽)排水

1.12.1 大面积场地地面排水

(1) 大面积场地地面坡度不大时:
1) 场地平整时,向低洼地带或可泄水地带平整成漫坡,以便排出地表水;
2) 地四周设排水沟,分段设渗水井,以便排出地表水。
(2) 大面积场地地面坡度较大时:

在场地四周设排水主沟,并在场地范围内设置纵横向排水支沟,将水流疏干,也可在下游设集水井,设水泵排出。

(3)大面积场地地面遇有山坡地段时:

应在山坡底脚处挖截水沟,使地表水流入截水沟内排出场地外。

1.12.2 基坑(槽)排水

开挖底面低于地下水位的基坑(槽)时,地下水会不断渗入坑内。当雨期施工时,地表水也会流入基坑内。如果坑内积水不及时排走,不仅会使施工条件恶化,还会使土被水泡软后,造成边坡塌方和坑底承载能力下降。因此,为保安全生产,在基坑(槽)开挖前和开挖时,必须做好排水工作,保持土体干燥才能保障安全。

明排水法:(1)雨期施工时,应在基坑四周或水的上游,开挖截水沟或修筑土堤,以防地表水流入坑槽内;

(2)基坑(槽)开挖过程中,在坑底设置集水井,并沿坑底的周围或中央开挖排水沟,使水流入集水井中,然后用水泵抽走,抽出的水应予以引开,严防倒流;

(3)四周排水沟及集水井应设置在基础范围以外,地下水走向的上游,并根据地下水量大小,基坑平面形状及水泵能力,集水井每隔 20~40 设置一个。集水井的直径或宽度,一般为 0.6~0.8m。其深度随着挖土的加深而加深。随时保持低于挖土面 0.7~1.0m。井壁可用竹、木等进行简单加固。当基坑(槽)挖至设计标高后,井底应低于坑底 1~2m,并铺设碎石滤水层,以避免在抽水时间较长时,将泥砂抽出及防止井底的土被扰动;

(4)明排水法由于设备简单和排水方便,所以采用较为普遍,但它只宜用于粗粒土层,水流虽大,但土粒不致被抽出的水流带走,也可用于渗水量小的黏性土。但当土为细砂和粉砂时,抽出的地下水流会带走细粒而发生流砂现象,造成边坡坍塌、坑底隆起、无法排水和难以施工,此时应改用人工降低地下水的方法。

1.12.3 人工降低地下水位

人工降低地下水位,就是在基坑开挖前,预先在基坑(槽)四周埋设一定数量的滤水管(井),利用抽水设备从中抽水,使地下水位降落到坑底以下;同时在基坑开挖过程中仍然继续不断的抽水。使所挖的土始终保持干燥状态,从根本上防止细砂和粉砂土产生流砂现象,改善挖土工作的条件;同时土内的水分排出后,边坡可改陡,以便减少挖土量。

人工降低地下水位常用的方法为各种井点排水法,它是在基坑开挖前,沿开挖基坑四周埋设一定数量深于基坑的井点滤水管或管井。以总管连接或水泵直接从中抽水,使地下水降落到基坑底 0.5~1m 以下,以使在无水干燥的条件下开挖土方和基础施工:

(1)可以避免大量涌水翻浆,及粉细砂层的流砂隐患;

(2)边坡稳定性提高,可以将边坡放陡,减少土方量;

(3)在干燥条件下挖土,工作条件好,地基质量有保证。

井点降水方法种类与选择见表 1-10。

井点降水方法种类与选择 表1-10

降水类型 \ 适用条件	渗透系数(cm/s)	可能降低的水位深度(m)
轻型井点多层轻型井点	$10^{-2} \sim 10^{-5}$	3~6 6~12
喷射井点	$10^{-3} \sim 10^{-6}$	8~20
电渗井点	$<10^{-6}$	宜配合其他形式降水使用
深井井点	$\geq 10^{-5}$	>10

1.13 基坑工程监测

1.13.1 深基施工监测的目的

深基坑开挖有两个应予关注的问题,第一是基坑支护结构的稳定与安全;第二是对基坑周围环境的影响,如建筑物和地下管线沉降、位移等。基坑支护结构的计算理论和计算手段,近年来有了很大的提高。但由于影响支撑结构的因素很多,土质的物理力学性能,计算假定,土方开挖方式,降水质量及天气都产生影响,因此内力和变形的计算与实测值往往存在一定距离,为做好信息化施工,在基坑开挖及地下结构施工期间,进行施工监测,如发现问题可提请施工单位及时采取措施,以保证基坑支护结构和周围环境的安全。

基坑开挖后,基坑内外的水土压力平衡问题就要依靠围护桩(墙)和支撑体系来实现。支护结构一般有下列三种破坏情况:(1)围护桩(墙)因本身强度不足而发生断裂破坏;(2)支撑失稳或强度破坏而引起围护结构破坏;(3)围护桩(墙)下端土体滑移造成围护结构整体倾覆。上述这些破坏情况都有一个从量变到质变的渐变过程,在这个渐变过程中支护结构的位移、变形和受力以及土体的沉降位移和坑底土体的隆起都会发生变化,进行施工监测的目的就是要通过在围护桩(墙)、支撑和基坑内外土体内埋设相应的传感器,掌握深基坑内外土体的变化情况。发现问题及时采取措施确保基坑开挖和地下结构施工的安全,做到信息化施工。

基坑开挖后,支护结构和基坑外面的土体都会发生些位移和变形,因此会引起周围建筑物和地下管线的位移和变形,特别是支护结构止水帷幕没有做好,造成坑外水土流失,对周围建筑物和地下管线的影响会更大,所以须对基坑周围的建筑物和地下管线进行监测,掌握其位移和变形情况,发现问题可及时采取措施,待恢复正常后,方可继续施工。

把监测数据用于优化设计,使支护结构的设计即安全可靠又经济合理。

1.13.2 基坑监测工作要点

《建筑基坑支护技术规程》JGJ 120—99 中明确了基坑开挖监控工作应做到:
(1)基坑开挖前应作出系统的开挖监控方案;监控方案应包括监控目的、监测项目、监控报警值、监测方法及精度要求、监测点的布置、监测周期、工序管理和记录制度以及信息反馈系统等；

（2）监测点的布置应满足监控要求，从基坑边缘以外1~2倍开挖深度范围内的需要保护物体均应作为监控对象；

（3）基坑工程监测项目可根据基坑侧壁安全等级及结构形式选择，见表1-11；

基坑监测项目表（JGJ 120—99 表3.8.3）　　　　　　　　表1-11

监测项目 基坑侧壁安全等级监测项目	一级	二级	三级
支护结构水平位移	应测	应测	应测
周围建筑物、地下管线变形	应测	应测	宜测
地下水位	应测	应测	宜测
桩、墙内力	应测	宜测	可测
锚杆拉力	应测	宜测	可测
支撑轴力	应测	宜测	可测
立柱变形	应测	宜测	可测
土体分层竖向位移	应测	宜测	可测
支护结构界面上侧向压力	宜测	可测	可测

（4）基坑（槽）管沟土方工程验收必须确保支护结构安全和周围环境安全为前提，当设计有规定以设计为依据；设计无指标基坑变形的监控值按 GB 50202—2002 表7.1.7 规定执行；

（5）位移观测基准点数量不应少于二点，且应设在影响范围以外；

（6）监测项目在基坑开挖前应测得初始值，且不应少于二次；

（7）基坑监测项目的监控报警值应根据监测对象的有关规范及支护结构设计要求确定；

（8）各项监测的时间间隔可根据施工进程确定。当变形超过有关标准或监测结果变化速率较大时，应加密观测次数。当有事故征兆时，应连续监测；

（9）基坑开挖监测过程中，应根据设计要求提交阶段性监测结果报告。结束时应提交完整的监测报告，报告内容应包括：

1）工程概况；
2）监测项目和各测点的平面和立面布置图；
3）采用仪器设备和监测方法；
4）监测数据处理方法和监测结果过程曲线；
5）监测结果评价。

1.14 基坑挖土和支护工程施工操作安全措施

1.14.1 基坑挖土操作的安全重点

（1）基坑开挖深度超过2.0m时，必须在边沿设两道护身栏杆，夜间加设红色标志。人员上下基坑应设坡道或爬梯；

（2）基坑边缘堆置土方或建筑材料或沿挖方边缘移动运输工具和机械，应按施工组织设计要求进行；

（3）基坑开挖时，如发现边坡裂缝或不断掉土块时，施工人员应立即撤离操作地点，并应及时分析原因，采取有效措施处理；

（4）深基坑上下应先挖好阶梯或支撑靠梯，或开斜坡道，采取防滑措施，禁止踩踏支撑上下。坑边周应设安全栏杆；

（5）人工吊运土方时，应检查起吊工具、绳索是否牢靠。吊斗下面不得站人，卸土堆应离开坑边一定距离，以防造成坑壁塌方；

（6）用胶轮车运土，应先平整好道路，并尽量采取单行道，以免来回碰撞；用翻斗车运土时，两车前后间距不得小于10m；装土和卸土时，两车间距不得小于1.0m；

（7）已挖完或部分挖完的基坑，在雨后或冬期解冻前，应仔细观察水质边坡情况，如发现异常情况，应及时处理或排除险情后方可继续施工；

（8）基坑开挖后应对围护排桩的桩间土体，根据不同情况，采用砌砖、插板、挂网喷（或抹）细石混凝土等处理方法进行保护，防止桩间土方坍塌伤人；

（9）支撑拆除前，应先安装好替代支撑系统。替代支撑的截面和布置应由设计计算确定。采用爆破法拆除混凝土支撑结构前，必须对周围环境和主体结构采取有效的安全防护措施；

（10）围护墙利用主体结构"换撑"时，主体结构的底板或楼板混凝土强度应达到设计强度的80%；在主体体结构与围护墙之间应设置好可靠的换撑传力构造；在主体结构楼盖局部缺少部位，应在主体结构内的适当部位设置临时的支撑系统；支撑截面积应由计算确定；当主体结构的底板和楼板采取分块施工或设置后浇带时，应在分块或后浇带的适当部位设置传力构件。

1.14.2 机械挖土安全措施

（1）大型土方工程施工前，应编制土方开挖方案，绘制土方开挖图，确定开挖方式、路线、顺序、范围、边坡坡度、土方运输路线、堆放地点以及安全技术措施等以保证挖掘、运输机械设备安全作业；

（2）机械挖方前，应对现场周围环境进行普查，对临近设施在施工中要加强沉降和位移观测；

（3）机械行驶道路应平整、坚实；必要时，底部应铺设枕木、钢板或路基箱垫道，防止

作业时下陷;在饱和软土地段开挖土方应先降低地下水位,防止设备下陷或基土产生侧移;

(4) 开挖边坡土方,严禁切割坡脚,防导致边坡失稳;当山坡坡度陡于 1/5,或在软土地段,不得在挖方上侧堆土;

(5) 机械挖土应分层进行,合理放坡,防止塌方、溜坡等造成机械倾翻、淹埋等事故;

(6) 多台挖掘机在同一作用面机械开挖,掘机间距应大于 10m;多台挖掘机械在不同台阶同时开挖,应验算边坡稳定,上下台阶挖掘机前后应相距 30m 以上,挖掘机离下部边坡应有一定的安全距离,以防造成翻车事故;

(7) 对边坡上的孤石、孤立土柱、易滑动危险土石体,在挖坡前必须清除,以防开挖时滑塌;施工中应经常检查挖方边坡的稳定性,及时清除悬置的土包和孤石;削坡施工时,坡底不得有人员或机械停留;

(8) 挖掘机工作前,应检查油路和传动系统是否良好,操纵杆应置于空档位置;工作时应处于水平位置,并将行走机械制动,工作范围内不得有人行走。挖掘机回转及行走时,应待铲斗离开地面,并使用慢速运转。往汽车上装土时,应待汽车停稳,驾驶员离开驾驶室,并应先鸣号,后卸土。铲斗应尽量放低,不得碰撞汽车。挖掘机停止作业,应放在稳固地点,铲斗应落地,放尽贮水,将操纵杆置于空档位置,锁好车门。挖掘机转移工作地时,应使用平板拖车;

(9) 推土机起动前,应先检查油路及运转机构是否正常,操纵杆是否置于空档位置。作业时,应将工作范围内的障碍物先予清除,非工作人员应远离作业区,先鸣号,后作业。推土机上下坡应用低速行驶,上坡不得换挡,坡度不应超过 25°;下坡不得脱挡滑行,坡度不应超过 35°;在横坡上行驶时,横坡坡度不得超过 10°,并不得在陡坡上转弯。填沟渠或驶近边坡时,推铲不得超出边坡边缘,并换好倒车挡后方可提升推铲进行倒车。推土机应停放在平坦稳固的安全地方,放净贮水将操纵杆置于空档位置,锁好车门。堆土机转移时,应使用平板拖车;

(10) 铲运机起动前应先检查油路和传动系统是否良好,操纵杆置于空档位置。铲运机的开行道路应平坦,其宽度应大于机身 2m 以上。在坡地行走,上下坡度不得超过 25°。横坡不得超过 10°,铲斗与机身不正时,不得铲土。多台机在一个作业区作业时,前后距离不得小于 10m,左右距离不得小于 2m。铲运机上下坡道时,应低速行驶,不得中途换挡,下坡时严禁脱挡滑行。禁止在斜坡上转弯、倒车或停车。工作结束,应将铲运机停在平埋稳固地点,放净贮水将操纵杆置于空档位置,锁好车门;

(11) 在有支撑的基坑中挖土时,必须防止碰坏支撑,在坑沟边使用机械挖土时,应计算支撑强度,危险地段应加强支撑;

(12) 机械施工区域禁止无关人员进入场地内。挖掘机工作回转半径范围内不得站人或进行其他作业。土石方爆破时,人员及机械设备应撤离危险区域。挖掘机、装载机卸土,应待整机停稳后进行,不得将铲斗从运输汽车驾驶室顶部越过;装土时任何人都不得停留在装土车上;

(13) 挖掘机操作和汽车装土行驶要听从现场指挥;所有车辆必须严格按规定的开行

路线行驶,防止撞车;

（14）挖掘机行走和自卸汽车卸土时,必须注意上空电线,不得在架空输电线路下工作;如在架空输电线一侧工作时,在 110～220kV 电压时,垂直安全距离为 2.5m;水平安全距离为 4～6m;

（15）夜间作业,机上及工作地点必须有充足的照明设施,在危险地段应设置明显的警示标志和护栏;

（16）冬期、雨期施工,运输机械和行驶道路应采取防滑措施,以保证行车安全;

（17）遇七级以上大风或雷雨、大雾天时,各种挖掘机应停止作业,并将臂杆降至 30°～45°。

1.14.3 基坑支护工程施工安全技术

（1）基坑开挖应严格按支护设计要求进行。应熟悉围护结构撑锚系统的设计图纸,包括围护墙的类型、撑锚位置、标高及设置方法、顺序等设计要求;

（2）混凝土灌柱桩、水泥土墙等支护应有 28d 以上龄期,达到设计要求时,方能进行基坑开挖;

（3）围护结构撑锚系统的安装和拆除顺序应与围护结构的设计工况相一致,以免出现变形过大、失稳、倒塌等安全事故;

（4）围护结构撑锚安装应遵循时空效应原理,根据地质条件采取相应的开挖、支护方式。一般竖向应严格遵守"分层开挖,先支撑后开挖",撑锚与挖土密切配合,严禁超挖的原则。使土方挖到设计标高的区段内,能及时安装并发挥支撑作用;

（5）撑锚安装应采用开槽架设,在撑锚顶面需要运行施工机械时,撑锚顶面安装标高应低于坑内土面 20～30cm。钢支撑与基坑土之间的空隙应用粗砂土填实,并在挖土机或土方车辆的通道处铺设道板。钢结构支撑宜采用工具式接头,并配有计量千斤顶装置,并定期校验,使用中有异常现象应随时校验或更换。钢结构支撑安装应施加预应力。预压力控制值一般不应小于支撑设计轴向力的 50%,也不宜大于 75%。采用现浇混凝土支撑必须在混凝土强度达到设计的 80% 以上,才能开挖支撑以下的土方;

（6）在基坑开挖时,应限制支护周围振动荷载的作用并做好机械上、下基坑坡道部位的支护。不得在挖土过程中,碰撞支护结构,损坏支护背面截水围幕;

（7）在挖土和撑锚过程中,应有专人作监查和监测,实行信息化施工,掌握围护结构的变形及变形速率以及其上边坡土体稳定情况,以及邻近建筑物、管线的变形情况。发现异常现象,应查清原因,采取安全技术措施进行认真处理。

1.15 顶管施工

顶管法施工是在地下工作坑内,借助顶进设备的顶力将管子逐渐顶入土中,并将阻挡管道向前顶进的土壤,从管内用人工或机械挖出。这种方法比开槽挖土减少大量土方,并节约施工用地,特别是要穿越建筑物和构筑物时,采用此法更为有利。随着城市建设的发展,顶管法在地下工程中普遍采用。顶管法所用的管子通常采用钢筋混凝土管或钢管,管径一般为700～2600mm,顶管施工主要包括:作业坑设置、后背(又称后座)修筑与导轨铺设、顶进设备布置、工作管准备、降水与排水、顶进、挖土与出土、下管与接口等。

1.15.1 顶管法施工的分类

目前顶管法施工可分为对顶法、对拉法、顶拉法、中继法、后顶法、牵引法、深覆土减摩顶进法等。在地下工程采用顶管法施工时,可按照地下工程项目的特点、设计要求、技术标准、有关规程,工程环境施工的能力,经济性采取不同的顶管法施工。

1.15.2 顶管法施工准备工作

确定采用顶管施工方案前:

(1) 施工单位应组织有关人员,对勘察、设计单位所提供的顶管施工沿线的工程地质及水文情况,以及地质勘察报告进行学习;尤其是对土壤种类、物理力学性质、含石量及其粒径分析、渗透性以及地下水位等的情况进行熟悉掌握;

(2) 调查清楚顶管沿线的地下障碍物的情况,对管道穿越地段上部的建筑物、构筑物所必须采取安全防护措施;

(3) 编制工程项目顶管施工组织设计方案,其中必须制订有针对性、实效性的安全技术措施和专项方案;

(4) 建立各类安全生产管理制度,落实有关的规范、标准,明确安全生产责任制、职责,责任落实到具体人员。

1.15.3 物质、设备的施工准备工作

(1) 对采用的钢筋混凝土管、钢管、其他辅助材料均须合格;

(2) 顶管前必须对所用的顶管机具(如油泵车、千斤顶等)进行检查,保养完好后方能投入使用;

(3) 顶管工作坑的位置、水平与纵深尺寸、支撑方法与材料平台的结构与规模、后背的结构与安装、坑底基础的处理与导轨的安装、顶进设备的选用及其在坑底的平面布置等均应符合规定要求。尤其是后背(承压壁)在承受最大顶力时,必须具有足够的强度和稳定性,必须保证其平面与所顶钢管轴线垂直,其倾斜允许误差±5mm/m;

(4) 在顶进千斤顶安装时必须符合有关规定、规程要求,应是按照理论计算或经验选定的总顶力的1.2倍来配备千斤顶。千斤顶的个数,一般以偶数为宜;

(5) 对开挖工作坑的所有作业人员都应严格执行施工管理人员的安全技术交底,熟知地上、地下的各种建筑物、构筑物的位置、深度、走向及可能发生危害所必须采取的劳动保护措施。

1.15.4 顶管法施工应注意事项

(1) 顶管前,根据地下顶管法施工技术要求,按实际情况,制定出符合规范、标准、规

程的专项安全技术方案和措施；

（2）顶管后座安装时，如发现后背墙面不平或顶进时枕木压缩不均匀，必须调整加固后方可顶进；

（3）顶管工作坑采用机械挖上部土方时，现场应有专人指挥装车，堆土应符合有关规定，注意不得损坏任何构筑物和预埋立撑；工作坑如果采用混凝土灌注桩连续壁，应严格执行有关项安全技术规程；工作坑四周或坑底必须要有排水设备及措施；工作坑内应设符合规定的和固定牢固的安全梯，下管作业的全过程中，工作坑内严禁有人；

（4）吊装顶铁或钢管时，严禁在把杆回转半径内停留；往工作坑内下管时，应穿保险钢丝绳，并缓慢地将管子送入导轨就位，以便防止滑脱坠落或冲击导轨，同时坑下人员应站在安全角落；

（5）插管及止水盘根处理必须按操作规程要求，尤其应待工具管就位（应严格复测管子的中线和前、后端管底标高，确认合格后）并接长管子，安装水力机械、千斤顶、油泵车、高压水泵、压浆系统等设备全部运转正常后方可开封插扳管顶进；

（6）垂直运输设备的操作人员，在作业前要对卷扬机等设备各部分进行安全检查，确认无异常后方可作业，作业时精力集中，服从指挥，严格执行卷扬机和起重作业有关的安全操作规定；

（7）安装后的导轨应牢固，不得在使用中产生位移，并应经常检查校核；两导轨应顺直、平行、等高，其纵坡应与管道设计坡度一致；

（8）在拼接管段前或因故障停顿时，应加强联系，及时通知工具管头部操作人员停止冲泥出土，防止由于冲吸过多造成塌方，并在长距离顶进过程中，应加强通风；

（9）当吸泥莲蓬头堵塞、水力机械失效等原因，需要打开胸板上的清石孔进行处理时，必须采取防止冒顶塌方的安全措施；

（10）顶进过程中油泵操作工，应严格注意观察油泵车压力是否均匀渐增，若发现压力骤然上升，应立即停止顶进，待查明原因后方能继续顶进；

（11）管子的顶进或停止，应以工具管头部发出信号为准。遇到顶进系统发生故障或在拼管子前20min，即应发出信号给工具管头部的操作人员，引起注意；

（12）顶进过程中，一切操作人员不得在顶铁二侧操作，以防发生崩铁伤人事故；

（13）如顶进不是连续三班作业，在中班下班时，应保持工具管头部有足够多的土塞；若遇土质差，因地下水渗流可能造成塌方时，则应将工具管头部灌满以增大水压力；

（14）管道内的照明电信系统一般应采用低压电，每班顶管前电工要仔细地检查多种线路是否正常，确保安全施工；

（15）工具管中的纠偏千斤顶应绝缘良好，操作电动高压油泵应戴绝缘手套；

（16）顶进中应有防毒、防燃、防暴、防水淹的措施，顶进长度超50m时，应有预防缺氧、窒息的措施；

（17）氧气瓶与乙炔瓶（罐）不得进入坑内。

1.16 盾构施工

1.16.1 盾构机

盾构机是开挖土砂围岩的主要机械,由切口环、支承环及盾尾三部分组成,以上三部分总称为盾构壳体。盾构的基本构造包括盾构壳体、推进系统、拼装系统三大部分。盾构的推进系统有液压设备和盾构千斤顶组成。

1.16.2 盾构机施工

(1) 随着施工技术的不断革新与发展,盾构的种类也越来越多,目前在我国地下工程施工中主要有:手掘式盾构、挤压式盾构、半机械式盾构、机械式盾构等四大类;

(2) 盾构施工前,必须进行地表环境调查、障碍物调查以及工程地质勘察,确保盾构施工过程中的安全生产;

(3) 在盾构施工组织设计中,必须要有安全专项方案和措施,这是盾构设计方案中的关键;

(4) 必须建立供、变电、照明、通信联络、隧道运输、通风、人行通道,给水和排水的安全管理及安全措施;

(5) 必须有盾构进洞、盾构推进开挖、盾构出洞这三个盾构施工过程中的安全保护措施;

(6) 在盾构法施工前,必须编制好应急预案,配备必要的急救物品和设备。

1.16.3 盾构机施工应注意的事项

(1) 拼装盾构机的操作人员必须按顺序进行拼装,并对使用的起重索具逐一检查,确认可靠方可吊装;

(2) 机械在运转中,须小心谨慎,严禁超负荷作业。发现盾构机械运转有异常或振动等现象,应立即停机作业;

(3) 电缆头的拆除与装配,必须切断电源方可进行作业;

(4) 操作盘的门严禁开着使用,防止触电事故。动力盘的接地线必须可靠,并经常检查,防止松动发生事故;

(5) 连续启动二台以上电动机时,必须在第一台电动机运转指示灯亮后,再启动下一台电动机;

(6) 应定期对过滤器的指示器、油管、排放管等进行检查保养;

(7) 开始作业时,应对盾构各部件、液压、油箱、千斤顶、电压等仔细检查,严格执行锁荷"均匀运转";

(8) 盾构出土皮带运输机,应设防护罩,并应专人负责;

(9) 装配皮带运输机时,必须清扫干净,在制动开关周围,不得堆放障碍物,并有专人

操作,检修时必须停机停电;

(10) 利用蓄电瓶车牵行时,司机必须经培训持证驾驶;电瓶车与出土车的连接处,不准将手伸入;车辆牵引时,按照约定的哨声或警铃信号才能拖运;

(11) 出土车应有指挥引车,严禁超载。在轨道终端,必须安装限位装置;

(12) 门吊司机必须持证上岗,挂钩工对钢丝绳、吊钩经常检查,不得使用不合格的吊索具,严禁超负荷吊运;

(13) 盾构机头部应每天要检测可燃气体的浓度,做到预测、预防和序控工作,并做好记录台账;

(14) 盾构内部的油回丝及零星可燃物要及时清除。对乙炔、氧气要加强管理,严格执行动火审批制度及动火监护工作。在气压盾构施工时,严禁将易燃、易爆物品带入气压施工区;

(15) 在隧道工程施工中,采用冻结法地层加固时,必须以适当的观测方法测定温度,掌握地层的冻结状态,必须对附近的建筑物或地下埋设物及盾构隧道本身采取防护措施。

1.16.4 盾构施工进场和盾构进洞整个流程

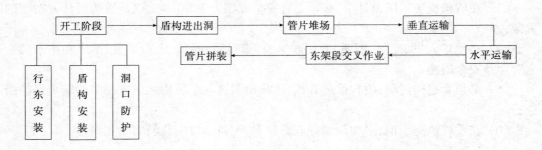

1.16.5 盾构施工开工阶段

盾构法施工的开工阶段是指为盾构正式推进施工所做准备工作的时期。包括:建设方交付施工场地后现场的隔离围护、现场生活区临时设施的搭建、施工现场的平面布局、行车设备的安装、盾构机的吊装安装就位、施工现场结构井的临边预留孔的防护、下进钢梯通道的安装等。

1. 行车安装作业

行车安装是指在施工现场地面安装起重机械的分项工程。主要内容包括:行车安装合同的签订、安全生产协议的签订、安装方案的制定及审批、现场安装施工、安装完毕后的自行检查、报送相关的技术质量监督部门的自查报告并取得安全使用证。

行车安装是一项施工周期短,作业风险高的分部工程项目,在安装过程中对不安全因素、不安全行为、不安全状态作分析,制定对策和措施及控制要点。

2. 盾构安装作业

(1) 盾构安装作业是开工阶段的重要工序。它包括安装使用的大型起重设备的进场,工作井内盾构基座的安装,盾构部件的安装、拼装就位、盾构安装完毕后的调试工作等;

（2）盾构安装是集起重吊装、焊接作业、设备调试为一体的综合性分部工程,它具有施工周期短、立体交错施工的特性,具有较高的施工风险,监控管理不力,会发生各类安全事故。因此,对盾构安装的安全管理具有一定的难度。在安装过程中的安全对策和监控措施一定要落实到位。

3. 洞口防护作业

洞口防护的范围包括:行车轨道与结构井的临边缺口、拌降施工区域的临边围护、结构井井口的防护、每一层结构井的临边围护、结构上中小型预留孔的围护。

结构施工单位向盾构施工单位移交施工场地后,大量的结构临边及预留孔,都必须制作防护设施。在开工阶段,如不能及时将这些安全设施完善,将会留下很大的高处坠落事故隐患。因此,必须采取有效的保护措施,确保施工人员的安全。

1.16.6 盾构进出洞作业

（1）盾构进出洞是作为整个工艺流程起始和结束两个环节。其中包括盾构基座的安装、盾构机的就位、安装完毕后的验收、凿洞门脚手架的搭设、洞门的凿除、袜套的安装、预留钢筋的割除、大型混凝块的调运等;

（2）盾构进出洞都存在相当大的危险性。人机交错、立体施工的特性十分显著。整个施工作业环境处于一个整体的动态之中,蕴藏着土体盾构进出洞的不安全条件。因此,对策和监控措施必须落实到位。

1.16.7 管片堆放作业

（1）地面管片堆放是为隧道井下盾构推进所作的重要准备工序,其中包括管片卸车、管片吊装堆放、涂料制作等工序;

（2）地面管片堆场施工主要涉及到运输车辆进出工地可能发生车辆伤人事故,同时,重点防范的是管片在吊运过程中,对施工人员的伤害;

（3）管片堆场要平稳,道路要畅通,堆放要规范,排水要畅通,有良好的照明措施,运输过程中须专人指挥,安全警示标志清晰有针对性。

1.16.8 行车垂直运输作业

（1）行车垂直运输主要包括运用行车将盾构推进所需的施工材料吊运至井下,将井下的出土箱等重物吊至地面。垂直运输施工的重要工序;

（2）行车垂直运输是隧道盾构施工"二线一点"中的重要部分,行车设备及吊索具的损坏和不规范使用都会引起重大伤亡事故。同时,该部位是施工中运作最为频繁的区域,是人机交错高风险事故发生的重要部位;

（3）行车必须有安全使用证,加强日常维修保养和检测,运行前必须对所有安全保险装置作一次检查,司机和指挥必须持证上岗,强化操作人员的安全意识,规范操作,确保安全。

1.16.9 电机车水平运输作业

（1）电机车水平运输主要包括:电机车通过水平运输系统（电机车轨道）将垂直运输

的施工材料(管片、轨道、轨枕、油脂等等)运输到盾构工作面,将盾构工作的出土箱运送到井口。水平运输是盾构施工的重要工序之一;

(2)水平运输线是盾构施工风险部位控制的重中之重,和垂直运输速度一样,由于施工频率高,势必造成盾构施工人机交错概率的提高。同时,由于地铁施工速度日益加快,也使电机车运输速度受到干扰。电机车水平运输在历年事故发生的类别中占有比重最大,机车设备隐患及人员操作失误是导致事故主要原因;

(3)电机车轨道的轨距,轨枕木要经常测距检查,电机车做好维修保养,警示设备须完好,电机车操作人员持证上岗,使水平运输安全动态处在受控下施工。

1.16.10 车架段交叉施工作业

(1)车架段交叉施工包括土箱的装土、管片的吊运、轨道轨枕的铺设、车架后部的人行隔离通道的制作、车架后部通风管理的敷设、电缆线的排放、电机车在车架内装卸施工材料、测量人员上下测量平台、车架内接轨作业、压浆作业等等;

(2)车架段由于其空间狭窄、作业繁多,作业人员多的特性,注定了这一部位有相当大的危险性,这一部位必须加强监控管理;

(3)日常必须对车架内电机车轨道的行程限位装置、电机车车身下部的防飞车的滑行装置、车架上部的围护栏杆等检查,对车架上的高压电缆必须落实有效的隔离措施,同时设置警示标志,对过轨道的电源线落实穿孔过路等保护措施。

1.16.11 管片拼装作业

(1)管片拼装是盾构施工的重要工序之一,它包括:管片的运输吊装就位,举重臂的旋转拼装,管片链接件的安装,管片拼装环的拆除,千斤顶的靠拢,管片螺栓的紧固等;

(2)管片拼装是安全风险部位两线一点中的"一点",该部位以往曾发生过教训深刻的事故。由于施工进度不断加快,安全措施不到位,管片拼装机的操作人员和拼装工高频率的配合,仅靠施工人员的反映来降低危险程度,管理比较被动。须消除拼装机械的不安全状态和拼装作业人员的不安全行为等,使施工作业在受控状态下进行;

(3)举重臂的制动装置,拼装机的警示设备,运输管片的单轨葫芦及双轨梁限位装置及制动装置,拼装平台的防护,栏杆等必须日常例保检查、维修、保养,确保安全生产。

第2章 模板工程

本章要点

本章介绍了模板的构造、分类；模板工程所使用的材料的性能和规格；模板所承受荷载的类别，设计计算的项目和原则；模板结构构造、模板安装的措施及各类模板拆除的措施。重点是编制模板工程专项施工方案的程序和内容。特别是水平混凝土构件的模板支撑体系所选用材料的性能、规格，设计计算原则及构筑特点。本章难点为荷载的类别及模板的设计计算原则。

2.1 模板工程概述

模板工程是混凝土结构工程施工中的重要组成部分，在建筑施工中也占有相当重要的位置。特别是近年来高层建筑增多，模板工程的重要性更为突出。

一般模板通常由三部分组成：模板面、支撑结构（包括水平支承结构，如龙骨、桁架、小梁等，以及垂直支承结构，如立柱、格构柱等）和连接配件（包括穿墙螺栓、模板面联结卡扣、模板面与支承构件以及支承构件之间联结零、配件等）。

模板使用时要经过设计计算，主要是模板结构（包括模板面、支撑、体系和连接件）的设计计算，这些计算虽然是技术员的责任，但安全管理人员必须熟悉计算原则和方法。

模板的结构设计，必须能承受作用于模板结构上的所有垂直荷载和水平荷载（包括混凝土的侧压力、振捣和倾倒混凝土产生的侧压力、风力等）。在所有可能产生的荷载中要选择最不利的组合验算模板整体结构包括模板面、支撑结构、连接配件的强度、稳定性和刚度。当然首先在模板结构设计上必须保证模板支撑系统形成空间稳定的结构体系。

模板工程必须经过支撑杆的设计计算，并绘制模板施工图，制定相应的施工安全技术措施。光凭经验去选择模板结构构件的载面尺寸和间距是不行的，特别是当前高层与大跨度水平混凝土构件日益增多，因支撑体系失稳造成模板坍塌事故此起彼伏。为了保证模板工程设计与施工的安全，安全专职人员必须具有一定的基本知识，如混凝土对模板的侧压力、作用在模板上的荷载、模板材料的物理力学性能和结构及支撑体系计算的基本知识等。了解模板工程的关键所在，才能更好地在施工过程中进行安全监督指导。

按照《建筑法》和《建设工程安全生产管理条例》的要求，模板工程施工前应编制专项施工方案，其内容主要包括：

(1) 该现浇混凝土工程的概况；
(2) 拟选定的模板种类（部位、种类、面积）；

（3）模板及其支撑体系的设计计算及布料点的设置；
（4）绘制各类模板的施工图；
（5）模板搭设的程序、步骤及要求；
（6）浇筑混凝土时的注意事项；
（7）模板拆除的程序及要求。

2.2 模板分类

常用的模板按其功能分类，主要有五大类。

1. 定型组合模板

包括定型组合钢模板、钢木定型组合模板、组合铝模板以及定型木模板。目前我国推广应用量较大的是定型组合钢模板。从1987年起我国开始推广钢与木（竹）胶合板组合的定型模板，并配以固定立柱早拆水平支撑和模板面的早拆支撑体系，这是目前我国较先进的一种定型组合模板，也是世界上较先进的一种组合模板。我国在20世纪五六十年代开始应用定型木模板，它是各施工单位利用短、窄、废旧木板拼制而成，各单位按自己的习惯确定其规格、尺寸，全国没有通用的规格尺寸，也没有成为定型的产品在市场上出售。组合铝模板是从美国进口的一种铸铝合金模板，具有刚度大、精度高的优点，但造价高，目前我国难以推广应用。

2. 一般木模板＋钢管（或木立柱）支撑

板面采用木板或木胶合板，支承结构采用木龙骨、立柱采用钢管脚手架或木立柱，连接件采用螺栓或铁钉。

3. 墙体大模板

20世纪70年代我国高层剪力墙结构兴起，整体快速周转的工具式墙模板迅速得到推广，从北京前三门大街高层住宅一条街开始发展到上海、天津等其他大城市。墙体大模板有钢制大模板、钢木组合大模板以及由大模板组合而成的筒子模等。

4. 飞模（台模）

飞模是用于楼盖结构混凝土浇筑的整体式工具式模板，具有支拆方便、周转快、文明施工的特点。飞模有铝合金桁架与木（竹）胶合板面组成的铝合金飞模，有轻钢桁架与木（竹）胶合板面组成的轻钢飞模，也有用门式钢管脚手架或扣件式钢管脚手架与胶合板或定型模板面组成的脚手架飞模，还有将楼面与墙体模板连成整体的工具式模板——隧道模。

5. 滑动模板

滑动模板是整体现浇混凝土结构施工的一项新工艺。我国从20世纪70年代开始采用，已广泛应用于工业建筑的烟囱、水塔、筒仓、竖井和民用高层建筑剪力墙、框架剪力墙、框架结构施工。滑动模板主要由模板面、围圈、提升架、液压千斤顶、操作平台、支承杆等组成。滑动模板一般采用钢模板面，也可用木或木（竹）胶合板面，围圈、提升架、操作平台一般为钢结构，支承杆一般用直径 $\phi25mm$ 的圆钢或螺纹钢制成。

2.3 模板工程使用的材料

(1) 模板结构的材料宜优先选用钢材,且宜采用 Q235 钢或 Q345 钢。

模板结构的钢材质量应分别符合下列规定:

1) 钢材应符合现行国家标准《碳素结构钢》GB/T 700 和《低合金高强度结构钢》GB/T 1591 的规定;

2) 钢管应符合现行国家标准《直缝电焊钢管》GB/T 13793 或《低压流体输送用焊接钢管》GB/T 3092 的规定,并应符合现行国家标准《碳素结构钢》GB/T 700 中 Q235A 级钢的规定。不得使用有严重锈蚀、弯曲、压扁及裂纹等疵病的钢管;

3) 钢铸件应符合现行国家标准《一般工程用铸造碳钢件》GB/T 11352 中规定的 ZG200—420、ZG230—450、ZG270—500 和 ZG310—570 号钢的要求;

4) 连接用的焊条应符合现行国家标准《碳钢焊条》GB/T 5117 或《低合金钢焊条》GB/T 5118 中的规定;

5) 连接用的普通螺栓应符合现行国家标准《六角头螺栓 C 级》GB/T 5780 和《六角头螺栓》GB/T 5782 的规定;

6) 组合钢模板及配件制作质量应符合现行国家标准《组合钢模板技术规范》GB 50214 的规定。

(2) 模板结构采用的钢材应具有抗拉强度、伸长率、屈服强度和硫、磷含量的合格保证,对焊接结构尚应具有碳含量的合格保证。

(3) 当模板结构工作温度不高于 -20℃ 时,对 Q235 钢和 Q345 钢应具有 0℃ 冲击韧性的合格保证。

(4) 焊接采用的材料应符合下列规定:

1) 选择的焊条型号应与主体结构金属力学性能相适应;

2) 当 Q235 钢和 Q345 钢相焊接时,宜采用与 Q235 钢相适应的焊条。

(5) 连接件应符合下列规定:

1) 普通螺栓除应符合现行国家标准《六角头螺栓 C 级》GB/T 5780 和《六角头螺栓》GB/T 5782 的规定外,其机械性能还应符合现行国家标准《紧固件机械性能 螺栓、螺钉和螺柱》GB/T 3098.1 的规定;

2) 连接薄钢板或其他金属板采用的自攻螺钉应符合现行国家标准《紧固件机械性能 自钻自攻螺钉》GB/T 3098.11 或《紧固件机械性能 自攻螺钉》GB/T 3098.5 的规定。

(6) 钢管扣件应使用可锻铸铁制造,其产品质量及规格应符合现行国家标准《钢管脚手架扣件》GB 15831 的规定。

2.4 荷 载

2.4.1 荷载标准值

(1) 模板结构的荷载可分为恒荷载及活荷载。恒荷载包括模板结构自重、钢筋自重、新浇筑混凝土的侧压力。活荷载包括新浇筑混凝土荷载、施工人员及设备荷载、振捣混凝土时产生的竖向荷载和水平荷载、倾倒混凝土对侧面板的水平荷载、施工活动对模板结构顶端产生的附加水平荷载、模板结构安装偏差产生的对支架顶部的水平荷载、风荷载。

(2) 恒荷载标准值应按下列规定取值：

1) 模板结构自重标准值(G_{1k})应根据模板设计计算确定。肋梁或无梁楼板的钢、木模板自重标准值可按表2-1采用。

楼板的钢、木模板自重标准值(kN/m^2)　　　　　　　　表2-1

序号	模板构件的名称	木模板	定型组合钢模板
1	平板的模板及小梁	0.30	0.50
2	楼板模板(其中包括梁的模板)	0.50	0.75
3	楼板模板及其支架(楼层高度为4m以下)	0.75	1.10

2) 钢筋自重标准值(G_{2k})应根据工程设计图确定。对一般梁板结构每立方米钢筋混凝土的钢筋自重标准值：楼板可取1.1kN；梁可取1.5kN。

3) 当采用内部振捣器时，新浇筑混凝土对侧面板的水平荷载标准值(G_{3k})可按下列公式计算，并取其较小值：

$$G_{3k} = 0.22\gamma_c t_0 \beta_1 \beta_2 U^{\frac{1}{2}} \quad (2-1)$$

$$G_{3k} = \gamma_c Y \quad (2-2)$$

式中　G_{3k}——新浇筑混凝土对侧面板的水平荷载标准值(kN/m^2)；

　　　γ_c——混凝土的重力密度(kN/m^3)；

　　　U——混凝土的浇筑速度(m/h)；

　　　t_0——新浇筑混凝土的初凝时间(h)，由试验确定。当缺乏试验资料时，可采用$t_0 = 200/(T+15)$(T为混凝土的温度，℃)；

　　　β_1——外加剂影响系数。不掺外加剂时取1.0，掺具有缓凝作用的外加剂时取1.2；

　　　β_2——混凝土坍落度影响系数。当坍落度小于30mm时，取0.85；坍落度为50~90mm时，取1.00；坍落度为110~150mm时，取1.15；

　　　Y——混凝土侧压力计算位置处至新浇筑混凝土顶面的高度(m)。混凝土侧压力的计算分布图形如图2-1所示，图中$y = G_{3k}/\gamma_c$，y为有效压头高度。

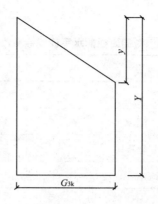

图 2-1 混凝土侧压力计算分布图形

（3）活荷载标准值应按下列规定取值：

长期以来，国内、外都把混凝土的重量规定为作用于模板结构的恒荷载，而且不考虑施工过程中混凝土浇筑设备的振动作用以及模板安装偏差产生的水平荷载。由于近年来模板结构在混凝土浇筑过程中，倒塌事故时有发生，最近由住房和城乡建设部质量安全司委托北京交通大学对某奥运工程模板支架进行了实际测试。对混凝土浇筑施工过程中模板结构的应力测试表明：模板结构上作用的水平力比较大，浇筑过程中模板结构所受荷载适应的离散性很大，混凝土浇筑顺序对模板结构产生和荷载差异很大，这些因素都不可忽视。混凝土荷载的加载过程具有活荷载的特征。模板结构的使用周期一般只有1~2个月，而最不利的状态通常出现在混凝土浇筑过程中，这一事实已被多次大型模板坍塌事故所证明。因此，在北京交通大学课题验收时，与会者一致认为在模板工程中将新浇混凝土荷载视为活荷载较为合理。

1）把新浇筑混凝土荷载由恒荷载改变为活荷载。由于目前还未对浇筑混凝土过程中荷载产生的动力效应进行充分研究，其值仍取混凝土自重的标准值不变。

2）增加两项活荷载：施工过程中设备和人员活动对模板结构顶层产生的水平荷载Q_{5k}；模板结构安装偏差产生的对其顶部的水平荷载Q_{6k}。

① 新浇筑混凝土荷载标准值（Q_{1k}）

对普通混凝土应采用24kN/m³，其他混凝土应根据实际重力密度确定。

② 施工人员及设备荷载标准值（Q_{2k}）

a. 取均布荷载：2.5kN/m²；

b. 当计算面板和直接支承面板的小梁时，还应考虑跨中作用集中荷载2.5kN。当单块面板宽度小于150mm时，集中荷载可分布于相邻的两块面板上；

c. 采用大型浇筑设备，如上料平台、布料机、混凝土输送泵等按实际情况计算。

3）振捣混凝土时产生的竖向荷载和水平荷载标准值（Q_{3k}）

对水平面板应采用2.0kN/m²；对侧面板应采用4.0kN/m²（作用在新浇筑混凝土侧压力的有效压头高度范围之内）。

4）倾倒混凝土对侧面板的水平荷载标准值（Q_{4k}）

应按表2-2采用。

倾倒混凝土对侧面板的水平荷载标准值(kN/m²)　　　表2-2

向模板内供料方法	水平荷载
溜槽、串筒或导管	2.0
容量小于0.2m³的运输器具	2.0
容量为0.2~0.8m³的运输器具	4
容量大于0.8m³的运输器具	6.0

注：作用在有效压头高度范围以内。

5）施工活动对模板结构顶端产生的附加水平荷载（Q_{5k}）

由于振动及布料机，输送泵冲击荷载不均匀等复杂因素对模板支承结构顶端的附加水平荷载标准值应取模板结构竖向荷载标准值总和的2.5%。

6）模板结构安装偏差产生的对支架顶部的水平荷载（Q_{6k}）

其标准值应取模板结构竖向荷载标准值总和的1%。

7）风荷载标准值 w_k

应按现行国家标准《建筑结构荷载规范》GB 50009中的规定计算，其中基本风压值 w_0 应按《建筑结构荷载规范》附表D.4中 $n=10$ 年的规定采用，并取风振系数 $\beta_z = 1.0$。

2.4.2 荷载效应组合

（1）模板结构承载能力的极限状态，应采用荷载效应的最不利组合进行设计，并应采用下列设计表达式：

$$\gamma_0 S \leq R \tag{2-3}$$

式中　γ_0——结构重要性系数，其值按0.9采用；
　　　S——荷载效应组合的设计值；
　　　R——结构构件抗力的设计值，应按相应建筑结构设计规范的规定确定。

（2）设计模板结构构件时，应根据使用过程中可能出现的荷载取其最不利组合进行计算，荷载组合可按表2-3采用。

荷载组合　　　表2-3

序号	计算项目	荷载组合
1	支架立杆承载能力	1. $G_{1k} + G_{2k} + Q_{1k}$ 2. $G_{1k} + G_{2k} + 0.9(Q_{1k} + Q_{2k} + Q_{3k} + Q_{5k} + Q_{6k} + w_k)$
2	面板、主、次梁等的承载能力及变形	1. $G_{1k} + G_{2k} + Q_{1k}$ 2. $G_{1k} + G_{2k} + 0.9(Q_{1k} + Q_{2k} + Q_{3k})$
3	侧面板和侧面板的拉接件（包括柱模、墙模、柱箍、对拉螺栓）的强度及变形	1. $G_{3k} + Q_{3k}$ 2. $G_{3k} + Q_{4k}$

续表

序号	计 算 项 目	荷 载 组 合
4	支架立杆的基础地基承载力及立杆变形	1. $G_{1k}+G_{2k}+Q_{1k}$ 2. $G_{1k}+G_{2k}+0.9(Q_{1k}+Q_{2k})$
5	模板结构倾覆	$G_{1k}+G_{2k}+Q_{6k}+w_k$

注:1. 计算变形时取荷载标准值。
　　2. 除计算变形外,其他均取荷载设计值。

2.5 设 计

2.5.1 一般规定

(1) 模板结构中的钢构件设计应符合现行国家标准《钢结构设计规范》GB 50017 和《冷弯薄壁型钢结构技术规范》GB 50018 的规定。

(2) 组合钢模板设计应符合国家现行标准《组合钢模板技术规范》GB 50214 和规定。

(3) 模板结构中的木构件设计应符合现行国家标准《木结构设计规范》GB 50005 的规定。

(4) 模板结构应是空间几何不变体系的稳定结构。其承载能力应进行下列设计计算:

　1) 面板、次梁、主梁(或桁架)以及其他受弯构件的强度和扣件式支架的节点抗滑计算;

　2) 模板结构立柱、立杆以及受压构件的稳定性计算;

　3) 模板支架的高宽比不宜大于1.5。当高宽比大于1.5时,其支架必须进行风荷载及其他水平荷载组合作用下立杆稳定性验算和整体抗倾覆验算。当模板支架高宽比大于2.0时,应进行专门设计;

　4) 支架立柱的地基承载力计算;

　5) 模板结构支承在建筑结构上时,应对建筑结构的承载能力进行验算。

(5) 计算构件的强度、稳定性与节点连接强度时应采用荷载效应的基本组合。恒荷载分项系数应取1.2,活荷载分项系数应取1.4。验算变形时,应采用荷载的标准组合。进行抗倾覆验算时,对抗倾覆有利的恒荷载分项系数应取0.9,且不计对抗倾覆有利的活荷载。

(6) 模板结构构件的长细比应符合下列规定:

　1) 受压构件长细比:钢支架立杆及桁架压杆不应大于150;木立柱不应大于120;水平支撑杆、斜撑杆、格构柱的缀条长细比不应大于200;

　2) 受拉构件长细比:钢杆件不应大于350;木杆件不应大于250。

(7) 采用扣件式钢管脚手架作模板结构支架时,其设计、搭设、使用、拆除和验收除应符合本规范外,还应符合《建筑施工扣件式钢管脚手架安全技术规范》JGJ 130 的规定。

（8）采用门式钢管脚手架作模板结构支架时，门架立杆应采用 $\phi 48 \times 3.5mm$ 的钢管。其设计、搭设、使用、拆除和验收除应符合本规范外，还应符合《建筑施工门式钢管脚手架安全技术规范》JGJ 128 以及《门式钢管脚手架》JGJ 13 的规定。

（9）模板支架高度超过 16m 时，不应采用门式钢管脚手架。

（10）采用碗扣式脚手架做模板支架，应按相关规范进行设计和计算。

（11）模板支架采用木立柱时，高度不应超过 5m。

（12）模板结构的受弯构件应根据正常使用极限状态的要求验算挠度。其最大挠度不得超过下列容许值：

1）对结构表面外露的模板，为模板构件计算跨度的 1/400；

2）对结构表面隐蔽的模板，为模板构件计算跨度的 1/250。

（13）模板支架高度超过 10m 时，宜做立杆的竖向变形验算；立杆的竖向变形不应超过其长度的 1/1000 或 10mm。

（14）组合钢模板的容许变形值不得超过表 2-4 的规定。

组合钢模板的容许变形值（mm） 表 2-4

部 件 名 称	容 许 变 形 值
钢模板的面板	≤1.5
单块钢模板	≤1.5
钢肋梁	≤$L/500$ 或 ≤3.0
柱箍	≤$B/500$ 或 ≤3.0
桁架、组合钢模板	$L/1000$
组合钢模板累计变形	≤4.0

注：L 为计算跨度，B 为柱宽。

2.5.2 模板结构计算

1. 受弯构件计算

（1）抗弯强度应按下式计算：

$$\sigma = \frac{M_{max}}{W_n} \leq f \text{ 或 } f_m \tag{2-4}$$

式中　M_{max}——最大弯矩设计值；
　　　W_n——构件的净截面抵抗矩；
　　　f 或 f_m——钢材或木材的抗弯强度设计值。

（2）木构件的抗剪强度应按下式计算：

$$\frac{VS}{Ib} \leq f_v \tag{2-5}$$

式中　V——计算截面的剪力设计值；
　　　S——计算剪应力处以外毛截面面积对中和轴的面积矩；
　　　I——构件的毛截面惯性矩；
　　　b——构件的截面宽度；

f_v——木材的顺纹抗剪强度设计值。

(3)挠度应按下式验算:

$$v \leqslant [v] \quad (2-6)$$

v——构件的挠度,一般按下式计算:

$$v = \frac{5q_k l^4}{384EI_x} \quad (2-7)$$

或:

$$v = \frac{5q_k l^4}{384EI_x} + \frac{P_k l^3}{48EI_x} \quad (2-8)$$

式中 q_k——均布线荷载标准值;

P_k——集中荷载标准值;

E——弹性模量;

I_x——毛截面惯性矩;

l——计算跨度;

$[v]$——受弯构件的容许挠度,组合钢模板应按 2.5.1 中(14)条的规定采用。

2. 对拉螺栓计算

对拉螺栓的抗拉强度应按下列公式计算:

$$N \leqslant N_t^b \quad (2-9)$$

$$N_t^b = A_n f_t^b \quad (2-10)$$

$$N = abF_s \quad (2-11)$$

式中 N——一个对拉螺栓的最大轴力设计值;

N_t^b——一个螺栓的抗拉承载力设计值;当采用 4.6、4.8 级普通螺栓时可按表 2-5 采用,否则应按照式(2-10)计算;

A_n——螺纹处的有效截面积;

f_t^b——螺栓的抗拉强度设计值,可由《钢结构设计规范》GB 50017 查取;

a——对拉螺栓横向间距;

b——对拉螺栓竖向间距;

F_s——作用于侧面板上的水平面荷载,由下列两式计算,取其大者:

$$F_s = (\gamma_G G_{3k}、+ \gamma_Q Q_{3k}) \quad (2-12)$$

或

$$F_s = (\gamma_G G_{3k} + \gamma_Q Q_{4k}) \quad (2-13)$$

一个螺栓的抗拉承载力设计值(N_t^b)　　　　表 2-5

螺栓直径 (mm)	螺栓有效直径 (mm)	有效截面积 (mm²)	重　量 (N/m)	抗拉承载力设计值 N_t^b (kN)
M12	9.85	76	8.9	12.9
M14	11.55	105	12.1	17.8
M16	13.55	144	15.8	24.5
M18	14.93	174	20.0	29.6
M20	16.93	225	24.6	38.2
M22	18.93	282	29.6	47.9

3. 柱箍计算

（1）钢柱箍计算

1）钢柱箍的强度应按下式计算。计算简图见图 2-2；

$$\frac{N}{A_n} + \frac{M_{max}}{W_n} \leq f \tag{2-14}$$

式中 N——柱箍轴向拉力设计值；

A_n——柱箍净截面面积；

M_{max}——柱箍承受的最大弯矩设计值；

W_n——柱箍截面抵抗矩；

f——钢材抗弯强度设计值。

计算长边时：
$$M_{max} = \frac{F_s h_z l_2^2}{8} \tag{2-15}$$

计算短边时：
$$M_{max} = \frac{F_s h_z l_1^2}{8} \tag{2-16}$$

式中 h_z——柱箍的间距；

l_1——短边柱箍的计算跨度，可取柱箍短边尺寸；

l_2——长边柱箍的计算跨度，可取柱箍长边尺寸；

F_s——见公式（2-12）或（2-13）。

2）挠度可参照公式（2-7）计算；

3）柱箍连接螺栓的抗剪强度应按下列公式计算：

$$N_v \leq N_v^b \text{ 和 } N_c^b \tag{2-17}$$

$$N_v = \sqrt{R_1^2 + R_2^2} \tag{2-18}$$

$$N_v^b = \frac{\pi \cdot d^2}{4} f_v^b \tag{2-19}$$

柱箍连接螺栓孔的承压强度应按下列公式计算：

$$N_c^b = d \cdot t \cdot f_c^b \tag{2-20}$$

式中 N_v——一个螺栓所受的剪力设计值；

N_v^b——一个螺栓的抗剪承载力设计值；

N_c^b——一个螺栓的承压承载力设计值；

t——柱箍型钢中的较小壁厚；

d——螺栓杆直径；

f_c^b——螺栓的承压强度设计值，由《钢结构设计规范》GB 50017 查取；

q——作用于侧面板的水平线荷载设计值，$q = F_s \cdot h_z$；

R_1——柱箍短边的反力，即长边柱箍的轴向拉力，$R_1 = \frac{q \cdot l_1}{2}$；

R_2——柱箍长边的反力，即短边柱箍的轴向拉力，$R_2 = \frac{q \cdot l_2}{2}$。

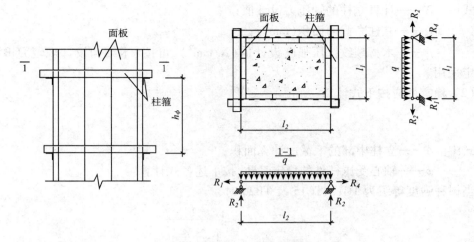

图 2-2 钢柱箍计算简图

(2) 方木与螺栓组合的柱箍计算
1) 方木与螺栓组合的柱箍的计算简图见图 2-3;
2) 方木按式(2-4)~(2-8)计算;
3) 螺栓按式(2-9)~(2-13)计算。

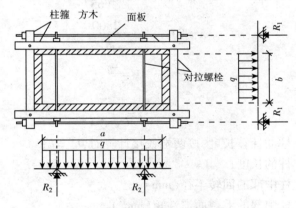

图 2-3 方木与螺栓组合的柱箍计算简图

图中:R_1——柱箍短边的反力,即长边对拉螺栓的轴向拉力,$R_1 = \dfrac{qb}{2}$;

R_2——柱箍长边的反力,即短边对拉螺栓的轴向拉力,$R_2 = \dfrac{qa}{2}$;

q——计算方法同前。

4. 木立柱计算

(1) 强度应按下式计算:

$$\frac{N}{A_n} \leqslant f_c \qquad (2-21)$$

式中 N——计算立柱的轴压力设计值;

A_n——立柱净截面面积(mm^2);

f_c——木材顺纹抗压强度设计值(N/mm^2),可按《木结构设计规范》GB50005的规定采用。

(2)稳定性应按下式计算:

$$\frac{N}{\varphi \cdot A} \leq f_c \tag{2-22}$$

式中 A——立柱中部的毛截面计算面积;

φ——轴心受压杆件的稳定系数,按下述各式计算:

当树种强度等级为 TC17、TC15 及 TB20 时,

$$\lambda \leq 75 \quad \varphi = \frac{1}{1+\left(\frac{\lambda}{80}\right)^2} \tag{2-23}$$

$$\lambda > 75 \quad \varphi = \frac{3000}{\lambda^2} \tag{2-24}$$

当树种强度等级为 TC13、TC11、TB17 及 TB15 时,

$$\lambda \leq 91 \quad \varphi = \frac{1}{1+\left(\frac{\lambda}{65}\right)^2} \tag{2-25}$$

$$\lambda > 91 \quad \varphi = \frac{2800}{\lambda^2} \tag{2-26}$$

$$\lambda = \frac{L_0}{i} \tag{2-27}$$

$$i = \sqrt{\frac{I}{A}} \tag{2-28}$$

式中 L_0——立柱的计算长度,按两端铰接计算时,$L_0 = L$;

L——立柱的长度;

i——立柱中部的回转半径(mm);

I——立柱中部的毛截面惯性矩(mm^4)。

5. 风荷载产生的立杆段弯矩设计值计算

$$M_w = 0.9 \times 1.4 \frac{w_k d \cdot h^2}{10} \tag{2-29}$$

式中 M_w——风荷载标准值产生的弯矩设计值;

d——立杆的直径;

h——立杆步距;

w_k——风荷载标准值,按下式计算:

$$w_k = \mu_z \cdot \mu_s \cdot w_0 \tag{2-30}$$

μ_z——风压高度变化系数,按《建筑结构荷载规范》GB 50009 的规定采用;

μ_s——脚手架风荷载体型系数,按现行国家标准《建筑结构荷载规范》GB

50009 的规定采用；

w_0——基本风压，按《建筑结构荷载规范》GB 50009 的规定查表取值。

6. 模板支架顶端水平荷载产生的对立杆段的附加轴力计算

支架顶端水平荷载产生的对各立杆段的附加轴力计算简图见图2-4。

$$P_i = \frac{F \cdot H}{2\sum_{i=1}^{n} r_i^2} \cdot r_i \quad (2-31)$$

式中 P_i——由顶端水平荷载产生的立杆段的附加轴力设计值；
   F——作用于模板结构顶端水平力设计值的总和；
   H——水平力 F 距地面的高度；
   r_i——计算立杆至中心轴的距离；
   n——中心轴一侧的立杆数。

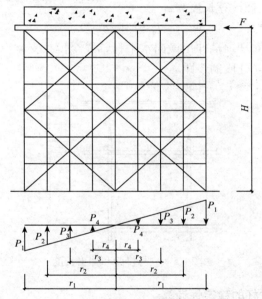

图2-4 水平荷载产生的立杆附加轴力计算简图

7. 扣件式钢管支架立杆的稳定性计算

立杆稳定性应按下式计算：

$$\frac{N}{\varphi \cdot A} + \frac{M_w}{W} \leq f^m \quad (2-32)$$

式中 N——计算立杆段的轴向力设计值，应包括竖向荷载和式(2-31)计算所得的水平荷载产生的附加轴力；
   A——立杆的毛截面面积；
   W——立杆的截面模量；
   M_w——计算立杆段由风荷载产生的弯矩设计值，按公式2-29计算；
   f^m——验算压杆稳定时，经折减的钢材抗压强度设计值。当采用Q235钢时：

$$f^m = kf = 0.7 \times 205 = 144 N/mm^2;$$

f——钢材的抗压强度设计值,按《冷弯薄壁型钢结构技术规范》GB 50018 的规定取值;

k——立杆稳定计算时钢材强度的附加系数,取 0.7;

φ——轴心压杆的稳定系数,应根据长细比,由《冷弯薄壁型钢结构技术规范》GB 50018 查得;

λ——立杆的长细比,$\lambda = \dfrac{l_o}{i}$;

i——立杆截面回转半径;

l_0——立杆计算长度,应按式(2-33)计算。

8. 扣件式钢管支架立杆计算长度

扣件式钢架支架立杆计算长度为:

$$l_0 = h + 2a \qquad (2-33)$$

式中 a——支架立杆顶端伸出横向水平杆轴线至模板支承点的距离;

h——计算立杆段的步距。

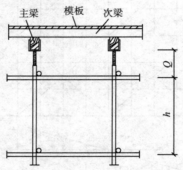

图 2-5 立杆步距和伸出长度

9. 门式钢管支架立杆的稳定性计算

门式钢管支架立杆应按式(2-32)计算门架平面外的稳定性。但计算长度和立杆回转半径应按下式计算:

$$l_0 = h_0 \qquad (2-34)$$

$$i = \sqrt{\dfrac{I}{A_1}} \qquad (2-35)$$

$$I = I_0 + I_1 \dfrac{h_1}{h_0} \qquad (2-36)$$

式中 l_o——立杆计算长度;

h_0——门架高度;

i——门架立杆换算截面回转半径;

I——门架立杆换算截面惯性矩;

I_0, A_1——门架立杆的毛截面惯性矩和毛截面面积;

I_1, h_1——门架加强杆的毛截面惯性矩和高度。

10. 模板支架立杆竖向变形计算

立杆的竖向变形计算：

$$\Delta = \Delta_1 + \Delta_2 + \Delta_3 \leq [\Delta] \tag{2-37}$$

式中 Δ——立杆的竖向变形的总量；

Δ_1——立杆的弹性压缩变形，$\Delta_1 = N_k H/(EA)$； (2-38)

N_k——恒荷载、活荷载产生的轴力标准值之和；

H——立杆总高度；

E——钢材的弹性模量；

A——立杆截面面积；

Δ_2——立杆接头处的非弹性变形，$\Delta_2 = n \cdot \delta$； (2-39)

n——H 范围内立杆接头的数量；

δ——一个立杆接头的非弹性变形值，可取 $\delta = 0.5 mm$；

Δ_3——立杆由于温度作用而产生的变形：

$$\Delta_3 = H \times a \times \Delta t \tag{2-40}$$

a——钢材的线膨胀系数 $a = 1.2 \times 10^{-5}$（以每摄氏度计）；

Δt——计算温差（℃）；

$[\Delta]$——支架立杆的容许变形，应符合 2.5.1 中(13)条的规定。

11. 模板支架立杆(柱)地基承载力计算

立杆(柱)地基承载力应按下式计算：

$$p_k = \frac{N_k}{A} \leq m_f \cdot f_{ak} \tag{2-41}$$

式中 p_k——立杆下垫木底面的平均压力；

N_k——立杆的轴向力标准值；

A——垫木底面面积；

f_{ak}——地基承载力特征值；应按现行国家标准《建筑地基基础设计规范》GB 50007的规定和工程地质勘察报告提供的数据采用；

m_f——立柱垫木地基承载力折减系数，应按表 2-6 采用。

地基承载力折减系数 m_f 表 2-6

地基土类别	折减系数	
	支承在原土上时	支承在回填土上时
碎石土、砂土、回填土	0.8	0.4
黏土、回填土	0.9	0.5
岩石、混凝土	1.0	1.0

注：1. 立杆(柱)基础应有良好的排水措施，安装垫木前应当洒水将原土表面夯实夯平。

2. 回填土应分层夯实，其各类回填土的干重度应达到所要求的密实度。

12. 模板支架抗倾覆验算

模板支架必要时应进行抗倾覆验算。支架抗倾覆验算的计算简图见图2-6,计算按下式:

$$M^Q \leq M^k \tag{2-42}$$

式中 M^Q——由风荷载和安装偏差产生的水平力对支架的倾覆力矩设计值;

M^k——支架的抗倾覆力矩设计值。

抗倾覆验算,应考虑下列两种情况:

(1) 已经安装操作层安全网,尚未安装侧面板时;

(2) 钢筋绑完,侧模已安装,尚未浇筑混凝土时。

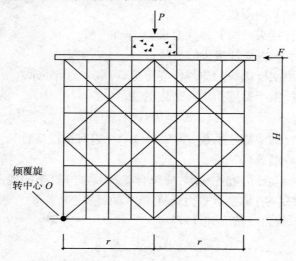

P——具有抗倾覆作用的恒荷载合力设计值;
r——具有抗倾覆作用的恒荷载合力至O点的距离;
F——作用在支架顶端的风荷载和因安装偏差产生的水平力合力;
H——支架高度。

图2-6 模板支架抗倾覆计算简图

2.6 模板结构构造

2.6.1 木立柱模板支架

(1) 木立柱宜选用整根方木,其边长应不小于80mm。当没有整根方木时,每根立柱接头不应超过一个,两根立柱接头处应锯平顶紧,并应采用双面夹板夹牢,夹板厚度应为木柱厚度的一半,夹板每端与木柱搭接长度不应小于250mm,宽度与方木相等。每块夹板用8根(接头处上下各4根)圆钉钉牢,圆钉长度应为夹板厚度的2倍。接头位置应错开,且应设在靠近水平拉杆部位。同一水平拉杆间距内立柱接头不应超过25%。

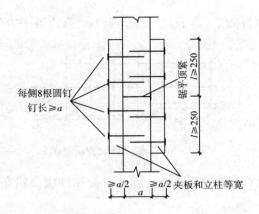

图 2-7 方木立柱接头

（2）当立柱选用原木时，其小头直径应不小于80mm；严禁接头，原木两端必须锯成平面。

（3）木立柱底端应加设木垫板，板厚不应小于50mm，并用2块硬木楔相对楔紧。待标高调整后，应用圆钉钉牢。

（4）木立柱顶端应与底模支承梁用圆钉钉牢。

（5）2排及其以上的木立柱支架底部应设置纵、横向扫地杆，中间设置纵、横向水平拉杆；支架外围的端部及两端部之间每隔2根立柱应设置一道竖向剪刀撑；支架中间纵、横向应每隔4根立柱设置一道竖向剪刀撑。

（6）当只浇筑梁混凝土，并在梁底模采用单根木立柱时，立柱应支承于梁的轴线上，柱顶端两边应设置斜撑与梁底模钉牢；立柱沿纵向应设置扫地杆，中间应设置水平拉杆，每根立柱两侧应设置斜撑，木立柱底端应与木垫板钉牢；当梁、板同时浇筑混凝土时，梁底单根立杆应通过纵、横向水平杆、扫地杆与其他立杆连接牢固。

（7）扫地杆、水平拉杆和剪刀撑的截面应不小于40mm×60mm或25mm×80mm，与木立柱的连接应采用不少于两根圆钉钉牢，圆钉长度应不小于杆件厚度的2倍。

（8）竖向剪刀撑斜杆与地面的夹角应在45°～60°之间，至少应复盖5根立柱。剪刀撑应自下而上连续设置，底部与地面顶牢。

（9）水平拉杆两端宜与建筑结构顶紧或拉结牢固；扫地杆距离木垫板不应大于200mm。

（10）采用原木做立柱时，纵、横向水平杆及剪刀撑的连接应使用8号镀锌钢丝或回火钢丝绑牢。

2.6.2 扣件式钢管支架

（1）立杆底端应设置底座和通长木垫板，垫板的长度应大于2个立杆间距，板厚不应小于50mm，板宽小应小于200mm。

（2）支架立杆必须设置纵、横向扫地杆，纵向扫地杆距离底座不应大于200mm，横向扫地杆设置在纵向扫地杆下方。当立杆基础不在同一高度上时，必须将高处的纵向扫地杆向低处延长两跨与立杆固定,高低差不应大于1m,靠边坡上方的立杆距离边坡外边缘不应小于500mm(图2-8)。

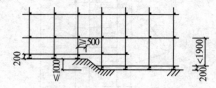

图2-8 支架立杆设置示意图

(3)立杆必须采用对接扣件接长。立杆的对接扣件应交错布置,相邻两根立杆的接头不应设置在同一步距内。

(4)支架必须按设计步距设置纵、横向水平杆,立杆、纵、横向水平杆三杆交叉点为主节点。主节点处必须设有纵、横向水平杆,并采用直角扣件固定,两个直角扣件的中心距离不应大于150mm;水平杆步距不应大于1.8m;支架水平杆宜与建筑结构顶紧或拉牢。

(5)4排及其以上立杆的支架应按下列规定设置竖向和水平向剪刀撑(图2-9)。

1)竖向剪刀撑:

支架外围应在外侧立面整个长度和高度上连续设置剪刀撑;支架内部中间每隔5~6根立杆或5~7m应在纵、横向的整个长度和高度上分别连续设置剪刀撑(图2-9)。

2)水平剪刀撑:

当支架高度大于8m(包括8m)时,除应在其底部、顶部设置水平剪刀撑外;还应在支

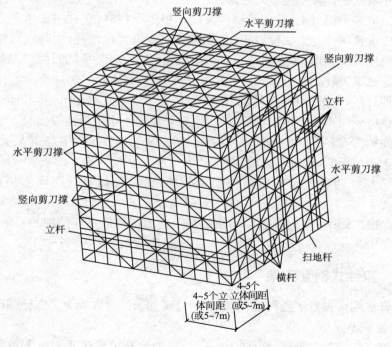

图2-9 剪刀撑布置

架中间的竖向剪刀撑的顶部平面内设置水平剪刀撑。

（6）4排以下立杆的支架，应在外围纵向外侧立面整个长度和高度上连续设置竖向剪刀撑；支架外围横向外侧立面（即两端外立面）和沿纵向每隔4根立杆从下至上设置一道连续的竖向剪刀撑；当设置剪刀撑有困难时，可采用之字形斜杆支撑。

（7）当梁截面宽度小于300mm时，可采用单根钢管立杆，立杆应设置在梁的轴线位置，其偏心距不应大于25mm。立杆应与周围楼板模板的支架立杆用纵、横向扫地杆和纵、横向水平杆连接牢固。

（8）竖向剪刀撑和水平剪刀撑的斜杆应靠近支架主节点；剪刀撑斜杆与地面的夹角应在45°～60°之间；剪刀撑跨度应为4～5个立柱间距或5～7m；剪刀撑的斜杆应与其相交的立杆或水平杆用旋转扣件扣紧。

（9）在模板板面的下方沿支架纵向应设置次梁，在次梁的下方沿支架横向应设置主梁。

（10）支架立杆上部顶端应采用可调U形托直接支顶在底模的主梁上，不得将立杆顶端与作主梁的钢管用扣件连接。

（11）立杆顶端及底座的可调螺杆伸出长度不应大于200mm。

（12）立杆顶端伸出横向水平杆中心线至模板支撑点的距离a应小于500mm，且支架顶端的步距h不应小于$2a$。

（13）支架立杆间距应由计算确定，且最大间距不应大于1.5m。

（14）各杆件端头伸出扣件盖板边缘的长度不应小于100mm。

（15）当整浇楼盖的梁与板的模板支架立杆间距不相同时，板下立杆间距应是梁下立杆间距的倍数，立杆间应设置纵、横水平杆和扫地杆，互相连接牢固。

2.6.3 门式钢管支架

（1）门架立杆顶端应采用可调U形托，支顶在面板下的主梁上。不得将底模搁置在门架横梁上。

（2）门架顶端和底座的可调螺杆伸出长度不应大于200mm。

（3）上、下门架立杆对接必须采用连接棒及锁臂。

（4）支架底部，顶部应设纵、横水平杆；上、下门架连接处，门架平面外应设通长的水平杆，门架平面内应每隔二步用短杆将相邻两榀门架进行连接；底部扫地杆离地面高度不应大于200mm，立杆基础的做法同扣件式钢管脚手架。

（5）满堂支架的四周应在外侧立面整个长度和高度上连续设置竖向剪刀撑；中间沿门架平面外方向每隔4根立杆应设置一道从底到顶竖向剪刀撑。

（6）当支架高度大于8m（含8m）时，应在由顶部向下每隔2步架的平面内设置一道水平剪刀撑，做法同扣件式钢管脚手架。

（7）水平杆和剪刀撑应采用$\phi 48 \times 3.5$钢管，应用可锻铸铁扣件与门架立杆扣紧，竖向剪刀撑的宽度宜为5～8m，与地面夹角应在45°～60°之间，下端和地面顶紧。水平剪刀撑的底宽宜为5～8m，夹角在45°～60°之间。

2.7 模板安装

2.7.1 施工准备

(1) 支架搭设前应根据专项施工方案中的设计图放线定位。
(2) 应对钢管、门架、扣件、连接件等构、配件逐个检查,不合格的不得使用。
(3) 模板支架搭设场地应清理、平整、排水通畅;支架地基土应夯实,地基宜高于自然地坪50mm。

2.7.2 一般规定

(1) 当钢筋混凝土梁、板跨度大于4m时,模板应起拱;当设计无具体要求时,起拱高度宜为跨度的1/1000～3/1000。
(2) 支架的材料,如钢、木、钢、竹或不同直径的钢管之间均不得混用。
(3) 安装支架时,必须采取防倾倒的临时固定设施,工人在操作过程中必须有可靠的防坠落等的安全措施。
(4) 结构逐层施工时,下层楼板应能够承受上层的施工荷载。否则应加设支撑支顶;支顶时,立柱或立杆的位置应放线定位,上、下层的立柱或立杆应在同一垂直线上,并设垫板。
(5) 吊运模板时,必须码放整齐、捆绑牢固。吊运大块模板构件时吊钩必须有封闭锁扣,其吊具钢丝绳应采用卡环与构件吊环卡牢,不得用无封闭锁扣的吊钩直接钩住吊环起吊。

2.7.3 各类模板安装

(1) 基础及地下工程模板安装应遵守下列规定:
1) 模板安装应先检查土壁的稳定情况,当有裂纹及塌方迹象时,应采取安全防范措施后,方可作业。当基坑深度超过2m时,应设上下扶梯;
2) 距基槽(坑)上口边缘1m内不得堆放模板;
3) 向基槽(坑)内运料时,应使用起重机、溜槽或绳索;操作人员应互相呼应;模板严禁立放于基槽(坑)的土壁上;
4) 斜支撑与侧模的夹角不应小于45°,支撑于土壁上的斜支撑底脚应加设垫板,底部的楔木应与斜支撑钉牢。高大、细长基础若采用分层支模时,其下层模板应经就位校正并支撑稳固后,方可进行上一层模板的安装;
5) 斜支撑应采用水平杆件连成整体。
(2) 柱模安装应遵守下列规定:
1) 柱模安装应采用斜撑或水平撑进行临时固定,当柱的宽度大于500mm时,每边应在同一标高内设置不少于2根的斜撑或水平撑,斜撑与地面的夹角为45°～60°,斜撑杆件的长细比不应大于150。不得将大片模板固定在柱子的钢筋上；

2）当柱模就位拼装并经对角线校正无误后，应立即自下而上安装柱箍；

3）安装2m以上的柱模时，应搭设操作平台；

4）当高度超过4m时，宜采用水平支撑和剪刀撑将相邻柱模连成一体，形成整体稳定的模板框架体系。

（3）墙模板安装应遵守下列规定：

1）使用拼装的定型模板时，应自下而上进行，必须在下层模板全部紧固后，方可进行上层模板安装。当下层不能独立设置支撑时，应采取临时固定措施；

2）采用预拼装的大块墙模板时，严禁同时起吊两块模板，并应边就位、边校正、边连接，待完全固定后方可摘钩；

3）安装电梯井内墙模板前，必须在模板下方200mm处搭设操作平台，满铺脚手板，并在脚手板下方张挂大网眼安全平网；

4）两块模板在未安装对拉螺栓前，板面应向外倾斜，并用斜撑临时固定。安装过程中应根据需要随时增、撤临时支撑；

5）拼接时U形卡应正、反向交替安装，其间距不得大于300mm；两块模板对接处的U形卡应满装；

6）墙模两侧的支撑必须牢固、可靠，并应做到整体稳定。

（4）独立梁和楼盖梁模板安装应遵守下列规定：

1）安装独立梁模板时应搭设操作平台，严禁操作人员站在底模上操作及行走；

2）面板应与次梁及主梁连接牢固；主梁应与支架立柱连接牢固；

3）梁侧模应边安装边与底模连接固定，当侧模较高时，应设置临时固定措施；

4）面板起拱应在侧模与支架的主、次梁固定之前进行。

（5）楼板或平台板模板的安装应遵守下列规定：

1）预组合模板采用桁架支承时，应按2.7.3(7)条的规定施工，桁架应支承在通长的型钢或木方上；

2）当预组合模板较大时，应加设钢肋梁后方可吊运；

3）安装散块模板时，必须在支架搭设完成并安装主、次梁后，方可进行；

4）支架立杆的顶端必须安装可调U形托，并应支顶在主梁上。

（6）梁式楼梯模板应按以下顺序安装：

平台梁模→平台模→斜梁模→梯段模→绑钢筋→吊踏步模。

（7）模板支承桁架的安装应遵守下列规定：

1）采用伸缩式桁架时，其搭接长度、连接销钉及结构稳定U形托的设置应符合模板工程专项施工方案的要求；

2）安装前应检查桁架及连接螺栓，待确认无变形和松动时，方可安装。

（8）其他结构模板安装应遵守下列规定：

1）安装圈梁、阳台、雨篷及挑檐等的模板时，其支撑应独立设置在建筑结构或地面上，不得支搭在施工脚手架上；

2）安装悬挑结构模板时，应搭设操作平台，平台上应设置防护栏杆和挡脚板并用密目式安全网围挡。作业处的下方应搭设防护棚或设置围栏禁止人员进入；

3）烟囱、水塔及其他高耸或大跨度构筑物的模板,应按专项施工方案实施。

（9）扣件式钢管支架搭设应遵守下列规定：

1）底座、垫板应准确地放在定位线上；

2）严禁将外径 $\phi 48$ 与外径 $\phi 51$ 的钢管混合使用；

3）扣件规格必须与钢管外径相同；

4）扣件在使用前,必须逐个检查,不得使用不合格品,使用中扣件的螺杆螺帽的拧紧力矩应不小于 $40N \cdot m$,不大于 $65N \cdot m$；

5）模板支架顶部、模板安装操作层应满铺脚手板,周围设防护栏杆、挡脚板与安全网,上下应设爬梯。

（10）门式钢管支架搭设应按下列规定进行：

1）用于梁模板支撑的门架应采用垂直于梁轴线的布置方式。门架两侧应设置交叉支撑；

2）门架安装应由一端向另一端延伸,并逐层改变搭设方向、不应相对进行。搭设完成一步架后应按2.7.3(4)条要求的进行检查,待其水平度和垂直度调整合格后方可继续搭设；

3）交叉支撑应在门架就位后立即安装；

4）水平杆与剪刀撑应与门架同步搭设。水平杆设在门架立杆内侧,剪刀撑应设在门架立杆外侧。并采用扣件和门架立杆扣牢,扣件的扭紧力矩应符合2.7.3(9)条第4项的规定；

5）不配套的门架与配件不得混用；

6）连接门架与配件的锁臂、搭钩必须处于锁紧状态。

2.8 模板拆除

2.8.1 一般规定

（1）模板拆除必须在混凝土达到设计规定的强度后方可进行；当设计未提出要求时,拆模混凝土强度应符合表2-7的规定。拆模时的混凝土强度应以同龄期的、同养护条件的混凝土试块压强度为准。当楼板上有施工荷载时,应对楼板及模板支架的承载能力和变形进行验算。

（2）后张预应力混凝土工程的承重底模拆除时间和顺序应按专项施工方案进行。

（3）当楼板上遇有后浇带时其受弯构件的底模,应待后浇带混凝土浇筑完成并达到规定强度后,方可拆除。如需在后浇带浇筑之前拆模,必须对后浇带两侧进行支顶。

（4）模板的拆除应按专项施工方案进行,并设专人指挥。多人同时操作时,应明确分工、统一行动,且应具有足够的操作面。作业区应设围栏,非拆模人员不得入内,并有专人负责监护。

底模拆除时的混凝土强度要求　　表2-7

构件类型	构件跨度（m）	达到设计的混凝土立方体抗压强度标准值的百分率(%)
板	≤2	≥50
	>2,≤8	≥75
	>8	≥100
梁、拱、壳	≤8	≥75
	>8	≥100
悬臂构件	—	≥100

（5）拆模的顺序应与支模顺序相反，应先拆非承重模板、后拆承重模板，自上而下地拆除。拆除时严禁用大锤和撬棍硬砸、硬撬。拆下的模板构、配件严禁向下抛掷。应做到边拆除、边清理、边运走、边码堆。

（6）在拆除互相连接并涉及后拆模板的支撑时，应加设临时支撑后再拆除。拆模时，应逐块拆卸，不得成片撬落或拉倒。

（7）拆模过程如遇中途停歇，应将已松动的构配件进行临时支撑；对于已松动又很难临时固定的构、配件必须一次拆除。

（8）拆除作业面遇有洞口时，应采用盖板等防护措施进行覆盖。

2.8.2 各类模板拆除

（1）基础工程模板的拆除应参照第2.7.3(1)条1、2项的规定进行。

（2）柱模板拆除应遵守下列规定：

1）应先拆除支撑系统，再自上而下拆除柱箍和面板，将拆下的构件堆放整齐；

2）操作人员应在安全防护齐备的操作平台上操作，拆下的模板构、配件严禁向下抛掷。

（3）墙模板拆除应遵守下列规定：

1）由小块模板拼装的墙模板拆除时，应先拆除斜撑或斜拉杆，自上而下的拆除主龙骨及对拉螺栓，并对模板加设临时支撑；再自上而下分层拆除木肋或钢肋、零配件和模板；

2）预组拼大块墙模板拆除时，应先拆除支撑系统，再拆卸墙模接缝处的连接型钢、零配件、预埋件及大部分对拉螺栓。当吊运大块模板的吊绳与模板上吊环连接牢固后，才可拆除剩余的对拉螺栓；

3）大块模板起吊时，应慢速提升，保持垂直，严禁碰撞墙体；

4）拆下的模板及构、配件应立即运走，清理检修后存放在指定地点。

（4）梁、板结构模板拆除应遵守下列规定：

1）梁、板结构的模板应先拆板的底模，再拆梁侧模和梁底模，并应分段分片进行，严禁成片撬落或成片拉拆；

2）拆除时，作业人员应站在安全稳定的位置，严禁站在已松动的模板上；

3）应在模板全部拆除后，再清理、码放。

（5）支架立柱（立杆）的拆除应遵守下列规定：

1）拆除立柱（立杆）时，应先自上而下的逐层拆除纵、横向水平杆，当拆除到最后一道水平杆时，应设置临时支撑再逐根放倒立柱（立杆）；

2）跨度4m以上的梁下立柱拆除时，应按施工方案规定的顺序进行；若无明确规定时，应先从跨中拆除，对称地向两端进行；

3）多层与高层结构的楼板模板的立柱拆除时，应符合第2.8.1(1)条的规定。

（6）特殊结构模板拆除应遵守下列规定：

特殊结构，如大跨度结构、桥梁、拱、薄壳、圆穹顶等的模板，应按专项施工方案的要求进行。

2.9　检查与验收

2.9.1　扣件式钢管支架的检查与验收

（1）钢管的检查与验收应符合下列规定：

1）应有产品质量合格证；

2）应有质量检验报告。钢管材质检验方法应符合现行国家标准《金属拉伸试验方法》GB/T 228 的规定，质量应符合第2.3.1.1条的规定；

3）钢管表面应平直光滑，不应有裂缝、结疤、分层、硬弯、压痕和深的划道；

4）钢管外径、壁厚、端面等的偏差，应分别符合《建筑施工扣件式钢管脚手架安全技术规范》GJGJ 130 中的表7-6规定；如果外径与壁厚不满足相应的规定时，应按实际外径与壁厚计算支架的承载能力。

（2）扣件的验收应符合下列规定：

1）新扣件应有生产许可证、法定检测单位的测试报告和产品质量合作证；并应按现行国家标准《钢管脚手架扣件》GB 15831 的规定抽样复检；

2）旧扣件在使用前应逐个进行质量检查，有裂缝、明显变形的严禁使用，出现滑丝的螺栓必须更换。

（3）安装后的扣件螺栓扭紧力矩应采用扭力扳手检查，抽样方法应按随机分布的原则进行。抽样检查数目与质量判定标准参照扣件式钢架脚手架，庆符合表7—15的规定。抽查的扣件中，如发现有拧紧力矩小于25N·m的情况，即应划定此批不合格。不合格的批次必须重新拧紧，直至合格为止。

（4）扣件式钢管支架应在下列阶段进行检查验收：

1）立杆基础完工后、支架搭设之前；

2）高大模板支架每搭完6m高度后；

3）模板支架施工完毕，绑扎钢筋之前；

4）混凝土浇筑之前；

5）混凝土浇筑完毕；

6）遇有六级大风或大雨之后；寒冷地区解冻后；
7）停用超过一个月。

(5) 扣件式钢管支架应依据模板专项施工方案的要求及2.9.1(4)、2.9.1(6)条的规定进行检查验收。

(6) 扣件式钢管支架使用中,应定期和不定期检查以下项目:
1）地基是否积水,底座是否松动,立杆是否悬空；
2）扣件螺栓是否松动；
3）立杆的沉降与垂直度的偏差是否符合表7-14项次1、2的规定；
4）安全防护措施是否符合要求；
5）是否超载使用。

(7) 扣件式钢管支架搭设的技术要求、允许偏差与检验方法,应符合现行规范的规定。

2.9.2 门式钢管支架的检查与验收

(1) 支架搭设完毕后,应按2.9.2(4)条的规定,对支架搭设质量进行检查验收,合格后才能交付使用。

(2) 检查验收时应具备下列文件:
1）模板工程专项施工方案；
2）门式钢管脚手架构、配件出厂合格证和质量分类标志；
3）支架搭设施工记录及质量检查记录；
4）支架搭设过程中出现的重要问题及处理记录。

(3) 支架工程验收时,除查验有关文件外,还应对下列项目进行现场检查,并记入施工验收报告:
1）构、配件是否齐全,质量是否合格,连接件是否牢固可靠；
2）安全网及其他防护设施是否符合规定；
3）基础是否符合要求；
4）垂直度及水平度是否合格。

(4) 支架搭设的垂直度与水平度偏差应符合表2-8要求。

模板支架搭设垂直度与水平度容许偏差　　　　　表2-8

	项　目	容许偏差(mm)
垂直度	每步架	$h/1000$
	支架整体	$\dfrac{H}{600}$ 及 ± 30
水平度	一跨距内相隔两个门架之差	$\pm \dfrac{l}{600}$ 及 ± 3.0
	支架整体	$\pm \dfrac{L}{600}$ 及 ± 30

注:h——步距；H——支架高度；l——跨距；L——支架长度。

2.10 管理与维护

(1) 模板工程应编制专项施工方案,方案应包括下列内容:
1) 模板结构设计计算书;
2) 绘制模板结构布置图、构件详图、构造和节点大样图;
3) 制定模板安装及拆除的方法;
4) 编制模板及构、配件的规格、数量汇总表和周转使用计划;
5) 编制模板施工的安全防护及维修、管理、防火措施。
(2) 在模板工程施工之前,工程技术负责人应按专项施工方案向施工人员进行安全技术交底。
(3) 操作人员应经过安全技术培训,并经考核合格持证上岗。搭设模板人员应定期进行体检,凡不适应高处作业者不得进行高处作业。
(4) 模板拆除应填写拆模申请表,经工程技术负责人批准后方可实施。
(5) 模板安装与拆除的高处作业,必须遵守行业标准《建筑施工高处作业安全技术规范》JGJ 80 规定。
(6) 遇 6 级以上(包括 6 级)大风,应停止室外的模板工程作业;5 级以上(包括 5 级)风应停止模板工程的吊装作业;遇雨、雪、霜后应先清理施工作业场所后,方可施工。
(7) 遇有台风、暴雨报警时,对模板支架应采取应急加固措施;台风、暴雨之后应检查模板支架基础、架体确认。确认无变形等,方能恢复施工作业。
(8) 迁有与临时用电有关的作业,必须遵守《施工现场临时用电安全技术规范》JGJ 46 的有关规定。
(9) 模板拆除后应立即清理,并分类按施工平面图位置码放整齐。
(10) 在模板支架上进行电气焊接作业时,应采取防火措施,并派专人监管。
(11) 严禁在模板支架基础及其附近进行挖土作业。
(12) 模板支架应设置爬梯。
(13) 使用后的钢模和钢构、配件应遵守下列规定:
1) 钢模、桁架、钢肋和钢管等应清理其上的粘结物;
2) 钢模、桁架、钢肋、钢管应逐块、逐榀、逐根进行检查,发现有翘曲、变形、扭曲、开焊等问题的应及时修理;
3) 整修好的钢模、桁架、钢楞、钢管应涂刷防锈漆;对即将使用的钢模板表面应刷脱模剂,暂不用的钢模板表面可涂防锈油;
4) 扣件等零、配件使用后必须进行严格清理检查,已断裂、损坏的应剔除,不能修复的应报废。螺栓的螺纹部分应整修上油;
5) 钢模及配件等修复后,应进行检查验收。其质量标准见表 2-9;

钢模及配件修复后的质量标准 表2-9

项	目	允许偏差（mm）	项	目	允许偏差（mm）
钢模板	板面局部不平度	≤2.0	钢模板	板面锈皮麻面,背面粘混凝土	不允许
钢模板	板面翘曲矢高	≤2.0	钢模板	孔洞破裂	不允许
钢模板	板侧凸棱面翘曲矢高	≤1.0	零配件	U形卡卡口残余变形	≤1.2
钢模板	板肋平直度	≤2.0	零配件	钢楞及支柱长度方向弯曲度	≤$L/1000$
钢模板	焊点脱焊	不允许	桁架	侧向平直度	≤2.0

6）经过清理、修复、刷油后的钢模和钢构、配件，应分类集中堆放，构件应成捆、配件应成箱，清点数量后入库或由接收单位验收。

钢模和钢构、配件应放入室内或敞棚内；若无条件需露天堆放时，则应装入集装箱内，箱底垫高100mm，顶面遮盖防水篷布或塑料布；集装箱堆放高度不宜超过二层；

7）钢模和钢构、配件运输时，装车高度不宜超出车辆的防护栏杆，高出部分必须绑牢，不得散装运输。装车时，应轻搬轻放，不得相互碰撞。卸车时，严禁成捆从车上推下和拆散抛掷。

第3章 起重吊装

本章要点

本章介绍了麻绳、钢丝绳、链条、吊钩等常用的索具吊具；千斤顶、手拉葫芦、桅杆、卷扬机、地锚、滑轮等常用的起重机具，行走式起重机。构件及设备吊装方法，包括桅杆及滑移法吊装的种类和使用规则。重点是钢丝绳、吊钩、千斤顶、手拉葫芦、卷扬机等常用机具的安全使用要求。

3.1 常用索具和吊具

3.1.1 麻绳

1. 麻绳的性能和种类

（1）麻绳的特点与用途

麻绳具有质地柔韧、轻便、易于捆绑、结扣及解脱方便等优点，但其强度较低，一般麻绳的强度，只为相同直径钢丝绳的10%左右，而且易磨损、腐烂、霉变。

麻绳在起重作业中主要用于捆绑物体；起吊500kg以下的较轻物件；当起吊物件或重物时，麻绳拉紧物体，以保持被吊物体的稳定和在规定的位置上就位。

（2）麻绳的种类

按制造方法，麻绳分为土法制造和机器制造两种。

土法制造麻绳质量较差，不能在起重作业中使用。

机制麻绳质量较好，它分为吕宋绳、白棕绳、混合绳和线麻绳四种。

2. 麻绳的许用拉力计算

麻绳绳正常使用时允许承受的最大拉力为许用拉力，它是安全使用麻绳的主要参数。由于工地无资料可查，为满足安全生产，方便现场计算，麻绳的许用拉力一般采用以下经验公式估算：

$$S = \frac{45d^2}{K}$$

式中　S——许用拉力（N）；
　　　d——麻绳直径（mm）；
　　　K——安全系数。

麻绳的安全系数 K 取值，作一般吊装用时取≥3，吊索及缆风绳用≥6，重要起重吊装用10,旧绳使用时许用拉力应适当折减。

3. 麻绳的安全使用与管理

麻绳的安全使用与管理应注意下列问题。

（1）机动的起重机械或受力较大的地方不得使用麻绳；

（2）在使用前必须对麻绳仔细认真检查,对存在问题要妥善处理。局部腐蚀、触伤严重时,应截去损伤部分,插接后继续使用；

（3）使用中的麻绳,尽量避免雨淋或受潮,不能在纤维中夹杂泥砂和受油污等化学介质的浸蚀。麻绳不要和酸、碱、漆等化学介质接触,受化学介质腐蚀后的麻绳不能使用；

（4）麻绳不得在尖锐和粗糙物质上拖拉,为防止小石子、砂子、硬物进入绳内,也不得在地面上拖拉；

（5）捆绑时,在物体的尖锐边角处应垫上保护性软物；

（6）和麻绳配用的卷筒和滑车的直径,机动时应大于麻绳直径的30倍；使用人力时,应大于座绳直径的10倍。

3.1.2 钢丝绳

钢丝绳具有断面相同、强度高、弹性大、韧性好、耐磨、高速运行平稳并能承受冲击荷载等特点。在破断前一般有断丝、断股等预兆,容易检查、便于预防事故,因此,在起重作业中广泛应用,是吊装中的主要绳索,可用作起吊、牵引、捆扎等。

1. 钢丝绳的构造特点和种类

钢丝绳按捻制的方法分为单绕、双绕和三绕钢丝绳三种,双绕钢丝绳先是用直径 $0.4 \sim 3\,mm$,强度 $1400 \sim 2000\,N/mm^2$ 的钢丝围绕中心钢丝拧成股,再由若干股围绕绳芯,拧成整根的钢丝绳。双绕钢丝绳钢丝数目多,挠性大,易于绕上滑轮和卷筒,故在起重作业中应用的一般是双绕钢丝绳。

（1）按照捻制的方向钢丝绳分为同向捻、交互捻、混合捻等几种。钢丝绳中钢丝搓捻方向和钢丝股搓捻方向一致的称同向捻（顺捻）。同向捻的钢丝绳比较柔软,表面平整,与滑轮接触面比较大,因此,磨损较轻,但容易松散和产生扭结卷曲,吊重时容易旋转,故在吊装中一般不用。交互捻（反捻）钢丝绳,钢丝搓捻方向和钢丝股搓捻方向相反。交互捻钢丝绳强度高,扭转卷曲的倾向小,吊装中应用的较多。混合捻钢丝绳的相邻两股钢丝绳的捻法相反,即一半顺捻,一半反捻。混合捻钢丝绳的性能较好,但制造麻烦,成本较高,一般情况用得很少。

（2）钢丝绳按绳股数及一股中的钢丝数多少可分为6股19丝;6股37丝;6股61丝等几种。日常工作中以 $6 \times 19+1$, $6 \times 37+1$, $6 \times 61+1$ 来表示。在钢丝绳直径相同的情况下,绳股中的钢丝数愈多,钢丝的直径愈细,钢丝愈柔软,挠性也就愈好。但细钢丝捻制的绳没有较粗钢丝捻制的钢丝绳耐磨损。因此, $6 \times 19+1$ 就较 $6 \times 37+1$ 的钢丝绳硬,耐磨损。

（3）钢丝绳按绳芯不同可分为麻芯（棉芯）、石棉芯和金属芯三种。用浸油的麻或棉纱作绳芯的钢丝绳比较柔软,容易弯曲,同时浸过油的绳芯可以润滑钢丝,防止钢丝生锈,又能减少钢丝间的摩擦,但不能受重压和在较高温度下工作。石棉芯的钢丝绳可以适应较高度下工作,不能重压。金属芯的钢丝绳可以在较高温度下工作,而耐重压,但钢丝绳太硬不易弯曲,在个别的起重工具中应用。

2. 钢丝绳的安全负荷

（1）钢丝绳的破断拉力

所谓钢丝绳的破断拉力即是将整根钢丝绳拉断所需要的拉力大小,也称为整条钢丝绳的破断拉力,用 Sp 表示,单位:千克力。

求整条钢丝绳的破断拉力 Sp 值,应根据钢丝绳的规格型号从金属材料手册中的钢丝绳规格性能表中查出钢丝绳破断拉力总和 $\sum S$ 值,再乘以换算系数 φ 值。即:

$$Sp = \sum S \cdot \varphi$$

实际上钢丝绳在使用时由于搓捻的不均匀,钢丝之间存在互相挤压和摩擦现象,各钢丝受力大小是不一样的,要拉断整根钢丝绳,其破断拉力要小于钢丝破断拉力总和,因此要乘一个小于1的系数,即换算系数 φ 值。

破断拉力换算系数如下:

当钢丝绳为 $6 \times 19 + 1$ 时, $\varphi = 0.85$

当钢丝绳为 $6 \times 37 + 1$ 时, $\varphi = 0.82$

当钢丝绳为 $6 \times 61 + 1$ 时, $\varphi = 0.80$

用查表来求钢丝绳破断拉力,虽然计算较准确,且必须要先查清钢丝绳的规格型号等。再查有关的手册,进行计算,但在工地上临时急用时,往往不知道钢丝绳的出厂说明规格,无手册可查,无法利用上述公式计算时,可利用下式估算:

$$Sp = 1/2 d^2$$

式中　Sp——钢丝绳破断拉力(t);

　　　d——钢丝绳的直径(英分)。

为了便以应用,以上公式可用口诀"钢丝直径用英分,破断负荷记为吨,直径平方被二除,即为破断负荷数"帮助记忆。

（2）钢丝绳的允许拉力和安全系数

为了保证吊装的安全,钢丝绳根据使用时的受力情况,规定出所能允许承受的拉力,叫钢丝绳的允许拉力。它与钢丝绳的使用情况有关。

钢丝绳的允许拉力低于了钢丝绳破断拉力的若干倍,而这个倍数就是安全系数。钢丝绳的安全系数见表3-1。

钢丝绳安全系数 K 值表　　　　　　　　　　表3-1

钢丝绳用途	安 全 系 数	钢丝绳用途	安全系数
作缆风绳	3.5	作吊索受弯曲时	6~7
缆索起重机承重绳	3.75	作捆绑吊索	8~10
手动起重设备	4.5	用于载人的升降机	14
机动起重设备	5~6		

3. 钢丝绳破坏及其原因

（1）钢丝绳的破坏过程

钢丝绳在使用过程中经常受到拉伸、弯曲，容易产生"金属疲劳"现象，多次弯曲造成的弯曲疲劳是钢丝绳破坏的主要原因之一。经过长时间拉伸作用后，钢丝绳之间互相产生摩擦，钢丝绳表面逐渐产生磨损或断丝现象，折断的钢丝数越多，未断的钢丝绳承担的拉力越大，断丝速度加快，断丝超过一定限度后，钢丝绳的安全性能已不能保证，在吊运过程中或意外因素影响下，钢丝绳会突然拉断，化工腐蚀能加速钢丝绳的锈蚀和破坏。

（2）钢丝绳破坏原因

造成钢丝绳损伤及破坏的原因是多方面的。概括起来，钢丝绳损伤及破坏的主要原因大致有四个方面。

1）截面积减少：钢丝绳截面积减少是因钢丝绳内外部磨损、损耗及腐蚀造成的。钢丝绳在滑轮、卷筒上穿绕次数愈多，愈容易磨损和损坏。滑轮和卷筒直径愈小，钢丝绳愈易损坏；

2）质量发生变化：钢丝绳由于表面疲劳、硬化及腐蚀引起质量变化。钢丝绳缺油或保养不善；

3）变形：钢丝绳因松捻、压扁或操作中产生各种特殊形变而引起钢丝绳变形；

4）突然损坏：钢丝绳因受力过度、突然冲击、剧烈振动或严重超负荷等原因导致其突然损坏。

除了上面的原因之外，钢丝绳的破坏还与起重作业的工作类型、钢丝绳的使用环境、钢丝绳选用和使用以及维护保养等因素有关。

4. 钢丝绳的安全使用与管理

为保证钢丝绳使用安全，必须在选用、操作维护方面做到下列各点：

（1）选用钢丝绳要合理，不准超负荷使用；

（2）切断钢丝绳前应在切口处用细钢丝进行捆扎，以防切断后绳头松散。切断钢丝时要防止钢丝碎屑飞起损伤眼睛；

（3）在使用钢丝绳前，必须对钢丝绳进行详细检查，达到报废标准的应报废更新，严禁凑合使用。在使用中不许发生锐角曲折、挑圈，防止被夹或压扁；

（4）穿钢丝绳的滑轮边缘不许有破裂现象，钢丝绳与物体、设备或接触物的尖角直接接触处，应垫护板或木块，以防损伤钢丝绳；

（5）要防止钢丝绳与电线、电缆线接触，避免电弧打坏钢丝绳或引起触电事故；

（6）钢丝绳在卷筒上缠绕时，要逐圈紧密地排列整齐，不应错叠或离缝。

5. 钢丝绳的报废

钢丝绳在使用过程中会不断的磨损、弯曲、变形、锈蚀和断丝等，不能满足安全使用时应予报废，以免发生危险。

（1）钢丝绳的断丝达到表3-2所列断丝数时应报废；

（2）钢丝绳直径的磨损和腐蚀大于钢丝绳的直径7%，或外层钢丝磨损达钢丝的40%时应报废。若在40%以内时应按表3-3予以折减；

钢丝绳的报废标准 表3-2

钢丝绳结构形式	钢丝绳检查长度范围	断丝根数		
		6×19+1	6×37+1	6×61+1
交捻	6d	10	19	29
	30d	19	38	58
顺捻	6d	5	10	15
	30d	10	19	30

折减系数表 表3-3

钢丝表面磨损量或锈蚀量(%)	10	15	20	25	30~40	大于40
折减系数	85	75	70	60	50	0

(3) 使用中断丝数逐渐增加,其时间间隔越来越短;
(4) 钢丝绳的弹性减少,失去正常状态,产生下述变形时应报废:
1) 波浪形变形;
2) 笼形变形;
3) 绳股挤出;
4) 绳径局部增大严重;
5) 绳径局部减小严重;
6) 已被压偏;
7) 严重扭结;
8) 明显的不易弯曲。

3.1.3 化学纤维绳

化学纤维绳又叫合成纤维绳。目前多采用绵纶、尼纶、维尼纶、乙纶、丙纶等合成纤维制成。

1. 化学纤维绳的性能和分类

(1) 特点和用途

化学纤维绳具有重量轻、质地柔软、耐腐蚀、有弹性、能减少冲击的优点,它的吸水率只有4%,但对温度的变化较敏感。

在吊运表面光洁的零件、软金属制品、磨光的销轴或其他表面不许磨损的物体时,应使用化学纤维绳。

为了起重吊装方便,常用尼龙帆布制成带状吊具,有单层、双层带状吊具,最多达到8层。

(2) 化学纤维绳的分类

1) 尼龙绳

尼龙绳的强度在化学纤维绳中最大,有特殊的承受冲击载荷的能力,不易受碱和油类影响,但易受酸类介质浸蚀,且价格昂贵。

2）涤纶绳

涤纶绳的强度次于尼龙绳,其伸长率最小,不易受酸和油类介质影响,但易受碱类介质浸蚀。

3）维尼纶绳

维尼纶绳强度最小,它能在水上漂浮,不易受酸、碱及油类介质浸蚀,价格便宜,但熔点低。

4）丙纶绳(聚丙烯)

丙纶绳强度比维尼纶绳强度大,重量轻,漂浮性能较好,不易受酸、碱和油类价质影响,价格便宜。

2. 化学纤维绳的安全使用与管理

使用化学纤维绳时,必须注意下列安全要求:

(1) 化学纤维绳要远离明火和高温,化学纤维绳具有易燃性能,不得在露天长期暴晒,严禁将烟头等明火扔在绳堆中,不准靠近纤维绳动用明火,应远离高温和明火点(区);

(2) 上滚筒收紧时,圈数不宜太多,也不得在缆桩上溜缆,以防摩擦产生高温而熔化;

(3) 化学纤维绳伸长率大,尼龙绳最大伸长率可达40%,使用时有弹性,有利于吸收冲击载荷,应利用这一特性起缓冲使用,避免剧烈振动;

(4) 化学纤维绳伸长率大,断裂时,猛烈回抽,易造成伤害事故。操作时,有关人员不得站在受力方向或可能引起的抽打方向处。

3.1.4 链条

链条有片式链和焊接链之分:片式链条一般安装在设备中用来传递动力;焊接链是一种起重索具,常用来作起重吊装索具。此处只介绍焊接链条。

1. 焊接链的特点

焊接链挠性好,可以用较小直径的链轮和卷筒,因而减少了机构尺寸。对焊接链的缺点不可忽略,它弹性小,自重大,链环接触处易磨损,不能承受冲击载荷,运行速度低,安全性较差等。

当链条绕过导向滑轮或卷筒时,链条中产生很大的弯曲应力,这个应力随 D(滑轮或卷筒直径)与 d(链条元钢直径)之比 D/d 的减少而增大。因此,特要求:

人力驱动:$D \geqslant 20d$ 机械驱动:$D \geqslant 30d$

2. 链条的安全使用

为保证链条使用安全,必须做好下列各点:

(1) 焊接链在光滑卷筒上工作时,速度 $v<1\text{m/s}$;在链轮上工作时,$v<0.1\text{m/s}$;

(2) 焊接链不得用在振动冲击量大的场合,不准超负荷使用;

(3) 使用前应经常检查链条焊接触处,预防断裂与磨损;

(4) 按链条报废标准进行报废更新。

3.1.5 卡环

卡环又叫卸扣或卸甲,用于吊索、构件或吊环之间的连接,它是起重作业中用得广泛且较灵便的栓连工具。

1. 卡环的种类

卡环分为销子式和螺旋式两种,其中螺旋式卡环比较常用(图3-1)。

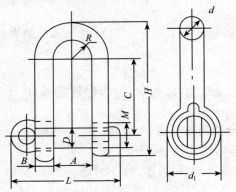

图3-1 螺旋式卸扣

2. 卡环的安全使用

(1)使用卡环时,不得超负荷使用;

(2)为防止卡环横向受力,在连接绳索和吊环时,应将其中一根套在横销上,另一根套在弯环上,不准分别套在卡环的两个直段上面;

(3)起吊作业进行完毕后,应及时卸下卡环,并将横销插入弯环内,上满螺纹,以保证卡环完整无损;

(4)不得使用横销无螺纹的卡环,如必需使用时,要有可靠的保障措施,以防止横销滑出。

3.1.6 吊钩

吊钩、吊环、平衡梁与吊耳是起重作业中比较常用的吊物工具。它的优点是取物方便,工作安全可靠。

1. 吊钩与吊环的形式

吊钩有单钩、双钩两种形式(图3-2)。

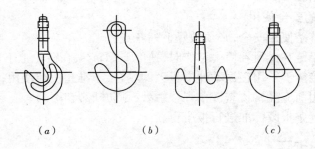

图3-2 吊钩与吊环
(a)单钩;(b)双钩;(c)吊环

(1)单钩 这是一种比较常用的吊钩,它的构造简单,使用也较方便,但受力比较小。材质多用《优质碳素结构钢钢号和一般技术条件》中规定的20钢锻制而成。最大起重量不超过80t。

(2)双钩 起重量较大时,多用双钩起吊,它受力均匀对称,特点能充分利用。其材质也是用《优质碳素结构钢钢号和一般技术条件》中规定的20钢锻成。一般大于80t的起重设备,都采用双钩。

(3)吊环 它的受力情况比吊钩的受力情况好得多,因此,当起重相同时,吊环的自重比吊钩的自重小。但是,当使用吊环起吊设备时,其索具只能用穿入的方法系在吊环上。因此,用吊环吊装不如吊钩方便。

吊环通常用在电动机、减速机的安装,维修时作固定吊具使用。

2. 吊钩、吊环的使用要点

(1)在起重吊装作业中使用的吊钩、吊环,其表面要光滑,不能有剥裂、刻痕、锐角、接缝和裂纹等缺陷。

(2)吊钩、吊环不得超负荷进行作业。

(3)使用吊钩与重物吊环相连接时,必须保证吊钩的位置和受力符合要求。

(4)吊钩不得补焊。

3.1.7 绳夹

1. 绳夹的分类

绳夹主要用来夹紧钢丝绳末端或将两根钢丝绳固定在一起。常用的有骑马式绳夹(图3-3)、U形绳夹(图3-4)、L形绳夹(图3-5)等,其中骑马式绳夹是一种连接力强的标准绳夹,应用比较广泛。

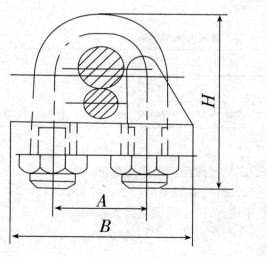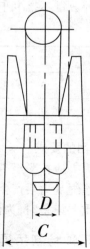

图3-3 骑马式绳夹

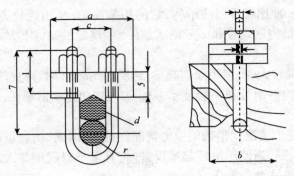

图 3-4　U 形绳夹

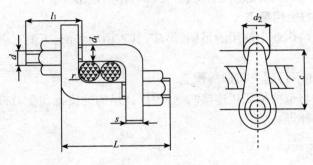

图 3-5　L 形绳夹

2. 绳夹的应用标准

在起重作业中,对于钢丝绳的末端要加以固定,通常使用绳夹来实现。用绳夹固定时,其数量和间距与钢丝绳直径成正比,见表 3-4。一般绳夹的间距最小为钢丝绳直径的 6 倍。绳夹的数量不得少于 3 个。

绳夹的使用标准　　　　　　　　　　　　　　表 3-4

钢丝绳径(mm)	11	12	16	19	22	25	28	32	34	38	50
绳夹个数	3	4	4	5	5	5	5	6	7	8	8
绳夹间距(mm)	80	100	100	120	140	160	180	200	230	250	250

3. 绳夹使用的要点

(1) 每个绳夹应拧紧至卡子内钢丝绳压扁 1/3 为标准。
(2) 如钢丝绳受力后产生变形时,要对绳夹进行二次拧紧。
(3) 起吊重要设备时,为便于检查,可在绳头尾部加一保险夹。

3.1.8　几种特制吊具

根据现场施工要求以及设备的特殊形体,必要时可制作一些专门的吊具,以满足起重吊装的需要。常用的几种特制吊具主要有三角架吊具、可调杠杆式吊具、起吊平放物体吊具、四杆式吊具、四杆机构吊具(图 3-6)。

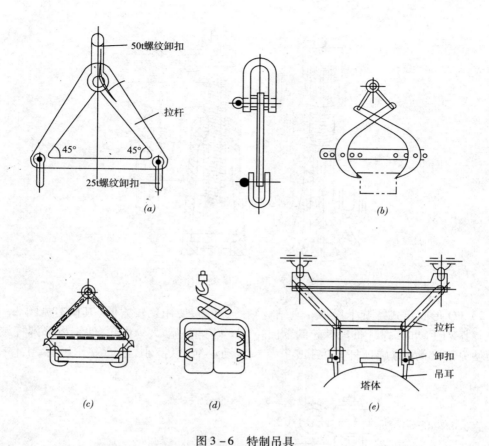

图3-6 特制吊具
(a)三角架吊具;(b)可调杠杆式吊具;(c)起吊平放物体吊具;(d)四杆式吊具;(e)四杆机械吊具

3.2 常用起重机具

3.2.1 千斤顶

千斤顶是一种用比较小的力就能把重物升高、降低或移动的简单机具,结构简单,使用方便。它的承载能力,可从1~300t。顶升高度一般为300mm,顶升速度可达10~35mm/min。

1. 千斤顶的构造、种类

千斤顶按其构造形式,可分为三种类型:即螺旋千斤顶、液压千斤顶和齿条千斤顶,前两种千斤顶应用比较广泛。

(1)螺旋千斤顶

1)固定式螺旋千斤顶 该千斤顶在作业时,未卸载前不能作平面移动(其构造见图3-7)。

67

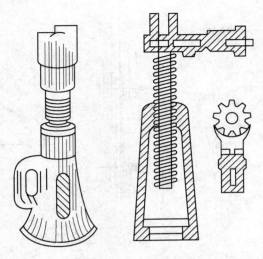

图 3-7 固定式螺旋千斤顶

2）LQ 形固定式螺旋千斤顶　它结构紧凑、轻巧，使用比较方便（其构造见图 3-8）。当往复振动手柄时，撑牙推动棘轮间歇回转，小伞齿轮带动大伞齿轮，使锯齿形螺杆旋转，从而使升降套筒（螺旋顶杆）顶升或下落。转动灵活，摩擦小，因而操作敏感，工作效率高。

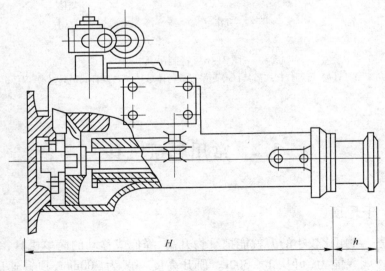

图 3-8 LQ 形固定式螺旋千斤顶

3）移动式螺旋千斤顶　它是一种在顶升过程中可以移动的一种千斤顶。移动主要是靠千斤顶底部的水平螺杆转动，使顶起的重物随同千斤顶作水平移动。因此，在设备安装工作中，用它移动就位很适用（其结构见图 3-9）。

（2）液压千斤顶　液压千斤顶的工作部分为活塞和顶杆。工作时，用千斤顶的手柄驱动液压泵，将工作液体压入液压缸内，进而推动活塞上升或下降，顶起或下落重物。

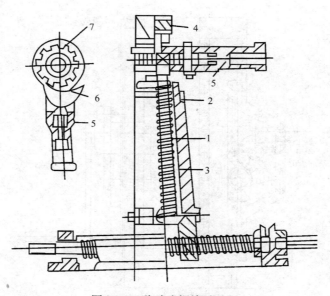

图 3-9 移动式螺旋千斤顶
1—螺杆；2—轴套；3—壳体；4—千斤顶头；5—棘轮手柄；6—制动爪；7—棘轮

安装工程中常用的 YQ_1 形液压千斤顶，是一种手动液压千斤顶，它重量较轻、工作效率较高，使用和搬运也比较方便。因而应用较广泛（外形见图 3-10）。

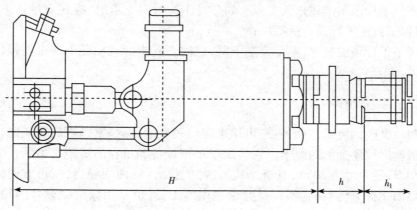

图 3-10 YQ_1 液压千斤顶

（3）齿条千斤顶 齿条千斤顶由齿条和齿轮组成，用 1~2 人转动千斤顶上的手柄，以顶起重物。在千斤顶的手柄上备有制动时需要的齿轮。

利用齿条的顶端，可顶起高处的重物，同时也可用齿条的下脚，顶起低处的重物（结构见图 3-11）。

2. 使用千斤顶的安全技术要求

（1）千斤顶不准超负荷使用；

（2）千斤顶工作时，应放在平整坚实的地面上，并在其下面垫枕木、木板；

（3）几台千斤顶同时作业时，应保证同步顶升和降落；

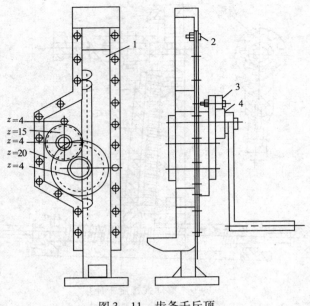

图 3-11 齿条千斤顶
1—齿条；2—连接螺钉；3—棘爪；4—棘轮

（4）液压千斤顶在高温和低温条件下不得使用；

（5）液压千斤顶不准作永久支承。如必需作长时间支承时，应在重量物下面增加支承部件，以保证液压千斤顶不受损坏；

（6）齿条千斤顶放松时，不得突然下降，以防止其内部机构受到冲击而损伤，或使摇把跳动伤人。

3.2.2 手拉葫芦

手拉葫芦又叫倒链或神仙葫芦，可用来起吊轻型构件、拉紧扒杆的缆风绳，及用在构件或设备运输时拉紧捆绑的绳索。它适用于小型设备和重物的短距离吊装，一般的起重量为 5~10kN，最大可达 20kN，具有结构紧凑、手拉力小、使用稳当、携带方便、比其他的起重机械容易掌握等优点，它不仅是起重常用的工具，也常用做机械设备的检修拆装工具，因此是使用颇广的简易手动起重机械。

1. 手拉葫芦的构造

手拉葫芦是由链轮、手拉链、行星齿轮装置、起重链及上下吊钩等几部分组成。它的提升机构是靠齿轮传动装置工作的。

2. 手拉葫芦的安全使用要求

（1）严禁超负荷起吊；

（2）严禁将下吊钩回扣到起重链条上起吊重物；

（3）不允许用吊钩尖钩持载荷；

（4）起重链条不得扭转打结；

（5）操作过程中，严禁任何人在重物下行走或逗留。

3.2.3 桅杆

起重桅杆也称抱杆,是一种常用的起吊机具。它配合卷扬机、滑轮组和绳索等进行起吊作业。这种机具由于结构比较简单,安装和拆除方便,对安装地点要求不高、适应性强等特点,在设备和大型构件安装中,广泛使用。

起重桅杆为立柱式,用绳索(缆风绳)绷紧立于地面。绷紧一端固定在起重桅杆的顶部,另一端固定在地面锚桩上。拉索一般不少于3根,通常用4~6根。每根拉索初拉力约为10~20kN,拉索与地面成30°~45°夹角,各拉索在水平投影面夹角不得大于120°。

起重桅杆可直立地面,也可倾斜于地面(与地面夹角一般不小于80°)。起重桅杆底部垫以枕木垛。起重桅杆上部装有起吊用的滑轮组,用来起吊重物。绳索从滑轮组引出,通过桅杆下部导向滑轮引至卷扬机。

1. 桅杆的分类

起重桅杆按其材质不同,可分为木桅杆和金属桅杆。木桅杆起重高度一般在15m以内,起重量在20t以下。木桅杆又可分为独脚、人字和三脚式三种。金属桅杆可分为钢管式和格构式。钢管式桅杆起重高度在25m以内,起重量在20t以下。格构式桅杆起重高度可达70m,起重量高达100t以上。按形式可分为:人字桅杆、牵引式桅杆、龙门桅杆。

2. 桅杆的安全使用要求

各种桅杆的设计、组装、使用应符合下列安全要求:

(1) 新桅杆组装时,中心线偏差不大于总支承长度的1/1000;

(2) 多次使用过的桅杆,在重新组装时,每5m长度内中心线偏差和局部朔性变形不应大于20mm;

(3) 在桅杆全长内,中心偏差不应大于总支承长度1/200;

(4) 组装桅杆的连接螺栓,必须紧固可靠;

(5) 各种桅杆的基础都必须平整坚实,不得积水。

3.2.4 电动卷扬机

电动卷扬机由于起重能力大,速度变换容易,操作方便和安全,因此,在起重作业中是经常使用的一种牵引设备。

1. 电动卷扬机的构成

电动卷扬机主要由卷筒、减速器、电动机和控制器等部件组成(图3-12)。

2. 电动卷扬机的分类

电动卷扬机种类较多,按卷筒分有单筒和双筒两种。按传动方式分又有可逆齿轮箱式和摩擦式。按起重量分有0.5t、1t、2t、3t、5t、10t、20t等。

3. 电动卷扬机的固定方法

(1) 固定基础法:将电动卷扬机安放在混凝土基础上,用地脚螺栓将其底座固定。

(2) 平衡重法:将电动卷扬机固定在方木上,前面设置木桩以防滑动,后面加压重Q,见图3-13。

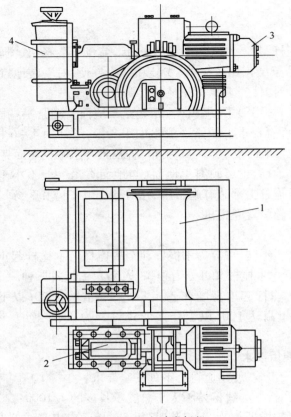

图 3-12 电动卷扬机
1—卷筒;2—差速器;3—电动机;4—控制器

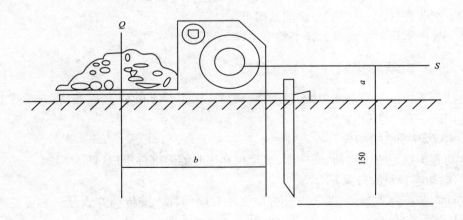

图 3-13 平衡重法

(3) 地锚法:地锚又叫地龙,它应用比较普通,通常有卧式和立式地锚(图 3-14 和图 3-15)。

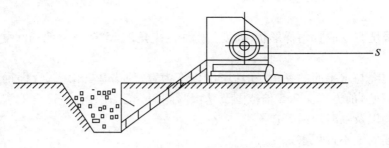

图 3-14 卧室地锚

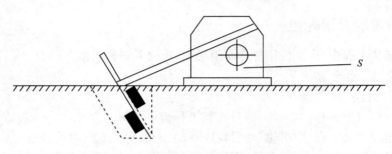

图 3-15 立式地锚

4．电动卷扬机的安全使用要求

（1）操作前，先用手盘动传动系统，检查各部零件是否灵活，制动装置是否灵敏可靠。

（2）电动卷扬机安放地点应设置防雨棚，防止电气部分受潮失灵，影响正常的吊运作业。

（3）起吊设备时，电动卷扬机卷筒上钢丝绳余留圈数应不少于3圈。

（4）电动卷扬机的卷筒与选用的钢丝绳直径应当匹配。通常卷筒直径应为钢丝绳直径的16~25倍。

（5）电动卷扬机严禁超载使用。

（6）用多台电动卷扬机吊装设备时，其牵引速度和起重能力应相同，并统一指挥，统一动作，同步操作。

（7）吊装大型设备时，对电动卷扬机应设专人监护，发现异常情况，应及时进行处理。

3.2.5 地锚

地锚可分为锚桩、锚点、锚锭、拖拉坑，起重作业中常用地锚来固定拖拉绳、缆风绳、卷扬机、导向滑轮等，地锚一般用钢丝绳、钢管、钢筋混凝土预制件、圆木等做埋件埋入地下做成。

1．地锚的种类

地锚是固定卷扬机必需的装置，常用的形式有以下三种：

（1）桩式地锚；

（2）平衡重法；

（3）坑式地锚。

2．地锚制作的安全技术要求

（1）起重吊装使用的地锚，应严格按设计进行制作，并做好隐蔽工程记录，使用时不准超载；

（2）地锚坑宜挖成直角梯形状，坡度与垂线的夹角以15°为宜。地锚深度根据现场综合情况决定；

（3）拖拉绳与水平面的夹角一般以30°以下为宜，地锚基坑出线点（即钢丝绳穿过土层后露出地面处）前方坑深2.5倍范围及基坑两侧2m范围以内，不得有地沟、电缆、地下管道等构筑物以及临时挖沟等；

（4）地锚周围不得积水；

（5）地锚不允许沿埋件顺向设置。

3.2.6 滑轮及滑轮组

在起重安装工程中，广泛使用滑轮与滑轮组，配合卷扬机、桅杆、吊具、索具等，进行设备的运输与吊装工作。

1. 滑轮的分类

（1）按制作材质分有：木滑轮、钢滑轮和工程塑料滑轮；

（2）按使用方法分有：定滑轮、动滑轮以及动、定滑轮组成的滑轮组；

（3）按滑轮数多少分有：单滑轮、双滑轮、三轮、四轮以至多轮等多种；

（4）按其作用分有：导向滑轮、平衡滑轮；

（5）按连接方式可分为：吊钩式、链环式、吊环式和吊梁式。

2. 滑轮的安全使用要求

（1）选用滑轮时，轮槽宽度应比钢丝绳直径1~2.5mm。

（2）使用滑轮的直径，通常不小于钢丝绳直径的16倍。

（3）使用过程中，滑轮受力后，要检查各运动部件的工作情况，有无卡绳、磨绳处，如发现应及时进行调整。

（4）吊运中对于受力方向变化大的情况和高空作业场所，禁止用吊钩型滑轮，要使用吊环滑轮，防止脱绳而发生事故。如必需用吊钩滑轮时，有可靠的封闭装置。

（5）滑轮组上、下间的距离，应不小于滑轮直径的5倍。

（6）使用滑轮起吊时，严禁用手抓钢丝绳，必要时，应用撬杠来调整。

3.3 常用行走式起重机械

在起重作业中常用的行走式起重机械主要有以下几类：履带式起重机、汽车式起重机、轮胎式起重机。

3.3.1 履带式起重机

1. 构造

履带式起重机起重量为15~300t，常用15~50t。因其行走部分为履带而得名。主要组成部分为：发动机（一般为柴油发动机）、传动装置（包括主离合器、减速器、换向机）、回转机构、行走机构(包括履带、行走支架等)、起升机构(也称起重机,包括卷扬机构、滑轮组、吊钩)、操作系统(其传递形式采用液压、空气、电气等方式)、工作装置(起重臂)、其他工作装置(起重、挖土、打桩)以及电器设备(包括照明、喇叭、马达、蓄电池等)。

2. 特性

履带式起重机操作灵活,使用方便,车身能360°回转,并且可以载荷行驶,越野性能好。但是机动性差;长距离转移时要用拖车或用火车运输,对道路破坏性较大,起重臂拆接烦琐,工人劳动强度高。

履带式起重机适用一般工业厂房吊装。

3. 履带式起重机的安全使用要求

(1) 履带式起重机在操作时应平稳,禁止急速的起落钩、回转等动作出现;

(2) 履带式起重机行走道路要求坚实平整,周围不得有障碍物;

(3) 禁止斜拉、斜吊和起吊地下埋设或凝结在地面上的重物;

(4) 双机抬吊重物时,分配给单机重量不得超过单机允许起重量的80%,并要求统一指挥。抬吊时应先试抬,使操作者之间相互配合,动作协调,起重机各运转速度尽量一致。

3.3.2 汽车式起重机

汽车式起重机由于使用广泛,而发展很快。常用的汽车式起重机为8~50t。

1. 主要构造

汽车式起重机是在专用汽车底盘的基础上,再增加起重机构以及支腿、电气系统、液压系统等机构组成。行驶与起重作业的操作室分开。

2. 特点

汽车式起重机最大的特点是机动性好,转移方便,支腿及起重臂都采用液压式,可大大减轻工人的劳动强度。但是超载性能差,越野性能也不如履带式,对道路的要求比履带式起重机更严格。

3. 汽车式起重机的安全使用要求

汽车式起重机因超载或支腿陷落造成翻车事故约占事故的70%以上,因此,在使用汽车起重机时应特别引起重视。

(1) 必须按照额定的起重量工作,不能超载和违反该车使用说明书所规定的要求条款;

(2) 汽车式起重机的支腿处必须坚实,在起吊重物前,应对支腿加强观察,看看有无陷落现象,必要时应增铺垫道木,加大承压面积,以保证使用要求;

(3) 支腿安放支完,应将车身调平并锁住,才能工作;工作时还应注意风力大小,六级风时应停止工作。

3.3.3 轮胎式起重机

1. 主要构造

轮胎式起重机的动力装置是采用柴油发动机带动直流发电机,再由直流发电机发出直流电传输到各个工作装置的电动机。行驶和起重操作在一室,行走装置为轮胎。起重臂为格构式,近年来逐步改为箱形伸缩式起重臂和液压支腿。

2. 特性

轮胎式起重机的机动性仅次于汽车式起重机。由于行驶与起重操作同在一室,结构简化,使用方便。因采用直流电为动力,可以做到无级变速,动作平稳,无冲击感,对道路没有破坏性。

轮胎式起重机广泛应用于车站、码头装卸货物及一般工业厂房结构吊装。

3. 轮胎式起重机安全技术要求

可参照汽车式起重机的安全使用要求。

3.4 构件与设备吊装

大型构件和设备安装技术是建设工程的重要组成部分。而吊装技术是大型构件和设备安装技术的主要内容。

大型构件和设备吊装技术的分类:大型吊车吊装技术、桅杆起重机吊装技术、走线滑车吊装技术、集群千斤顶液压提升技术、滑移法吊装技术、特殊吊装技术。

3.4.1 大型吊车的吊装

大型吊车吊装技术的基本原理就是利用吊车提升重物的能力,通过吊车旋转、变幅等动作,将工件吊装到指定的空间位置。

1. 技术特点与适用范围

(1) 吊装工艺计算简单;

(2) 劳动强度低;

(3) 工效高,施工速度快;

(4) 控制相对集中;

(5) 自动化程度高,自动报警功能先进;

(6) 人机适应性好,操作简单舒适。

2. 大型吊车的吊装的分类

(1) 单机吊装:即在吊车允许的回转范围和吊装半径内实现一定重工件的吊装,不需要再采取其他辅助措施;

(2) 单机滑移:在单机滑移时,主吊车臂杆不回转,只是吊钩提升,提升的速度应与工件底部滑移的速度相协调,保持主吊车的吊钩处于垂直状态;

(3) 双机抬吊:双机抬吊工作时,应事先精确设计吊耳的不同位置,使工件按合理的比例分配。抬吊时,应注意两台吊车协同动作,以防互相牵引产生不利影响。吊车抬吊时,吊车的起重能力要打折计算,打折幅度一般为75%~85%;

(4) 双机滑移:兼有双机抬吊与单机滑移的特性。双机滑移时,工件尾部可以采用吊车递送,也可以采用尾排溜送;

(5) 多机抬吊:吊车数量多于三台时应采用平衡轮、平衡梁等调节措施来调整各吊车

的受力分配。同时每台吊车都要乘以75%的折减系数;

(6) 偏心夺吊:偏心夺吊的主吊车可以为一台或两台。应事先精确计算工件的重心位置和吊点位置、设备腾空后的倾斜角度和夺吊力。夺吊力产生的倾覆力矩不应该使吊车的总倾覆力矩超出允许范围。

3. 大型吊车吊装的安全使用要求

(1) 双吊车吊装时,两台主吊车宜选择相同规格型号的大吊车,其吊臂长度、工作半径、提升滑轮组跑绳长度及吊索长度均应相等;

(2) 辅助吊车吊装速度应与主吊车相匹配;

(3) 根据三点确定一个刚体在空间方位的原理,溜尾最好采用单吊点;

(4) 吊车吊钩偏角不应大于3°;

(5) 吊车不应同时进行两种动作;

(6) 多台吊车共同作业时,应统一指挥信号与指挥体系,并应有指挥细则;

(7) 多吊车吊装应进行监测,必要时应设置平衡装置;

(8) 辅助吊车松钩时,立式设备的仰角不宜大于75°;

(9) 工件底部使用尾排移送时,尾排移送速度应与吊车提升速度匹配;立式设备脱离尾排时其仰角应小于临界角;

(10) 当采用吊车配合回转铰扳转工件时,吊车应位于工件侧面而不应在危险区内;回转铰的水平分力要有妥善的处理措施。

3.4.2 桅杆滑移法吊装

桅杆滑移法吊装是利用桅杆起重机提升滑轮组能够向上提升这一动作,设置尾排及其他索具配合,将立式静置工件吊装就位。

1. 技术特点与适用范围

桅杆滑移法吊装技术有以下特点:

(1) 工机具简单;

(2) 桅杆系统地锚分散,其承载力较小;

(3) 滑移法吊装时工件承受的轴向力较小;

(4) 滑移法吊装一般不会对设备基础产生水平推力;

(5) 作业覆盖面广;

(6) 桅杆可灵活布置。

2. 桅杆滑移法吊装技术分类

在长期的生产实践中,桅杆滑移法吊装技术应该是发展最悠久、体系较完善的大型构件和设备吊装技术。桅杆滑移法的技术分类如下:

(1) 倾斜单桅杆滑移法

吊装机具为一根单金属桅杆及其配套系统。主桅杆倾斜布置,吊钩在空载情况下自然下垂,基本对正设备的基础中心(预留加载后桅杆的顶部挠度)。在吊装过程中,主桅杆吊钩提升设备上升,设备下部放于尾排上,通过牵引索具水平前行逐渐使设备直立。设备脱排后,由主桅杆提升索具将设备吊悬空,由溜尾索具等辅助设施调整,将工件就位(图3-16)。

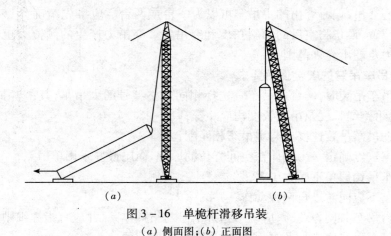

图 3-16 单桅杆滑移吊装
(a)侧面图;(b)正面图

(2) 双桅杆滑移法

主要吊装机具为两根金属桅杆及其配套系统。两根主桅杆应处于直立状态,对称布置在设备的基础两侧。在吊装过程中,两根主桅杆的提升滑轮组抬吊设备的上部,设备下部放于尾排上,同时通过牵引索具拽拉使设备逐步直立到就位(参见图 3-17)。

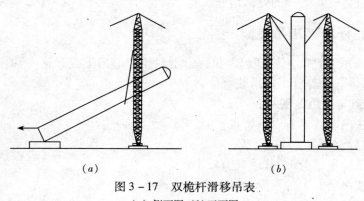

图 3-17 双桅杆滑移吊表
(a)侧面图;(b)正面图

(3) 双桅杆高基础抬吊法

此方法主要吊装机具的配置与双桅杆滑移法基本相同,但是由于工件基础较高,吊装过程的受力分析与双桅杆滑移法不同。在同样的重量下,高基础抬吊时桅杆系统的受力较大,力的变化也比较复杂,它的几何状态决定了起升滑轮组和溜尾拖拉绳的受力大小(图 3-18)。

(4) 直立单桅杆夺吊法

主要吊装机具为一根金属桅杆及其配套系统。主桅杆滑轮组提升工件上部,工件下部设拖排。为协助主桅杆提升索具向预定方向倾斜而设置索吊(引)索具以防止设备(工件)碰撞桅杆,并保持一定的间隙直到使其转向直立就位(图 3-19)。

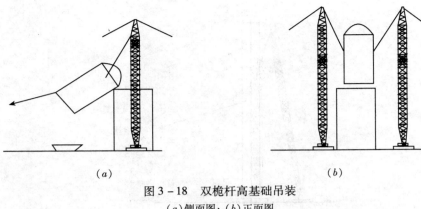

图 3-18 双桅杆高基础吊装
(a)侧面图;(b)正面图

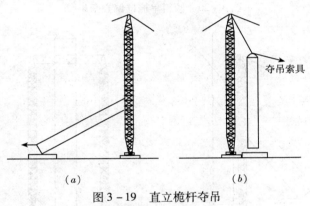

图 3-19 直立桅杆夺吊
(a)正面图;(b)侧面图

此方法不仅适用于完成工件高度低于桅杆的吊装任务,而且也能完成工件高度高于桅杆的吊装任务。当工件高度比桅杆低许多时,一般设一套夺吊索具,夺吊点宜布置在动滑轮组上。当工件高度接近或超过桅杆高度时,吊装较困难,一般需设两套吊索具方能使工件就位。一套宜布置在动滑轮组部位,另一套宜布置在工件底部。

(5) 倾斜单桅杆偏吊法

主要吊装机具为一根金属桅杆及其配套系统。主桅杆倾斜一定的角度布置,并且主吊钩应该预先偏离基础中心一定的距离。工件吊耳偏心并稍高于重心。工件在主桅杆提升滑轮组与尾排的共同作用下起吊悬空,呈自然倾斜状态,然后在工件底部加一水平夺吊(引)索具将工件拉正就位(图 3-20)。

(6) 龙门桅杆滑移法

由于一般的金属桅杆本体上的吊耳是偏心设置的,因此桅杆作用时不但承受较大的轴向压力,同时还存在着较大的弯矩,吊装能力受到抑制龙门桅杆通过上横梁以铰接的方式将两根单桅杆联结成门式桅杆,铰接点一般设在桅杆顶部正中。吊装过程中,工件设一个或两个吊耳,通过绑扎在龙门桅杆横梁上的滑轮组提升,工件底部设尾排配合提升,其运动方式与双桅杆滑移法相似(图 3-21)。

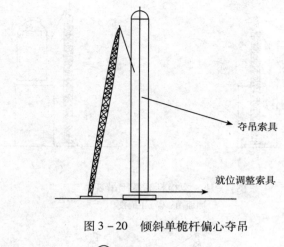

图 3-20 倾斜单桅杆偏心夺吊

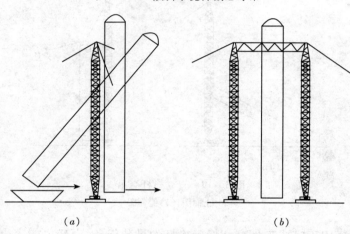

图 3-21 龙门桅杆滑移吊装
(a)侧面图；(b)正面图

3. 桅杆滑移法吊装安全技术要求

（1）吊装系统索具应处于受力合理的工作状态，否则应有可靠的安全措施；

（2）当提升索具、牵引索具、溜尾索具、夺吊索具或其他辅助索具不得不相交时，应在适当位置用垫木将其隔开；

（3）试吊过程中，发现有下列现象时，应立即停止吊装或者使工件复位，判明原因妥善处理，经有关人员确认安全后，方可进行试吊：

1）地锚冒顶、位移；

2）钢丝绳抖动；

3）设备或机具有异常声响、变形、裂纹；

4）桅杆地基下沉；

5）其他异常情况。

（4）工件吊装抬头前，如果需要，后溜索具应处于受力状态；

（5）工件超越基础时，应与基础或地脚螺栓顶部保持 200mm 以上的安全距离；

(6) 吊装过程中,应监测桅杆垂直度和重点部位(主风绳及地锚、后侧风绳及地锚、吊点处工件本体、提升索具、跑绳、导向滑轮、主卷扬机等)的变化情况;

(7) 采用低桅杆偏心提吊法,并且设备为双吊点、桅杆为双吊耳时,应及时调整两套提升滑轮组的工作长度并注意监测,以防设备滚下尾排;

(8) 桅杆底部应采取封固措施,以防止桅杆底部因桅杆倾斜或者跑绳的水平作用而发生移动;

(9) 吊装过程中,工件绝对禁止碰撞桅杆。

3.4.3 桅杆扳转法吊装

桅杆扳转法吊装是指在立式静置设备或构件整体安装时,在工件的底部设置支撑回转铰链,用于配合桅杆,将工件围绕其铰轴从躺倒状态旋转至直立状态,以达到吊装工件就位的目的。

桅杆扳转法吊装工艺适用范围:桅杆扳转法吊装技术适用于重型的塔类设备和构件的吊装,但不适用于工件基础过高的工件吊装。

1. 桅杆扳转法吊装技术分类

桅杆扳转法吊装的方法很多,但有以下几个共同点:使用桅杆作为主要机具,工件底部设回转铰链,吊装受力分析基本一致。下面对桅杆扳转法吊装技术做一个简单分类。

(1) 按工件和桅杆的运动形式划分

1) 单转法:吊装过程中,工件绕其铰轴旋转至直立而桅杆一直保持不动(图3-22)。

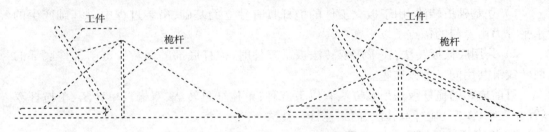

图3-22 单转法吊装示意图

2) 双转法:吊装过程中,工件绕其铰轴旋转而桅杆也绕本身底铰旋转,当工件回转至直立状态时桅杆基本旋转至躺倒状态。因此文献将双转法也称为扳倒法。在双转法中,桅杆的旋转方向可以离开工件基础也可倒向工件基础(图3-23)。

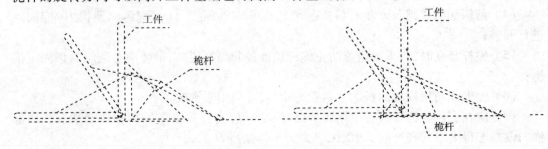

图3-23 双转法吊装示意图

(2) 按桅杆的形式划分
1) 单桅杆扳转法；
2) 双桅杆扳转法；
3) 人字(A字)桅杆扳转法；
4) 门式桅杆扳转法。
(3) 按工件上设置的扳吊点的数量划分
1) 单吊点扳吊：工件上设一个或一对吊点。当工件本体强度和刚度较大时适用。
2) 多吊点扳吊：当工件柔度过大或强度不足时，可在工件上设置多组吊点，采取分散受力点的方法保证工件吊装强度，控制工件不变形，而无须对工件采取加固措施（图3-24）。

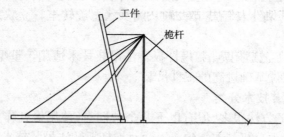

图 3-24　多吊点板吊示意图

(4) 按桅杆底部机构划分
1) 立基础扳转法：用于扳立工件的桅杆具有独立的基础，吊装过程中对基础产生的水平分力由专门的锚点予以平衡；
2) 共用底铰扳转法：在采用双转法扳吊工件时，桅杆底部的回转铰链与工件底部的回转铰链共用同一个铰支座。

目前成熟的桅杆扳法吊装方法有以下五种：单桅杆单转法、双桅杆单转法、单桅杆双转法、人字(A字)桅杆双转法、门式桅杆双转法。

2. 桅杆扳法吊装安全技术要求

(1) 避免工件在扳转时产生偏移，地锚应用经纬仪定位；
(2) 单转法吊装时，桅杆宜保持前倾 $1 \pm 0.5°$ 的工作状态；双转法吊装时，桅杆与工件间宜保持 $89° \pm 0.5°$ 的初始工作状态；
(3) 重要滑轮组宜串入拉力表监测其受力情况；
(4) 前扳起滑轮组及索具与后扳起滑轮组及索具预拉力（主缆风绳预拉力）应同时进行调整；
(5) 桅杆竖立时，应采取措施防止桅杆顶部扳起绳扣脱落，吊装前必须解除该固定措施；
(6) 为保证两根桅杆的扳起索具受力均匀，应采用平衡装置；
(7) 应在工件与桅杆扳转主轴线上设置经纬仪，监测其顶部偏移和转动情况。顶部横向偏差不得大于其高度的 1/1000，且最大不得超过 600mm；
(8) 塔架（例如火炬塔、电视塔）柱脚应用杆件封固；

(9)双转法吊装时,在设备扳至脱杆角之后,宜先放倒桅杆,以减少溜尾索具的受力;

(10)对接时,如扳起绳扣不能及时脱杆,可收紧溜放滑轮组强制其脱杆,以避免扳起绳扣以后突然弹起。

3.4.4 无锚点吊推法吊装

无锚点吊装技术的方法很多,它们的共同点在于利用自平衡装置的运动达到吊装工件就位的目的。自平衡起重装置由工件和推杆等吊装用具共同组成的一个封闭系统,突破了被吊物体作为被平衡对象的传统观念,而将其作为实现起重装置自平衡的一种必要手段。在这个系统里,当工件绕其下部铰链旋转竖立时,仅由系统内所受重力的相互作用而在工件纵轴线的旋转平面内实现稳定平衡。自平衡起重装置实现稳定平衡时,不需要也不应有重力以外的其他外力作用,故也称内平衡装置。

1. 吊推法吊装

吊推法是既吊又推的吊装工艺。吊推法自平衡装置由吊推门架、前挂滑轮组、后挂滑轮组、推举滑轮组、铰链钢排、滑道、设备底铰链等组成。吊推法是以门架的水平位移来达到工件直立的目的,整个吊装过程实际上相似于连杆机构的运动。在吊推过程中,门架为吊具;门架底部用滑轮组与工件底部的旋转铰链轴杆相连形成推举滑轮组;门架顶部横梁用滑轮组与工件前(后)吊挂点相连,组成前(后)挂滑轮组。门架上不需要设缆风绳,工件吊装时产生的水平力,由推举滑轮组索具拉紧时相互抵消。跑绳拉出力引向卷扬机与卷扬机锚点得以平衡。吊推系统的吊具索具配置(图3-25)。

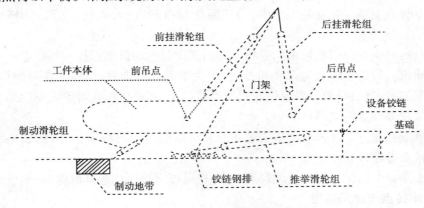

图3-25 吊推系统配置

2. 适用范围

无锚点吊推法适用于塔类设备和构筑物的整体吊装,特别适用于施工场地狭窄、地势复杂和现场障碍物多的场合。

3. 无锚点吊推法吊装安全技术要求

(1)门架是工件吊推的重要机具,应检查门架制造和承载试验的证明文件,合格后方可使用;

(2)对工件在吊装中各不利状态下的强度与稳定性应进行核算,必要时采取加固措施;

（3）工件底部铰链组焊接要严格按技术要求进行。焊缝要经过100%无损探伤；

（4）在门架的上、下横梁中心划出标记，用经纬仪随时监控门架左右的侧向移动量，及时反馈给指挥者以便调整；

（5）门架两立柱上应挂设角度盘来进行监测；

（6）门架底部的滚道上标出刻度，以此监测两底座移动的前后偏差；

（7）溜尾滑轮组上下两端的绑扎绳应采取同一根绳索对折使用，严禁使用单股钢丝绳，以防滑轮组钢丝绳打绞；

（8）雨天或风力大于四级时不得进行吊推作业。

3.4.5 移动式龙门桅杆吊装

移动式龙门桅杆是受龙门吊的启发而设计出来供在工地上使用的一种吊装机具。吊装时，将移动龙门桅杆竖立在安装现场指定位置，确定龙门上横梁吊点的纵向投影线与工件就位时的纵轴线重合，然后在龙门架上拴挂起升用滑轮组，或在上横梁上安装起重小车。一切就绪后，将工件起吊到指定高度，通过大车行走或小移动，将工件吊装到指定位置后降落直至就位。

1. 移动式龙门桅杆的组成

移动式龙门桅杆一般都是由自行设计且满足一定功能的标准杆件和特殊构件构成，具体包括：

（1）上横梁。大型龙门架的上横梁一般为箱形梁或桁架梁；

（2）立柱或支腿。在安装工程中，为了简化制造和安装，立柱（支腿）为格构式桅杆标准节；

（3）行走机构。龙门架可采用卷扬机牵引或设置电动机自行控制其行走；

（4）轨道。行走轨道分为单轨和双轨，当大车带载行走时，最好是在每侧设双轨，以保证龙门架的稳定性；单轨一般仅供龙门架空载行走，当吊装作业时须将龙门架底部垫实或在龙门架顶部设置缆风绳；

（5）节点。龙门架立柱与上横梁之间的节点按照刚性对称设计，两侧底座按照不能侧移的铰接点考虑；

（6）小车。上横梁上可以设置起重小车，也可以直接绑扎起升滑轮组，不设小车。

2. 技术特点与适用范围

移动式龙门桅杆适合于安装高度不高的重型工件吊装，尤其是在厂房已经建好、设备布局紧凑、场地狭窄等不能使用大型吊车吊装的情况下，能完成卸车、水平移动、吊装就位的连续作业。该方法工艺简单，操作灵活，指挥方便；施工机具因地制宜选择，结构简单，制造组装方便。

3. 移动式龙门桅杆吊装安全技术要求

（1）龙门架的制作与验收必须遵守《钢结构工程施工及验收规范》（GB 50205）的要求；

（2）在施工现场，应标出龙门架的组对位置、工件就位时龙门架所到达的位置以及行走路线的刻度，以监测龙门架两侧移动的同步性，要求误差小于跨度的1/2000；

（3）如果龙门架上设置两组以上起吊滑轮组，要求滑轮组的规格型号相同，并且选择相同的卷扬机。成对滑轮组应该位于与大梁轴线平行的直线上，前后误差不得大于两组滑轮组间距的1/3000；

（4）如果需要四套起吊滑轮组吊装大型工件，应该采用平衡梁；

（5）如果龙门架采用卷扬机牵引行走，卷扬机的型号应该相同，同一侧的牵引索具选用一根钢丝绳做串绕绳，这样有利于两侧底座受力均匀，保证龙门架行走平衡、同步，其行走速度一般为0.05m/s以下；

（6）轨道平行度误差小于1/2000；跨度误差小于1/5000且不大于10mm，两侧标高误差小于10mm；

（7）轨道基础要夯实处理，满足承载力的要求，跨越管沟的部位需要采取有效的加固措施；

（8）如果工件吊装需要龙门架的高度很大，应该对龙门架采取缆风绳加固措施；

（9）就位过程中，工件下落的速度要缓慢，且不得使工件在空中晃动，对位准确方可就位，不得强行就位。

3.4.6 滑移法

1. 技术特点与适用范围

滑移法是一种比较先进的施工方法，它具有设备工艺简单、施工速度快、费用低等优点。广泛用于周边支承的网架施工、桥梁工程中架设钢梁或预应力混凝土梁、钢结构屋盖安装以及大型设备在特定条件下的安装。

2. 滑移系统的组成

滑移系统依照其功能和复杂程度，可划分为导向系统、牵引系统、液压执行系统、电气系统和计算机控制系统等。随牵引方式的不同，其系统组成有所差异。

（1）导链牵引的滑移系统

导向承重系统：包括轨道或滑槽，滚轮或滑块、托架支撑，可能还配有导向轮。

牵引系统：10t以下导链，在轨道梁面上每隔3～6m预埋一个挂环作为反力平衡锚点的绑扎点。

控制方式：一般在轨道上标明刻度，采用人工读数的办法控制各牵引点的同步，精度要求不是很严格。

（2）卷扬机牵引的滑移系统

导向承重系统：包括轨道或滑槽，滚轮或滑块，托架支撑，一般需要配有导向轮。

牵引系统：包括卷扬机、滑轮组、导向滑轮、钢丝绳。在轨道端部预埋吊耳作为反力平衡锚点的绑扎点。

控制方式：一般在轨道上标明刻度，采用人工读数的方式控制各牵引点的同步，或在工件上拖挂盘尺显示其行进刻度，同步控制要求很严格。

（3）液压牵引的滑移系统

导向承重系统：液压牵引一般采用滑槽和滑块进行滑移，在混凝土中间隔1～3m预埋铁件，固定滑槽（槽钢）。

牵引系统:穿芯注压千斤顶,钢绞线,反力平衡架,钢绞线存贮装置,钢绞线固定锚具。当每个牵引点采用单只液压千斤顶时,工件的滑移过程是不连续的,当千斤顶进油时工件运动,千斤顶回油时工件则处于暂时停顿。为使得液压牵引系统连续工作,可采用双缸串联技术。将两只千斤顶前后串联,运行时使其行程相反,这样在作业的任一时刻总有一个在伸缸,一个在缩缸,位移也就可以不间断地连续进行了。

液压执行系统:一般由一台泵站提供动力,包括油箱、油泵、控制阀组、高压橡皮胶管、液压油、过滤器等。为保证泵站在高温季度连续运行时液压油温不高于60℃,还应配备风冷却装置。

电气系统:主要功能是传感检测、液压驱动和动力供电。通过传感检测电路,将液压行程、牵引位移量等信号输入计算机系统;通过液压驱动电路,将计算机指令传递给液压控制阀组;通过动力供电网络,提供牵引等系统380V、220V、24V等各种交、直流电源,并且有抗干扰电源等安全措施。电气系统由配电箱、行程传感器、位移传感器、控制柜、单点控制箱和泵站控制箱等部分组成。

计算机控制系统:主要功能是控制液压牵引器的集群牵作用,并将牵引偏差、启停加速度、牵引负载动态变化等控制在设计允许的范围内。一般采用两级控制。第一级是直接数字控制,控制液压执行系统进行作业;第二级是自动监督控制,对第一级的控制参数、控制算法的执行情况和执行效果进行监控和自动修正,并通过多因素模糊处理技术、故障自动检测调整、系统自适应和容错技术、实现了牵引系统运行的智能化、自动化。计算机在控制系统由前端高速采样机、后台微机等硬件以及相关软件组成。

3. 滑移法安全技术要求

(1) 对刚度、强度不足的杆件如檩条等,应采取措施,以防滑移变形;

(2) 对滑移单元的划分,应考虑到连接的方便,并确保其形成稳定的刚度单元,否则应采取必要的加固措施;

(3) 滑移轨道的安装应按设计方案进行,确保有足够的预埋件、铺设精度,其安装过程应按吊车轨道的安装标准施工;

(4) 对所有滑行使用的起重机械进行完好检查,如刹车灵敏度、钢丝绳有无破坏;

(5) 滑道接口处的不平及毛刺要修整好,以防滑行时卡位;

(6) 统一指挥信号;

(7) 滑行中发现异常情况,必须立即停滑,找出原因方可继续滑移;

(8) 采用滑块与滑槽进行滑移时,一定要充分进行滑道润滑。滑块的材质硬度宜高于滑槽。

吊装作业必须遵守"十不吊"的原则。即:被吊和重量超过机械性能允许范围;信号不清;吊物下方有人;吊物上站人;埋在地下物;斜拉斜牵物;散物捆绑不牢;立式构件、大模板等不用卡环;零碎物无容器;吊装物重量不明等。

第4章 拆除工程

本章要点

本章主要介绍了建筑拆除工程施工准备、安全施工管理、安全技术管理（包括人工拆除、机械拆除、爆破拆除、静力破碎及基础处理）、安全防护措施、文明施工管理等五个方面的内容。

4.1 拆除工程施工前的工作

建设单位应负责做好影响拆除工程安全施工的各种管线的切断、迁移工作。当建筑外侧有架空线路或电缆线路时，应与有关部门取得联系，采取防护措施，确认安全后方可施工。拆除工程的建设单位与施工单位在签订施工合同时，必须签订安全生产管理协议，明确建设单位与施工单位在拆除工程施工中所承担的安全生产管理责任。

中华人民共和国国务院第393号令颁布的《建设工程安全生产管理条例》中规定，建设单位、监理单位应对拆除工程施工安全负检查督促责任；施工单位应对拆除工程的安全技术管理负直接责任。明确了建设单位、监理单位、施工单位在拆除工程中的安全生产管理责任。

4.2 施工单位准备工作

施工单位必须全面了解拆除工程的图纸和资料，根据建筑拆除工程特点，进行实地勘察，并应编制有针对性、安全性及可行性的施工组织设计或方案以及各项安全技术措施。对从事拆除作业的人员办理意外伤害保险。依据《中华人民共和国安全生产法》的有关规定，制定拆除工程生产安全事故应急救援预案，成立组织机构，配备抢险救援器材。严禁将建筑拆除工程整体转包。在拆除作业中应妥善处理。

4.3 应急情况处理

在拆除工程作业中，施工单位发现危险性无法判别、文物价值的不明物体时，必须停止施工，采取相应的应急措施，保护现场并应及时向有关部门报告。经过有关部门鉴定后,按照国家和政府有关法规妥善处理。

4.4 拆除工程安全施工管理

建筑拆除工程一般可分为人工拆除、机械拆除、爆破拆除三大类。根据被拆除建筑的结构形式、高度、面积采用不同的拆除方法。因为人工拆除、机械拆除、爆破拆除的方法不同,其特点也各有不同,所以在安全施工管理上各有侧重点。

4.5 人工拆除

(1) 人工拆除是指人工采用非动力性工具进行的作业。采用手动工具进行人工拆除的建筑一般为砖木结构,高度不超过6m(2层),面积不大于1000m^2。

(2) 拆除施工程序应从上至下,按板、非承重墙、梁、承重墙、柱顺序依次进行或依照先非承重结构后承重结构的原则进行拆除。分层拆除时,作业人员应在脚手架或稳固的结构上操作,被拆除的构件应有安全的放置场所。

(3) 人工拆除建筑墙体时,不得采用掏掘或推倒的方法。楼板上严禁多人聚集或堆放材料。拆除建筑的栏杆、楼梯、楼板等构件,应与建筑结构整体拆除进度相配合,不得先行拆除。建筑的承重梁、柱应在其所承载的全部构件拆除后,再进行拆除。拆除施工应分段进行,不得垂直交叉作业。

(4) 拆除原用于有毒有害、可燃气体的管道及容器时,必须查清其残留物的种类、化学性质,采取相应措施后,方可进行拆除施工,达到确保拆除施工人员安全的目的。施工垃圾严禁向下抛掷,确保施工人员的人身安全。

4.6 机械拆除

(1) 机械拆除是指以机械为主、人工为辅相配合的拆除施工方法。采用机械拆除的建筑一般为砖混结构,高度不超过20m(6层),面积不大于5000m^2。

(2) 拆除施工程序应从上至下、逐层、逐段进行;应先拆除非承重结构,再拆除承重结构。对只进行部分拆除的建筑,必须先将保留部分加固,再进行分离拆除。在施工过程中,必须由专门人员负责随时监测被拆除建筑的结构状态,并应做好记录。当发现有不稳定状态的趋势时,必须停止作业,采取有效措施,消除隐患,确保施工安全。

(3) 机械拆除建筑时,严禁机械超载作业或任意扩大机械使用范围。供机械设备(包括液压剪、液压锤等)使用的场地必须稳固并保证足够的承载力,保证机械设备有不发生塌陷、倾覆的工作面。作业中机械设备不得同时做回转、行走两个动作。机械不得带故障运转。

当进行高处拆除作业时,对较大尺寸的构件或沉重的材料(楼板、屋架、梁、柱、混凝土构件等),必须采用起重机具及时吊下。拆卸下来的各种材料应及时清理,分类堆放在指定场所,严禁向下抛掷。

(4) 拆除吊装作业的起重机司机,必须严格执行操作规程和"十不吊"原则。即:被吊物重量超过机械性能允许范围,指挥信号不清,被吊物下方有人,被吊物上站人,埋在地下的被吊物、斜拉、斜牵的被吊物,散物捆绑不牢的被吊物,立式构件不用卡环的被吊物,零碎物无容器的被吊物;重量不明的被吊物不准起吊。信号指挥人员必须按照现行国家标准《起重吊运指挥信号》GB 5082 的规定作业。

作业人员使用机具(包括风镐、液压锯、水钻、冲击钻等)时,严禁超负荷使用或带故障运转。

4.7 爆破拆除

(1) 爆破拆除是利用炸药爆炸瞬间产生的巨大能量进行建筑拆除的施工方法。采用爆破拆除的建筑一般为混凝土结构,高度超过 20m(6 层),面积大于 5000m²。

(2) 爆破拆除工程应根据周围环境条件、拆除对象类别、爆破规模,按照现行国家标准《爆破安全规程》GB 6722,分为 A、B、C 三级,不同级别的爆破拆除工程有相应的设计施工难度,爆破拆除工程设计必须按级别经当地有关部门审核,做出安全评估和审查批准后方可实施。

(3) 从事爆破拆除工程的施工单位,必须持有所在地有关部门核发的《爆炸物品使用许可证》,承担相应等级或低于企业级别的爆破拆除工程。爆破拆除设计人员应具有承担爆破拆除作业范围和相应级别的爆破工程技术人员作业证。从事爆破拆除施工的作业人员应持证上岗。

运输爆破器材时,必须向所在地有关部门申请领取《爆破物品运输证》。应按照规定路线运输,并应派专人押送。爆破器材临时保管地点,必须经当地有关部门批准。严禁同室保管与爆破器材无关的物品。

(4) 爆破拆除的预拆除施工应确保建筑安全和稳定。爆破拆除的预拆除是指爆破实施前有必要进行部分拆除的施工。预拆除施工可以减少钻孔和爆破装药量,清除下层障碍物(如非承重的墙体)有利建筑塌落破碎解体,烟囱定向爆破时开凿定向窗口有利于倒塌方向准确。预拆除施工可采用机械和人工方法拆除非承重的墙体或不影响结构稳定的构件。

(5) 爆破拆除施工时,应对爆破部位进行覆盖和遮挡防护,覆盖材料和遮挡设施应选用不易抛散和折断,并能防止碎块穿透的材料,固定方便、固牢可靠。

爆破作业是一项特种施工方法。爆破拆除作业是爆破技术在建筑工程施工中的具体应用,爆破拆除工程的设计和施工,必须按照《爆破安全规程》有关爆破实施操作的规定执行。

4.8 安全防护措施

(1) 拆除施工采用的脚手架、安全网必须由专业人员搭设。由项目经理(工地负责人)组织技术、安全部门的有关人员验收合格后,方可投入使用。安全防护设施验收时,应按类别逐项查验,并应有验收记录。

(2) 拆除施工严禁立体交叉作业。水平作业时,各工位间应有一定的安全距离。作业人员必须配备相应的劳动保护用品(如:安全帽、安全带、防护眼镜、防护手套、防护工作服等),并应正确使用。在生产经营场所,应按照现行国家标准《安全标志》GB 2894 的规定,设置相关的安全标志。

拆除工程安全技术管理:

(1) 拆除工程开工前,应根据工程特点、构造情况、工程量编制安全施工组织设计或方案。爆破拆除和被拆除建筑面积大于 1000m^2 的拆除工程,应编制安全施工组织设计;被拆除建筑面积小于等于 1000m^2 的拆除工程,应编制安全技术方案。

(2) 拆除工程的安全施工组织设计或方案,应由技术负责人审核,经上级主管部门批准后实施。施工过程中,如需变更安全施工组织设计或方案,应经原审批人批准,方可实施。

(3) 项目经理必须对拆除工程的安全生产负全面领导责任。项目经理部应设专职或兼职安全员,检查落实各项安全技术措施。安全员的设置人数应按照《中华人民共和国安全生产法》第二章第十九条规定执行。

(4) 进入施工现场的人员,必须配戴安全帽。凡在 2m 及以上高处作业无可靠防护设施时,必须使用安全带。在恶劣的气候条件(如:大雨、大雪、浓雾、六级(含)以上大风等)严重影响安全施工时,必须按照 JGJ 80—91《建筑施工高处作业安全技术规范》要求,严禁拆除作业。

(5) 拆除工程施工现场的安全管理应由施工单位负责。从业人员应办理相关手续,签订劳动合同,进行安全培训,考试合格后,方可上岗作业。拆除工程施工前,必须对施工作业人员进行书面安全技术交底。特种作业人员必须持有效证件上岗作业。

(6) 施工现场临时用电必须按照国家现行标准《施工现场临时用电安全技术规范》的有关规定执行。夜间施工必须有足够照明。电动机械和电动工具必须装设漏电保护器,其保护零线的电气连接应符合要求。对产生振动的设备,其保护零线的连接点不应少于 2 处。

(7) 拆除工程施工过程中,当发生重大险情或生产安全事故时,应及时排除险情、组织抢救、保护事故现场,并向有关部门报告。

施工单位必须依据拆除工程安全施工组织设计或方案,划定危险区域。施工前应通报施工注意事项,拆除工程有可能影响公共安全和周围居民的正常生活的情况时,应在施工前发出告示,做好宣传工作,并采取可靠的安全防护措施。

4.9 拆除工程文明施工管理

（1）拆除工程施工现场清运渣土的车辆应在指定地点停放。车辆应封闭或采用苫布覆盖，出入现场时应有专人指挥。清运渣土的作业时间应遵守有关规定。拆除工程施工时，设专人向被拆除的部位洒水降尘，减少对周围环境的扬尘污染，是环境保护的一项具体措施。

（2）对地下的各类管线，施工单位应在地面上设置明显标志。对检查井、污水井应采取相应的保护措施。

（3）施工单位必须落实防火安全责任制，建立义务消防组织，明确责任人，负责施工现场的日常防火安全管理工作。根据拆除工程施工现场作业环境，应制定相应的消防安全措施；并应保证充足的消防水源，现场消火栓控制范围不宜大于 50 m。配备足够的灭火器材，每个设置点的灭火器数量 2~5 具为宜。

（4）施工现场应建立健全用火管理制度。施工作业用火时，必须履行用火审批手续，经现场防火负责人审查批准，领取用火证后，方可在指定时间、地点作业。作业时应配备专人监护，作业后必须确认无火源危险后方可离开作业地点。

（5）拆除建筑物时，当遇有易燃、可燃物（建筑材料燃烧分级，易燃物即 B_3 为易燃性建筑材料；可燃物即 B_2 级为可燃性建筑材料）及保温材料时，严禁明火作业。施工现场应设置不小于3.5m宽的消防车道并保持畅通。

第 5 章 建筑机械

本章要点

本章介绍了土方机械包括推土机、铲运机、装载机、挖掘机、压路机的特点、功能及安全使用要求;桩工机械、混凝土机械、钢筋机械、装修机械及木工机械的种类、性能及安全使用要求,重点是桩机、混凝土机械、钢筋机械、木工机械等的性能、特点和安全使用。

5.1 土方机械

5.1.1 概述

土方机械在城市建设、交通运输、农田水利和国防建设中起着十分重要的作用,是国民经济建设不可缺少的技术装备。

土方机械种类较多,本篇选择推土机、铲运机、装载机、挖掘机和压路机等机种,进行简单的介绍,这些机械各有一定的技术性能和合理的作业范围,作为施工组织者和有关专职管理人员都应熟悉它们的类型、性能和构造特点以及安全使用要求,合理选择施工机械和施工方法,发挥机械的效率,提高经济效益。

5.1.2 推土机

推土机是以履带式或轮胎式拖拉机牵引车为主机,再配置悬式铲刀的自行式铲土运输机械。主要进行短距离推运土方、石渣等作业。推土机作业时,依靠机械的牵引力,完成土壤的切割和推运。配置其他工作装置可完成铲土、运土、填土、平地、压实以及松土、除根、清除石块杂物等作业,是土方工程中广泛使用的施工机械。

按行走装置不同分为履带式和轮式推土机。履带式推土机附着性能好,接地比压小,通过性好,爬坡能力强,但行驶速度低,适用于条件较差地带作业,轮式推土机行驶速度快,灵活性好,不破坏路面,但牵引力小,通过性差。

按传动形式分为机械传动、液力机械传动和全液压传动三种。液力机械传动应用最广。

按发动机功率分为轻型、中型和大型推土机,轻型为发动机功率小于75kW,中型为发动机功率75~225kW,大型为发动机功率大于225kW。

按用途分为通用型和专用型两种。

按工作装置形式分为直铲式和角铲式。

1. 推土机的基本构造

履带式推土机以履带式拖拉机配置推土铲刀而成,轮胎式推土机以轮式牵引车配置推土铲刀而成。有些推土机后部装有松土器,遇到坚硬土质时,先用松土器松土,然后再推土。推土机主要由发动机、底盘、液压系统、电气系统、工作装置和辅助设备等组成,如图 5-1。

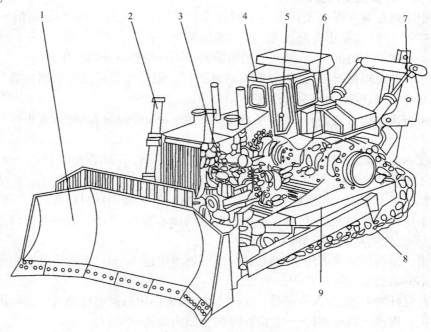

图 5-1 推土机的总体构造
1—铲刀;2—液压系统;3—发动机;4—驾驶室;5—操纵机构;6—传动系统;7—松土器;8—行走装置;9—推臂

2. 推土机的选择

在工程施工中,应选择技术性和经济性适合的推土机,主要从以下四个方面考虑。

(1) 土方工程量

当土方量大而且集中,应选用大型推土机;土方量小而且分散,应选用中、小型推土机;土质条件允许时,应选用轮胎式推土机。

(2) 土的性质

一般推土机均适合于Ⅰ、Ⅱ级土施工或Ⅲ、Ⅵ级土预松后施工。如土质较密实、坚硬,或冬季冻土,应选择重型推土机,或带松土器的推土机。如土质属潮湿软泥,最好选用宽履带的湿地推土机。

(3) 施工条件

修筑半挖半填的傍山坡道,可选用角铲式推土机;在水下作业,可选用水下推土机;在市区施工,应选用能够满足当地环保部门要求的低噪声推土机。

(4) 作业条件

根据施工作业的多种要求,为减少投入机械台数和扩大机械作业范围,最好选择多功能推土机。

对推土机选型时,还必须考虑其经济性,即单位成本最低。单位土方成本决定于机械使用费和机械生产率。在选择机型时,结合施工现场情况,根据有关参数及经验资料,按台班费用定额,计算单方成本,经过分析比较,选择生产率高,单方成本低的合适机型。

3. 推土机的安全使用要点

(1) 推土机在Ⅲ~Ⅳ级土或多石土壤地带作业时,应先进行爆破或用松土器翻松。在沼泽地带作业时,应使用有湿地专用履带板的推土机;

(2) 不得用推土机推石灰,烟灰等粉尘物料和用作碾碎石块的工作;

(3) 牵引其他机械设备时,应有专人负责指挥。钢丝绳的连接应牢固可靠。在坡道上或长距离牵引时,应采用牵引杆连接;

(4) 填沟作业驶近边坡时,铲刀不得越出边缘。后退时,应先换档,方可提升铲刀进行倒车;

(5) 在深沟、基坑或陡坡地区作业时,应有专人指挥,其垂直边坡深度一般不超过2m,否则应放出安全边坡;

(6) 推土机上下坡应用低速档行驶,上坡不得换档,下坡不得脱档滑行。下陡坡时可将铲刀放下接触地面,并倒车行驶。横向行驶的坡度不得超过10°,如须在陡坡上推土时应先进行挖填,使机身保持平衡,方可作业;

(7) 推房屋的围墙或旧房墙面时,其高度一般不超过2.5m。严禁推带有钢筋或与地基基础连结的混凝土桩等建筑物;

(8) 在电杆附近推土时,应保持一定的土堆,其大小可根据电杆结构、土质、埋入深度等情况确定。用推土机推倒树干时,应注意树干倒向和高空架物;

(9) 两台以上推土机在同一地区作业时,前后距离应大于8m,左右相距应大于1.5m。

5.1.3 铲运机

1. 铲运机的用途、分类及型号

铲运机也是一种挖土兼运土的机械设备,它可以在一个工作循环中独立完成挖土、装土、运输和卸土等工作,还兼有一定的压实和平地作用。铲运机运土距离较远,铲斗容量较大,是土方工程中应用最广泛的重要机种之一,主要用于大土方量的填挖和运输作业。

铲运机按行走方式分为:拖式和自行式两种。

铲运机按卸土方式分为:强制式、半强制式和自由式三种。

铲运机按铲斗容量分为:小型($6m^3$以下)、中型($6 \sim 15m^3$)、大型($15 \sim 30m^3$)、特大型($30m^3$以上)。

2. 铲运机的基本构造

拖式铲运机本身不带动力,工作时由履带式或轮式拖拉机牵引。这种铲运机的特点是牵引车的利用率高,接地比压小,附着能力大和爬坡能力强等优点,在矩距离和松软潮湿地带工程中普遍使用,工作效率低于自行式铲运机。

拖式铲运,由拖把,辕架、工作液压缸、机架、前轮、后车轮和铲斗等组成。铲斗由斗体、斗门和卸土板组成。斗体底部的前面装有刀片,用于切土。斗体可以升降,斗门可以相对斗体转动,即打开或关闭斗门。以适应铲土、运土和卸土等不同作业的要求。

自行式铲运机多为轮胎式,一般由单轴牵引车和单轴铲斗两部分组成。有的在单轴铲斗后还装有一台发动机,铲土工作时可采用两台发动机同时驱动。采用单轴牵引车驱动铲土工作时,有时需要推土机助铲。轮胎式自行铲运机均采用低压宽基轮胎,以改善机器的通过性能。自行式铲运机本身具有动力,结构紧凑,附着力大,行驶速度快,机动性好,通过性好,在中距离土方转移施工中应用较多,效率比拖式铲运机高。

3. 铲运机的安全使用要点

(1) 作业前应检查钢丝绳、轮胎气压、铲土斗及卸土板回位弹簧、拖杆方向接头、撑架和固定钢丝绳部分以及各部滑轮等;液压式铲运机铲斗与拖拉机连接的叉座与牵引连接块应锁定,液压管路连接应可靠,确认正常后,方可起动;

(2) 作业中严禁任何人上、下机械,传递物件,以及在铲斗内、拖把或机架上坐、立;

(3) 多台铲运机联合作业时,各机之间前后距离不得小于10m(铲土时不得小于5m),左右距离不得小于2m。行驶中,应遵守下坡让上坡、空载让重载、支线让干线的原则;

(4) 铲运机上、下坡道时,应低速行驶,不得中途换档,下坡时不得空档滑行。行驶的横向坡度不得超过6°,坡宽应大于机身2m以上;

(5) 在新填筑的土堤上作业时,离堤坡边缘不得小于1m,需要在斜坡横向作业时,应先将斜坡挖填,使机身保持平衡;

(6) 在坡道上不得进行检修作业。在陡坡上严禁转弯,倒车或停车。在坡上熄火时,应将铲斗落地、制动牢靠后再行启动。下陡坡时,应将铲斗触地行驶,帮助制动;

(7) 铲土时应直线行驶,助铲时应有助铲装置。助铲推土机应与铲运机密切配合,尽量做到平稳接触等速助铲,助铲时不得硬推。

5.1.4 装载机

装载机是一种作业效率较高的铲装机械,可用来装载松散物料,同时还能用于清理、刮平场地、短距离装运物料、牵引和配合运输车辆作装土使用。如更换相应的工作装置后,还可以完成推土、挖土、松土、起重等多种工作,且有较好的机动性,被广泛用于建筑、筑路、矿山、港口、水利及国防等各种建设中。

装载机在品种和数量方面都发展很快,类型很多。装载机按发动机功率分为小、中、大和特大型。功率小于74kW为小型,如ZL30装载机;功率74~147kW为中型,如ZL40装载机;功率147~515kW为大型,如ZL50装载机;功率大于515kW为特大型。按行走方式分为轮胎式和履带式两种。

1. 轮式装载机的基本构造

轮式装载机是以轮胎式底盘为基础,配置工作装置和操纵系统组成。优点是重量轻,运行速度快,机动灵活,作业效率高,行走时不破坏路面。若在作业点较分散、转移频繁的情况下,其生产率要比履带式高得多。缺点是轮胎接地比压大、重心高、通过性和稳定性差。目前国产ZL系列装载机都是轮式装载机,应用非常广泛。轮式装载机由工作装置、行走装置、发动机、传动系统、转向制动系统、液压系统、操纵系统和辅助系统组成。如图5-2。

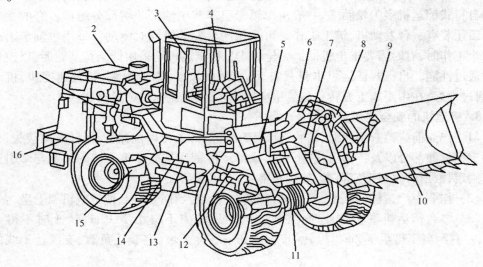

图5-2 轮式装载机总体结构
1—发动机;2—变矩器;3—驾驶室;4—操纵系统;5—动臂液压缸;6—转斗液压缸;7—动臂;8—摇臂;
9—连杆;10—铲斗;11—前驱动桥;12—转动轴;13—转向液压缸;14—变速箱;15—后驱动桥;16—车架

2. 装载机的安全使用要点

（1）作业前应检查各部管路的密封性，制动器的可靠性，检视各仪表指示是否正常，轮胎气是否符合规定；

（2）当操纵动臂于转斗达到需要位置后，应将操纵阀杆置于中间位置；

（3）装料时，铲斗应从正面铲料，严禁单边受力。卸料时，铲斗翻转、举臂应低速缓慢动作；

（4）不得将铲斗提升到最高位置运输物料。运载物料时，应保持动臂下铰点离地400mm，以保证稳定行驶；

（5）无论铲装或挖掘，都要避免铲斗偏载。不得在收斗或半收斗而未举臂时就前进。铲斗装满后应举臂到距地面约500mm后，再后退、转向、卸料；

（6）行驶中，铲斗里不准载人；

（7）铲装物料时，前后车架要对正，铲斗以放平为好。如遇较大阻力或障碍物应立即放松油门，不得硬铲；

（8）在运送物料时，要用喇叭信号与车辆配合协调工作；

（9）装车间断时，不要将铲斗长时间悬空等待；

（10）铲斗举起后，铲斗、动臂下严禁有人。若维修时需举起铲斗，则必须用其他物体可靠地支持住动臂，以防万一；

（11）铲斗装有货物行驶时，铲斗应尽量放低，转向时速度应放慢，以防失稳。

5.1.5 挖掘机

挖掘机是以开挖土、石方为主的工程机械,广泛用于各类建设工程的土、石方施工中,如开挖基坑、沟槽和取土等。更换不同工作装置,可进行破碎、打桩、夯土、起重等多种作业。

单斗挖掘机是土石方工程中普遍使用的机械。有专用型和通用型之分,专用型供矿山采掘用,通用型主要用在各种建设工程施工中。其特点是挖掘力大,可以挖Ⅵ级以下的土壤和爆破后的岩石。

单斗挖掘机可以将挖出的土石就近卸掉或配备一定数量的自卸车进行远距离的运送。此外,其工作装置根据建设工程的需要可换成起重、碎石、钻孔和抓斗等多种工作装置,扩大了挖掘机的使用范围。

单斗挖掘机的种类按传动的类型不同可分为机械式和液压式两类;按行走装置不同可分为履带式、轮胎式和步履式三种。

1. 单斗液压挖掘机的基本构造

单斗挖掘机主要由工作装置、回转机构、回转平台、行走装置、动力装置、液压系统、电气系统和辅助系统等组成。工作装置是可更换的,可以根据作业对象和施工的要求进行选用。

2. 挖掘机安全使用要点

(1) 在挖掘作业前注意拔去防止上部平台回转的锁销,在行驶中则要注意插上锁销;

(2) 作业前先空载提升、回转铲斗、观察转盘及液压马达有否不正常响声或颤动,制动是否灵敏有效,确认正常后方可工作;

(3) 作业周围应无行人和障碍物,挖掘前先鸣笛并试挖数次,确认正常后方可开始作业;

(4) 作业时,挖掘机应保持水平位置,将行走机构制动住;

(5) 严禁挖掘机在未经爆破的五级以上岩石或冻土地区作业;

(6) 作业中遇较大的紧硬石块或障碍物时,须经清除后方可开挖,不得用铲斗破碎石块和冻土,也不得用单边斗齿硬啃;

(7) 挖掘悬崖时要采取防护措施,作业面不得留有伞沿及摆动的大石块,如发现有塌方的危险,应立即处理或将挖掘机撤离至安全地带;

(8) 装车时,铲斗应尽量放低,不得撞碰汽车,在汽车未停稳或铲斗必须越过驾驶室而司机未离开前,不得装车。汽车装满后,要鸣喇叭通知驾驶员;

(9) 作业时,必须待机身停稳后再挖土,不允许在倾斜的坡上工作。当铲斗未离开作业面时,不得作回转行走等动作;

(10) 作业时,铲斗起落不得过猛,下落时不得冲击车架或履带;

(11) 在作业或行走时,挖掘机严禁靠近输电线路,机体与架空输电线路必须保持安全距离。表5-1为架空线路与在用机械与最大弧度和最大风偏时,与其突出部分的安全距离。如不能保持安全距离,应待停电后方可工作;

(12) 挖掘机停放时要注意关断电源开关,禁止在斜坡上停放。操作人员离开驾驶室

时,不论时间长短,必须将铲斗落地;

挖掘机与架空线路的安全距离　　　　　表5-1

线路电压(kV)	广播通信	0.22~0.38	6.6~10.5	20~25	60~110	154	220
在最大弧垂时垂直距离(m)	2.0	2.5	3	4	5	6	6
在最大风偏时水平距离(m)	1.0	1.0	1.5	2	4	5	6

(13) 作业完毕后,挖掘机应离开作业面,停放在平整坚实的场地上,将机身转正,铲斗落地,所用操纵杆放到空档位置,制动各部制动器,及时进行清洁工作。

5.1.6 压路机

在建设工程中,压路机主要用来对公路、铁路、市政建设、机场跑道、堤坝等建筑物地基工程的压实作业,以提高土石方基础的强度,降低雨水的渗透性,保持基础稳定,防止沉陷,是基础工程和道路工程中不可缺少的施工机械。

压路机按其压实原理可分为静作用压路机、振动压路机。

1. 静作用压路机

静作用压路机是以其自身质量对被压实材料施加压力,消除材料颗粒间的间隙,排除空气和水份,以提高土壤的密实度、强度、承载能力和防渗透性等的压实机械,可用来压实路基、路面、广场和其他各类工程的地基等。

2. 光轮压路机

自行式光轮压路机根据滚轮和轮轴数目,国产主要有两轮两轴式和三轮两轴式两种。这两种压路机除轮数不同外,其结构基本相同。

3. 羊脚压路机

羊脚压路机(通称羊脚碾)是在普通光轮压路机的碾轮上装置若干羊脚或凸块的压实机械,故也称凸块压路机。凸块(羊脚)有圆形、长方形和菱形等多种,它的高度与碾重和压实深度有关,凸块高度与碾轮之比一般为1:8~1:5。除滚压轮外,自行式凸块(羊脚)压路机与光轮压路机的构造基本相同。

4. 轮胎压路机

轮胎压路机通过多个特制的充气轮胎来压实铺层材料。由于具有接触面积大,压实效果好等特点,因而广泛用于压实各类建筑基础、路面、路基和沥青混凝土路面。

5. 振动压路机

振动压路机是利用自身重力和振动作用对压实材料施加静压力和振动压力,振动压力给予压实材料连续高频振动冲击波,使压实材料颗粒产生加速运动,颗粒间内摩擦力大大降低,小颗粒填补孔隙,排出空气和水分,增加压实材料的密实度,提高其强度及防渗透性。振动压路机与静作用压路机相比,具有压实深度大、密实度高、质量好以及压实遍数少、生产效率高等特点。其生产效率相当于静作用压路机的3~4倍。

振动压路机按行驶方式可分为自行式、拖式和手扶式;按驱动轮数量可分为单轮驱动、双轮驱动和全轮驱动;按传动方式可分为机械传动、液力机械传动和全液压传动;按振动轮外部结构可分为光轮、凸块(羊脚)和橡胶滚轮;按振动轮内部结构可分为振动、振荡和垂直振动。

5.1.7 平地机

1. 平地机的基本构造

平地机的外形结构见图5-3,主要由发动机、传动系统、制动系统、转向系统、液压系统、电气系统、操作系统、前后桥、机架、工作装置及驾驶室组成的。

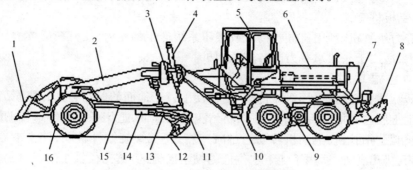

图5-3 平地机的外形结构示意图
1—前推土板;2—前机架;3—摆架;4—刮刀升降液压缸;5—驾驶室;6—发动机;
7—后机架;8—后松土器;9—后桥;10—铰接转向液压缸;11—松土耙;12—刮刀;
13—铲土角变换液压缸;14—转盘齿圈;15—牵引架;16—转向轮

2. 平地机的安全使用要点

(1) 平地机,刮刀和齿耙都必须在机械起步后才能逐渐切入土中。在铲土过程中,对刮刀的升降调整要一点一点地逐渐进行,避免每次拔动操作杆的时间过长,否则,会使地段形成波浪形的切削,影响到以后的施工;

(2) 行驶时,必须将铲刀和松土器提升到最高处,并将铲刀斜放,两端不超出后轮外侧;

(3) 禁止平地机拖拉其他机械,特殊情况只能以大拉小;

(4) 遇到土质坚硬需用松土器翻松时,应慢速逐渐下齿,以免折断齿顶,不准使用松土器翻松石渣及高级路面,以免损坏机件或发生其他意外事故;

(5) 工作前必须清除影响施工的障碍物和危险物品。工作后必须停放在平坦安全的地区,不准停放在坑洼流水处或斜坡上。

5.2 桩工机械

桩基础施工的安全问题,历来是整个建设施工中突出的薄弱环节,桩基工程施工中发生的人身伤亡事故及设备安全事故在建筑业的安全事故中占有较大比例,其主要特点之一就是人身伤亡事故与设备事故伴生,人身伤亡事故的诱因往往就是设备事故。

5.2.1 桩工机械的适用范围及其优缺点

1. 预制桩施工机械有四种：

（1）蒸汽锤打桩机：利用高压蒸汽将锤头上举，然后靠锤头自重向下冲击桩头，使桩沉入地下；

（2）柴油锤打桩机：利用燃油爆炸，推动活塞，靠爆炸力冲击桩头，使桩沉入地下，适宜打各类预制桩；

（3）振动锤打桩机：利用桩锤的机械振动力使桩沉入土中，适用于承载较小的预制混凝土桩板、钢板桩等；

（4）静力压桩机：利用机械卷扬机或液压系统产生的压力，使桩在持续静压力的作用下压入土中，适用于一般承载力的各类预制桩。

2. 灌注桩施工机械

（1）转盘式钻孔机，采用机械传动方式，使平行于地面的磨盘转动，通过钻杆，带动钻头转动切削土层和岩层，以水作为介质，将岩土取出地面，适用各类中等口径的灌注桩；

（2）长螺旋钻孔机：电动机转动通过减速箱，使长螺旋钻杆转动，使土沿着螺旋叶片上升至地表，排出孔外，适用于地下水位低的黏土层地区，桩孔径较小的建筑物基础；

（3）旋挖钻机：通过电机转动，带动短螺旋钻杆及取土箱转动，待取土箱内土旋满时，将取土箱提出地表，取土。如此周而复始；

（4）潜水钻孔机：电动机和钻头在结构上连接在一起，工作时电机随钻头能潜至孔底。

5.2.2 桩架

桩架是打桩专用工作装置配套使用的基本设备，俗称主机，其作用主要承载工作装置，桩及其他机具的重量，承担吊桩、吊送桩器、吊料斗等工作，并能行走和回转，桩架和柴油锤配套后，即为柴油打桩机，桩架与振动桩锤配套后即为振动沉拔桩机。

桩架形式多种多样，不管什么类型的桩架，其结构主要由底盘、导向杆、后斜撑、动力装置、传动机构、制动机构、行走回转机构等组成。

桩架主要用钢材制成，按照行走方式的不同分为履带式、滚筒式、携船步履式、轨道式等，桩架的高度可按实际工作需要分节拼装，通长每节 4~6m。

桩架高度 = 桩长 + 工作装置高度 + 附件高度 + 安全距离 + 工作余量。

例：桩长 18m，锤高 5m，桩帽 1m，安全距离 1m，工作余量 0.5m

则桩架有效高度 = 18 + 5 + 1 + 1 + 0.5 = 25.5m

5.2.3 柴油打桩锤

柴油打桩锤是打预制桩的专用冲击设备，与桩架配套组成柴油打桩机。柴油打桩锤是以柴油为燃料，从构造上看，实际上就是一种庞大的单缸二冲程内燃机。柴油锤的冲击体是活塞或者缸套，具有结构简单，施工效率高，适应性广的特点，应用范围广泛。但随着人们环保意识的加强，以及城市建筑物密度的增加，柴油打桩锤噪声大，废气污染严重，振动大,对周边建筑物有破坏作用的缺点显现出来,因此,该机械在城区桩基础施工中的使用受到一定限制。

1. 导杆式柴油锤的构造

导杆式柴油锤由活塞、缸锤、导杆、顶部横梁、起落架、燃油系统和基座等组成。

2. 筒式柴油锤的构造

筒式柴油锤依靠活塞上下跳动来锤击桩,由锤体、燃料供给系统、润滑系统、冷却系统和起动系统等构成。

3. 柴油锤的安全作业要点

(1) 桩架必须安放平稳坚实。桩锤起动时,应注意桩锤、桩帽在同一直线上,防止偏心打桩;

(2) 在打桩过程中,应有专人负责拉好曲臂上的控制绳,如遇意外情况时可紧急停锤;

(3) 上活塞起跳高度不得超过 2.5m;

(4) 打桩过程中,应经常用线锤及水平尺检查打桩架。如垂直度偏差超过 1%,必须及时纠正,以免把桩打斜;

(5) 打桩过程中,严禁任何人进入以桩轴线为中心的 4m 半径范围内。

5.2.4 振动桩锤

振动桩锤的工作原理是利用电机的高速旋转,通过皮带带动振动箱体内的偏心块高速旋转,产生正弦波规律变化的激振力,桩在激振力的作用下,以一定的频率和振幅发生振动,使桩周围的土壤处于"液化"状态,从而大大降低了土壤对桩的摩擦阻力,使桩下沉和拔出。该桩锤具有效率高,速度快,便于施工等优点,在桩基工程的施工中得到广泛的应用。

1. 振动锤的构造

振动锤的主要组成部分是原动机、振动器、夹桩器和减振装置。

2. 振动锤施工作业要点

(1) 在作业前,应对桩锤进行检测。检测电动机、电动机电缆的绝缘值是否符合要求;检查电气箱内各元件应完好;检查传动带的松紧度;检查夹持器与振动器连接处的螺栓是否紧固;

(2) 当桩插入夹桩器内后,将操纵杆扳到夹紧位置,使夹桩器将桩慢慢夹紧,直至听到油压卸载声为止。在整个作业过程中,操纵杆应始终放在夹紧位置,液压系统压力不能下降;

(3) 悬挂桩锤的起重机,吊钩必须有保险装置;

(4) 拔钢板桩时,应接通常的沉入顺序的相反方向拔起。夹持器在夹持板桩时,应尽量靠近相邻的一根,较易起拔;

(5) 当夹桩器将桩夹持后,须待压力表显示压力达到额定值后,方可指挥起拔。当拔桩离地面 1~1.5m 时,应停止振动,将吊桩用钢丝绳拴好,然后继续起动桩锤进行拔桩;

(6) 拔桩时,必须注意起重机额定起重量,通常用估算法,即起重机的回转半径应以桩长 1m 对 1t 的比率来确定；

（7）桩被完全拔出后，在吊桩钢丝绳未吊紧前，不得将夹桩器松掉。

5.2.5 静力压桩机

1. 静力压桩机的构造

静力压桩机是依靠静压力将桩压入地层的施工机械。当静压力大于沉桩阻力时，桩就沉入土中。压桩机施工时无振动，无噪声，无废弃污染，对地基及周围建筑物影响较小。能避免冲击式打桩机因连续打击桩而引起桩头和桩身的破坏。适用于软土地层及沿海和沿江淤泥地层中施工。在城市中应用对周围的环境影响力小。

YZY-500 型全液压静力压桩机，主要由支腿平台结构、长船行走机构、短船行走机构、夹持机构、导向压桩机构、起重机、液压系统、电器系统和操作室等部分组成。

2. 静力压桩机的安全作业要点

（1）压桩施工中，插正桩位，如遇地下障碍使桩在压入过程中倾斜时，不能用桩机行走的方式强行纠偏，应将桩拔起，待地下阻碍清除后，重新插桩；

（2）桩在压入过程中，夹持机构与桩侧打滑时，不能任意提高液压油压力，强行操作，而应找出打滑原因，采取有效措施后方能继续进行压桩；

（3）桩贯入阻力过大，使桩不能压至标高时，不能任意增加配重，否则将会引起液压元件和构件损坏；

（4）桩顶不能压到设计标高时，必须将桩凿去，严禁用桩机行走的方式，将桩强行推断；

（5）压桩过程中，如遇周围土体隆起，影响桩机行走时，应将桩机前方隆起的土铲去，不应强行通过，以免损坏桩机构件；

（6）桩机在顶升过程中，应尽可能避免任一船形轨道压在已入土的单一桩顶上，否则将使船形轨道变形；

（7）桩机的电气系统，必须有效地接地。施工中，电缆须专人看护，每天下班时，将电源总开关切断。

5.3 混凝土机械

混凝土搅拌机按生产过程的连续性可分为周期式和连续式两大类。建筑施工所用的都是周期式混凝土搅拌机。

周期式混凝土搅拌机按搅拌原理可分为自落式和强制式两大类。其主要区别是：搅拌叶片和拌筒之间没有相对运动的为自落式；有相对运动的为强制式。

自落式搅拌机按其形状和卸料方式可分为鼓筒式、锥形反转出料式、锥形倾翻出料式三种。其中鼓筒式的由于其性能指标落后已列为淘汰机型。

强制式搅拌机分为立轴强制式和卧轴强制式两种，其中卧轴式又有单卧轴和双卧轴之分。

5.3.1 常用的混凝土搅拌机

施工现场常用的搅拌机是锥形反转出料的搅拌机,搅拌站常用的搅拌机是双卧轴强制式搅拌机。

1. 锥形反转出料搅拌机

锥形反转出料搅拌机主要由搅拌机构、上料装置、供水系统和电气部分组成。

2. 锥形倾翻出料搅拌机

锥形倾翻出料搅拌机的搅拌筒通过中心锥形轴支承在倾翻机架上,在筒底沿轴向布置3片搅拌叶片,筒的内壁装有衬板。搅拌筒安装在倾翻机架上,由2台电动机带动旋转,整个倾翻机架和搅拌筒在气缸作用下完成倾翻卸料作业。

3. 立轴涡浆式搅拌机

立轴涡浆式搅拌机主要由动力传动系统、进出料机构、搅拌机构、操纵机构和机架等组成。

4. 单卧轴强制式搅拌机

单卧轴强制式搅拌机是由动力系统、搅拌机构、上料装置、操纵机构、倾翻出料装置、供水及电气系统等组成。

5. 双卧轴强制式搅拌机

双卧轴强制式搅拌机是由传动系统、搅拌机构、上料装置、卸料装置和供水系统等组成。

混凝土搅拌机的安全使用要点:

(1) 新机使用前应按使用说明书的要求,对系统和部件进行检验及必要的试运转;

(2) 移动式搅拌机的停放位置必须选择平整坚实的场地,周围应有良好的排水措施;

(3) 搅拌机就位后,放下支腿将机架顶起,使轮胎离地。在作业时期较长的地区使用时,应用垫木将机器架起,卸下轮胎和牵引杆,并将机器调平;

(4) 料斗放到最低位置时,在料斗与地面之间应加一层缓冲垫木;

(5) 接线前检查电源电压,电压升降幅度不得超过搅拌机电气设备规定的5%;

(6) 作业前应先进行空载试验,观察搅拌筒式叶片旋转方向是否与箭头所示方向一致。如方向相反,则应改变电机接线。反转出料的搅拌机,应按搅拌筒正反转运转数分钟,察看有无冲击抖动现象。如有异常噪声应停机检查;

(7) 拌筒或叶片运转正常后,进行料斗提升试验,观察离合器、制动器是否灵活可靠;

(8) 检查和校正供水系统的指示水量与实际水量是否一致,如误差超过2%,应检查管路是否漏水,必要时调整节流阀;

(9) 每次加入的混合料,不得超过搅拌机规定值的10%。为减少粘罐,加料的次序应为粗骨料—水泥—砂子,或砂子—水泥—粗骨料;

(10) 料斗提升时,严禁任何人在料斗下停留或通过。如必须在料斗下检修时,应将料斗提升后,用铁链锁住;

(11) 作业中不得进行检修、调整和加油。并勿使砂、石等物料落入机器的传动系统内;

（12）搅拌过程不宜停车，如因故必须停车，在再次启动前应卸除荷载，不得带载启动；

（13）以内燃机为动力的搅拌机，在停机前先脱开离合器，停机后应合上离合器；

（14）如遇冰冻气候，停机后应将供水系统积水放尽。内燃机的冷却水也应放尽；

（15）搅拌机在场内移动或远距离运输时，应将进料斗提升到上止点，用保险铁链锁住；

（16）固定式搅拌机安装时，主机与辅机都应用水平尺校正水平。有气动装置的，风源气压应稳定在 0.6MPa 左右。作业时不得打开检修孔、入孔，检修先把空气开关关闭，并派人监护。

5.3.2 混凝土搅拌输送车

混凝土搅拌输送车是运输混凝土的专用车辆，在载重汽车底盘上安装一套能慢速旋转的混凝土搅拌装置，由于它在运输过程中，装载混凝土的搅拌筒可作慢速旋转，有效地使混凝土不断受到搅动，防止产生分层离析现象，因而能保证混凝土的输送质量。混凝土搅拌输送车除载重汽车底盘外，主要由传动系统、搅拌装置、供水系统、操作系统等组成。

混凝土搅拌输送车的搅拌筒驱动装置有机械式和液压式两种，当前已普遍采用液压式。由于发动机的动力引出形式的不同，可分为飞轮取力、前端取力、前端卸料，以及搅拌装置专用发动机单独驱动等形式。

5.3.3 混凝土泵及泵车

混凝土泵是将混凝土沿管道连续输送到浇筑工作面的一种混凝土输送机械。混凝土泵车是将混凝土泵装置安装在汽车底盘上，并用液压折叠式臂架（又称布料杆）管道来输送混凝土。臂架具有变幅、曲折和回转三个动作，在其活动范围内可任意改变混凝土浇筑位置，在有效幅度内进行水平和垂直方向的混凝土输送，从而降低劳动强度，提高生产率，并能保证混凝土质量。

1. 混凝土泵及泵车的分类

混凝土泵按其移动方式可分为拖式、固定式、臂架式和车载式等，常用的为拖式。按其驱动方法分为活塞式、挤压式和风动式。其中活塞式又可分为机械式和液压式。挤压式混凝土泵适用于泵送轻质混凝土，由于其压力小，故泵送距离短。机械式混凝土泵结构笨重，寿命短，能耗大。目前使用较多的是液压活塞式混凝土泵。

混凝土泵车按其底盘结构可分为整体式、半挂式和全挂式，使用较多的是整体式。

2. 混凝土泵及泵车的安全使用要点

（1）泵机必须放置在坚固平整的地面上，如必须在倾斜地面停放时，可用轮胎制动器卡住车轮，倾斜度不得超过 3°；

（2）泵送作业中，料斗中的混凝土平面应保持在搅拌轴轴线以上，供料跟不上时要停止泵送；

（3）料斗网格上不得堆满混凝土，要控制供料流量，及时清除超粒径的骨料及异物；

（4）搅拌轴卡住不转时，要暂停泵送，及时排除故障；

（5）供料中断时间，一般不宜超过1h。停泵后应每隔10min作2~3个冲程反泵—正泵运动，再次投入泵送前应先搅拌；

（6）在管路末端装上安全盖，其孔口应朝下。若管路末端已是垂直向下或装有向下90°弯管，可不装安全盖；

（7）当管中混凝土即将排尽时，应徐徐打开放气阀，以免清洗球飞出时对管路产生冲击；

（8）洗泵时，应打开分配阀阀窗，开动料斗搅拌装置，作空载推送动作。同时在料斗和阀箱中冲水，直至料斗、阀箱、混凝土缸全部洗净，然后清洗泵的外部。若泵机几天内不用，则应拆开工作缸橡胶活塞，把水放净。如果水质浑浊，还得清洗水系统。

5.3.4 混凝土振动器

混凝土振动器是一种借助动力通过一定装置作为振源产生频繁的振动，并使这种振动传给混凝土，以振动捣实混凝土的设备。

混凝土振动器的种类繁多。按传递振动的方式可分为：内部式（插入式）、外部式（附着式）、平台式等；按振源的振动子形式可分为：行星式、偏心式、往复式等；按使用振源的动力可分为：电动式、内燃式、风动式、液压式等；按振动频率可分为：低频（2000~5000次/min）、中频（5000~8000次/min）、高频（8000~20000次/min）等。

内部式（插入式）有：软轴行星式、软轴偏心式、直联式三种。

外部式（附着式）常用的有：附着式、平板式两种。

1. 混凝土振动器的结构简述

（1）软轴插入式振动器

软轴插入振动器是由电动机、传动装置、振动棒等三部分组成。

（2）直联插入式振动器

直联插入式振动器是由与电动机组成一体的振动棒和配套的变频机组两部分。

（3）附着式振动器

附着式振动器是由特制铸铝合金外壳的三相二极电动机，其转子轴两个伸出端上各装一个圆盘形偏心块。当电动机带动偏心块旋转时，由于偏心力矩作用，使振动器产生激振力。

平板式振动器是在附着式振动器底部一块平板改装而成。

（4）振动台

振动台是由上部框架、下部框架、支承弹簧、电动机、齿轮箱、振动子等组成。

2. 插入式振动器的使用要点

（1）插入式振动器在使用前应检查各部件是否完好，各连接处是否紧固，电动机绝缘是否良好，电源电压和频率是否符合铭牌规定，检查合格后，方可接通电源进行试运转；

（2）作业时，要使振动棒自然沉入混凝土，不可用力猛往下推。一般应垂直插入，并插到下层尚未初凝层中50~100mm，以促使上下层相互结合；

（3）振动棒各插点间距应均匀，一般间距不应超过振动棒抽出有效作用半径的1.5倍；

（4）应配开关箱安装漏电保护装置,熔断器选配应符合要求;

（5）振动器操作人员应掌握一般安全用电知识,作业时应穿戴好胶鞋和绝缘手套;

（6）工作停止移动振动器时,应立即停止电动机转动;搬动振动器时,应切断电源。不得用软管和电缆线拖拉、扯动电动机;

（7）电缆上不得有裸露之处,电缆线必须放置在干燥、明亮处;不允许在电缆线上堆放其他物品,以及车辆在其上面直接通过;更不能用电缆线吊挂振动器等物。

3. 附着式振动器安全使用要点

（1）在一个模板上同时使用多台附着式振动器时,各振动器的频率应保持一致,相对面的振动器应错开安装;

（2）使用时,引出电缆线不得拉得过紧,以防断裂。作业时,必须随时注意电气设备的安全,熔断器和接地(接零)装置必须合格。

4. 振动台的安全使用要点

（1）振动台是一种强力振动成型设备,应安装在牢固的基础上,地脚螺栓应有足够强度并拧紧。同时在基础中间必须留有地下坑道,以便调整和维修;

（2）使用前要进行检查和试运转,检查机件是否完好;

（3）齿轮因承受高速重负荷,故需要有良好的润滑和冷却。齿轮箱内油面应保持在规定的水平面上,工作时温升不得超过70℃。

5.3.5 混凝土布料机

混凝土布料机是将混凝土进行分布和摊铺,以减轻工人劳动程度,提高工作效率的一种设备。主要由臂架、输送管、回转架、底座等组成。

1. 混凝土布料机分类

立式布料机的机构比较简单,主要有称置式布料机、固定工布料机、称动式布料机、附装于塔式起重机上的布料杆。

2. 混凝土布料机安全使用

（1）布料机配重量必须按使用说明要求配置;

（2）布料机必须安装在坚固平整的场地上,四支腿水平误差不得大于3mm,且四支腿必须最大跨距锁定,多方向拉结(支撑)固定牢固后方可投入使用;

（3）布料机必须安装配重后方可展开或旋转悬臂泵管;

（4）布料机应在5级风以下使用;

（5）布料机在整体移动时,必须先将悬臂泵管回转至主梁下部并用绳索固定;

（6）布料机的布料杜在悬臂动作范围内无障碍物影响,无高压线。

5.4 钢筋机械

钢筋机械是用于完成各种混凝土结构物或钢筋混凝土预制件所用的钢筋和钢筋骨架等作业的机械。按作业方式可分为钢筋强化机械、钢筋加工机械、钢筋焊接机械、钢筋预应力机械。

5.4.1 钢筋强化机械

1. 钢筋强化机械的类型

钢筋强化机械包括钢筋冷拉机、钢筋冷拔机、钢筋扎钮机等机型。

（1）钢筋冷拉机：它是对热轧钢筋在正常温度下进行强力拉伸的机械。冷拉是把钢筋拉伸到超过钢材本身的屈服点，然后放松，以使钢筋获得新的弹性阶段，提高钢筋强度（20%~25%）。通过冷拉不但可使钢筋被拉直、延伸，而且还可以起到除锈和检验钢材的作用。

（2）钢筋冷拔机：它是在强拉力的作用下将钢筋在常温下通过一个比其直径小0.5~1.0mm的孔模（即钨合金拔丝模），使钢筋在拉应力和压应力作用下被强行从孔模中拔过去，使钢筋直径缩小，而强度提高40%~90%，塑性则相应降低，成为低碳冷拔钢丝。

（3）钢筋轧扭机：它是由多台钢筋机械组成的冷轧扭生产线，能连续地将直径6.5~10mm的普通盘圆钢筋调直、压扁、扭转、定长、切断、落料等完成钢筋扎扭全过程。

2. 钢筋强化机械的结构简述

（1）钢筋冷拉机

钢筋冷拉机有多种形式，常用的为卷扬机式、阻力轮式和液压式等。

1）卷扬机式：它是利用卷扬机的牵引力来冷拉钢筋。当卷扬机旋转时，夹持钢筋的一只动滑轮组被拉向卷扬机，使钢筋被拉伸；而另一只滑轮组则被拉向滑轮，为下次冷拉时交替使用。钢筋所受的拉力经传力杆、活动横梁传送给测力器，从而测出拉力的大小。对于拉伸长度，可通过标尺直接测量或用行程开关来控制；

2）阻力轮式：它是以电动机为动力，经减速器使绞轮获得40m/min的速度旋转，通过阻力轮将绕在绞轮上的钢筋拖动前进，并把冷拉后的钢筋送入调直机进行调直和切断。钢筋的拉伸率通过调节阻力轮来控制；

3）液压式：它是由两台电动机分别带动高、低压力油泵，使高、低压油液经油管、控制阀进入液压张拉缸，从而完成拉伸和回程动作。

（2）钢筋冷拔机

钢筋冷拔机又称拔丝机、有立式、卧式和串联式等形式。

1）立式：由电动机通过涡轮减速器，带动主轴旋转，使安装在轴上的拔丝卷筒跟着旋转，卷绕强行通过拔丝模的钢筋成为冷拔钢丝。

2）卧式：它是由14kW以上的电动机，通过双出头变速器带动卷筒旋转，使钢筋强行通过拔丝模后卷绕在卷筒上。

3）串联式：它是由几台单卷筒拔丝机组合在一起，使钢丝卷绕在几个卷筒上，后一个卷筒将前一个卷筒拔过的钢丝再往细拔一次，可一次完成单卷筒需多次完成的冷拔过程。

（3）钢筋冷轧扭机

钢筋由放盘架上引出，经过调直箱调直，并清除氧化皮，再经导引架进入轧机，冷轧到一定厚度，其断面近似矩形，在轧辊推动下，钢筋被迫通过已经旋转了一定角度的一对扭转辊，从而形成连续旋转的螺旋状钢筋，再经由过渡架进入切断机，将钢筋切断后落到持料架上。

3. 钢筋强化机械的安全使用

（1）钢筋冷拉机的使用要点

1）进行钢筋冷拉工作前,应先检查冷拉设备能力和钢筋的机械性能是否相适应,不允许超载冷拉;

2）开机前,应对设备各连接部位和安全装置以及冷拉夹具、钢丝绳等进行全面检查,确认符合要求时,方可作业;

3）冷拉钢筋运行方向的端头应设防护装置,防止在钢筋拉断或夹具失灵时钢筋弹出伤人;

4）冷拉钢筋时,操作人员要站在冷拉线的侧向,并设联络信号,使操作人员在统一指挥下进行作业。在作业过程中,严禁横向跨越钢丝绳或冷拉线;

5）钢筋冷拉前,应对测力器和各项冷拉数据进行校核,冷拉值（伸长值）计算后应经技术人员复核,以确保冷拉钢筋质量,并随时做好记录;

6）钢筋冷拉时,如遇接头被拉断时,可重新焊接后再拉,但这种情况不应超过两次;

7）用延伸率控制的装置,必须装设明显的限位装置;

8）电气设备、液压元件必须完好,导线绝缘必须良好,接头处要连接牢固,电动机和启动器的外壳必须接地。

（2）钢筋冷拔机的使用要点

1）操作前,要检查机器各传动部位是否正常,电气系统有无故障,卡具及保护装置等是否良好;

2）开机前,应检查拔丝模的规格是否符合规定,在拔丝模盒中放入适量的润滑剂,并根据情况在工作中随时添加。在钢筋头通过拔丝模以前也应抹少量润滑剂;

3）拔丝机运转时,严禁任何人在沿线材拉拔方向站立或停留。拔丝卷筒用链条挂料时,操作人员必须离开链条甩动的区域,出现断丝应立即停车,待车停稳后方可接料和采取其他措施。不允许在机器运转中用手取拔丝筒周围的物品;

4）拔丝过程中,如发现盘圆钢筋打结成乱盘时,应立即停车,以免损坏设备。如果不是连续拔丝,要防止钢筋拉拔到最后端头时弹出伤人。

（3）钢丝轧扭机的使用要点

1）开机前要检查机器各部有无异常现象,并充分润滑各运动件;

2）在控制台上的操作人员必须注意力集中,发现钢筋乱盘或打结时,要立即停机,待处理完毕后,方可开机;

3）在轧扭过程中如有失稳堆钢现象发生,要立即停机,以免损坏轧辊;

4）运转过程中,任何人不得靠近旋转部件。机器周围不准乱堆异物,以防意外。

5.4.2 钢筋加工机械

1. 钢筋加工机械的分类

常用的钢筋加工机械为钢筋切断机、钢筋调直机、钢筋弯曲机、钢筋镦头机等。

（1）钢筋切断机:它是把钢筋原材和已矫直的钢筋切断成所需长度的专用机械;

（2）钢筋调直机：用于将成盘的细钢筋和经冷拔的低碳钢丝调直。它具有一机多用的功能，能在一次操作中完成钢筋调直、输送、切断、并兼有清除表面氧化皮和污迹的作用；

（3）钢筋弯曲机：又称冷变机。它是对经过调直、切断后的钢筋，加工成构件或构件中所需要配置的形状，如端部弯钩、梁内弓筋、弯起钢筋等；

（4）钢筋镦头机：预应力混凝土的钢筋，为便于拉伸，需要将其两端镦粗，镦头机就是实现钢筋镦头的专用设备。

2．结构简述

（1）钢筋切断机

钢筋切断机有机械传动和液压传动两种。

1）机械传动式：由电动机通过三角胶带轮和齿轮等减速后，带动偏心轴来推动连杆作往复运动；连杆端装有冲切刀片，它在与固定刀片相错的往复水平运动中切断钢筋；

2）液压传动式：电动机带动偏心轴旋转，使与偏心轴面接触的柱塞的柱塞作往复运动，柱塞泵产生高压油进入油体缸内，推动活塞驱使活动刀片前进，与固定在支座上的固定刀片相错切断钢筋。

（2）钢筋调直机

电动机经过三角胶带驱动调直筒旋转，实现钢筋调直工作。另外通过同在一电机上的又一胶带轮传动来带动另一对锥齿轮传动偏心轴，再经过两级齿轮减速，传到等速反向旋转的上压辊轴与下压辊轴，带动上下压辊相对旋转，从而实现调直和曳引运动。

（3）钢筋弯曲机

钢筋弯曲机是由电动机经过三角胶带轮，驱动涡杆或齿轮减速器带动工作盘旋转。工作盘上有 9 个轴孔，中心孔用来插中心轴或轴套，周围的 8 个孔用来插成型轴或轴套。当工作盘旋转时，中心轴的位置不变化，而成型轴围绕着中心轴作圆弧转动，通过调整成型轴位置，即可将被加工的钢筋弯曲成所需形状。

（4）钢筋镦头机

钢筋镦头机都为冷镦机，按其动力传递的不同方式可分为机械传动和液压传动两种类型。机械传动为电动和手动，只适用于冷镦直径 5mm 以下的低碳钢丝。液压冷镦机需有液压油泵配套使用，10 型冷镦机最大镦头力为 100kN，适用于冷镦直径为 5mm 的高强度碳素钢丝；45 型冷镦机最大镦头力为 450kN，适用于冷镦直径为 12mm 普通低合金钢筋。

3．钢筋加工机械的安全使用

（1）钢筋切断机安全使用要点

1）接送料的工作台面应和切刀下部保持水平，工作台的长度可根据加工材料长度决定；

2）启动前，必须检查切刀应无裂纹，刀架螺栓紧固，防护罩牢靠。然后用手转动皮带轮，检查齿轮啮合间隙，调整切刀间隙；

3）机械未达到正常转速时，不可切料。切料时，必须使用切刀的中、下部位，紧握钢筋对准刃口迅速投入。应在固定刀片一侧握紧并压住钢筋，以防钢筋末端弹出伤人。严

禁用两手分在刀片两边握住钢筋俯身送料;

4）不得剪切直径及强度超过机械铭牌规定的钢筋和烧红的钢筋。一次切断多根钢筋时,其总截面积应在规定范围内;

5）剪切低合金钢时,应更换高硬度切刀,剪切直径应符合铭牌规定;

6）切断短料时,手和切刀之间的距离应保持在150mm以上,如手握端小于400mm时,应采用套管或夹具将钢筋短头压住或夹牢;

7）运转中,严禁用手直接清除切刀附近的断头和杂物。钢筋摆动周围和切刀周围,不得停留非操作人员;

8）发现机械运转有异常或切刀歪斜等情况,应立即停机检修。

(2) 钢筋调直机安全使用要点

1）料架、料槽应安装平直,对准导向筒、调直筒和下切刀孔的中心线;

2）按调直钢筋的直径,选用适当的调直块及传动速度,经调试合格,方可送料;

3）在调直块未固定、防护罩未盖好前不得送料。作业中严禁打开各部防护罩及调整间隙;

4）当钢筋送入后,手与曳轮必须保持一定的距离,不得接近;

5）送料前,应将不直的料头切除,导向筒前应装一根1m长的钢管,钢筋必须先穿过钢管再送入调直筒前端的导孔内。

(3) 钢筋弯曲机的安全使用操作要点

1）挡铁轴的直径和强度不得小于被弯钢筋的直径和强度。不直的钢筋,不得在弯曲机上弯曲;

2）作业中,严禁更换轴芯、销子和变换角度以及调速等作业,也不得进行清扫和加油;

3）严禁弯曲超过机械铭牌规定直径的钢筋。在弯曲未经冷拉或带有锈皮的钢筋时,必须戴防护镜;

4）严禁在弯曲钢筋的作业半径内和机身不设固定销的一侧站人。弯曲好的半成品,应堆放整齐,弯钩不得朝上。

(4) 钢筋镦头机安全使用要点

1）电动镦头机

① 压紧螺杆要随时注意调整,防止上下夹块滑动移位;

② 工作前要注意电动机转动方向,行轮应顺指针方向转动;

③ 夹块的压紧槽要根据加工料的直径而定,压紧杆的调整要适当;

④ 调整时凸块与块的工作距离不得大于1.5mm,空位调整按镦帽直径大小而定。

2）液压镦头机

① 镦头器应配用额定油压在40MPa以上的高压油泵;

② 镦头部件(锚环)和切断部件(刀架)与外壳的螺纹连接,必须拧紧。应注意在锚环或刀架未装上时,不允许承受高压,否则将损坏弹簧座与外壳连接螺纹;

③ 使用切断器时,应将镦头器用锚环夹片放下,换上刀架。刀架上的定刀片应随切断钢筋的粗细而更换。

5.4.3 钢筋焊接机械

1. 钢筋焊接机械的分类

焊接机械类型繁多,用于钢筋焊接的主要有对焊机、点焊机和手工弧焊机。

(1) 对焊机:对焊机在 UN、UN1、UN5、UN8 等系列,钢筋对焊常用的是 UN1 系列。这种对焊机专用于电阻焊接、闪光焊接低碳钢、有色金属等,按其额定功率不同,有 UN1-25、UN1-75、UN1-100 型杠杆加压式对焊机和 UN1-150 型气压自动加压式以焊机等。

(2) 点焊机:按照点焊机时间调节器的形式和加压机构的不同,可分为杠杆弹簧式(脚踏式)、电动凸轮式和气、液压传动式三种类型。按照上、下电极臂的长度,可分为长臂式和短臂式两种形式。

(3) 弧焊机:弧焊机可分为交流弧焊机(又称焊接变压器)和直流弧焊机两大类,直流弧焊机又有旋转式直流弧焊机(又称焊接发电机)和弧焊整流器两种类型。前者是由电动机带动弧焊发电机整流发电;后者是一种将交流电变为直流电的手弧焊电源。

2. 钢筋焊接机械的结构简述

(1) 对焊机

对焊机的电极分别装在固定平板和滑动平板上,滑动平板可沿机身上的导轨移动,电流通过变压器次级线圈(铜引片)传到电极上,当推动压力机构使两根钢筋端头接触到一起后,加力挤压,达到牢固的对接。

对焊工艺可分为电阻对焊和闪光对焊两种:

1) 电阻对焊:是将钢筋的接头加热到塑性状态后切断电源,再加压达到塑性连接。这种焊接工艺容易在接头部位产生氧化或夹渣,并要求钢筋端面加工平整光洁,同时焊接时耗电量大,需要大功率焊机,故较少采用。

2) 闪光对接:是指在焊接过程中,从钢筋接头处喷出的熔化金属粒呈现火花(即闪光)。在熔化金属喷出的同时,也将氧化物及夹渣带出,使对焊接头质量更好,因而被广泛地应用。

(2) 点焊机

点焊机主要由焊接变压器、分级转换开关、电极、压力臂和压力弹簧、杠杆操纵系统等组成。点焊时,将表面清理好并将平直的钢筋叠合在一起放在两个电极之间,踏下脚踏板,使两根钢筋的交点接触紧密,同时,断路器也相接触,接通电流,使钢筋交接点在极短时间内产生大量的电阻热,钢筋很快被加热到熔点而处于熔化状态。放开脚踏板,断路器随杠杆下降而切断电源,在压力臂加压下,熔化了的交接点冷却后凝结成焊接点。

(3) 交流弧焊机

交流弧焊机又称焊接变压器,其基本原理与一般电力变压器相同,是一种结构最简单、使用很广的焊机。它是由电抗器和变压器两部分组成,上部为电抗器,其作用是获得下降外特性;下部为变压器,它将 220V 或 380V 网路电源电压降到 60~80V 左右。其电流调节可通过改变初次线圈的串联(接法Ⅰ)和并联(接法Ⅱ)两种接法来实现。还能用调节手轮转动螺杆,使两次级线圈沿铁芯上下移动,改变初级与次级线圈间的距离。距离越大,两者之间的漏磁也越大,由于漏抗增加,使焊接电流减小。反之,则焊接电流增加。

(4) 直流弧焊机

直流弧焊机又称焊接发电机,它是由共用同一转轴的三相感应电动机和一台焊接发电机组成。机身上部控制箱内装有调节焊接电流的变阻器,下部装有滚轮,便于移动。这类焊机在电枢回路内串有电抗器,引弧容易,飞溅少,电弧稳定,可以焊接各种碳钢、合金钢、不锈钢和有色金属。

3. 钢筋焊接机械的安全使用

(1) 对焊机的安全使用要点

1) 严禁对焊超过规定直径的钢筋,主筋对焊必须先焊后拉,以便检查焊接质量;

2) 调整断路限位开关,使其在焊接到达预定挤压量时能自动切断电源。

(2) 点焊机安全使用要点

1) 焊机通电后,应检查电气设备、操作机构、冷却系统、气路系统及机体外壳有无漏电等现象;

2) 焊机工作时,气路系统、水冷却系统应畅通。气体必须保持干燥,排水温度不应超过40℃,排水量可根据季节调整;

3) 上电极的工作行程调节完后,调节气缸下面的两个螺母必须拧紧,电极压力可通过旋转减压阀手柄来调节。

(3) 交流弧焊机的安全使用要点

1) 使用前,应检查初、次级线不得接错,输入电压必须符合电焊机的铭牌规定。接通电源后,严禁接触初线线路的带电部分;

2) 多台电焊机集中使用时,应分接在三相电源网络上,使三相负载平衡。多台焊机的接地装置,应分别由接地极处引接,不得串联;

3) 移动电焊机时,应切断电源,不得用拖拉电缆的方法移动焊机。如焊接中突然停电,应立即切断电源。

(4) 直流弧焊机的安全使用要点

1) 启动时,检查转子的旋转方向应符合焊机标志的箭头方向;

2) 数台焊机要同一场地作业时,应逐台启动,避免启动电流过大,引起电源开关掉闸;

3) 运行中,如需调节焊接电流和极性开关时,不得在负荷时进行。调节时,不得过快、过猛。

5.4.4 钢筋预应力机械

钢筋预应力机械是在预应力混凝土结构中,用于对钢筋施加张拉力的专用设备,分为机械式、液压式和电热式三种。常用的是液压式拉抻机。

1. 液压式拉伸机的类型

液压式拉伸机的分类

液压式拉伸机是由液压千斤顶、高压油泵及连接这两者之间的高压油管组成。

(1) 液压千斤顶:按其构造特点分为:拉杆式、穿心式、锥锚式和台座式四种;按其作用形式可分为:单作用(拉伸)、双作用(张拉、顶锚)和三作用(张拉、顶锚、退楔)三种。各型千斤顶的主要作用是：

1）拉杆式千斤顶：主要作用于张拉带螺杆锚具或夹具的钢筋、钢丝束，也可用于模外先张、后张自锚等工艺中；

2）穿心式千斤顶：用于张拉并顶锚带夹片锚具的钢丝束和钢绞线束；

3）锥锚式千斤顶：用于张拉带有钢质锥形锚具的钢丝束和钢丝线束；

4）台座式千斤顶：用于先张法台座生产工艺。

（2）高压油泵：有手动和电动两种。电动油泵又可分为轴向式和径向式两种，轴向式比径向式具有结构简单、工料省等优点而成为主要型式。

2. 液压式拉伸机的结构简述

（1）拉杆式千斤顶

张拉预应力筋时，先使连接器与预应力筋的螺丝端杆相连接。A 油嘴进油，B 油嘴回油，此时，油缸和撑脚顶住拉杆端部。继续进油时，活塞拉杆左移张拉预应力筋。当预应力筋张拉到设计张拉力后，拧紧螺丝端杆锚具的螺帽，张拉工作完成。张拉力的大小由高压油泵上的压力表控制。

（2）穿心式千斤顶

张拉预应力筋时，A 油嘴进油，B 油嘴回油，连接套和撑套联成一体右移顶住锚环；张拉油缸及堵头和穿心套联成一体带动工具锚向左移张拉。预压锚固时，在保持张拉力稳定的条件下，B 油嘴进油，顶压活塞、保护套和顶压头联成一体左移将锚塞强力推入锚环内。张拉锚固完毕，A 油嘴回油，B 油嘴进油，则张拉油缸在液压油作用下回程；当 A、B 油嘴同时回油时，顶压活塞在弹簧力作用下回油。

（3）锥锚式千斤顶

张拉时，先把预应力筋用楔块固定在锥形卡环上，开泵使高压油进入主缸，使主缸向左移动的同时，带动固定在主缸上的锥形卡环也向左移动，预应力筋即被张拉。张拉完成后，关闭主缸进油阀，打开副缸进油阀，使液压油进入副缸，由于主缸没有回油，仍保持一定油压，则副缸活塞及压头向右移动顶压锚塞，将预应力筋锚固在锚环上。然后使主、副缸同时回油，通过弹簧的作用而回到张拉前的位置。放松楔块，千斤顶退出。

（4）台座式千斤顶

台座式千斤顶即普通油压千斤顶，在制作先张法预应力混凝土构件时与台座、横梁等配合，可张拉粗钢筋、成组钢丝或钢绞丝；在制作后张法构件时，台座式千斤顶与张拉架配合，可张拉粗钢筋。

（5）高压油泵

高压油泵又称电动油泵，它是由柱塞泵、油箱、控制阀、节流阀、压力表、支撑件、电动机等组成。

电动机驱动自吸式轴向柱塞泵，使柱塞在柱塞套中往复运动，产生吸排油的作用，在出油嘴得到连续均匀的压力油。通过控制阀和节流阀来调节进入工作缸（千斤顶）的流量。打开回油阀，工作缸中的液压油便可流回油箱。

3. 液压式拉伸机的安全使用

（1）液压千斤顶安全使用要点

1）千斤顶不允许在任何情况下超载和超过行程范围使用；

2）千斤顶张拉计压时，应观察千斤顶位置是否偏斜，必要时应回油调整。进油升压必须徐缓、均匀平稳，回油降压时应缓慢松开回油阀，并使各油缸回程到底；

3）双作用千斤顶在张拉过程中，应使顶压油缸全部回油，在顶压过程中，张拉油缸应予持荷，以保证恒定的张拉力，待顶压锚固完成时，张拉缸再回油。

（2）高压油泵安全使用要点

1）油泵不宜在超负荷下工作，安全阀应按额定油压调整，严禁任意调整；

2）高压油泵运转前，应将各油路调节阀松开，然后开动油泵，待空载运转正常后，再紧闭回油阀，逐渐旋拧进油阀杆，增大载荷，并注意压力表指针是否正常；

3）油泵停止工作时，应先将回油阀缓缓松开，待压力表指针退回零位后，方可卸开千斤顶的油管接头螺母。严禁在载荷时拆换油管式压力表。

5.5 装修机械

装修机械是对建筑物结构的面层进行装饰施工的机械，是提高工程质量、作业效率、减轻劳动强度的机械化施工机具。它的种类繁多，按用途划分有灰浆制备机械、灰浆喷涂机械、喷料喷刷机械、地面修整机械、手持机具等。

5.5.1 灰浆制备机械

灰浆制备机械是装修工程的抹灰施工中用于加工抹灰用的原材料和制备灰浆用的机械。它包括：筛砂机、淋灰机、灰浆搅拌机、纸筋灰拌合机等。除一些属非定型产品外，以使有量较大的灰浆搅拌机为主要内容。

灰浆搅拌机是用来搅拌灰浆、砂浆的拌合机械。按搅拌方式划分有：立轴强制搅拌、单卧轴强制搅拌；按卸料方式划分有：活门卸料、倾翻卸料；按移动方式划分有：固定式、移动式。

1．灰浆搅拌机结构简述

（1）单卧轴强制式灰浆搅拌机

这类搅拌机由动力系统、搅拌装置、卸料装置、电气系统等组成。

（2）立轴强制式灰浆搅拌机

这类搅拌机由电动机、减速器、搅拌装置、搅拌筒、卸料机构等组成。

2．灰浆搅拌机的安全使用要点

（1）运转中不得用手或木棒等伸进搅拌筒内或在筒口清理灰浆；

（2）作业中如发生故障不能继续运转时，应立即切断电源，将筒内灰浆倒出，进行检修或排除故障；

（3）固定式搅拌机的上料斗能在轨道上平稳移动，并可停在任何位置。料斗提升时，严禁斗下有人。

5.5.2 灰浆喷涂机械

灰浆喷涂机械是指对建筑物的内外墙及顶棚进行喷涂抹灰的机械。它包括灰浆输送泵以及输送管道、喷枪、喷枪机械手等辅助设备。

灰浆输送泵按结构划分有柱塞泵、挤压泵、隔膜泵等。

1. 灰浆输送泵的结构简述

（1）柱塞式灰浆泵

柱塞泵由电动机、传动机构、泵、压力表、料斗、输送管道等组成。

（2）挤压式灰浆泵

挤压泵由电动机、减速装置、挤压鼓筒、滚轮架、挤压胶管、料斗、压力表等组成。

（3）隔膜式灰浆泵

隔膜泵是在泵缸中用橡胶隔膜把活塞和灰浆分开，活塞泵室内充满中间液体。当活塞向前推时，泵室内的液体使隔膜向内收缩，将收入阀关闭，使灰浆从排出阀排出；活塞向后拉时，泵室形成负压，将排出阀关闭，吸入阀开启，吸进灰浆，隔膜恢复原状。随着活塞的往复运动，灰浆不断地被泵送出来。

2. 灰浆输送泵的安全使用

（1）柱塞式灰浆泵的安全使用要点

1）泵送前，检查球阀应完好，泵内应无干硬灰浆等物；各部零件应紧固可靠，安全阀应调整到规定的安全压力。

2）泵送过程要随时观察压力表的泵送压力，如泵送压力超过预调的 1.5MPa 时，要反向泵送，使管道内部分灰浆返回料斗，再缓慢泵送。如无效，应停机卸压检查，不可强行泵送。

3）泵送过程不宜停机。如必须停机时，每隔 4~5min 要泵送一次，泵送时间为 0.5min 左右，以防灰浆凝固。如灰浆供应不及时，应尽量让料斗装满灰浆，然后把三通阀手柄扳到回料位置，使灰浆在泵与料斗内循环，保持灰浆的流动性。

（2）挤压式灰浆泵安全使用要点

1）料斗加满后，停止振动。待灰浆从料斗泵送完时，再重复加新灰浆振动筛料。

2）整个泵送过程要随时观察压力表，应反转泵送 2~3 转，使灰浆返回料斗，经料斗搅拌后再缓慢泵送。如经过 2~3 次正反泵送还不能顺利泵送，应停机检查，排除堵塞物。

3）工作间歇时，应先停止送灰，后停止送气，以防气嘴被灰浆堵塞。

5.5.3 涂料喷刷机械

涂料喷刷机械是对建筑物擡外墙表面进行喷涂装饰施工的机械，其种类很多，常用的为喷浆泵、高压无气喷涂机等。

1. 涂料喷刷机械的结构简述

（1）喷浆泵

喷浆泵由电动机、联轴器、泵体、安全阀、过滤贮料装置、喷枪、机架等组成。

（2）高压无气喷涂机

喷涂机由吸入系统、回料系统、涂料泵、油泵、喷涂系统、电动机、小车等组成。

2. 涂料喷刷机械的安全使用要点

（1）喷浆泵的安全使用要点

1）喷涂前，对石灰浆必须用60目筛网过滤两遍，防止喷嘴孔堵塞和叶片磨损加快。

2）喷嘴孔径应在2～2.8mm之间，大于2.8mm时，应及时更换。

3）严禁泵体内无液体干转，以免磨坏尼龙叶片。在检查电动机旋转方向时，一定要先打开料桶开关，让石灰浆先流入泵体内后，再让电动机带泵旋转。

（2）高压无气喷涂机的安全使用要点

1）喷涂燃点在21℃以下的易燃涂料时，必须接好地线。地线一头接电机零线位置，另一头接铁涂料桶或被喷的金属物体。泵机不得和被喷涂物放在同一房间里，周围严禁有明火。

2）不得用手指试高压射流。喷涂间歇时，要随手关闭喷枪安全装置，防止无意打开伤人；

3）高压软管的弯曲半径不得小于25cm，不得在尖锐的物体上用脚踩高压软管。

5.5.4 地面修整机械

地面修整机械是对混凝土和水磨石地面进行磨平、磨光的地面修整机械，常用的为水磨石机和地面抹光机。

1. 地面修整机械的结构简述

（1）水磨石机

水磨石机由电动机、减速器、转盘、行走滚轮等组成。

（2）地面抹光机

地机抹光机由电动机、减速器、抹光装置、安全罩、操纵杆等组成。

2. 地面修整机械的安全使用

（1）水磨石机的安全使用要点

1）接通电源、水源，检查磨盘旋转方向应与箭头所示方向相同。

2）手压扶把，使磨盘离开地面后起动电机，待运转正常后，缓慢地放下磨盘进行作业。

3）作业时必须有冷却水并经常通水，用水量可调至工作面不发干为宜。

（2）地面抹光机的安全使用要点

1）操作时应有专人收放电缆线，防止被抹刀板划破或拖坏已抹好的地面。

2）第一遍抹光时，应从内角往外纵横重复抹压，直至压平、压实、出浆为止。第二遍抹光时，应由外墙一侧开始向门口倒退抹压，直至光滑平整无抹痕为止。抹压过程如地面较干燥，可均匀喷洒少量水可水泥浆再抹，并用人工配合修整边角。

5.5.5 手持机具

手持机具是运用小容量电动机，通过传动机构驱动工作装置的一种手提式或便携式小型机具。它用途广泛，使用方便，能提高装修质量和速度，是装修机械的重要组成部分。

手持机具种类繁多,按其用途可归纳为饰面机具、打孔机具、切割机具、加工机具、铆接紧固机具等五类。按其动力源虽有电动、风动之分,但在装修作业中因使用方便而较多采用电动机具。各类电动机具的电机和传动机构基本相同,主要区别是工作装置的不同,因而它们的使用与维护有较多的共同点。

1. 饰面机具

饰面机具有电动弹涂机、气动剁斧机及各种喷枪等。

(1) 弹涂机能将各种色浆弹在墙面上,适用于建筑物内外墙壁及顶棚的彩色装饰。

(2) 剁斧机能代替人工剁斧,使混凝土饰面形成适度纹理的杂色碎石外饰面。

2. 打孔机具

(1) 打孔机具的种类和用途

常用打孔机具有双速冲击电钻、电锤及各种电钻等。

1) 冲击电钻具有两种转速,以及旋转、旋转冲击两种不同用途的机构,适用于大型砌块、砖墙等脆性板材钻孔用。根据不同钻孔直径,可选用高、低两种转速。

2) 电锤是将电动机的旋转运动转变为冲击运动或旋转带冲击的钻孔工具。它比冲击电钻有更大的冲击力,适合在砖、石、混凝土等脆性材料上打孔、开槽、粗糙表面、安装膨胀螺栓、固定管线等作业。常用的是曲柄连杆气垫式电锤。

(2) 打孔机具的结构简述

1) 双速冲击电钻:它是由电动机、减速器、调节环、钻夹头以及开关和电源线等组成。

2) 电锤:它是由单相串激式电动机、减速器、偏心轴、连杆、活塞机构、钻杆、刀具、支架、离合器、手柄、开关等组成。

(3) 打孔机具的使用要点

1) 冲击电钻

① 电钻旋转正常后方可作业。钻孔时不应用力过猛,遇到转速急剧下降情况,应立即减小用力,以防电机过载。使用中如电钻突然卡住不转时,应立即断电检查;

② 在钻金属、木材、塑料等时,调节环应位于"钻头"位置;当钻砌块、砖墙等脆性材料时,调节环应位于"锤"位置,并采用镶有硬质合金的麻花钻进行冲钻孔。

2) 电锤

① 操作者立足要稳,打孔时先将钻头低住工作表面,然后开动,适当用力,尽量避免工具在孔内左右摆动。如遇到钢筋时,应立即停钻并设法避开,以免扭坏机具;

② 电锤为40%继续工作制,切勿长期连续使用。严禁用木杠加压。

3. 切割机具

(1) 切割机具的种类和用途

常用的切割机具有瓷片切割机、石材切割机、混凝土切割机等。

1) 瓷片切割机用于瓷片、瓷板嵌件及小型水磨石、大理石、玻璃等预制嵌件的装修切割。换上砂轮,还可进行小型型材的切割,广泛用于建筑装修、水电装修工程。

2) 石料切割机用于各种石材、瓷制品及混凝土等块、板状件的切割与划线。

3) 混凝土切割机用于混凝土预制件、大理石、耐火砖的切割,换上砂轮片还可切割铸铁管。

(2) 切割机具的结构简述

1) 瓷片切割机:它是由交直流两用双重绝缘单相串激式电动机、工作头、切割刀片、导尺、电源开关、电缆线等组成。

2) 石材切割机:它是由交直流两用双重绝缘单相串激电动机、减速器、机头壳、给水器、金刚石刀片、电源开关、电缆线等组成。

(3) 切割机具的使用要点

1) 瓷片切割机

① 使用前,应先空转片刻,检查有无异常振动、气味和响声,确认正常后方可作业;

② 使用过程要防止杂物、泥尘混入电机,并随时注意机壳温度和炭刷火花等情况;

③ 切割过程用力要均匀适当,推进刀片时不可施力过猛。如发生刀片卡死时,应立即停机,重新对正后再切割。

2) 石材切割机

① 调节切割深度。如切割深度超过20mm,必须分两次切割,以防止电动机超载;

② 切割过程中如发生刀片停转或有异响,应立即停机检查,排除故障后方可继续使用;

③ 不得在刀片停止旋转之前将机具放在地上或移动机具。

4. 磨、锯、剪机具

(1) 磨、锯、剪机具的种类和用途

磨、锯、剪机具种类较多,常用的有角向磨光机、曲线锯、电剪及电冲剪等。

1) 角向磨光机用于金属件的砂磨、清理、去毛刺、焊接前打坡口及型材切割等作业,更换工作头后,还可进行砂光、抛光、除锈等作业。

2) 曲线锯可按曲线锯割板材,更换不同的锯条,可锯割金属、塑料、木材等不同板料。

3) 电剪用于剪切各种形状的薄钢板、铝板等。电冲剪和电剪相似,只是工作头形式不同,除能冲剪一般金属板材外,还能冲剪波纹钢板、塑料板、层压板等。

(2) 磨、锯、剪机具的结构简述

1) 角向磨光机:它是由交直流两用双重绝缘单相串激式电动机、锥齿轮、砂轮、防护罩等组成。

2) 曲线锯:它是由交直流两用双重绝缘单相串激式电动机、齿轮机构、曲柄、导杆、锯条等组成。

3) 电剪:它是由自行通风防护式交直流两用电动机、减速器、曲轴连杆机构、工作头等组成。

(3) 磨、锯、剪机具的安全使用要点

1) 角向磨光机

① 磨光机使用的砂轮,必须是增强纤维树脂砂轮,其安全线速度不得小于80m/s。使用的电缆线与插头具有加强绝缘性能,不能任意用其他导线插头更换或接长导线。

② 作业中注意防止砂轮受到撞击。使用切割砂轮时,不得横向摆动,以免砂轮碎裂。

③ 在坡口或切割作业时,不能用力过猛,遇到转速急剧下降,应立即减小用力,防止

过载。如发生突然卡住时,应立即切断电源。

2) 曲线锯

① 直线锯割时,要装好宽度定位装置,调节好与锯条之间的距离;曲线锯割时,要沿着划好的曲线缓慢推动曲线锯切割;

② 锯条要根据锯割的材料进行选用。锯木材时,要用粗牙锯条;锯金属材料时,要用细牙锯条。

3) 电剪

① 使用前,先空转检查电剪的传动部分,必须灵活无障碍,方可剪切;

② 作业前,先要根据钢板厚度调节刀头间隙量。间隙量可按表5-1选用。

表5-1

钢板厚度(mm)	0.8	1	1.5	2
刀头间隙量(mm)	0.15	0.2	0.3	0.6~0.7

5. 铆接紧固机具

(1) 铆接紧固机具的种类和用途

铆接紧固机具主要有拉铆枪、射钉枪等。

1) 拉铆枪用于各种结构件的铆接作业,铆件美观牢固,能达到一定的气密或水密性要求,对封闭构造或盲孔均可进行铆接。拉铆枪有电动和气功两种,电动因使用方便而广泛采用。

2) 射钉枪是进行直接紧固技术的先进工具,它能将射钉直接射入钢板、混凝土、砖石等基础材料里,而无须做任何准备工作(如钻孔、预埋等),使构件获得牢固固结。按其结构可分高速、低速两种,建筑施工中适用低速射钉枪。

(2) 铆接紧固机具的结构简述

1) 电动拉铆枪:它是由自行通风防护式交直流两用单相串激电动机、传动装置、头部工作机构三部分组成。

2) 射钉枪:它本身没有动力装置,依靠弹膛里的火药燃烧释放出的能量推动发射管里的活塞,再由活塞推动射钉以100m/s的速度射出。射钉射入固接件的深度,可通过射钉枪的活塞行程距离加以控制。

(3) 铆接紧固机具的使用要点

1) 拉铆枪

① 被铆接物体上的铆钉要与铆钉滑配合,不得太松,否则会影响铆接强度和质量;

② 进行铆接时,如遇铆钉轴未拉断,可重复扣动扳机,直到铆钉轴拉断为止。切忌强行扭撬,以免损伤机件。

2) 射钉枪

① 装钉子。把选用的钉子装入钉管,并用与枪打管内径相配的通条,将钉子推到底部;

② 退弹壳。把射钉枪的前半部转动到位,向前拉;断开枪身,弹壳便自动退出;

③ 装射钉弹。把射钉弹装入弹膛,关上射钉枪,拉回前半部,顺时针方向旋转到位;

④ 击发。将射钉枪垂直地紧压于工作面上，扣动扳机击发，如有弹不发火，重新把射钉枪垂直紧压于工作面上，扣动扳机再击发。如经两次扣动扳机子弹还不击发时，应保持原射击位置数秒钟，然后再将射钉弹退出；

⑤ 在使用结束时或更换零件之前，以及断开射钉枪之前，射钉枪不准装射钉弹；

⑥ 严禁用手掌推压钉管。

5.6 木工机械

木工机械按机械的加工性质和使用的刀具种类，大致可分为制材机械、细木工机械和附属机具三类。

制材机械包括：带锯机、圆锯机、框锯机等。

细木工机械包括：刨床、铣床、开榫机、钻孔机、榫槽机、车床、磨光机等。

附属机具包括：锯条开齿机、锯条焊接机、锯条辊压机、压料机、锉锯机、刃磨机等。

建筑施工现场中常用的有锯机的刨床。

5.6.1 锯机分类与特点

（1）带锯机：带锯机是把带锯条环绕在锯轮上，使其转动，切削木材的机械，它的锯条的切削运动是单方向连续的，切削速度较快；它能锯割较大径级的圆木或特大方材，且锯割质量好；还可以采用单锯锯割、合理的看材下锯，因此制材等级率高，出材率高。同时锯条较薄锯路损失较少。故大多数制材车间均采用带锯机制材。

（2）圆锯机：圆锯机构造简单，安装容易，使用方便，效率较高，应用比较广泛。但是它的锯路高度小，锯路宽度大，出材率低，锯切质量较差。主要由机架、工作台、锯轴、切削刀片、导尺、传动机构和安全装置等组成。

5.6.2 木工刨床分类与特点

木工刨床用于方材或板材的平面加工，有时也用于成型表面的加工。工件经过刨床加工后，不仅可以得到精确的尺寸和所需要的截面形状，而且可得到较光滑的表面。

根据不同的工艺用途，木工刨床可分为平刨、压刨、双面刨、三面刨、四面刨和刮光机等多种形式。

5.6.3 木工机械的使用

建筑施工现场常用的木工机械为圆盘锯和平面刨。两种机械安全使用技术要点如下所述。

1. 圆盘锯的作业条件和使用要点

（1）设备本身应设按钮开关控制，闸箱距设备距离不大于3m，以便在发生故障时，迅速切断电源；

（2）锯片必须平整坚固，锯齿尖锐有适当锯路，锯片不能有连续断齿，不得使用有裂纹的锯片；

（3）安全防护装置要齐全有效。分料器的厚薄适度,位置合适,锯长料时不产生夹锯;锯盘护罩的位置应固定在锯盘上方,不得在使用中随意转动;台面应设防护挡板,防止破料时遇节疤和铁钉弹回伤人;传动部位必须设置防护罩；

（4）锯盘转动后,应待转速正常时,再进行锯木料。所锯木料的厚度,以不碰到固定锯盘的压板边缘为限；

（5）木料接近到尾端时,要由下手拉料,不要用上手直接推送,推送时使用短木板顶料,防止推空锯手；

（6）木料较长时,两人配合操作。操作中,下手必须待木料超过锯片20cm以外时,方可接料。接料后不要猛拉,应与送料配合。需要回料时,木料要完全离开锯片后再送回,操作时不能过早过快,防止木料碰锯片；

（7）截断木料和锯短料时,应用推棍,不准用手直接进料,进料速度不能过快。下手接料必须用刨钩。木料长度不足50cm的短料,禁止上锯；

（8）需要换锯盘和检查维修时,必须拉闸断电,待完全停止转动后,再进行工作；

（9）下料应堆放整齐,台面上以及工作范围内的木屑,应及时清除,不要用手直接擦抹台面。

2．电平刨（手压刨）的作业条件和使用要点

（1）应明确规定,除专业木工外,其他工种人员不得操作；

（2）应检查刨刀的安装是否符合要求,包括刀片紧固程度,刨刀的角度,刀口出台面高度等。刀片的厚度、重量应均匀一致,刀架、夹板必须平整贴紧,紧固刀片的螺钉应嵌入槽内不少于10mm；

（3）设备应装按钮开关,不得装扳把开关,防止误开机。闸箱距设备不大于3m,便于发生故障时,迅速切断电源；

（4）使用前,应空转运行,转速正常无故障时,才可进行操作。刨料时,应双手持料;按料时应使用工具,不要用手直接按料,防止木料移动手按空发生事故；

（5）刨木料小面时,手按在木料的上半部,经过刨口时,用力要轻,防止木料歪倒时手按刨口伤手；

（6）短于20cm的木料不得使用机械。长度超过2m的木料,应由两人配合操作；

（7）刨料前要仔细检查木料,有铁钉、灰浆等物要先清除,遇木节、逆茬时,要适当减慢推进速度；

（8）需调整刨口和检查检修时,必须拉闸切断电源,待完全停止转动后进行；

（9）台面上刨花,不要用手直接擦抹,周围刨花应及时清除；

（10）电平刨的使用,必须装设灵敏可靠的安全防护装置。目前各地使用的防护装置不一,但不管何种形式,必须灵敏可靠,经试验认定确实可以起到防护作用；

（11）防护装置安装后,必须专人负责管理。不能以各种理由拆掉,发行故障时,机械不能继续使用,必须待装置维修试验合格后,方可再用。

5.7 其他机械

其他机械主要有机动翻斗车、蛙式打夯机、水泵等。

5.7.1 机动翻斗车

机动翻斗车是一种方便灵活的水平运输机械,在建筑施工中常用于运输砂浆、混凝土熟料以及散装物料等。其基本组成与汽车类似,装有发动机、离合器、变速箱、传动轴、驱动桥、转向桥、制动器、车轮和车厢等机构。一般机动翻斗车的底盘结构如图 5-4。

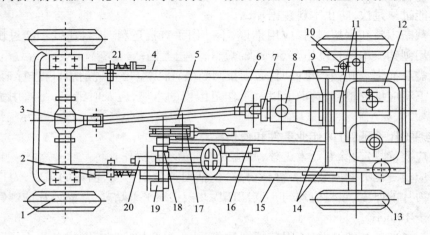

图 5-4 机动翻斗车底盘的基本结构
1—驱动轮;2—翻斗拉杆箱;3—驱动桥;4—车架;5—传动轴;6—十字轴万向节;7—手制动器;
8—变速箱;9—离合器带轮;10—转向梯形结构;11—飞轮;12—发动机;13—转向轮;
14—离合器分离拉杆;15—转向纵拉杆;16—制动总泵;17—车斗锁定机构;
18—制动踏板 19—离合器踏板;20—转向器;21—翻斗拉杆

机动翻斗车安全使用要点:

(1) 机动翻斗车属厂内运输车辆,司机按有关培训考核,持证上岗;

(2) 车上除司机外不得带人行驶。此种车辆一般只有驾驶员座位,且现场作业路面不好,行驶不安全。驾驶时以一档起步为宜,严禁三档起步。下坡时,不得脱档滑行;

(3) 向坑槽或混凝土料斗内卸料,应保持安全距离,并设置轮胎的防护挡板,防止到槽边自动下溜或卸料时翻车;

(4) 翻斗车卸料时先将车停稳,再抬起锁机构,手柄进行卸料,禁止在制动的同时进行翻斗卸料,避免造成惯性移位事故;

(5) 严禁料斗内载人。料斗禁止在卸料工况下行驶或进行平地作业;

(6) 内燃机运转或料斗内载荷时,严禁在车底下进行任何作业;

(7) 用完后要及时冲洗,司机离车必须将内燃机熄灭,并挂空档,拉紧手制动器。

5.7.2 蛙式打夯机

蛙式打夯机是一种小型夯实机械，因其结构简单、工作可靠、操作方便、经久耐用等特点，在公路、建筑、水利等施工中广泛使用。蛙式打夯机虽有不同形式，但构造基本相同，主要由夯架与夯头装置、前轴装置、传动轴装置、托盘、操纵手柄及和电气设备等构成。

蛙式打夯机安全使用要点：

（1）蛙式打夯机适用于夯实灰土、素土地基以及场地平整工作，不能用于夯实竖硬或软硬不均相差较大的地面，更不得夯打混有碎石、碎砖的杂土；

（2）作业前，应对工作面进行清理排除障碍，搬运蛙夯到沟槽中作业时，应使用起重设备，上下槽时选用跳板；

（3）无论在工作之前和工作中，凡需搬运蛙夯必须切断电源，不准带电搬运，以防造成蛙夯误动作；

（4）蛙夯属于手持移动式电动工具，必须按照电气规定，在电源首端装设漏电动作电流不大于30mA、动作时间不大于0.1s的漏电保护器，并对蛙夯外壳做好保护接地；

（5）操作人员必须穿戴好绝缘用品；

（6）蛙夯操作必须有两个人，一人扶夯，一人提电线，提线人也必须穿戴好绝缘用品，两人要密切配合，防止拉线过紧和夯打在线路上造成事故；

（7）蛙夯的电器开关与入线处的联接，要随时进行检查，避免入接线处因振动、磨损等原因导致松动或绝缘失效；

（8）在夯室内土时，夯头要躲开墙基础，防止因夯头处软硬相差过大，砸断电线；

（9）两台以上蛙夯同时作业时，左右间距不小于5m，前后不小于10m。相互间的胶皮电缆不要缠绕交叉，并远离夯头。

5.7.3 水泵

水泵的种类很多，主要有离心水泵、潜水泵、深井泵、泥浆泵等。建筑施工中主要使用的是离心式水泵。离心式水泵中又以单级单吸式离心水泵为最多。

1. 组成

"单级"是指叶轮为一个，"单吸"指进水口为一面。泵主要由泵座、泵壳、叶轮、轴承盒、进水口、出水口、泵轴、叶轮组成。

2. 离心水泵的安全操作要点

（1）水泵的安装应牢固、平稳，有防雨、防冻措施。多台水泵并列安装时，间距不小于80cm，管径较大的进出水管，须用支架支撑，转动部分要有防护装置；

（2）电动机轴应与水泵轴同心，螺栓要紧固，管路密封，接口严密，吸水管阀无堵塞，无漏水；

（3）起动时，就将出水阀关闭，起动后逐渐打开；

（4）运行中，若出漏水、漏气、填料部位发热、机温升高、电流突然增大等不正常现象，在停机检修；

（5）水泵运行中，不得从机上跨越；

(6) 升降吸水管时,要站到有防护栏杆的平台上操作;
(7) 应先关闭出水阀,后停机。

3. 潜水泵安全操作要点

(1) 潜水泵宜先装在坚固的篮筐里再放入水中,亦可在水中将泵的四周设立坚固的防护围网。泵应直立于水中,水深不得小于 0.5m,不得在含泥砂的水中使用;

(2) 潜水泵放入水中或提出水面时,应切断电源,严禁拉拽电缆或出水管;

(3) 潜水泵应装设保护接零或漏电保护装置,工作时泵周围 30m 以内水面,不得有人、畜进入;

(4) 启动前应认真检查,水管结扎要牢固,放气、放水、注油等螺塞均旋紧,叶轮和进水节无杂物,电缆绝缘良好;

(5) 接通电源后,应先试运转,并应检查并确认旋转方向正确,在水外运转时间不得超过 5mim;

(6) 应经常观察水位变化,叶轮中心至水面距离应在 0.5~3.0m 之间,泵体不得陷入污泥或露出水面。电缆不得与井壁、池壁相擦;

(7) 新泵或新换密封圈,在使用 50h 后,应旋开放水封口塞,检查水、油的泄漏量。当泄漏量超过 5mL 时,应进行 0.2MPa 的气压试验,查出原因,予以排除,以后应每月检查一次;当泄漏量不超过 25mL 时,可继续使用。检查后应换上规定的润滑油;

(8) 经过修理的油浸式潜水泵,应先经 0.2MPa 气压试验,检查各部无泄漏现象,然后将润滑油加入上、下壳体内;

(9) 当气温降到 0℃ 以下时,在停止运转后,应从水中提出潜水泵擦干后存放室内;

(10) 每周应测定一次电动机定子绕组的绝缘电阻,其值应无下降。

4. 深井泵安全使用要点

(1) 深井泵应使用在含砂量低于 0.01% 的清水源,泵房内设预润水箱,容量应满足一次启动所需的预润水量;

(2) 新装或经过大修的深井泵,应调整泵壳与叶轮的间隙,叶轮在运转中不得与壳体摩擦;

(3) 深井泵在运转前应将清水通入轴与轴承的壳体内进行预润;

(4) 启动前必须认真检查,要求:底座基础螺栓已紧固;轴向间隙符合要求,调节螺栓的保险螺母已装好;填料压盖已旋紧并经过润滑;电动机轴承已润滑;用手旋转电动机转子和止退机构均灵活有效;

(5) 深井泵不得在无水情况下空转。水泵的一、二级叶轮应浸入水位 1m 以下。运转中应经常观察井中水位的变化情况;

(6) 运转中,当发现基础周围有较大振动时,应检查水泵的轴承或电动机填料处磨损情况;当磨损过多而漏水时,应更换新件;

(7) 已吸、排过含有泥砂的深井泵,在停泵前,应用清水冲洗干净;

(8) 停泵前,应先关闭出水阀,切断电源,锁好开关箱。冬季停用时,应放净泵内积水;

5. 泥浆泵安全使用要点

(1) 泥浆泵应安装在稳固的基础架上或地基上,不得松动;

（2）启动前，检查项目应符合下列要求：各连接部位牢固；电动机旋转方向正确；离合器灵活可靠；管路连接牢固，密封可靠，底阀灵活有效；

（3）启动前，吸水管、底阀及泵体内应注满引水，压力表缓冲器上端应注满油；

（4）启动前应使活塞往复两次，无阻梗时方可空载起动。启动后，应待运转正常，再逐步增加载荷；

（5）运转中，应经常测试泥浆含砂量。泥浆含砂量不得超过10%；

（6）有多挡速度的泥浆泵，在每班运转中应将几档速度分别运转，运转时间均不得少于30min；

（7）运转中不得变速；当需要变速进，应停泵进行换档；

（8）运转中，当出现异响或水量、压力不正常，或有明显高温时，应停泵检查；

（9）在正常情况下，应在空载时停泵。停泵时间较长时，应全部打开放水孔，并松开缸盖，提起底阀水杆，放尽泵体及管道中的全部泥砂；

（10）长期停用时，应清洗各部泥砂、油垢，将曲轴箱内润滑油放尽，并应采取防锈、防腐措施。

第6章 垂直运输机械

本章要点

本章介绍了施工现场常用的垂直运输机械——塔式起重机、施工升降机和物料提升机的概念、分类、主要机构、安全保护装置、安装与拆卸以及安全使用等。本章应掌握的重点是三类垂直运输机械的安全保护装置、安装与拆卸以及安全使用等。主要包括：塔式起重机的概念、分类，安全保护装置的概念、作用，安装与拆卸方案的编制、安装的程序和安全注意事项，以及安全使用事项；施工升降机的概念和分类，安全保护装置的概念、作用，安装与拆卸安全注意事项，以及安全使用事项；物料提升机的概念和分类，安全保护装置的概念、作用，物料提升机的稳定性以及安全使用事项。同时，应掌握《建筑机械使用安全技术规程》JGJ 33—2001、《塔式起重机安全规程》GB 5144—2006、《施工升降机安全规则》GB 10055—2007、《龙门架及井字架物料提升机安全技术规范》JGJ 88—1992等标准、规范。

6.1 概　　述

建筑工程施工中，建筑材料的垂直运输和施工人员的上下，需要依靠垂直运输设施。垂直运输机械是指承担垂直运输建筑材料或供施工人员上下的机械设备和设施。塔式起重机、施工升降机和龙门架及井架物料提升机是建筑施工中最为常见的垂直运输设备。

随着我国经济的快速增长，建设工程规模的不断扩大，垂直运输机械越来越广泛的应用于建筑施工活动。垂直运输机械对提高工程质量、缩短工期起了非常重要的作用。

6.2 塔式起重机

塔式起重机是臂架安置在垂直的塔身顶部的可回转臂架型起重机，简称塔机。

塔机是现代工业和民用建筑中的重要起重设备，在建筑安装工程中，尤其在高层、超高层的工业和民用建筑的施工中得到了非常广泛的应用。塔机在施工中主要用于建筑结构和工业设备的安装，吊运建筑材料和建筑构件。它的主要作用是重物的垂直运输和施工现场内的短距离水平运输。

6.2.1 塔式起重机的分类

塔机根据其不同的形式(见 JG/T 5037—93 塔式起重机分类,下同),可分类如下:

1. 按结构形式分

(1) 固定式塔式起重机:通过连接件(见 GB 6974.9—1986 起重机械)将塔身基架固定在地基基础或结构物上,进行起重作业的塔式起重机。

(2) 移动式塔式起重机:具有运行装置,可以行走的塔式起重机。根据运行装置的不同,又可分为轨道式、轮胎式、汽车式、履带式。

(3) 自升式塔式起重机:依靠自身的专门装置,增、减塔身标准或自行整体爬升的塔式起重机。根据升高方式的不同又分为附着式和内爬式的两种。

附着式塔式机重机:按一定间隔距离,通过支撑装置将塔身锚固在建筑物上的自升塔式起重机。

内爬式塔式起重机:设置在建筑物内部,通过支承在结构物上的专门装置,使整机能随着建筑物的高度增加而升高的塔式起重机。

2. 按回转形式分

(1) 上回转塔式起重机(图 6-1):回转支承设置在塔身上部的塔式起重机。又可分

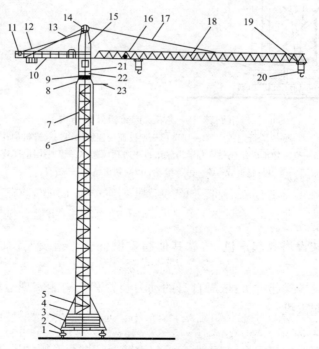

图 6-1 上回转自升式塔式起重机外形结构示意图

1—台车;2—底架;3—压重;4—斜撑;5—塔身基础节;6—塔身标准节;7—顶升套架;8—承座;
9—转台;10—平衡臂;11—起升机构;12—平衡重;13—平衡臂拉索;14—塔帽操作平台;
15—塔帽;16—小车牵引机构;17—起重臂拉索;18—起重臂;19—起重小车;
20—吊钩滑轮;21—司机室;22—回转机构;23—引进轨道

为塔帽回转式、塔顶回转式、上回转平台式、转柱式等形式。

（2）下回转塔式起重机（图6-2）：回转支承设置于塔身底部、塔身相对于底架转动的塔式起重机。

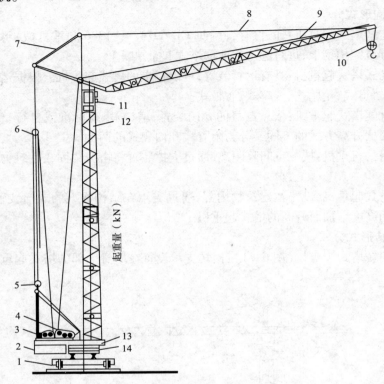

图6-2　下回转自升式塔式起重机外形结构示意图
1—底架即行走机构；2—压重；3—架设及变幅机构；4—起升机构；
5—变幅定滑轮组；6—变幅动滑轮组；7—塔顶撑架；8—臂架拉绳，承座；
9—起重臂；10—吊钩滑轮；11—司机室；12—塔身；
13—转台；14—回转支撑装置

3．按架设方法分

（1）非自行架设塔式起重机：依靠其他起重设备进行组装架设成整机的塔式起重机。

（2）自行架设塔式起重机：依靠自身的动力装置和机构能实现运输状态与工作状态相互转换的塔式起重机。

4．按变幅方式分

（1）小车变幅塔式起重机：起重小车沿起重臂运行进行变幅的塔式起重机。

（2）动臂变幅塔式起重机：臂架作俯仰运动进行变幅的塔式起重机。

（3）折臂式塔式起重机：根据起重作业的需要，臂架可以弯折的塔式起重机。它同时具备动臂变幅和小车变幅的性能。

塔式起重机型号分类及表示方法具体见表6-1（塔式起重机型号分类及表示方法）。

塔式起重机型号分类及表示方法(ZBJ 04008)　　　　表 6-1

类	组	型	代号	代号含义	主参数	
					名称	单位表示
建筑起重机	塔式起重机(起塔)	轨道式 —	QT	上回转式塔式起重机	额定起重力矩	$kN \cdot m \times 10^{-1}$
		轨道式 Z(自)	QTZ	上回转自升式塔式起重机		
		轨道式 A(下)	QTA	下回转式塔式起重机		
		轨道式 K(快)	QTK	快速安装式塔式起重机		
		固定式 G(固)	QTG	固定式塔式起重机		
		内爬升式 P(爬)	QTP	内爬式塔式起重机		
		轮胎式 L(轮)	QTL	轮胎式塔式起重机		
		汽车式 Q(汽)	QTQ	汽车式塔式起重机		
		履带式 U(履)	QTU	履带式塔式起重机		

6.2.2 塔式起重机的性能参数

塔式起重机的技术性能用各种数据来表示,即性能参数。

1. 主参数

根据《塔式起重机分类》JG/T 5037—93,塔式起重机以公称起重力矩为主参数。公称起重力矩是指起重臂为基本臂长时最大幅度与相应起重量的乘积。

2. 基本参数

(1) 起升高度(最大起升高度):塔式起重机运行或固定状态时,空载、塔身处于最大高度、吊钩位于最大幅度外,吊钩支承面对塔式起重机支承面的允许最大垂直距离。

(2) 工作速度:塔式起重机的工作速度参数包括起升速度、回转速度、小车变幅速度、整机运行速度和稳定下降速度等。

最大起升速度:塔式起重机空载,吊钩上升至起升高度(最大起升高度)过程中稳定运动状态下的最大平均上升速度。

回转速度:塔式起重机空载,风速小于3m/s,吊钩位于基本臂最大幅度和最大高度时的稳定回转速度。

小车变幅速度:塔式起重机空载,风速小于3m/s,小车稳定运行的速度。

整机运行速度:塔式起重机空载,风速小于3m/s,起重臂平行于轨道方向稳定运行的速度。

最低稳定下降速度:吊钩滑轮组为最小钢丝绳倍率,吊有该倍率允许的最大起重量,吊钩稳定下降时的最低速度。

(3) 工作幅度:塔式起重机置于水平场地时,吊钩垂直中心线与回转中心线的水平距离。

(4) 起重量:起重机吊起重物和物料,包括吊具(或索具)质量的总和。起重量又包括两个参数,一个是基本臂幅度时的起重量,另一个是最大起重量。

(5) 轨距：两条钢轨中心线之间的水平距离。

(6) 轴距：前后轮轴的中心距。

(7) 自重：不包括压重，平衡重塔机全部自身的重量。

6.2.3 塔式起重机的主要机构

塔式起重机是一种塔身直立、起重臂回转的起重机械（图6-1）。塔机主要由金属结构、工作机构和控制系统部分组成。

1. 金属结构

塔机金属结构基础部件包括底架、塔身、转台、塔帽、起重臂、平衡臂等部分。

(1) 底架

塔机底架结构的构造形式由塔机的结构形式（上回转和下回转）、行走方式（轨道式或轮胎式）及相对于建筑物的安装方式（附着及自升）而定。下回转轻型快速安装塔机多采用平面框架式底架，而中型或重型下回转塔机则多用水母式底架。上回转塔机，轨道中央要求用作临时堆场或作为人行通道时，可采用门架式底架。自升式塔机的底架多采用平面框架加斜撑式底架。轮胎式塔机则采用箱形梁式结构。

(2) 塔身

塔身结构形式可分为两大类：固定高度式和可变高度式。轻型吊钩高度不大的下旋转塔机一般均采用固定高度塔身结构，而其他塔机的塔身高度多是可变的。可变高度塔身结构又可分为五种不同形式：折叠式塔身；伸缩式塔身；下接高式塔身；中接高式塔身和上接高式塔身。

(3) 塔帽

塔帽结构形式多样，有竖直式、前倾式及后倾式之分。同塔身一样，主弦杆采用无缝钢管、圆钢、角钢或组焊方钢管制成，腹杆用无缝钢管或角钢制作。

(4) 起重臂

起重臂为小车变幅臂架，一般采用正三角形断面。

俯仰变幅臂架多采用矩形断面格桁结构，由角钢或钢管组成，节与节之间采用销轴连接或法兰盘连接或盖板螺栓连接。臂架结构钢材选用 16Mn 或 Q235。

(5) 平衡臂

上回转塔机的平衡臂多采用平面框架结构，主梁采用槽钢或工字钢，连系梁及腹杆采用无缝钢管或角钢制成。重型自升塔机的平衡臂常采用三角断面格桁结构。

(6) 转台

2. 工作机构

塔机一般设置有起升机构、变幅机构、回转机构和行走机构。这四个机构是塔机最基本的工作机构。

(1) 起升机构

塔机的起升机构绝大多数采用电动机驱动。常见的驱动方式是：1) 滑环电动机驱动；2) 双电机驱动（高速电动机和低速电动机，或负荷作业电机及空钩下降电机）。

(2) 变幅机构

1）动臂变幅式塔机的变幅机构用以完成动臂的俯仰变化。

2）水平臂小车变幅式塔机

小车牵引机构的构造原理同起升机构,采用的传动方式是:变极电机→少齿差减速器或圆柱齿轮减速器、圆锥齿轮减速器→钢绳卷筒。

（3）回转机构

塔机回转机构目前常用的驱动方式是:滑环电机→液力偶合器→少齿差行星减速器→开式小齿轮→大齿圈(回转支承装置的齿圈)。

轻型和中型塔机只装1台回转机构,重型的一般装用2台回转机构,而超重型塔机则根据起重能力和转动质量的大小,装设3台或4台回转机构。

（4）大车行走机构

轻、中型塔机采用4轮式行走机构,重型采用8轮或12轮行走机构,超重型塔机采用12~16轮式行走机构。

6.2.4 吊钩、滑轮、卷筒与钢丝绳

吊钩、滑轮与钢丝绳等是塔式起重机重要的配件。在选用和使用中应按规范进行检查,达到报废标准及时报废。

1. 吊钩的报废标准

吊钩出现下列情况之一者,应予报废:

（1）用20倍放大镜观察表面有裂纹及破口;

（2）钩尾和螺纹部分等危险断面及钩筋有永久性变形;

（3）挂绳处断面磨损量超过原高的10%;

（4）心轴磨损量超过其直径的5%;

（5）开口度比原尺寸增加15%。

2. 滑轮、卷筒的报废标准

按GB 5144—2005规定,当发现下列情况之一者应予以报废:

（1）裂纹或轮缘破损;

（2）卷筒壁磨损量达原壁厚的10%;

（2）滑轮绳槽壁厚磨损量达原壁厚的20%;

（3）滑轮槽底的磨损量超过相应钢丝绳直径的25%。

3. 钢丝绳的报废标准

钢丝绳的报废应严格按照《起重机用钢丝绳检验与报废使用规范》(GB/T 5972—2006)的规定。钢丝绳出现下列情况时必须报废和更新:

（1）钢丝绳断丝现象严重;

（2）断丝的局部聚集;

（3）当钢丝磨损或锈蚀严重,钢丝的直径减小达到其直径的40%时,应立即报废;

（4）钢丝绳失去正常状态,产生严重变形时,必须立即报废。

6.2.5 安全装置

为了保证塔机的安全作业,防止发生各项意外事故,根据《塔式起重机设计规范》GB/

T 13752—1992、《塔式起重机技术条件》GB 9462—1999 和《塔式起重机安全规程》GB 5144—2006 的规定，塔机必须配备各类安全保护装置。安全装置有下列几个：

1. 起重力矩限制器

起重力矩限制器主要作用是防止塔机起重力矩超载的安全装置，避免塔机由于严重超载而引起塔机的倾覆等恶性事故。力矩限制器仅对塔机臂架的纵垂直平面内的超载力矩起防护作用，不能防护风载、轨道的倾斜或陷落等引起的倾翻事故。对于起重力矩限制器除了要求一定的精度外，还要有高可靠性。

根据力矩限制器的构造和塔式起重机形式的不同，它可安装在塔帽、起重臂根部和端部等部位。力矩限制器主要分为机械式和电子式两大类，机械力矩限制器按弹簧的不同可分为螺旋弹簧和板弹簧两类。

当起重力矩大于相应工况额定值并小于额定值的110%时，应切断上升和幅度增大方向电源，但机构可做下降和减小幅度方向的运动。对小车变幅的塔机，起重力矩限制器应分别由起重量和幅度进行控制。

力矩限制器是塔机最重要的安全装置，它应始终处于正常工作状态。在现场条件不完全具备的情况下，至少应在最大工作幅度进行力矩限制器试验，可以使用现场重物经台秤标定后，作为试验载荷使用，使力矩限制器的工作符合要求。

2. 起重量限制器

起重量限制器的作用是保护起吊物品的重量不超过塔机的允许的最大起重量，是用以防止塔机的吊物重量超过最大额定荷载，避免发生结构、机构及钢丝绳损坏事故。起重量限制器根据构造不同可装在起重臂头部、根部等部位。它主要分为电子式和机械式两种。

（1）电子式起重量限制器。电子式起重量限制器俗称"电子称"或称拉力传感器，当吊载荷的重力传感器的应变元件发生弹性变形时而与应变元件联成一体的电阻应变元件随其变形产生阻值变化，这一变化与载荷重量大小成正比，这就是电子称工作的基本原理，一般情况将电子式起重量限制器串接在起升钢丝绳中置地臂架的前端。

（2）机械式起重量限制器。限制器安装在回转框架的前方，主要由支架、摆杆、导向滑轮、拉杆、弹簧、撞块、行程开关等组成。当绕过导向滑轮的起升钢丝绳的单根拉力超过其额定数值时，摆杆带动拉杆克服弹簧的张力向右运动，使紧固在拉杆上的碰块触发行程开关，从而接触电铃电源，发出警报信号，并切断起升机构的起升电源，使吊钩只能下降不能提升，以保证塔机安全作业。

当起重量大于相应档位的额定值并小于额定值的110%时，应切断上升方向的电源，但机构可做下降方向运动。具有多档变速的起升机构，限制器应对各档位具有防止超载的作用。

3. 起升高度限位器

起升高度限位器是用来限制吊钩接触到起重臂头部或与载重小车之前，或是下降到最低点（地面或地面以下若干米）以前，使起升机构自动断电并停止工作，防止因起重钩起升过度而碰坏起重臂的装置。可使起重钩在接触到起重臂头部之前，起升机构自动断电并停止工作。常用的有两种形式：一是安装在起重臂端头附近，二是安装在起升卷筒附近。

安装在起重臂端头的是以钢丝绳为中心,从起重臂端头悬挂重锤,当起重钩达到限定位置时,托起重锤,在拉簧作用下,限位开关的杠杆转过一个角度,使起升机构的控制回路断开,切断电源,停止起重钩上升。安装在起升卷筒附近的是卷筒的回转通过链轮和链条或齿轮带动丝杆转动,并通过丝杆的转动使控制块移动到一定位置时,限位开关断电。

对动臂变幅的塔机,当吊钩装置顶部升至起重臂下端的最小距离为800mm处时,应能立即停止起升运动。对小车变幅的塔机,吊钩装置顶部至小车架下端的最小距离根据塔机型式及起升钢丝绳的倍率而定。上回转式塔机2倍率时为1000mm,4倍率时为700mm,下回转塔机2倍率时为800mm,4倍率时为400mm,此时应能立即停止起升运动。

4. 幅度限位器

用来限制起重臂在俯仰时不超过极限位置的装置。当起重的俯仰到一定限度之前发出警报,当达到限定位置时,则自动切断电源。

动臂式塔机的幅度限制器是用以防止臂架在变幅时,变幅到仰角极限位置时(一般与水平夹角为63°~70°之间时)切断变幅机构的电源,使其停止工作,同时还设有机械止挡,以防臂架因起幅中的惯性而后翻。小车运行变幅式塔机的幅度限制器用来防止运行小车超过最大或最小幅度的两个极限位置。一般小车变幅限位器是安装在臂架小车运行轨道的前后两端,用行程开关达到控制。

对动臂变幅的塔机,应设置最小幅度限位器和防止臂架反弹后倾装置。对小车变幅的塔机,应设置小车行程限位开关和终端缓冲装置。限位开关动作后应保证小车停车时其端部距缓冲装置最小距离为200mm。

5. 行程限位器

(1) 小车行程限位器:设于小车变幅式起重臂的头部和根部,包括终点开关和缓冲器(常用的有橡胶和弹簧两种),用来切断小车牵引机构的电路,防止小车越位而造成安全事故。

(2) 大车行程限位器:包括设于轨道两端尽头的制动缓冲装置和制动钢轨以及装在起重机行走台车上的终点开关,用来防止起重机脱轨。

6. 回转限位器

无集电器的起重机,应安装回转限位器且工作可靠。塔机回转部分在非工作状态下应能自由旋转;对有自锁作用的回转机构,应安装安全极限力矩联轴器。

7. 夹轨钳

装设于行走底架(或台车)的金属结构上,用来夹紧钢轨,防止起重机在大风情况下被风力吹动而行走造成塔机出轨倾翻事故的装置。

8. 风速仪

自动记录风速,当超过六级风速以上时自动报警,使操作司机及时采取必要的防范措施,如停止作业、放下吊物等。

臂架根部铰点高度大于50m的塔机,应安装风速仪。当风速大于工作极限风速时,应能发出停止作业的警报。风速仪应安装在起重机顶部至吊具最高的位置间的不挡风处。

9. 障碍指示灯

塔顶高度大于30m且高于周围建筑物的塔机，必须在起重机的最高部位（臂架、塔帽或人字架顶端）安装红色障碍指示灯，并保证供电不受停机影响。

10. 钢丝绳防脱槽装置

主要用以防止钢丝绳在传动过程中，脱离滑轮槽而造成钢丝绳卡死和损伤。

11. 吊钩保险

吊钩保险是安装在吊钩挂绳处的一种防止起吊钢丝绳由于角度过大或挂钩不妥时，造成起吊钢丝绳脱钩，吊物坠落事故的装置。吊钩保险一般采用机械卡环式，用弹簧来控制挡板，阻止钢丝绳的滑脱。

6.2.6 塔式起重机的安装拆卸方案

塔式起重机的安装拆除方案或称拆装工艺，包括拆装作业的程序、方法和要求。合理、正确的拆装方案，不仅是指导拆装作业的技术文件，也是拆装质量，安全以及提高经济效益的重要保证。由于各类型塔式起重机的结构不同，因而其拆装方案也各不相同。

1. 安装、拆除专项施工方案内容

塔式起重机的拆装方案一般应包括以下内容：

（1）整机及部件的安装或拆卸的程序与方法；

（2）安装过程中应检测的项目以及应达到的技术要求；

（3）关键部位的调整工艺的应达到的技术条件；

（4）需使用的设备、工具、量具、索具等的名称、规格、数量及使用注意事项；

（5）作业工位的布置、人员配备（分工种、等级）以及承担的工序分工；

（6）安全技术措施和注意事项；

（7）需要特别说明的事项。

2. 编制方案的依据

编制拆装方案主要依据是：

（1）国家有关塔式起重机的技术标准和规范，规程；

（2）随机的使用、拆装说明书、整机、部件的装配图、电气原理及接线图等；

（3）已有的拆装方案及过去拆装作业中积累的技术资料；

（4）其他单位的拆装方案或有关资料。

3. 编制要求

为使编制的拆装方案达到先进、合理，应正确处理拆装进度、质量和安全的关系。具体要求如下：

（1）拆装方案的编制，一方面应结合本单位的设备条件和技术水平，另一方面还应考虑工艺的先进性和可靠性。因而必须在总结本单位拆装经验和学习外单位的先进经验基础上，对拆装工艺不断地改进和提高。

（2）在编制拆装程序及进度时，应以保证拆装质量为前提。如果片面追求进度，简化必要的作业程序，将留下使用中的事故隐患，即便能在安装后的检验验收中发现，也将造成重大的返工损失。

（3）塔式起重机拆装作业的关键问题是安全，拆装方案中，应体现对安全作业的充分保证。编制拆装方案时，要充分考虑改善劳动和安全条件，龙其是高空作业中拆装工人的人身安全以及拆装机械的不受损害。

（4）针对数量较多的机型，可以编制典型拆装方案，使它具有普遍指导意义。对于数量较少的其他机型，可以典型拆装方案为基准，制定专用拆装方案。

（5）编制拆装方案要正确处理质量、安全和速度、经济等的关系。在保证质量和安全的前提下，合理安排人员组合和各工种的相互协调，尽可能减少工序间不平衡而出现忙闲不均。尽可能减少部件在工序间的运输路程和次数，减轻劳动强度。集中使用辅助起重、运输机械，减少作业台班。

4. 拆装方案的编制步骤

（1）认真学习有关塔式起重机的技术标准和规程、规范，仔细研究塔式起重机生产厂使用说明书中有关的技术资料和图纸。掌握塔式起重机的原始数据、技术参数，拆装方法、程序和技术要求。

（2）制定拆装方案路线。一般按照拆装的先后程序，应用网络技术，制定拆装方案路线。一般自升塔式起重机的安装程序是：

铺设轨道基础或固定基础→安装行走台车及底架→安装塔身基础节和两个标准节→安装斜撑杆→放置压重→安装顶升套架和液压顶升装置→组拼安装转台、回转支承装置→承座及过渡节→安装塔帽和驾驶室→安装平衡臂→安装起重臂和变幅小车，穿绕起升钢丝绳→顶升接高标准节到需要高度。

塔式起重机的拆卸程序是安装的逆过程。

5. 拆装方案的审定

拆装方案制定后，应先组织有关技术人员和拆装专业队的熟练工人研究讨论，经再次修改后由企业技术负责人审定。

根据拆装方案，将拆装作业划分为若干个工位来完成，按照每个工位所负担的作业任务编订工艺卡片。在每次拆装作业前，按分工下达工艺卡片，使每个拆装工人明确岗位职责以及作业的程序和方法。拆装作业完成后，应在总结经验教训的基础上，修改拆装方案、使之更加完善，达到优质、安全、快速拆装塔式起重机的目的。

6.2.7 塔机的安装拆卸

1. 安装前的准备工作

拆装作业前，应进行一次全面检查，以防止任何隐患存在，确保安全作业。

（1）检查路基和轨道铺设或混凝土固定基础是否符合技术要求。使用单位应根据塔机原制造商提供的载荷参数设计制造混凝土基础。混凝土强度等级应不低于C35，基础表面平整度偏差小于1/1000。

（2）对所拆装塔机的各机构、各部位、结构焊缝、重要部位螺栓、销轴、卷扬机构和钢丝绳、吊钩、吊具以及电气设备、线路等进行检查，发现问题及时处理。若发现下列问题应修复或更换后方可进行安装：

1）目视可见的结构件裂纹及焊缝裂纹；

2）连接件的轴、孔严重磨损；

3）结构件母材严重锈蚀；

4）结构件整体或局部塑性变形，销孔塑性变形。

(3) 对自升塔式起重机顶升液压系统的液压缸和油管、顶升套架结构、导向轮、挂靴爬爪等进行检查，发现问题及时处理。

(4) 对拆装人员所使用的工具、安全带、安全帽等进行全面检查，不合格者立即更换。

(5) 检查拆装作业中的辅助机械，如起重机、运输汽车等必须性能良好，技术要求能保证拆装作业需要。

(6) 检查电源闸箱及供电线路，保证电力正常供应。

(7) 检查作业现场有关情况，如作业场地、运输道路等是否已具备拆装作业条件。

(8) 技术人员和作业人员符合规定要求。

(9) 安全措施已符合要求。

2. 拆装作业中的安全技术

(1) 塔式起重机的拆装作业必须在白天进行，如需要加快进度，可在具备良好的照明条件的夜间做一些拼装工作。不得在大风、浓雾和雨雪天进行。安装、拆卸、加节或降节作业时，塔机的最大安装高度处的风速不应大于13m/s。

(2) 在拆装作业的全过程，必须保持现场的整洁和秩序。周围不得堆存杂物，以免妨碍作业并影响安全。对放置起重机金属结构的下面，必须垫放枋子，防止损坏结构或造成结构变形。

(3) 安装架设用的钢丝绳及其连接和固定，必须符合标准和满足安装上的要求。

(4) 在进行逐件组装或部件安装之前，必须对部件各部分的完好情况、连接情况和钢丝绳穿绕情况、电气线路等进行全面检查。

(5) 在拆装起重臂和平衡臂时，要始终保持起重机的平衡，严禁只拆装一个臂就中断作业。

(6) 在拆装作业过程中，如突然发生停电、机械故障、天气骤变等情况不能继续作业，或作业时间已到需要停休时，必须使起重机已安装、拆卸的部位达到稳定状态并已锁固牢靠，所有结构件已连接牢固，塔顶的重心线处于塔底支承四边中心处，再经过检查确认妥善后，方可停止作业。

(7) 安装时应按安全要求使用规定的螺栓、销、轴等连接件，螺栓紧固时应符合规定的预紧力，螺栓、销、轴都要有可靠的防松或保护装置。

(8) 在安装起重机时，必须将大车行走限位装置和限位器碰块安装牢固可靠。并将各部位的栏杆、平台、护链、扶杆、护圈等安全防护装置装齐。

(9) 安装作业的程序，辅助设备、索具、工具以及地锚构筑等，均应遵照该机使用说明书中的规定或参照标准安装工艺执行。

3. 顶升作业的安全技术

(1) 顶升前必须检查液压顶升系统各部件连接情况，并调整好顶升套架导向滚轮与塔身的间隙，然后放松电缆，其长度略大于顶升高度，并紧固好电缆卷筒。

(2) 顶升作业，必须在专人指挥下操作，非作业人员不得登上顶升套架的操作台，操作室内只准1人操作,严格听从信号指挥。

(3) 风力在四级以上时,不得进行顶升作业。如在作业中风力突然加大时,必须立即停止作业,并使上下塔身连接牢固。

(4) 顶升时,必须使起重臂和平衡臂处于平衡状态,并将回转部分制动住。严禁回转起重臂及其他作业。顶升中如发现故障,必须立即停止顶升进行检查,待故障排除后方可继续顶升。如短时间内不能排除故障,应将顶升套架降到原位,并及时将各连接螺栓紧固。

(5) 在拆除回转台与塔身标准节之间的连接螺栓(销子)时,如出现最后一处螺栓拆装困难,应将其对角方向的螺栓重新插入,再采取其他措施。不得以旋转起重臂动作来松动螺栓(销子)。

(6) 顶升时,必须确认顶升撑脚稳妥就位后,方可继续下一动作。

(7) 顶升工作中,随时注意液压系统压力变化,如有异常,应及时检查调整。还要有专人用经纬仪测量塔身垂直度变化情况,并做好记录。

(8) 顶升到规定高度后,必须先将塔身附在建筑物上,方可继续顶升。

(9) 拆卸过程顶升时,其注意事项同上。但锚固装置决不允许提前拆卸,只有降到附着节时方可拆除。

(10) 安装和拆卸工作的顶升完毕后,各连接螺栓应按规定的预紧力紧固,顶升套架导向滚轮与塔身吻合良好,液压系统的左右操纵杆应在中间位置,并切断液压顶升机构的电源。

4. 附着锚固作业的安全技术

(1) 建筑物预埋附着支座处的受力强度,必须经过验算,能满足塔式起重机在工作或非工作状态下的载荷。

(2) 应根据建筑施工总高度、建筑结构特点以及施工进度要求等情况,确定附着方案。

(3) 在装设附着框架和附着杆时,要通过调整附着杆的距离,保证塔身的垂直度。

(4) 附着框架应尽可能设置在塔身标准节的节点连接处,箍紧塔身,塔架对角处应设斜撑加固。

(5) 随着塔身的顶升接高而增设的附着装置应及时附着于建筑物。附着装置以上的塔身自由高度一般不得超过40m。

(6) 布设附着支座处必须加配钢筋并适当提高混凝土的强度等级。

(7) 拆卸塔式起重机时,应随着降落塔身的进程拆除相应的附着装置。严禁在落塔之前先拆除着装置。

(8) 遇有六级及以上大风时,禁止拆除附着装置。

(9) 附着装置的安装、拆卸、检查及调整均应有专人负责,并遵守高空作业安全操作规程的有关规定。

5. 内爬升作业的安全技术

(1) 内爬升作业应在白天进行。风力超过5级时,应停止作业。

(2) 爬升时,应加强上部楼层与下部楼层之间的联系,遇有故障及异常情况,应立即停机检查,故障未经排除,不得继续爬升。

(3) 爬升过程中,禁止进行起重机的起升、回转、变幅等各项动作。

(4) 起重机爬升到指定楼层后,应立即拔出塔身底座的支承梁和支腿,并通过爬升框架固定在楼板上,同时要顶紧导向装置或用楔块塞紧,使起重机能承受垂直和水平载荷。

(5) 内爬升塔式起重机的固定间隔一般不得小于3个楼层。

(6) 凡置有固定爬升框架的楼层,在楼板下面应增设支柱做临时加固。搁置起重机底座支承梁的楼层下方两层楼板,也应设置支柱做临时加固。

(7) 每次爬升完毕后,楼板上遗留下来的开孔,必须立即用钢筋混凝土封闭。

(8) 起重机完成内爬作业后,必须检查各固定部位是否牢靠,爬升框架是否固定好,底座支承梁是否紧固,楼板临时支撑是否妥善等,确认无遗留问题存在,方可进行吊装作业。

6.2.8 塔式起重机的验收

塔式起重机在安装完毕后,塔机的使用单位应当组织验收。参加验收单位包括塔机的使用单位和安装单位。

6.2.9 塔式起重机的安全使用

1. 塔机司机应具备的条件

(1) 年满18周岁,具有初中以上文化程度;

(2) 不得患有色盲、听觉障碍。矫正视力不低于5.0(原标准1.0);

(3) 不得患有心脏病、高血压、贫血、癫痫、眩晕、断指等疾病及妨碍起重作业的生理缺陷;

(4) 经有关部门培训合格,持证上岗。

2. 安全使用

塔式起重机的使用,应遵照国家和主管部门颁发的安全技术标准、规范和规程,同时也要遵守使用说明书中的有关规定。

(1) 日常检查和使用前的检查

1) 基础。对于轨道式塔机,应对轨道基础、轨道情况进行检查,对轨道基础技术状况做出评定,并消除其存在问题。对于固定式塔机,应检查其混凝土基础是否有不均匀的沉降。

2) 起重机的任何部位与输电线路的距离应符合表6-2的规定。

塔式起重机和输电线路之间的安全距离(m)　　　　表6-2

安全距离	电　压　(kV)				
	<1	1~15	20~40	60~110	220
沿垂直方向	1.5	3.0	4.0	5.0	6.0
沿水平方向	1.0	1.5	2.0	4.0	6.0

3）检查塔机金属结构和外观结构是否正常；
4）各安全装置和指示仪表是否齐全有效；
5）主要部位的连接螺栓是否有松动；
6）钢丝绳磨损情况及各滑轮穿绕是否符合规定；
7）塔机的接地,电气设备外壳均应与机体的连接是否符合规范的要求；
8）配电箱和电源开关设置应符合要求；
9）塔身。动臂式和尚未附着的自升式塔式起重机,塔身上不得悬挂标语牌。

(2) 使用过程中应注意的事项

1）作业前应进行空运转,检查各工作机构、制动器、安全装置等是否正常；
2）塔机司机与要现场指挥人员配合好；同时,司机对任何人发出的紧急停止信号,均应服从；
3）不得使用限位作为停止运行开关；提升重物,不得自由下落；
4）严禁拔桩、斜拉、斜吊和超负荷运转,严禁用吊钩直接挂吊物、用塔机运送人员；
5）作业中任何安全装置报警,都应查明原因,不得随意拆除安全装置；
6）当风速超过6级时应停止使用；
7）施工现场装有2台以上塔式起重机时,2台塔机距离应保证低位的起重机臂架端部与另一台塔身之间至少有2m；高位起重机最低部件与低位起重机最高部件之间垂直距离不得小于2m；
8）作业完毕,将所有工作机构开关转至零位,切断总电源；
9）在进行保养和检修时,应切断塔式起重机的电源,并在开关箱上挂警示标志。

6.3 施工升降机

6.3.1 施工升降机的概念和分类

1. 施工升降机的概念

建筑施工升降机(又称外用电梯、施工电梯,附壁式升降机)是一种使用工作笼(吊笼)沿导轨架作垂直(或倾斜)运动用来运送人员和物料的机械。

施工升降机可根据需要的高度到施工现场进行组装,一般架设可达100m,用于超高层建筑施工时可达200m。施工升降机可借助本身安装在顶部的电动吊杆组装,也可利用施工现场的塔吊等起重设备组装。另外由于梯笼和平衡重的对称布置,故倾覆力矩很小,立柱又通过附壁与建筑结构牢固连接(不需缆风绳),所以受力合理可靠。施工升降机为保证使用安全,本身设置了必要的安全装置,这些装置应该经常保持良好的状态,防止意外事故。由于施工升降机结构坚固,拆装方便,不用另设机房,因此,被广泛应用于工业、民用高层建筑施工、桥梁、矿井、水塔的高层物料和人员的垂直运输。

2. 施工升降机的分类

(1) 建筑施工升降机按驱动方式分为:齿轮齿条驱动(SC型)、卷扬机钢丝绳驱动(SS

型)和混合驱动(SH 型)三种。SC 型升降机的吊笼内装有驱动装置,驱动装置的输出齿轮与导轨架上的齿条相啮合,当控制驱动电动机正、反转时,吊装将沿着车轨上、下移动。SS 式升降机的吊笼沿轨架上下移动是借助于卷扬机收、放钢丝来实现的。图 6-3 是齿条传动双吊笼施工升降机整机示意图。

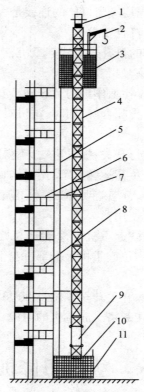

图 6-3 施工升降机整机示意图
1—天轮架;2—吊杆;3—吊笼;4—导轨架;5—电缆;6—后附墙架;
7—前附墙架;8—护栏;9—配重;10—吊笼;11—基础

(2)按导轨架的结构可分为单柱和双柱两种。

一般情况下,SC 型建筑施工升降机多采用单柱式导轨架,而且采取上接节方式。SC 型建筑施工升降机按其吊笼数又分单笼和双笼两种。单导轨架双吊笼的 SC 型建筑施工升降机,在导轨架的两侧各装一个吊笼,每个吊笼各有自己的驱动装置,并可独立地上、下移动,从而提高了运送客货的能力。

6.3.2 施工升降机的构造

施工升降机主要由金属结构、驱动机构、安全保护装置和电气控制系统等部分组成。

1. 金属结构

金属结构由吊笼、底笼、导轨架、对(配)重、天轮架及小起重机构、附墙架等组成。

(1)吊笼(梯笼)

吊笼(梯笼)是施工升降机运载人和物料的构件,笼内有传动机构、防坠安全器及电气箱等,外侧附有驾驶室,设置了门保险开关与门连锁,只有当吊笼前后两道门均关好后,梯笼才能运行。

吊笼内空净高度不得小于2m。对于SS型人货两用升降机,提升吊笼的钢丝绳不得少于二根,且应是彼此独立的。钢丝绳的安全系数不得小于12,直径不得小于9mm。

（2）底笼

底笼的底架是施工升降机与基础连接部分,多用槽钢焊接成平面框架,并用地脚螺栓与基础相固结。底笼的底架上装有导轨架的基础节,吊笼不工作时停在其上。底笼四周有钢板网护栏,入口处有门,门的自动开启装置与梯笼门配合动作。在底笼的骨架上装有四个缓冲弹簧,以防梯笼坠落时起缓冲作用。

（3）导轨架

导轨架是吊笼上下运动的导轨、升降机的主体,能承受规定的各种载荷。导轨架是由若干个具有互换性的标准节,经螺栓连接而成的多支点的空间桁架,用来传递和承受荷载。标准节的截面形状有正方形、矩形和三角形,标准节的长度与齿条的模数有关,一般每节为1.5m。导轨架的主弦杆和腹杆多用钢管制造,横缀条则选用不等边角钢。

（4）对(配)重

对重用以平衡吊笼的自重,可改善结构受力情况,从而提高电动机功率利用率和吊笼载重。

（5）天轮架及小起重机构

天轮架由导向滑轮和天轮架钢结构组成,用来支承和导向配重的钢丝绳。

（6）天轮

立柱顶的左前方和右后方安装两组定滑轮,分别支承两对吊笼和对重,当单笼时,只使用一组天轮。

（7）附墙架

立柱的稳定是靠与建筑结构进行附墙连接来实现的。附墙架用来使导轨架能可靠地支承在所施工的建筑物上。附墙架多由型钢或钢管焊成平面桁架。

2. 驱动机构

施工升降机的驱动机构一般有两种形式。一种为齿轮齿条式,一种为卷扬机钢丝绳式。

3. 安全保护装置

（1）防坠安全器

防坠安全器是施工升降机主要的安全装置,它可以限制梯笼的运行速度,防止坠落。安全器应能保证升降机吊笼出现不正常超速运行时及时动作,将吊笼制停。防坠安全器为限速制停装置,应采用渐进式安全器。钢丝绳施工升降机额定提升速度$\leqslant 0.63$m/s时,可使用瞬时式安全器。但人货两用型仍应使用速度触发型防坠安全器。

防坠安全器的工作原理:当吊笼沿导轨架上、下移动时,齿轮沿齿条滚动。当吊笼以额定速度工作时,齿轮带动传动轴及其上的离心块空转。一旦驱动装置的传动件损坏,吊笼将失去控制并沿导轨架快速下滑(当有配重,而且配重大于吊笼一侧载荷时,吊笼在配重的作用下,快速上升)。随着吊笼的速度提高,防坠安全器齿轮的转速也随之增加。当转速增加到防坠安全器的动作转速时,离心块在离心力和重力的作用下与制动轮的内表面上的凸齿相啮合,并推动制动轮转动。制动轮尾部的螺杆使螺母沿着螺杆做轴向移动,进一步压缩碟形弹簧组,逐渐增加制动轮与制动毂之间的制动力矩,直到将工作笼制动在导轨架上为止。在防坠安全器左端的下表面上,装有行程开关。当导板向右移动一定距离后,与行程开关触头接触,并切断驱动电动机的电源。

防坠安全器动作后,吊笼应不能运行。只有当故障排除,安全器复位后吊笼才能正常运行。

(2) 缓冲弹簧

在施工升降机的底架上有缓冲弹簧,以便当吊笼发生坠落事故时,减轻吊笼的冲击。

(3) 上、下限位开关

为防止吊笼上、下时超过需停位置时,因司机误操作和电气故障等原因继续上升或下降引发事故而设置。上下限位开关必须为自动复位型,上限位位开关的安装位置应保证吊笼触发限位开关后,留有的上部安全距离不得小于1.8m,与上极限开关的越程距离为0.15m。

(4) 上、下极限开关

上、下极限开关是在上、下限位开关一旦不起作用,吊笼继续上行或下降到设计规定的最高极限或最低极限位置时能及时切断电源,以保证吊笼安全。极限开关为非自动复位型,其动作后必须手动复位才能使吊笼重新启动。

(5) 安全钩

安全钩是为防止吊笼到达预先设定位置,上限位器和上极限限位器因各种原因不能及时动作、吊笼继续向上运行,将导致吊笼冲击导轨架顶部而发生倾翻坠落事故而设置的。安全钩是安装在吊笼上部的重要也是最后一道安全装置,安全钩安装在传动系统齿轮与安全器齿轮之间,当传动系统齿轮脱离齿条后,安全钩防止吊笼脱离导轨架。它能使吊笼上行到导轨架顶部的时候,安全钩钩住导轨架,保证吊笼不发生倾翻坠落事故。

(6) 吊笼门、底笼门连锁装置

施工升降机的吊笼门、底笼门均装有电气连锁开关,它们能有效地防止因吊笼或底笼门未关闭就启动运行而造成人员坠落和物料滚落,只有当吊笼门和底笼门完全关闭时才能启动行运。

(7) 急停开关

当吊笼在运行过程中发生各种原因的紧急情况时,司机应能及时按下急停开关,使吊笼立即停止,防止事故的发生。急停开关必须是非自行复位的电气安全装置。

(8) 楼层通道门

施工升降机与各楼层均搭设了运料和人员进出的通道,在通道口与升降机结合部必须设置楼层通道门。此门在吊笼上下运行时处于常闭状态,只有在吊笼停靠时才能由吊笼内的人打开。应做到楼层内的人员无法打开此门。以确保通道口处在封闭的条件下不出现危险的边缘。

4. 电气控制系统

施工升降机的每个吊笼都有一套电气控制系统。施工升降机的电气控制系统包括:

电源箱、电控箱、操作台和安全保护系统等组成。

6.3.3 安装与拆卸

1. 安装前的准备工作

施工升降机在安装和拆除前,必须编制专项施工方案;必须由有相应资质的队伍来施工。

在安装施工升降机前需做以下几项准备工作:

(1)必须有熟悉施工升降机产品的钳工、电工等作业人员,作业人员应当具备熟练的操作技术和排除一般故障的能力,清楚了解升降机的安装工作。

(2)认真阅读全部随机技术文件。通过阅读技术文件清楚了解升降机的型号、主要参数尺寸,搞清安装平面布置图、电气安装接线图,并在此基础上进行下列工作:

1)核对基础的宽度、平面度、楼层高度、基础深度,并做好记录。

2)核对预埋件的位置和尺寸,确定附墙架等的位置。

3)核对和确定限位开关装置、防坠安全器、电缆架、限位开关碰铁的位置。

4)核对电源线位置和容量。确定电源箱位置和极限开关的位置,并做好施工升降机安全接地方案。

(3)按照施工方案,编制施工进度。

(4)清查或购置安装工具和必要的设备和材料。

2. 安装拆卸安全技术

安装与拆卸时应注意如下的安全事项:

(1)操作人员必须按高处作业要求,在安装时戴好安全帽,系好安全带,并将安全带系好在立柱节上。

(2)安装过程中必须由专人负责统一指挥。

(3)升降机在运行过程中,人员的头、手决不能露出安全拦外;如果有人在寻轨架上或附墙架上工作时,绝对不允许开动升降机。

(4)每个吊笼顶平台作业人数不得超过2人,顶部承载总重量不得超过650kg。

(5)利用吊杆进行安装时,不允许超载,并且只允许同来安装或拆卸升降机零部件,不得作其他用途。

(6)遇有雨、雪、雾及风速超过13m/s的恶劣天气不得进行安装和拆卸作业。

6.3.4 施工升降机的安全使用和维修保养

施工升降机同其他机械设备一样,如果使用得当、维修及时、合理保养不仅会促长使用寿命,而且能够降低故障率,提高运行效率。

1. 施工升降机的安全使用

(1)收集和整理技术资料,建立健全施工升降机档案;

(2)建立施工升降机使用管理制度;

(3)操作人员必须了解施工升降机的性能,熟悉使用说明书;

(4)使用前,做好检查工作,确保各种安全保护装置和电气设备正常;

(5)操作过程中,司机要随时注意观察吊笼的运行通道有无异常情况,发现险情立即停车排除。

2. 施工升降机的日常检查

(1)检修蜗轮减速机

(2)检查配重钢丝绳

检查每根钢丝绳的张力,使之受力均匀,相互差值不超过5%。钢丝绳严重磨损,达到钢丝绳报废标准时要及时更换新绳。

(3)检查齿轮齿条

应定期检查齿轮、齿条磨损程度,当齿轮、齿条损坏或超过允许磨损值范围时应予更换。

(4)检修限速制动器

制动器垫片磨损到一定程度,须进行更换。

(5)检修其他部件、部位的润滑

6.4 物料提升机

物料提升机是建筑施工现场常用的一种输送物料的垂直运输设备。它以卷扬机为动力,以底架、立柱及天梁为架体,以钢丝绳为传动,以吊笼(吊篮)为工作装置。在架体上装设滑轮、导轨、导靴、吊笼、安全装置等和卷扬机配套构成完整的垂直运输体系。物料提升机构造简单,用料品种和数量少,制作容易,安装拆卸和使用方便,价格低,是一种投资少、见效快的装备机具,因而受到施工企业的欢迎,近几年得到了快速发展。

6.4.1 物料提升机的分类

1. 概念

根据《龙门架及井架物料提升机安全技术规范》JGJ 88—92 规定:物料提升机是指额定起重量在 2000kg 以下,以地面卷扬机为牵引动力,由底架、立柱及天梁组成架体,吊笼沿导轨升降运动,垂直输送物料的起重设备。

2. 分类

(1)按结构形式的不同,物料提升机可分为龙门架式物料提升机和井架式物料提升机。

1)龙门架式物料提升机:以地面卷扬机为动力,由两根立柱与天梁构成门架式架体、吊篮(吊笼)在两立柱间沿轨道作垂直运动的提升机。

2)井架式物料提升机:以地面卷扬机为动力,由型钢组成井字形架体、吊笼(吊篮)在井孔内或架体外侧沿轨道作垂直运动的提升机。

(2)按架设高度的不同,物料提升机可分为高架物料提升机和低架物料提升机。

1)架设高度在 30m(含 30m)以下的物料提升机为低架物料提升机。

2)架设高度在 30m(不含 30m)至 150m 的物料提升机为高架物料提升机。

6.4.2 物料提升机的结构

物料提升机由架体、提升与传动机构、吊笼(吊篮)、稳定机构、安全保护装置和电气控制系统组成。本节介绍物料提升机的架体、提升与传动机构和吊笼(吊篮)。

物料提升机结构的设计和计算应符合《钢结构设计规范》GBJ 50017、《塔式起重机设计规范》GB/T 13752 和《龙门架及井架物料提升机安全技术规范》JGJ 88 等标准的有关要求。物料提升机结构的设计和计算应提供正式、完整的计算书,结构计算应含整体抗倾翻稳定性、基础、立柱、天梁、钢丝绳、制动器、电机、安装抱杆、附墙架等的计算。

1. 架体

架体的主要构件有底架、立柱、导轨和天梁。

(1) 底架

架体的底部设有底架,用于立柱与基础的连接。

(2) 立柱

由型钢或钢管焊接组成,用于支承天梁的结构件,可为单立柱、双立柱或多立柱。立柱可由标准节组成,也可以由杆件组成,其断面可组成三角形、方形。当吊笼在立柱之间,立柱与天梁组成龙门形状时,称为龙门架式;当吊笼在立柱的一侧或两侧时,立柱与天梁组成井字形状时,称为井架式。

(3) 导轨

导轨是为吊笼提供导向的部件,可用工字钢或钢管。导轨可固定在立柱上,也可直接用立柱主肢作为吊笼垂直运行的导轨。

(4) 天梁

安装在架体顶部的横梁,是主要的受力构件,承受吊笼(吊篮)自重及所吊物料重量,天梁应使用型钢,其截面高度应经计算确定,但不得小于 2 根[14 槽钢。

2. 提升与传动机构

(1) 卷扬机

卷扬机是物料提升机主要的提升机构。不得选用摩擦式卷扬机。所用卷扬机应符合《建筑卷扬机》GB/T 1955—2002 的规定,并且应能够满足额定起重量、提升高度、提升速度等参数的要求。在选用卷扬机时宜选用可逆式卷扬机。

卷扬机卷筒应符合下列要求:卷筒边缘外周至最外层钢丝绳的距离应不小于钢丝绳直径的 2 倍,且应有防止钢丝绳滑脱的保险装置;卷筒与钢丝绳直径的比值应不小于 30。

(2) 滑轮与钢丝绳

装在天梁上的滑轮称天轮、装在架体底部的滑轮称地轮,钢丝绳通过天轮、地轮及吊篮上的滑轮穿绕后,一端固定在天梁的销轴上,另一端与卷扬机卷筒锚固。滑轮按钢丝绳的直径选用。

(3) 导靴

导靴是安装在吊笼上沿导轨运行的装置,可防止吊笼运行中偏移或摆动,保证吊笼垂直上下运行。

(4) 吊笼(吊篮)

吊笼(吊篮)是装载物料沿提升机导轨作上下运行的部件。吊笼(吊篮)的两侧应设置高度不小于100cm的安全挡板或挡网。

6.4.3 物料提升机的稳定

物料提升机的稳定性能主要取决于物料提升机的基础、附墙架、缆风绳及地锚。

1. 基础

物料提升机要依据提升机的类型及土质情况确定基础的做法。基础应符合以下规定：

(1) 高架提升机的基础应进行设计,基础应能可靠地承受作用在其上的全部荷载,基础的埋深与做法应符合设计和提升机出厂使用规定。

(2) 低架提升机的基础当无专门设计要求时应符合下列要求：

1) 土层压实后的承载力应不小于80kPa；

2) 浇筑C20混凝土,厚度不少于300mm；

3) 基础表面应平整,水平度偏差不大于10mm。

(3) 基础应有排水措施。距基础边缘5m范围内开挖沟槽或有较大振动的施工时,必须有保证架体稳定的措施。

2. 附墙架

为保证提升机架体的稳定性而连接在物料提升机架体立柱与建筑结构之间的钢结构。附墙架的设置应符合以下要求：

(1) 附墙架。非附墙架钢材与建筑结构的连接应进行设计计算,附墙架与立柱及建筑物连接时,应采用刚性连接,并形成稳定结构；

(2) 附墙架的材质应达到GB/T 700的要求,不得使用木杆、竹杆等做附墙架与金属架体连接；

(3) 附墙架的设置应符合设计要求,其间隔不宜大于9m,且在建筑物的顶层宜设置1组,附墙后立柱顶部的自由高度不宜大于6m。

3. 缆风绳

缆风绳是为保证架体稳定而在其四个方向设置的拉结绳索,所用材料为钢丝绳。缆风绳的设置应当满足以下条件：

(1) 缆风绳应经计算确定,直径不得小于9.3mm；按规范要求当钢丝绳用作缆风绳时,其安全系数为3.5(计算主要考虑风载)；

(2) 高架物料提升机在任何情况下均不得采用缆风绳；

(3) 提升机高度在20m(含20m)以下时,缆风绳不少于1组(4~8根)；提升机高度在20~30m时不少于2组；

(4) 缆风绳应在架体四角有横向缀件的同一水平面上对称设置；

(5) 缆风绳的一端应连接在架体上,对连接处的架体焊缝及附件必须进行设计计算；

(6) 缆风绳的另一端应固定在地锚上,不得随意拉结在树上、墙上、门窗框上或脚手架上等；

(7) 缆风绳与地面的夹角不应大于60°,应以45°~60°为宜；

(8) 当缆风绳需改变位置时,必须先做好预定位置的地锚并加临时缆风绳,确保提升机架体的稳定方可移动原缆风绳的位置;待与地锚拴牢后,再拆除临时缆风绳。

4. 地锚

地锚的受力情况,埋设的位置如何都直接影响着缆风绳的作用,常常因地锚角度不够或受力达不到要求发生变形,而造成架体歪斜甚至倒塌。在选择缆风绳的锚固点时,要视其土质情况,决定地锚的形式和做法。

6.4.4 物料提升机的安全保护装置

1. 物料提升机的安全保护装置

物料提升机的安全保护装置主要包括:安全停靠装置、断绳保护装置、载重量限制装置、上极限限位器、下极限限位器、吊笼安全门、缓冲器和通信信号装置等[见(龙门架及井架物料提升机安全技术规范)JGJ 88—92]。

(1)安全停靠装置

当吊笼停靠在某一层时,能使吊笼稳妥的支靠在架体上的装置。防止因钢丝绳突然断裂或卷扬机抱闸失灵时吊篮坠落。其装置有制动和手动两种,当吊笼运行到位后,由弹簧控制或人工搬动,使支承杆伸到架体的承托架上,其荷载全部由承托架负担,钢丝绳不受力。当吊笼装载125%额定载重量,运行至各楼层位置装卸载荷时,停靠装置应能将吊笼可靠定位。

(2)断绳保护装置

吊笼装载额定载重量,悬挂或运行中发生断绳时,断绳保护装置必须可靠地把吊笼刹制在导轨上,最大制动滑落距离应不大于1m,并且不应对结构件造成永久性损坏。

(3)载重量限制装置

当提升机吊笼内载荷达到额定载重量的90%时,应发出报警信号;当吊笼内载荷达到额定载重量的100%~110%时,应切断提升机工作电源。

(4)上极限限位器

上极限限位器应安装在吊笼允许提升的最高工作位置,吊笼的越程(指从吊笼的最高位置与天梁最低处的距离)应不小于3m。当吊笼上升达到限定高度时,限位器即行动作切断电源。

(5)下极限限位器

下极限限位器应能在吊笼碰到缓冲装置之前动作,当吊笼下降至下限位时,限位器应自动切断电源,使吊笼停止下降。

(6)吊笼安全门

吊笼的上料口处应装设安全门。安全门宜采用连锁开启装置。

安全门连锁开启装置,可为电气连锁:如果安全门未关,可造成断电,提升机不能工作;也可为机械连锁:吊笼上行时安全门自动关闭。

(7)缓冲器

缓冲器应装设在架体的底坑里,当吊笼以额定荷载和规定的速度作用到缓冲器上时,应能承受相应的冲击力。缓冲器的形式可采用弹簧或弹性实体。

(8)通信信号装置

信号装置是由司机控制的一种音响装置,其音量应能使各楼层使用提升机装卸物料人员清晰听到。当司机不能清楚地看到操作者和信号指挥人员时,必须加装通信装置。通信装置必须是一个闭路的双向电气通信系统,司机和作业人员能够相互联系。

2. 安全保护装置的设置

(1) 低架物料提升机应当设置安全停靠装置、断绳保护装置、上极限限位器、下极限限位器、吊笼安全门和信号装置。

(2) 高架物料提升机除了应当设置低架物料提升机应当设置的安全保护装置外,还应当设置载重量限制装置、缓冲器和通信信号[见(龙门架及井架物料提升机安全技术规范)JGJ 88—92]等。

6.4.5 物料提升机的安装与拆卸

1. 安装前的准备

(1) 根据施工要求和场地条件,并综合考虑发挥物料提升机的工作能力,合理确定安装位置。

(2) 做好安装的组织工作。包括安装作业人员的配备,高处作业人员必须具备高处作业的业务素质和身体条件。

(3) 按照说明书的基础图制作基础。

(4) 基础养护期应不少于7天,基础周边5m内不得挖排水沟。

2. 安装前的检查

(1) 检查基础的尺寸是否正确,地脚螺栓的长度、结构、规格是否正确,混凝土的养护是否达到规定期,水平度是否达到要求(用水平仪进行验证)。

(2) 检查提升卷扬机是否完好,地锚拉力是否达到要求,刹车开、闭是否可靠,电压是否在380V±5%之内,电机转向是否合乎要求。

(3) 检查钢丝绳是否完好,与卷扬机的固定是否可靠,特别要检查全部架体达到规定高度时,在全部钢丝绳输出后,钢丝绳长度是否能在卷筒上保持至少3圈。

(4) 各标准节是否完好,导轨、导轨螺栓是否齐全、完好,各种螺栓是否齐全、有效,特别是用于紧固标准节的高强度螺栓数量是否充足;各种滑轮是否齐备,有无破损。

(5) 吊笼是否完整,焊缝是否有裂纹,底盘是否牢固,顶棚是否安全。

(6) 断绳保护装置、重量限制器等安全防护装置应事先进行检查,确保安全、灵敏、可靠无误。

3. 安装与拆卸

井架式物料提升机的安装一般按以下顺序:将底架按要求就位→将第一节标准节安装于标准节底架上→提升抱杆→安装卷扬机→利用卷扬机和抱杆安装标准节→安装导轨架→安装吊笼→穿绕起升钢丝绳→安装安全装置。物料提升机的拆卸按安装架设的反程序进行。

6.4.6 安全使用和维修保养

1. 物料提升机的安全使用

（1）建立物料提升机的使用管理制度。物料提升机应有专职机构和专职人员管理。

（2）组装后应进行验收，并进行空载、动载和超载试验。

1）空载试验：即不加荷载，只将吊篮按施工中各种动作反复进行，并试验限位灵敏程度。

2）动载试验：即按说明书中规定的最大载荷进行动作运行。

3）超载试验：一般只在第一次使用前，或经大修后按额后载荷的125%逐渐加荷进行。

（3）物料提升机司机应经专门培训，人员要相对稳定，每班开机前，应对卷扬机、钢丝绳、地锚、缆风绳进行检验，并进行空车运行。

（4）严禁载人。物料提升机主要是运送物料的，在安全装置可靠的情况下，装卸料人员才能进入到吊篮作业，严禁各类人员乘吊篮升降。

（5）禁止攀登架体和从架体下面穿越。

（6）司机在通信联络信号不明时不得开机，作业中不论任何人发出紧急停车信号，司机应立即执行。

（7）缆风绳不得随意拆除。凡需临时拆除的，应先行加固，待恢复缆风绳后，方可使用升降机；如缆风绳改变位置，要重新埋设地锚，待新缆风拴好后，原来的缆风方可拆除。

（8）严禁超载运行。

（9）司机离开时，应降下吊篮并切断电源。

2. 物料提升机的维修保养

（1）建立物料提升机的维修保养制度。

（2）使用过程中要定期检修。

（3）除定期检查外，提升机必须做好日常检查工作。日常检查应由司机在每班前进行，主要内容有：

1）附墙杆与建筑物连接有无松动，或缆风绳与地锚的连接有无松动；

2）空载提升吊篮做一次上下运行，查看运行是否正常，同时验证各限位器是否灵敏可靠及安全门是否灵敏完好；

3）在额定荷载下，将吊篮提升至离地面1～2m高处停机、检查制动器的可靠性和架体的稳定性；

4）卷扬机各传动部件的连接和紧固情况是否良好。

（4）保养设备必须在停机后进行。禁止在设备运行中擦洗、注油等工作。如需重新在卷筒上缠绳时，必须两人操作，一人开机一人扶绳，相互配合。

（5）司机在操作中要经常注意传动机构的磨损，发现磨绳、滑轮磨偏等问题，要及时向有关人员报告并及时解决。

（6）架体及轨道发生变形必须及时维修。

第 7 章 脚手架工程

本章要点

本章主要依据《建筑施工扣件式钢管脚手架安全技术规范》JGJ 130 编写,介绍了扣件式钢管脚手架的适用范围、材质、构造;各类杆件的作用、承受的荷载及计算的原则。重点是扣件式钢管脚手架的构造、各类杆件的作用及使用。

7.1 脚手架种类

随着建筑施工技术的发展,脚手架的种类也愈来愈多。从搭设材质上说,有竹、木和钢管脚手架。钢管脚手架中又分扣件式、碗扣式、承插式等;按搭设的立杆排数,又可分单排架、双排架和满堂架。按搭设的用途,又可分为砌筑架、装修架;按搭设的位置可分为外脚手架和内脚手架。脚手架分为下列三大类。

7.1.1 外脚手架

搭设在建筑物或构筑物的外围的脚手架称为外脚手架。外脚手架多从地面搭起,所以称为底撑式脚手架,一般来讲建筑物多高,其架子就要搭多高,外脚手架也可以采用悬挑形式,在悬挑构件上搭设,称为悬挑脚手架。

(1) 单排脚手架:它由落地的单排立杆与大、小横杆绑扎或扣接而成。

(2) 双排脚手架:它由落地的里、外两排立杆与大、小横杆绑扎或扣接而成。

(3) 悬挑脚手架:它不直接从地面搭设,而是采用在楼板、墙面或框架柱上设悬挑构件,以悬挑形式搭设。按悬挑杆件的不同种类可分为两种:一种是用 $\phi 48 \times 3.5$ 的钢管,一端固定在楼板上,另一端悬出,在这个悬挑杆上搭设脚手架,它的高度应不超过 6 步架;另一种是用型钢做悬挑杆件,搭设高度应不超过 20 步架。

7.1.2 内脚手架

搭设在建筑物或构筑物内的脚手架称为内脚手架。主要有①马凳式内脚手架;②支柱式内脚手架。

7.1.3 工具式脚手架

1. 吊篮脚手架

它的基本构件是用 $\phi 50 \times 3$ 的钢管焊成矩形框架,并以 3~4 榀框架为一组,在屋面上设置吊点,用钢丝绳吊挂框架,它主要适用于外装修工程。

2. 附着式升降脚手架

附着在建筑物的外围,可以自行升降的脚手架称为附着式升降脚手架。

3. 悬挂脚手架

将脚手架挂在墙上或柱上事先预埋的挂勾上,在挂架上铺以脚手板而成。

4. 门式钢管脚手架

7.2 扣件式钢管脚手架

7.2.1 特点

脚手架是建筑施工中必不可少的临时设施。比如砌筑砖墙、浇筑混凝土、墙面的抹灰、装饰和粉刷、结构构件的安装等,都需要在其近旁搭设脚手架,以便在其上进行施工操作、堆放施工用料和必要时的短距离水平运输。

脚手架虽然是随着工程进度而搭设,工程完毕就拆除,但它对建筑施工速度、工作效率、工程质量以及工人的人身安全有着直接的影响,如果脚手架搭设不及时,势必会拖延工程进度;脚手架搭设不符合施工需要,工人操作就不方便,质量得不到保证,工效也提不高;脚手架搭设不牢固、不稳定,就容易造成施工中的伤亡事故。因此,对脚手架的选型、构造、搭设质量等决不可疏忽大意、轻率处理。

由钢管、扣件组成的扣件式钢管脚手架(以下简称"扣件式脚手架")具有以下特点:

(1) 承载力大。当脚手架的几何尺寸在常见范围、构造符合要求时,落地式脚手架立杆承载力在 15~20kN(设计值)之间,满堂架立杆承载力可达 30kN(设计值)。

(2) 装、拆方便,搭设灵活,使用广泛。由于钢管长度易于调整,扣件连接简便,因而可适应各种平面、立面的建筑物、构筑物施工需要;还可用于搭设临时用房等。

(3) 比较经济。与其他脚手架相比,杆件加工简单,一次投资费用较低,如果精心设计脚手架几何尺寸,注意提高钢管周转使用率,则材料用量可取得较好经济效果。

(4) 脚手架中的扣件用量较大,价格较高,如果管理不善,扣件极易损坏、丢失,因此应对扣件式脚手架的构配件使用、存放和维护加强科学化管理。

7.2.2 适用范围

扣件式脚手架在我国的应用历史近 50 余年,积累了丰富的使用经验,是应用最为普遍的一种脚手架,其适用范围如下:

(1) 工业与民用建筑施工用落地式单、双排脚手架,以及分段悬挑脚手架。

(2) 上料平台、满堂脚手架。

(3) 高耸构筑物,如井架、烟囱、水塔等施工用脚手架。

(4) 栈桥、码头、高架路、桥等工程用脚手架。

(5) 为了确保脚手架的安全可靠,《建筑施工扣件式钢管脚手架安全技术规范》JGJ 130

规定单排脚手架不适用于下列情况：
1）墙体厚度小于或等于180mm；
2）建筑物高度超过24m；
3）空斗砖墙、加气块墙等轻质墙体；
4）砌筑砂浆强度等级小于或等于M1.0的砖墙。

7.2.3 适宜搭设高度

（1）单管立杆扣件式双排脚手架的搭设高度不宜超过50m。根据对国内脚手架的使用调查，立杆采用单根钢管的落地式脚手架一般均在50m以下，当需要搭设高度超过50m时，一般都比较慎重地采用了加强措施，如采用双管立杆、分段卸荷、分段悬挑等等。从经济方面考虑，搭设高度超过50m时，钢管、扣件等的周转使用率降低，脚手架的地基基础处理费用也会增加，导致脚手架成本上升。从国外情况看，美、日、德等对落地脚手架的搭设高度也限制在50m左右。

（2）分段悬挑脚手架。由于分段悬挑脚手架一般都支承在由建筑物挑出的悬臂梁或三角架上，如果每段悬挑脚手架过高时，将过多增加建筑物的负担，或使挑出结构过于复杂，故分段悬挑脚手架每段高度不宜超过25m。

7.2.4 主要组成

组成扣件式脚手架的主要构配件及其作用见表7-1。

扣件式脚手架的主要组成构件及作用 表7-1

项次	名 称	作 用
1	立杆（立柱、站杆、冲天）	平行于建筑物并垂直于地面的杆件，既是组成脚手架结构的主要杆件，又是传递脚手架结构自重、施工荷载与风荷载的主要受力杆件
2	纵向水平杆（大横杆、大横担、牵杠、顺水杆）	平行于建筑物，在纵向连接各立杆的通长水平杆，既是组成脚手架结构的主要杆件，又是传递施工荷载给立杆的主要受力杆件
3	横向水平杆（小横杆、六尺杆、横楞、搁栅）	垂直于建筑物，横向连接脚手架内、外排立杆或一端连接脚手架立杆，另端支于建筑物的水平杆。是组成脚手架结构的主要杆件，并传递施工荷载给立杆的主要受力杆件
4	扣件	是组成脚手架结构的连接件
	直角扣件	连接两根直交钢管的扣件，是依靠扣件与钢管表面间的摩擦力传递施工荷载、风荷载的受力连接件
	对接扣件	钢管对接接长用的扣件，也是传递荷载的受力连接件
	旋转扣件	连接两根任意角度相交的钢管扣件、用于连接支撑斜杆与立杆或横向水平杆的连接件
5	脚手板	提供施工操作条件，承受、传递施工荷载给纵、横水平杆的板件；当设于非操作层时起安全防护作用

续表

项次	名　称	作　用
6	剪刀撑 （十字撑、十字盖）	设在脚手架外侧面、与墙面平行的十字交叉斜杆，可增强脚手架的纵向刚度，提高脚手架的承载能力
7	横向斜撑 （横向斜拉杆、之字撑）	连接脚手架内、外排立杆的，呈之字形的斜杆，可增强脚手架的横向刚度、提高脚手架的承载能力
8	连墙件 （连墙点、连墙杆）	连接脚手架与建筑物的部件，是脚手架中既要承受、传递风荷载，又要防止脚手架在横向失稳或倾覆的重要受力部件
9	纵向扫地杆	连接立杆下端，距底座下皮 200mm 处的纵向水平杆，可约束立杆底端在纵向发生位移
10	横向扫地杆	连接立杆下端，位于纵向扫地杆下方的横向水平杆，可约束立杆底端在横向发生位移
11	底座	设在立杆下端，承受并传递立杆荷载给地基的配件

7.2.5　基本要求

扣件式脚手架是由立杆，纵向、横向水平杆用扣件连接组成的钢构架。常遇的落地式附墙脚手架，其横向尺寸（横距）远小于其纵向长度和高度，这一高度、宽度很大、厚度很小的构架如不在横向（垂直于墙面方向）设置连墙件，它是不可能可靠地传递其自重、施工荷载和水平荷载的，对这一连墙的钢构架其结构体系可归属于在竖向、水平向具有多点支承的"空间框架"或"格构式平板"。为使扣件式脚手架在使用期间满足安全可靠和使用要求，脚手架既要有足够承载能力，又要具有良好的刚度（使用期间，脚手架的整体或局部不产生影响正常施工的变形或晃动），故其组成应满足以下要求：

（1）必须设置纵、横向水平杆和立杆，三杆交汇处用直角扣件相互连接、并应尽量紧靠，此三杆紧靠的扣接点称为扣件式脚手架的主节点；

（2）扣件螺栓拧紧扭力矩应在 40～50N·m 之间，以保证脚手架的节点具有必要的刚性和承受荷载的能力；

（3）在脚手架和建筑物之间，必须按设计计算要求设置足够数量、分布均匀的连墙件，此连墙件应能起到约束脚手架在横向（垂直于建筑物墙面方向）产生变形，以防止脚手架横向失稳或倾覆，并可靠地传递风荷载；

（4）脚手架立杆基础必须坚实，并具有足够承载能力，以防止不均匀或过大的沉降；

（5）应设置纵向剪刀撑和横向斜撑，以使脚手架具有足够的纵向和横向整体刚度。

7.2.6　构配件质量与检验

1. 钢管

（1）扣件式脚手架杆件宜采用价格较便宜的焊接钢管。

（2）钢管钢材牌号宜采用力学性能适中的 Q235A，质量性能指标应符合国家标准《碳素结构钢》GB 700 中 Q235A 的规定。

(3) 钢管截面几何尺寸见表7-2,钢管长度应便于人工装、拆和运输。扣件式脚手架规范规定的钢管长度见表7-2,每根钢管的重量不应超过25kg。

扣件式脚手架钢管几何尺寸(mm)　　　　　表7-2

钢管类别	截面尺寸		最大长度	
	外径ϕ	壁厚t	纵向水平杆、立杆	横向水平杆
低压流体输送用焊接钢管(GB/T 3092) 直缝电焊钢管(GB/T 13793)	48 51	3.5 3.0	6500	2200

(4) 新、旧钢管的尺寸、表面质量和外形应符合表7-3要求,钢管上严禁打孔。

钢管质量检验要求　　　　　表7-3

	项次	检查项目	验收要求
新管	1	产品质量合格证	必须具备
	2	钢管材质检验报告	
	3	表面质量	表面应平直光滑,不应有裂纹、分层、压痕、划道和硬弯,上述缺陷不应大于表7-6的规定
	4	外径、壁厚	允许偏差不超过表7-6的规定
	5	端面	应平整,偏差不超过表7-6的规定
	6	防锈处理	必须进行防锈处理,镀锌或涂防锈漆
旧管	7	钢管锈蚀程度应每年检查一次	锈蚀深度应符合表7-6规定,锈蚀严重部位应将钢管截断进行检查
	8	其他项目同新管项次3、4、5	同新管项次3、4、5

2. 扣件

(1) 目前我国有可锻铸铁扣件与钢板压制扣件两种,可锻铸铁扣件已有国家产品标准和专业检测单位,质量易于保证,因此应采用可锻铸铁扣件。对钢板压制扣件要慎重采用,应参照国家标准《钢管脚手架扣件》GB 15831的规定进行测试,经测试证明其质量性能符合标准要求时方可使用。

(2) 技术要求:

1) 扣件应采用机械性能不低于KTH330—08的可锻铸铁制作;

2) 铸件不得有裂纹、气孔;不宜有缩松、砂眼或其他影响使用的铸造缺陷;并应将影响外观质量的粘砂、浇冒口残余、披缝、毛刺、氧化皮等清除干净;

3) 扣件与钢管的贴合面必须严格整形,应保证与钢管扣紧时接触良好;

4) 扣件活动部位应能灵活转动,旋转扣件的两旋转面间隙应小于1mm;

5) 当扣件夹紧钢管时,开口处的最小距离应不小于5mm;

6）扣件表面应进行防锈处理。

（3）扣件质量的检验要求：

1）扣件质量应按表7-4的要求进行检验；

2）扣件螺栓拧紧扭力矩为70N·m时，可锻铸铁扣件不得破坏；

3）如对扣件的质量有疑虑，应按国家现行标准《钢管脚手架扣件》的规定抽样检测。

扣件质量检验要求　　　　　　　　　　　　　　　表7-4

项次		检查项目	要求
新扣件	1	生产许可证，产品质量合格证，专业检测单位测试报告	必须具备。对质量怀疑时，应按GB 15831规定抽样检测
	2	表面质量及性能	应符合技术要求之2）~6）的规定
	3	螺栓	不得滑丝
旧扣件	4	不得有裂缝、变形，其他同上(2)、(3)项	

3．脚手板

（1）脚手板有冲压式钢脚手板、木脚手板、竹串片及竹笆脚手板等，可根据工程所在地区就地取材使用。

（2）冲压钢脚手板的钢材应符合国家现行标准《碳素结构钢》GB 700中Q235A级钢的规定。

（3）木脚手板应采用杉木或松木制作，厚度不宜小于50mm，其材质应符合国家现行标准《木结构设计规范》GB 50005中Ⅱ级材质的规定；脚手板的两端应采用直径为4mm的镀锌钢丝各设两道箍。

（4）竹脚手板宜采用毛竹或楠竹制作。

（5）为便于工人操作，不论哪种脚手架每块重量均不宜大于30kg。

（6）脚手板的质量按表7-5要求进行检验。

脚手板质量检验要求　　　　　　　　　　　　　　　表7-5

项次	项目	要求
1．钢脚手板	产品质量合格证（新脚手板） 尺寸偏差 缺陷 防锈	必须具备 应符合表7-6要求 不得有裂纹、开焊与硬弯 必须涂防锈漆
2．木脚手板	尺寸 缺陷	宽宜大于、等于200mm，厚度不应小于50mm。不得开裂、腐朽或有接疤

4．钢管、脚手板的允许偏差见表7-6

构配件的允许偏差　　表7-6

序号	项目	允许偏差 Δ(mm)	示意图	检查工具
1	焊接钢管尺寸(mm) 外径 48 壁厚 3.5 外径 51 壁厚 3.0	-0.5 -0.5 -0.5 -0.45		游标卡尺
2	钢管两端面切斜偏差	1.70		塞尺、拐角尺
3	钢管外表面锈蚀深度	≤0.50		游标卡尺
4	钢管弯曲 a. 各种杆件的端部弯曲 　$l \leq 1.5m$ b. 立杆钢管弯曲 　$3m < l \leq 4m$ 　$4m < l \leq 6.5m$ c. 水平杆、斜杆的钢管弯曲 　$l \leq 6.5m$	≤5 ≤12 ≤20 ≤30		钢板尺
5	冲压钢脚手板 a. 板面挠曲 　$l \leq 4m$ 　$l > 4m$ b. 板面扭曲(任一角翘起)	 ≤12 ≤16 ≤5		钢板尺

7.2.7 构造要求

1. 脚手架几何尺寸

扣件式脚手架的几何尺寸包括步距(h)、横距(l_b)、纵距(l_a)、连墙件的竖向间距(H_1)及水平间距(L_1)、脚手架的搭设高度(H)等。脚手架几何尺寸确定应满足以下要求:

(1) 使用要求。脚手架的横距应满足施工工人操作及材料的供应、堆放等要求。

(2) 安全要求。脚手架的几何尺寸是影响脚手架承载能力的主要因素,当改变横距、步距、跨距及连墙件的间距时,脚手架的承载能力将发生变化。为此,脚手架几何尺寸应按使用要求、搭设高度进行初选,然后根据后面介绍的设计计算方法进行计算确定。

(3) 经济要求。在满足以上使用、安全要求的条件下,应尽量节省钢管、扣件的用量,如当建筑物很高时,可对落地式脚手架的不同搭设尺寸进行多方案比较,也可对落地脚手架和分段悬挑脚手架进行比较等等。

(4) 表7-7、表7-8给出的常用敞开式单、双排脚手架几何尺寸,可供初选参考。

常用敞开式双排脚手架的几何尺寸(m) 表7-7

连墙件设置	立杆横距 l_b	步距 h	下列荷载时的立杆纵距 l_a (m)				脚手架允许搭设高度 H
			$2+4\times0.35$ (kN/m^2)	$2+2+4\times0.35$ (kN/m^2)	$3+4\times0.35$ (kN/m^2)	$3+2+4\times0.35$ (kN/m^2)	
二步三跨	1.05	1.20~1.35	2.0	1.8	1.5	1.5	50
		1.80	2.0	1.8	1.5	1.5	50
	1.30	1.20~1.35	1.8	1.5	1.5	1.5	50
		1.80	1.8	1.5	1.5	1.2	50
	1.55	1.20~1.35	1.8	1.5	1.5	1.5	50
		1.80	1.8	1.5	1.5	1.2	37
三步三跨	1.05	1.20~1.35	2.0	1.8	1.5	1.5	50
		1.80	2.0	1.5	1.5	1.5	34
	1.30	1.20~1.35	1.8	1.5	1.5	1.5	50
		1.80	1.8	1.5	1.5	1.2	30

注:1. 表中所示$2+2+4\times0.35(kN/m^2)$,包括下列荷载:
 $2+2(kN/m^2)$是二层装修作业层施工荷载;
 $4\times0.35(kN/m^2)$包括二层作业脚手板,另两层为每隔12m按构造要求(非作业)满铺的脚手板的重量。
2. 作业层横向水平杆间距,应按不大于$l_a/2$设置。

常用敞开式单排脚手架的几何尺寸(m) 表7-8

连墙杆设置	立杆横距 l_b	步距 h	下列荷载时的立杆纵距 l_a		脚手架允许搭设高度 H
			$2+2\times0.35$ (kN/m^2)	$3+2\times0.35$ (kN/m^2)	
二步三跨	1.20	1.20~1.35	2.0	1.8	24
		1.80	2.0	1.8	24
三步三跨	1.40	1.20~1.35	1.8	1.5	24
		1.80	1.8	1.5	24

注:同表7-7。

应该指出,脚手架的几何尺寸是根据满足使用、安全和经济要求,经过设计计算最后确定的。因此脚手架的搭设应该严格按照设计尺寸和有关构造、施工等要求进行,不容许搭设时随意加大或减小几何尺寸和减少构件。当现场遇到实际条件未能实施设计要求,或脚手架的受力构件(立杆、水平杆、连墙件等)设置按设计要求有困难、荷载超重等情况,应按实际情况重新验算,以确保安全。

2. 纵向水平杆(大横杆)

纵向水平杆构造要满足下列要求:

(1)纵向水平杆宜设置在立杆内侧,其长度不宜小于3跨;

(2)纵向水平杆接长宜采用对接扣件连接,也可采用搭接。对接、搭接应符合下列规定:

1)纵向水平杆的对接扣件应交错布置:两根相邻纵向水平杆的接头不宜设置在同步或同跨内;不同步或不同跨两个相邻接头在水平方向错开的距离不应小于500mm;各接头中心至最近主节点的距离不宜大于纵距的1/3;

2)搭接长度不应小于1m,应等间距设置3个旋转扣件固定,端部扣件盖板边缘至搭接纵向水平杆杆端的距离不应小于100mm;

3)当使用冲压钢脚手板、木脚手板、竹串片脚手板时,纵向水平杆应作为横向水平杆的支座,用直角扣件固定在立杆上;当使用竹笆脚手脚板时,纵向水平杆应采用直角扣件固定在横向水平杆上,并应等间距设置,间距不应大于400mm。

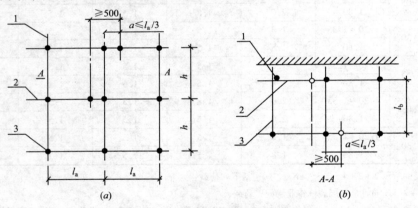

图7-1 纵向水平杆对接接头布置

(a)接头不在同步内(立面);(b)接头不在同跨内(平面)

1—立杆;2—纵向水平杆;3—横向水平杆

3. 横向水平杆(小横杆)

横向水平杆的构造要遵守下列规定:

(1)主节点处必须设置一根横向水平杆,用直角扣件扣接且严禁拆除。此条为强制性条文,必须严格执行。

(2)作业层上非主节点处的横向水平杆,宜根据支承脚手板的需要等间距设置,最大间距不应大于纵距的1/2。

(3)当使用冲压钢脚手板、木脚手板、竹串片脚手板时,双排脚手架的横向水平杆两端均应采用直角扣件固定在纵向水平杆上；单排脚手架的横向水平杆的一端，应用直角扣件固定在纵向水平杆上，另一端应插入墙内，插入长度不应小于180mm。

（4）使用竹笆脚手板时，双排脚手架的横向水平杆两端，应用直角扣件固定在立杆上；单排脚手架的横向水平杆的一端，应用直角扣件固定在立杆上，另一端应插入墙内，插入长度亦不小于180mm。

4. 脚手板

脚手板的设置应符合下列规定：

（1）作业层脚手板应铺满、铺稳，离开墙面120～150mm。

（2）冲压钢脚手板、木脚手板、竹串片脚手板等，应设置在三根横向水平杆上。当脚手板长度小于2m时，可采用两根横向水平杆支承，但应将脚手板两端与其可靠固定，严防倾翻。此三种脚手板的铺设可采用对接平铺，也可采用搭接铺设。脚手板对接平铺时，接头处必须设两根横向水平杆，脚手板外伸长应取130～150mm，两块脚手板外伸长度的和不应大于300mm（图7-1）；脚手板搭接铺设时，接头必须支在横向水平杆上，搭接长度不应大于200mm，其伸出横向水平杆的长度不应小于100mm。

（3）竹笆脚手板应按其主竹筋垂直于纵向水平杆方向铺设，且采用对接平铺，四个角应用直径1.2mm的镀锌钢丝固定在纵向水平杆上。

（4）作业层端部脚手板探头长度应取150mm，其板长两端均应与支承杆可靠地固定。

5. 立杆

立杆构造有以下规定：

（1）每根立杆底部应设置底座，底座下设置木垫板。木垫板的厚度应为5cm。

（2）脚手架必须设置纵、横向扫地杆。纵向扫地杆应采用直角扣件固定在距底座上皮不大于200mm处的立杆上。横向扫地杆亦应采用直角扣件固定在紧靠纵向扫地杆下方的立杆上。当立杆基础不在同一高度上时，必须将高处的纵向扫地杆向低处延长两跨与立杆固定，高低差不应大于1m。靠边坡上方的立杆轴线到边坡的距离不应小于500mm。

（3）脚手架底层步距不应大于2m。

（4）立杆必须用连墙件与建筑物可靠连接，连墙件布置间距宜按表7-9采用。

连墙件布置最大间距 表7-9

脚手架高度		竖向间距(h)	水平间距(l_a)	每根连墙件覆盖面积（m^2）
双排	≤50m	$3h$	$3l_a$	≤40
	>50m	$2h$	$3l_a$	≤27
单排	≤24m	$3h$	$3l_a$	≤40

注：h——步距；l_a——纵距。

（5）立杆接长除顶层顶步外，其余各层各步接头必须采用对接扣件连接。

（6）立杆顶端宜高出女儿墙上皮1m，高出檐口上皮1.5m。

（7）双管立杆中副立杆的高度不应低于3步，钢管长度不应小于6m。

6. 连墙件

(1) 连墙件设置的数量除应满足立杆稳定要求(与立杆稳定计算有关)、连墙件的受力要求(连墙件的计算)外,尚应符合表7-9的规定。

(2) 连墙件的布置应符合下列规定:

1) 连墙件应均匀布置且宜靠近主节点,偏离主节点的距离不应大于300mm;

2) 应从底层第一步纵向水平杆处开始设置,当该处设置有困难时,应采用其他可靠措施固定;

3) 宜优先采用菱形布置,也可采用方形、矩形布置;

4) 一字形、开口形脚手架的两端必须设置连墙件,连墙件的垂直间距不应大于建筑物的层高,并不应大于4m(两步)。

(3) 对高度在24m以下的双排脚手架,宜采用刚性连墙件与建筑物可靠连接,亦可采用拉筋和顶撑配合使用的附墙连接方式。严禁使用仅有拉筋的柔性连墙件。

(4) 对高度24m以上的单、双排脚手架,必须采用刚性连墙件与建筑物可靠连接。

(5) 连墙件的构造应符合下列规定:

1) 连墙件中的连墙杆或拉筋宜呈水平设置,当不能水平设置时,与脚手架连接的一端应下斜连接,不应采用上斜连接;

2) 连墙件必须采用可承受拉力和压力的构造。

(6) 当脚手架下部暂不能设连墙件时可搭设临时抛撑。抛撑应采用通长杆件与脚手架可靠连接,与地面的倾角应在45°~60°之间;连接点中心至主节点的距离不应大于300mm。抛撑应在连墙件搭设后方可拆除。

(7) 架高超过40m且有涡流作用时,应采取抗上升翻流作用的连墙措施。

7. 剪刀撑与横向斜撑

(1) 双排脚手架应设剪刀撑与横向斜撑,单排脚手架应设剪刀撑。

(2) 剪刀撑的设置应符合下列规定:

1) 每道剪刀撑跨越立杆的根数宜按表7-10的规定确定。每道剪刀撑宽度不应小于4跨,且不宜小于6m,斜杆与地面的倾角宜在45°~60°之间;

剪刀撑跨越立杆的最多根数　　　　　　　　表7-10

剪刀撑斜杆与地面的倾角 α	45°	50°	60°
剪刀撑跨越立杆的最多根数 n	7	6	5

2) 高度在24m以下的单、双排脚手架,均必须在外侧立面的两端各设置一道剪刀撑,并应由底至顶连续设置,中间每道剪刀撑的净距不应大于15m;

3) 高度在24m以上的双排脚手架应在外侧立面整个长度和高度上连续设置剪刀撑;

4) 剪刀撑斜杆的接长宜采用搭接,搭接要求同纵向水平杆;

5) 剪刀撑斜杆应用旋转扣件固定在与之相交的横向水平杆的伸出端或立杆上,旋转扣件中心线至主节点的距离不宜大于150mm。

(3) 横向斜撑的设置应符合下列规定:

1) 横向斜撑应在同一节间,由底至顶层呈之字形连续布置;

2）一字形、开口形双排脚手架的两端均必须设置横向斜撑；

3）高度在 24m 以下的封闭形脚手架,可不设横向斜撑,高度在 24m 以上的封闭形脚手架除拐角应设置横向斜撑外,中间应每隔 6 跨设置一道。

8．门洞

（1）单、双排脚手架门洞宜采用上升斜杆、平行弦桁架结构形式,斜杆与地面的倾角 α 应在 45°～60°。门洞桁架的型式宜按下列要求确定：

1）当步距(h)小于纵距(l_a)时,应采用 A 型；

2）当步距(h)大于纵距(l_a)时,应采用 B 型,并应符合下列规定：

① $h = 1.8m$ 时,纵距不应大于 1.5m；

② $h = 2.0m$ 时,纵距不应大于 1.2m。

（2）单、双排脚手架门洞桁架的构造应符合下列规定：

1）单排脚手架门洞处,应在平面桁架(图 7-2 中 $ABCD$)的每一节间设置一根斜腹杆；双排脚手架门洞处的空间桁架,除下弦平面外,应在其余 5 个平面内的节间设置一根斜腹杆(图 7-2 中 1-1、2-2、3-3 剖面)；

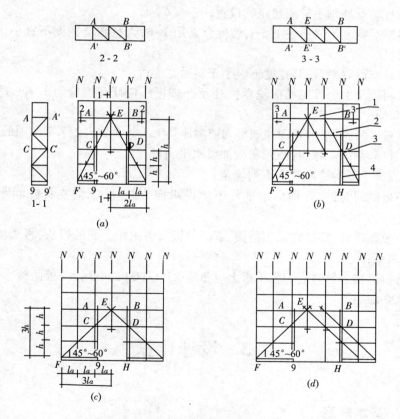

图 7-2　门洞处上升斜杆、平行弦杆桁架

（a）挑空一根立杆（A 型）；（b）挑空二根立杆（A 型）；
（c）挑空一根立杆（B 型）；（d）挑空二根立杆（B 型）

1—防滑扣件；2—增设的横向水平杆；3—副立杆；4—主立杆

2）斜腹杆宜采用旋转扣件固定在与之相交的横向水平杆的伸出端上,旋转扣件中心线至主节点的距离不宜大于150mm。当斜腹杆在1跨内跨越2个步距(图7-2A型)时,宜在相交的纵向水平杆处,增设一根横向水平杆,将斜腹杆固定在其伸出端上;

3）斜腹杆宜采用通长杆件,当必须接长使用时,宜采用对接扣件连接,也可采用搭接,搭接构造同纵向水平杆。

(3) 单排脚手架过窗洞时应增设立杆或增设一根纵向水平杆。

(4) 门洞桁架下的两侧立杆应为双管立杆,副立杆高度应高于门洞口1~2步。

(5) 门洞桁架中伸出上下弦杆的杆件端头,均应增设一个防滑扣件(图7-2),该扣件宜紧靠主节点处的扣件。

9. 斜道

(1) 人行并兼作材料运输的斜道的形式宜按下列要求确定:

1）高度不大于6m的脚手架,宜采用一字形斜道;

2）高度大于6m的脚手架,宜采用之字形斜道。

(2) 斜道的构造应符合下列规定:

1）斜道宜附着外脚手架或建筑物设置;

2）运料斜道宽度不宜小于1.5m,坡度宜采用1:6;人行斜道宽度不宜小于1m,坡度宜采用1:3;

3）拐弯处应设置平台,其宽度不应小于斜道宽度;

4）斜道两侧及平台外围均应设置栏杆及挡脚板。栏杆高度应为1.2m,挡脚板高度不应小于180mm;

5）运料斜道两侧、平台外围和端部均应参照第7.2.7.6和7.2.7.7两项的要求,设置连墙件、剪刀撑和横向斜撑,且每两步应加设水平斜杆。

(3) 斜道脚手板构造应符合下列规定:

1）脚手板横铺时,应在横向水平杆下增设纵向支托杆,纵向支托杆间距不应大于500mm;

2）脚手板顺铺时,接头宜采用搭接,下面的板头应压住上面的板头,板头的凸棱处宜采用三角木填顺;

3）人行斜道和运料斜道的脚手板上应每隔250~300mm设置一根防滑木条,木条厚度宜为20~30mm。

7.3 设计计算

7.3.1 基本规定

脚手架结构的计算,应该满足两种极限状态的要求。

1. 两种极限状态的计算

承载能力的极限状态:

承载能力极限状态是指结构构件达到了最大承载能力或产生了使结构构件不能继续承载的过大变形,从而丧失继续承载能力的状态。对脚手架而言,纵横向水平杆因抗弯强度不够、扣件连接强度不足而引起的破坏,立杆因稳定承载力不够而引起的脚手架整体或局部压屈失稳破坏属于超过承载能力极限状态的破坏。

正常使用极限状态:

正常使用极限状态是指结构构件达到了正常使用或耐久性的某项规定限值。对脚手架而言,纵横向水平杆的弯曲挠度过大或立杆的长细比过大都将不满足脚手架的正常使用要求,因此它们必须满足规定的限值。

2. 扣件式脚手架的结构特点

与一般建筑钢结构相比,扣件式脚手架有以下特点:

(1) 所受荷载变异性较大,例如施工荷载的量值及其分布情况变化较大;

(2) 脚手架及其组成构配件存在较大的初始缺陷,如钢管的初始弯曲、锈蚀,脚手架的搭设尺寸误差等等,一般都大于普通钢结构;

(3) 扣件连接节点的性能既不属完全的铰接,又不属完全的刚接,而是属于半刚性连接。节点刚性(节点的抗转动能力)大小与扣件质量和拧紧程度密切相关且不易控制,因而存在较大差异;

(4) 连墙件对脚手架的约束性存在较大差异。

7.3.2 扣件式脚手架的计算项目及要求

扣件式脚手架的主要承重构件有脚手板,纵、横向水水平杆,立杆,连墙件,立杆基础等,按上述两种极限状态计算要求,将它们的计算项目列于表7-11。

扣件式脚手架计算项目　　　　表7-11

	项　目	承载能力极限状态	正常使用极限状态	备　注
1	脚手板	施工层纵、横向水平杆间距符合构造要求时不必计算		
2	纵、横向水平杆	抗弯强度、扣件抗滑承载力计算	弯曲挠度 $v \leqslant [v]$	
3	立杆	立杆稳定计算	容许长细比计算 $\lambda \leqslant [\lambda]$	
4	连墙件	连墙杆与脚手架、建筑物的连接强度		连墙杆采用 $\phi 48 \times 3.5$ 钢管时可不计算稳定
5	立杆基础	地基承载力计算		

7.3.3 荷载

1. 荷载分类

作用于扣件式脚手架上的荷载可分为:

(1) 永久荷载(常称恒载):对扣件式脚手架来说,此类荷载为:

1) 结构自重:包括立杆,纵、横向水平杆,剪刀撑,横向斜撑和连接它们的扣件等的重

量;

2) 构配件自重:包括脚手板、栏杆、挡脚板、安全网等防护设施的自重。

(2) 可变荷载(常称活载):对脚手架而言,此类荷载为:

1) 施工荷载:包括作业层上的人员、器具和材料的自重;

2) 风荷载。

2. 荷载标准值与设计值

(1) 永久荷载的标准值

脚手架结构自重可按脚手架搭设尺寸、钢管的规格计算确定。每米立杆承受的结构自重标准值,脚手板、栏杆与挡脚板自重标准值可查表确定;脚手架吊挂的安全设施,如安全网等的自重标准值应根据实际情况确定。

(2) 可变荷载标准值

1) 施工荷载

装修与结构脚手架作业层上的均布治荷载标准值按表7-12采用;其他用途脚手架的施工均布活荷载标准值应按实际情况确定。

施工均布荷载标准值 表7-12

类　　别	标准值(kN/m^2)
装修脚手架	2
结构脚手架	3

2) 风荷载

垂直作用于脚手架表面的风荷载标准值应计算确定。脚手架设计计算时,应考虑挡风系数。

(3) 荷载设计值

荷载设计值为荷载标准值与荷载分项系数之乘积。永久荷载设计值等于永久荷载标准值乘以永久荷载分项系数;可变荷载设计值等于可变荷载乘以可变荷载分项系数。

3. 荷载组合

作用于结构上的可变荷载一般在两种或两种以上,为了保证结构安全,设计时必须根据使用过程中在结构上可能同时出现的荷载,按承载能力极限状态和正常使用极限状态分别进行荷载效应组合,并取各自最不利组合进行计算。为此,表7-13中给出了各种承重构件计算时荷载组合的具体要求

荷　载　组　合 表7-13

计　算　项　目	荷　载　组　合
纵向、横向水平杆强度与变形	永久荷载+施工均布活荷载
脚手架立杆稳定	①永久荷载+施工均布活荷载
	②永久荷载+0.9(施工均布活荷载+风荷载)
连墙件承载力	单排架,风荷载+3.0kN
	双排架,风荷载+5.0kN

7.3.4 纵向、横向水平杆(大、小横杆)计算

纵向、横向水平杆承受竖向荷载作用,按照受弯构件计算公式进行计算。具体计算要求如下:

(1) 抗弯强度计算;

(2) 纵向或横向水平杆与立杆连接扣件抗滑承载力计算(水平杆支座抗剪强度计算);

(3) 弯曲挠度计算;

(4) 水平杆计算的几点注意事项:

1) 用于扣件脚手架的立杆、纵向水平杆的钢管长度一般在 6m 以上,通常脚手架跨距为 1.2~2.0m,纵向水平杆可按三跨连续梁计算;

2) 当采用钢脚手板时,施工荷载由纵向水平杆通过扣件传给立杆。横向水平杆按受均布荷载的简支梁计算,验算弯曲正应力和挠度,纵向水平杆按受集中荷载作用的三跨连续梁计算,应验算弯曲正应力、挠度和扣件抗滑承载力。

7.3.5 立杆计算

立杆计算应包括稳定计算和容许长细比计算,前者属于承载能力极限状态计算;后者属于正常使用极限状态计算。

1. 立杆段的计算位置确定

(1) 当脚手架以相同的步距、立杆纵距、立杆横距和连墙件间距搭设时,所有立杆承载情况相同,可选任一立杆的底层部位为计算立杆段。

(2) 当脚手架搭设尺寸中的步距、立杆纵距、立杆横距、连墙件间距有变化时,这些几何尺寸变大的立杆及其底层部位为计算立杆段。

2. 立杆容许长细比计算

7.3.6 连墙件计算

连墙杆稳定计算:

连墙杆因不同风向可能受拉或受压,不论扣件还是螺栓连接,传力均有偏心作用,为简化计算和安全计,连墙杆按轴压杆计算。

一般连墙杆并不长,采用 $\phi 48 \times 3.5$ 钢管足以满足要求,可以不算;当连墙杆采用较细的钢管或型钢时,则应验算。

7.3.7 立杆基础承载力计算

应根据现场的地质勘宗报告验算立杆基础的承载能力。

扣件式钢管脚手架的计算公式,详见《建筑施工扣件式钢管脚手架安全技术规范》(JGJ 130)

7.4 扣件式脚手架的搭设、使用与拆除

脚手架的搭设与拆除应严格执行《建筑施工扣件式钢管脚手架安全技术规范》(JGJ 130)的规定,这里仅重点强调以下几个问题:

7.4.1 搭设前的准备工作

(1) 脚手架搭设前应具备必要的技术文件,如脚手架的施工简图(平面布置、几何尺寸要求)、连墙件构造要求、立杆基础、地基处理要求等等。应由单位工程负责人按施工组织设计中有关脚手架的要求向搭设工人和施工人员进行技术交底。

(2) 对钢管、扣件、脚手板等构配件应按第7.2.5条的要求进行质量检查验收,对不合格产品一律不得使用。

(3) 对脚手架的搭设场地要进行清理、平整,并使排水畅通。对高层脚手架或荷载较大而场地土软弱时的脚手架还应按设计要求对场地土进行加固处理,如原土夯实、加设垫层(碎石或素混凝土)等等。

7.4.2 搭设过程中的注意事项

(1) 脚手架必须配合施工进度搭设,一次搭设高度不应超过相邻连墙件以上两步。

(2) 严禁外径48mm与51mm的钢管混合使用。

(3) 扣件螺栓拧紧扭力矩不应小于40N·m,且不应大于65N·m。

(4) 立杆,纵、横向水平杆,连墙件等的搭设必须符合构造要求。

7.4.3 脚手架搭设质量、检查验收

脚手架搭设质量、检查验收应符合表7-14、表7-15要求。

脚手架搭设的技术要求、允许偏差与检验方法　　　表7-14

项次	项目		技术要求	允许偏差 Δ(mm)	示意图	检查方法与工具
1	地基基础	表面	坚实平整	—	—	观察
		排水	不积水			
		垫板	不晃动			
		底座	不滑动			
			不沉降	-10		

续表

项次	项目	技术要求	允许偏差 Δ(mm)	示意图	检查方法与工具
2	立杆垂直度	最后验收垂直度 20~80m	—	±100		用经纬仪或吊线和卷尺
		下列脚手架允许水平偏差(mm)				
		搭设中检查偏差的高度(m)	总高度			
			50m	40m	20m	
		$H=2$	±7	±7	±7	
		$H=10$	±20	±25	±50	
		$H=20$	±40	±50	±100	
		$H=30$	±60	±75		
		$H=40$	±80	±100		
		$H=50$	±100			
		中间档次用插入法				
3	间距	步距	—	±20	—	钢板尺
		纵距		±50		
		横距		±20		
4	纵向水平杆高差	一根杆的两端	—	±20		水平仪或水平尺
		同跨内两根纵向水平杆高差	—	±10		
5	双排脚手架横向水平杆外伸长度偏差	外伸 500mm	−50			钢板尺
6	扣件安装	主节点处各扣件中心点相互距离	$a \leqslant 150\text{mm}$	—		钢板尺

167

续表

项次	项目		技术要求	允许偏差 Δ(mm)	示意图	检查方法与工具
6	扣件安装	同步立杆上两个相隔对接扣件的高差	$a \geq 500mm$			钢板尺
		立杆上的对接扣件至主节点的距离	$a \leq h/3$			钢板尺
		纵向水平杆上的对接扣件至主节点的距离	$a \leq l_a/3$			钢板尺
		扣件螺栓拧紧扭力矩	$40 \sim 65 N \cdot m$	—	—	扭力扳手
7	剪力撑斜杆与地面的倾角		$45° \sim 60°$	—	—	角尺
8	脚手板外伸长度	对接	$a = 130 \sim 150mm$ $l \leq 300mm$	—		卷尺
		搭接	$a \geq 100mm$ $l \geq 200mm$	—		卷尺

注：图中1—立杆；2—纵向水平杆；3—横向水平杆；4—剪刀撑。

扣件拧紧抽样检查数目及质量判定标准　　表7-15

项次	检查项目	安装扣件数量(个)	抽检数量(个)	允许的不合格数
1	连接立杆与纵(横)向水平杆或剪刀撑的扣件；接长立杆、纵向水平杆或剪刀撑的扣件	50～90	5	0
		91～150	8	1
		151～280	13	1
		281～500	20	2
		501～1200	32	3
		1201～3200	50	5

续表

项次	检查项目	安装扣件数量(个)	抽检数量(个)	允许的不合格数
2	连接横向水平杆与纵向水平杆的扣件(非主节点处)	50～90	5	1
		91～150	8	2
		151～280	13	3
		281～500	20	5
		501～1200	32	7
		1201～3200	50	10

7.4.4 脚手架使用过程中的管理

脚手架使用过程中应分阶段、定期对其进行质量检查,特别要注意连墙件是否漏设或被拆除而未补设,脚手架是否超载,立杆是否悬空,基础沉降情况如何等。

7.4.5 确保施工安全

为确保施工安全,必须切实做好对脚手架的安全管理,以避免造成人员伤亡和重大经济损失的安全事故。

第 8 章　高处作业

本章要点

本章是依据《建筑施工高处作业安全技术规范》JGJ 80—91 编写的。介绍了高处作业定义、高处作业分级及标记；用于临边、洞口、攀登、悬空及交叉作业等的防护措施及规定。安全帽、安全带、安全网特别是密目式安全网的种类、性能和使用规则。

8.1　高处作业概述

8.1.1　高处作业的定义

按照国家标准规定："凡在坠落高度基准面 2m 以上（含 2m）有可能坠落的高处进行的作业均称为高处作业。"其涵义有两个：一是相对概念，可能坠落的底面高度大于或等于 2m；也就是说不论在单层、多层或高层建筑物作业，即使是在平地，只要作业处的侧面有可能导致人员坠落的坑、井、洞或空间，其高度达到 2m 及其以上，就属于高处作业。二是高低差距标准定为 2m，因为一般情况下，当人在 2m 以上的高度坠落时，就很可能会造成重伤、残废或死亡。因此，对高处作业的安全技术措施在开工以前就须特别留意以下有关事项：1. 技术措施及所需料具要完整地列入施工计划；2. 进行技术教育和现场技术交底；3. 所有安全标志、工具和设备等在施工前逐一检查；4. 做好对高处作业人员的培训考核；5. 安全施工高处作业防护的费用等。

8.1.2　高处作业的级别

高处作业的级别可分为四级，即高处作业在 2～5m 时，为一级高处作业；5～15m 时，为二级高处作业；在 15～30m 时，为三级高处作业；在大于 30m 时，为特级高处作业。高处作业又分为一般高处作业和特殊高处作业，其中特殊高处作业又分为 8 类。特殊高处作业的 8 类：

（1）在阵风风力六级（风速 10.8m/s）以上的情况下进行的高处作业，称为强风高处作业；

（2）在高温或低温环境下进行的高处作业，称为异温高处作业；

（3）降雪时进行的高处作业，称为雪天高处作业；

（4）降雨时进行的高处作业，称为雨天高处作业；

（5）室外完全采用人工照明时进行的高处作业，称为夜间高处作业；

（6）在接近或接触带电体条件下进行的高处作业,称为带电高处作业;

（7）在无立足点或无牢靠立足点的条件下进行的高处作业,称为悬空高处作业;

（8）对突然发生的各种灾害事故进行抢救的高处作业,称为抢救高处作业。我们平时说的一般高处作业是指除特殊高处作业以外的高处作业。

8.1.3 高处作业的标记

高处作业的分级以级别、类别和种类作标记。一般高处作业作标记时,写明级别和种类;特殊高处作业作标记时,写明级别和类别,种类可省略不写。例1:三级,一般高处作业;例2:一级,强风高处作业;例3:二级,异温、悬空高处作业。

8.1.4 高处作业时的安全防护技术措施

（1）凡是进行高处作业施工的,应使用脚手架、平台、梯子、防护围栏、挡脚板、安全带和安全网等。作业前应认真检查所用的安全设施是否牢固、可靠;

（2）凡从事高处作业人员应接受高处作业安全知识的教育;特种高处作业人员应持证上岗,上岗前应依据有关规定进行专门的安全技术交底。采用新工艺、新技术、新材料和新设备的,应按规定对作业人员进行相关安全技术教育;

（3）高处作业人员应经过体检合格后方可上岗。施工单位应为作业人员提供合格的安全帽、安全带等必备的个人安全防护用具,作业人员应按规定正确佩戴和使用;

（4）施工单位应按类别、有针对性地将各类安全警示标志悬挂于施工现场各相应部位,夜间应设红灯示警;

（5）高处作业所用工具、材料严禁投掷,上下立体交叉作业确有需要时,中间须设隔离设施;

（6）高处作业应设置可靠扶梯,作业人员应沿着扶梯上下,不得沿着立杆与栏杆攀登;

（7）在雨雪天应采取防滑措施,当风速在 10.8m/s 以上和雷电、暴雨、大雾等气象下,不得进行露天高处作业;

（8）高处作业应设置联系信号或通信装置,并指定专人负责;

（9）高处作业前,工程项目应组织有关部门对安全防护设施进行验收,经验收合格签字后方可作业。需要临时拆除或变动安全设施的,应经项目分管负责人审批签字,并组织有关部门验收,经验收合格签字后方可实施。

8.1.5 高处作业注意事项

（1）发现安全措施有隐患时,做到"及时"解决,必要时停止作业;

（2）遇到各种恶劣天气时,必须对各类安全措施进行检查、校正、修理使之完善;

（3）现场的冰霜、水、雪等均须清除;

（4）搭拆防护棚和安全设施,需设警戒区、有专人防护。

8.2 临边作业与洞口作业

在建设工程施工中，施工人员大部分时间处在未完成的建筑物的各层各部位或构件的边缘或洞口处作业。时间久了，习以为常，不加注意，往往发生各种事故。边缘地带，有的是一条边线，有的是环绕一个洞口，这种状态称为临边、洞口。临边与洞口的安全施工一般须注意四个问题：

(1) 临边与洞口处在施工过程中是极易发生坠落事故的场合；
(2) 必须明确哪些场合属于规定的临边与洞口，这些地方不得缺少安全防护设施；
(3) 必须严格遵守防护规定；
(4) 重大危险源控制措施和方案。

8.2.1 临边防护

在施工现场，当高处作业中工作面的边沿没有维护设施，但维护设施的高度低于80cm时，这类作业称为临边作业。例如在沟、坑、槽边、深基础周边、楼层周边梯段侧边、平台或阳台边、屋面周边等地方施工，还有挖坑、挖地沟、挖地槽的地面工程，这些都称为临边施工。在进行临边作业时设置的安全防护设施主要为防护栏杆和安全网。

1. 防护栏杆

这类防护设施，形式和构造较简单，所用材料为施工现场所常用，不需专门采购。可节省费用，更重要的是效果较好。以下三种情况必须设置防护栏杆：

(1) 基坑周边，尚未装栏板的阳台、料台与各种平台周边、雨篷与挑檐边、无外脚手架的屋面和楼层边，以及水箱与水塔周边等处，都必须设置防护栏杆。

(2) 分层施工的楼梯口和梯段边，必须安装临边防护栏杆；顶层楼梯口应随工程结构的进度安装正式栏杆或者临时栏杆；梯段旁边亦应设置两道扶手，作为临时护栏。

(3) 垂直运输设备如井架、施工用电梯等与建筑物相连接的通道两侧边，亦需加设防护栏杆。栏杆的下部还必须加设挡脚板、挡脚竹笆或者金属网片。

2. 防护栏杆的选材和构造要求

临边防护用的栏杆是由栏杆柱和上下两道横杆组成，上横杆称为扶手。栏杆的材料应按规范标准的要求选择，选材时除需满足力学条件外，其规格尺寸和联结方式还应符合构造上的要求，应紧密而不动摇，能够承受可能的突然冲击，阻挡人员在可能状态下的下跌和防止物料的坠落，还要有一定的耐久性。

搭设临边防护栏杆时：

(1) 上杆离地高度为 1.0～1.2m，下杆离地高度为 0.5～0.6m，坡度大于 1:2.2 的屋面，防护栏杆应高 1.5m，并加挂安全立网。除经设计计算外，横杆长度大于 2m，必须加设栏杆柱。

(2) 栏杆柱的固定应符合下列要求：

1) 当在基坑四周固定时，可采用钢管并打入地面 50～70cm 腔。钢管离边口的距离，不应小于50cm。当基坑周边采用板桩时,钢管可打在板桩外侧。

2)当在混凝土楼面、屋面或墙面固定时,可用预埋件与钢管或钢筋焊牢。采用竹木栏杆时,可在预埋件上焊接30cm长的1.50×5角钢,其上下各钻一孔,然后用10mm螺栓与竹、木杆件栓牢。

3)当在砖或砌块等砌体上固定时,可预先砌入规格相适应的带有80×6弯转扁钢作预埋铁的混凝土块,然后用上项方法固定。

(3)栏杆柱的固定及其与横杆的连接,其整体构造应使防护栏杆在上杆任何处,能经受任何方向的1kN外力。当栏杆所处位置有发生人群拥挤,车辆冲击或物件碰撞等可能时,应加大横杆截面或加密柱距。

(4)防护栏杆必须自上而下用安全立网封闭。

这些要求既是根据实践又是根据计算而作出的。如栏杆上杆的高度,是从人身受到冲击后,冲向横杆时要防止重心高处横杆,导致从杆上翻出去考虑的;栏杆的受力强度应能防止受到大个子人员突然冲击时,不受损坏;栏杆的柱的固定须使它在受到可能出现的最大冲击时,不致被冲倒或拉出。

3. 防护栏杆的计算

临边作业防护栏杆主要用于防止人员坠落,能够经受一定的撞击或冲击,在受力性能上耐受1kN的外力,所以除结构构造上应符合规定外,还应经过一定的计算,方能确保安全。此项计算应纳入施工组织设计。

8.2.2 洞口作业

施工现场,在建工程上往往存在着各式各样的洞口,在洞口旁的高处作业称为洞口作业。在水平方向的楼面、屋面、平台等上面边长小于25cm的称为孔,但也必须覆盖;等于或大于25cm称为洞。在垂直于楼面、地面的垂直面上,则高度小于75cm的称为孔,高度等于或大于75cm,宽度大于45cm的均称为洞。凡深度在2m及2m以上的桩孔、人孔、沟槽与管道等孔洞边沿上的高处作业都属于洞口作业范围。如因特殊工序需要而产生使人与物有坠落危险及危及人身安全的各种洞口,都应该按洞口作业加以防护。

(1)洞口作业的防护措施主要有设置防护栏杆、栅门、格栅及架设安全网等多种方式。不同情况下的防护设施,主要有:

1)各种板与墙的洞口,按其大小和性质分别设置牢固的盖板、防护栏杆、安全网或其他防坠落的防护设施。

2)电梯井口,根据具体情况设防护栏或固定栅门与工具式栅门,电梯井内每隔两层或最多10m设一道安全平网,也可以按当地习惯,在井口设固定的格栅或采取砌筑坚实的矮墙等措施。

3)钢管桩、钻孔桩等桩孔口,柱形条形等基础上口,未填土的坑、槽口,以及天窗、地板门和化粪池等处,都要作为洞口而设置隐固的盖件。

4)在施工现场与场地通道附近的各类洞口与深度在2m以上的敞口等处除设置防护设施与安全标志外,夜间还应设红灯示警。

5)物料提升机上料口,应装设有联锁装置的安全门,同时采用断绳保护装置或安全停靠装置；通道口走道板应满铺并固定牢靠，两侧边应设置符合要求的防护栏杆和挡脚板，并用密目式安全网封闭两侧。

6) 必须有专人监控的责任牌。

(2) 洞口作业时应根据具体情况采取设置防护栏杆，加盖件，张挂安全网与装栅门等措施时，必须符合下列要求：

1) 楼板面的洞口，可用竹、木等作盖板，盖住洞口。盖板须能保持四周搁置均衡，并有固定其位置的措施。

2) 边长为 50～150cm 的洞口，必须设置以扣件扣接钢管而成的网络，并在其上满铺竹笆或脚手板。也可采用贯穿于混凝土板内的钢筋构成防护网，钢筋网络间距不得大于 20cm。

3) 边长在 150cm 以上的洞口，四周设防护栏杆，洞口下张设安全网。

4) 墙面等处的竖向洞口，凡落地的洞口应加装开关式、工具式或固定式的防护门，门栅网络的间距不应大于 15cm，也可采用防护栏杆，下设挡脚板(笆)。

5) 下边沿至楼板或底面低于 80cm 的窗台等竖向的洞口，如侧边落差大于 2m 时，应加设 1.2m 高的临时护栏。

(3) 洞口防护的构造形式一般可分为三类。

1) 洞口防护栏杆，通常采用钢管。

2) 利用混凝土楼板，采用钢筋网片或利用结构钢筋或加密的钢筋网片等。

3) 垂直向的电梯井口与洞口，可设木栏门、铁栅门与各种开启式或固定式的防护门。防护栏杆的力学计算和防护设施的构造形式应符合规范要求。

8.3 攀登与悬空作业

8.3.1 攀登作业

在施工现场，凡借助于登高用具或登高设施，在攀条件下进行的高处作业，称之为攀登作业。攀登作业容易发生危险，因此在施工过程中，各类人员都应在规定的通道内行走，不允许在阳台间与非正规通道作登高或跨越，也不能利用臂架或脚手架杆件与施工设备进行攀登。

(1) 登高用梯的使用要求。

攀登作业必须使用的工具有各种梯子，不同类型的梯子都有国家标准及规定和要求，如角度、斜度、宽度、高度、连接措施、拉攀措施和受力性能等。供人上下的踏板，其负荷能力即使用荷载，现规定为 1kN，是以人及衣物的总重量作为 750N 乘以动荷载安全系数 1.5 而定的。这样就同时规定了过于胖重的人不宜攀登作业。对梯子的要求主要是：

1) 不得有缺档，因其极易导致失足，尤其对过重或较弱的人员危险性更大；

2) 梯脚底部除须坚固外，还须采取包紧、钉胶皮、锚固或夹牢等措施，以防滑跌倾倒；

3) 接长时，接头只允许有一处，且连接后梯梁强度不变；

4) 常用固定式直爬梯的材料、宽度、高度及构造等许多方面,标准内都有具体规定,不得违反;

5) 上下梯子时,必须面向梯子,且不得手持器物。

另外,移动式梯子种类甚多,使用也最频繁,往往随手搬用,不加细察。因此,除新梯在使用前须按照现行的国家标准进行质量验收外,还须经常性地进行检查和检修。

(2) 钢结构安装用登高设施的防护要求。钢结构吊装和安装时操作工人需要登高上下。除人身的安全防护用品必须按规定配带齐全外,对不同的结构构件的施工,有着不同的安全防护措施。一般的有以下几种:

1) 钢柱安装登高时,应使用钢柱挂梯或设置在钢柱上的爬梯;钢柱的接长应使用梯子或操作平台;

2) 登高安装钢梁时,应视钢梁高度,在两端设置挂梯或搭设脚手架,梁面上需行走时,某一侧的临时护栏,横杆可采用钢索。当改用扶手绳时,绳的自然下垂度不应大于 $L/20$,并应控制在 10cm 以内;

3) 在钢屋架上下弦登高作业时,对于三角形屋架的屋脊处,梯形屋架的两端,设置攀登时上下用的梯架,其材料可选用毛竹或原木,踏步间距不少于 40cm,毛竹梢径不少于 70cm。屋架吊装以前,应事先在上弦处设置防护栏杆,下弦挂设安全网,吊装完毕后,即将安全网铺设固定;

4) 钢屋架安装过程中须设置生命保护绳,操作人员可悬挂安全带。

8.3.2 悬空作业

在周边临空状态下,无立足点或无牢固可靠立足点的条件下进行的高处作业,称为悬空作业,主要指的是建筑安装工程施工现场内,从事建筑物和构筑物结构主体和相关装修施工的悬空操作。这所指的不包括机械设备上如吊车上的操作人员。主要有以下六大类施工作业:构件吊装与管道安装;模板支撑与拆卸;钢筋绑扎和安装钢骨架;混凝土浇筑;预应力现场张拉;门窗作业等。

(1) 构件吊装与管道安装。钢结构吊装前尽可能先在地面上组装构件,尽量避免或减少在悬空状态下进行作业,同时还要预先搭好在高处要进行的临时固定、电焊、高强螺栓联结等工序的安全防护设施,并随构件同时起吊就位。对拆卸时的安全措施,也应该一并考虑并予以落实。

预应力钢筋混凝土屋架等大型构件,在吊装之前,也要搭设好进行悬空作业所需要的安全设施。

安装管道时,可将结构或操作平台为立足点。安装时在管道上站立和行走是十分危险的,它并没有承载施工人员重量的能力,稍不留意就会发生危险,所以要严格禁止在管道上行走、站立或停靠。

(2) 模板支撑和拆卸。模板未固定前不得进行下一道工序。严禁在连接件和支撑上攀登上下,并严禁在上下同一垂直面上装、拆模板。支设悬挑形式的模板时,应有稳固的立足点,支设临空构筑物模板时,应搭设支架或脚手架。模板上留有预留洞时,应在安装后将洞口覆盖。拆模的高处作业,应配置登高用具或搭设支架。

(3) 钢筋绑扎。进行钢筋绑扎和安装钢筋骨架的高处作业,都要搭设操作用平台和挂安全网,为悬空的混凝土梁作钢筋绑扎时,作业人员等应站在脚手架或操作平台上进行操作。绑扎柱和墙的钢筋时,不能在钢筋骨架上站立或攀登上下。绑扎 3.5m 以上的柱钢筋,还须在柱的周围搭设操作用的台架。

(4) 混凝土浇筑。混凝土浇筑时的悬空作业,必须按规范要求做:

1) 浇筑离地面高度 2m 以上的框架、过梁、雨篷和小平台等,需搭设操作平台,操作人员不能站在模板上或支撑杆件上操作。

2) 浇筑拱型结构,要从结构两边的端部对称地相向进行,浇筑储仓,要将下口先封闭,然后搭设脚手架以防人员坠落。

3) 特殊情况下如无可靠的安全设施,必须系好安全带并扣好保险钩或架设安全网。

(5) 预应力张拉。在进行预应力张拉的悬空作业时,应搭设站立操作人员和设置张拉设备用的牢固可靠的脚手架或操作平台。如果雨天张拉时,还应架设防雨篷。对预应力张拉区域应标示明显的安全标志,禁止非操作人员进入,张拉钢筋的两端必须设置挡板。挡板要求必须符合相关规范的规定。孔道灌浆应按预应力张拉安全的有关规定进行。

(6) 悬空门窗作业。安装门、窗、油漆及安装玻璃时,操作人员不得站在椽子或阳台栏板上作业。当门、窗临时固定、封填材料尚未达到其应有强度时,不准手拉门、窗进行攀登。另外,安装外墙门、窗,作业人员一定要先行系好安全带,将安全带钩挂在操作人员上方牢固的物体上,并设专门人员加以监护,以防脱钩酿成事故。

对于悬空作业所使用的安全带挂钩、吊索、卡环和绳夹等必须符合相应规范的规定和要求。所有索具、脚手板、吊篮、平台等设备,也都须检查其实验、鉴定合格证书,不可疏忽。

8.4 操作平台与交叉作业

8.4.1 操作平台

在施工现场常搭设各种临时性的操作台或操作架,进行各种砌筑、装修和粉刷等作业,一般来说,可在一定工期内用于承载物料,并在其中进行各种操作的构架式平台,称之为操作平台。操作平台制作前都要由专业技术人员按所用的材料,依照现行的相应规范进行设计,计算书或图纸要编入施工组织设计,要在操作平台上显著地标明它所允许的荷载值。使用时,操作人员和物料总重量不得超过设计的允许荷载,且要配备专人监护。操作平台应具有必要的强度和稳定性,使用过程中,不得晃动。操作平台有移动式操作平台和悬挑式钢平台两种。

(1) 移动式操作平台。移动式操作平台具有独立的机构,可以搬移。常用于构件施工、装修工程和水电安装等作业。

移动式操作平台的构造一般采用梁板结构的形式。以直径 48mm、壁厚 3.5mm 的脚手架钢管用扣件相扣接进行制作,这种搭设方法较为方便,也可采用门架式钢管脚手架或承插式钢管脚手架的部件,按其使用要求进行组装。平台的次梁间距应不大于 400mm。台面应满铺,如用木板,要固定,使其不松动,厚度应不小于 30mm。操作平台的面积不应超过 $10m^2$,高度不应超过 5m,还应进行稳定验算,并采取措施减少立柱的长细比。操作平台四周必须按临边作业要求设置防护栏杆,配置登高扶梯,不允许攀登杆件上下。对于装设轮子的移动操作平台,轮子与平台的接合处应牢固可靠,立柱底端离地面不得超过 80mm。

(2) 悬挑式钢平台。

1) 悬挑式操作平台,通常的要求极为严格。按钢、木梁板结构作出相应的设计计算。它采用木板、槽钢以螺栓固定,以钢丝绳作吊索,可以就地取材。它是一种能整体搬运,使用时一边搁支于楼层边沿,另一头吊挂在结构上的悬挑式平台,可用于接送物料和转运模板等构件,通常为钢制构架。

① 悬挑式操作平台的设计应符合相应的结构设计规范;

② 悬挑式钢平台的两边,应各设两道钢丝绳或斜拉杆。两道中的每一道,都应分别作单独受力计算;

③ 它的搁支点和上端拉结点,都必须位于建筑物的结构上,不得做在施工设施上;

④ 人员和物料总重量,不能超过设计的容许载荷,此项容许荷载值必须在平台的显著地位加以明示。

2) 悬挑式钢平台,制作虽有所不同,但其构造大多采用梁板的形式。由于是悬挑结构,无立柱支承,一边搁置于建筑物楼层边沿,平台的受荷较大,故不用钢管而采用型钢作次梁和柱梁,较小的用角钢及槽钢,较大的则用工字钢和槽钢,须铺满 5cm 厚的木板。

3) 制作钢平台时,吊点上需设置四个经过验算的合格的吊环。吊运平台的钢丝绳与吊环之间要使用卡环连接,不得将吊钩直接挂吊环。吊环用 Q235 钢制作。钢平台两侧,还要按规定设置固定的防护栏杆。钢平台设计时应考虑装拆容易。安装好的悬挑钢平台,钢丝绳应采用专用的挂钩挂牢。如果采用其他方法,卡头的卡子不可少于 3 个。吊装后,须待横梁支撑点搁稳再电焊固定,钢丝绳接好,调整完毕,并经过检查验收,方可松卸起重吊钩供上下操作使用。用钢平台外口应略高于内口,不可向外下倾。

8.4.2 交叉作业

在施工现场上下不同层次同时进行的高处作业,称为交叉作业。上下立体交叉作业中极易造成坠物伤人。因此,上下不同层次之间,往往上层做结构,下层做装修,结构施工常有重物吊装,堆放或运送。而装修则往往有人员在操作或走动,有时相当频繁。所以前后左右方向必须有一段横向的安全隔离距离。此距离应该大于可能的坠落半径。如果不能达到此安全间隔距离,就应该设置能防止坠落物伤害下方人员的防护层。交叉作业中各有关工种的安全措施,主要有以下几项:

(1) 支模、粉刷、砌墙等同时进行上下立体交叉施工时,任何时间、场合都不允许在同一垂直方向操作。上下操作隔断的横向距离,应大于上层高度的可能坠落半径。在设置安全隔离层时,它的防止穿透能力应不小于安全平网的防护能力。

（2）拆除钢模板、脚手架等时，下方不得有其他操作人员。钢模板部件拆除后，临时堆放处离楼层边沿不应小于1m，堆放高度不得超过1m。楼层边口、通道口、脚手架边缘等处，严禁堆放任何拆下来的物件。

（3）结构施工自二层起，凡人员进出的通道口（包括井架、施工用电梯的进出通道口）都应搭设安全隔离棚或称防护棚。高度超过24m的交叉作业，应设双层防护。

（4）通道口和上料口由于有可能坠落物件，或者其位置恰处于起重机把杆回转半径之内，则应在其受影响的范围内塔设顶部能防止穿透的保护棚。

8.5　高处作业安全防护设施的验收

安全措施的检查与验收是一项非常重要的工作，是"未亡羊补牢"的措施。安全措施的检查，须按类别，有关规定，逐项查验。凡不合规定的设施，必须修整后方可再行验收。施工期内，除定期抽检外，凡遇恶劣天气，也必须进行相关的检查。需要注意的是，许多高处作业都需张挂安全网，所以对安全网的检查必须特别重视。在《建筑施工安全检查标准》JGJ 59—99中规定从1999年5月1日起，取消在建筑物外围使用安全平网，改为密目式安全网。

8.6　安全帽、安全带、安全网

进入施工现场必须戴安全帽；登高作业必须戴安全带；在建建筑物四周必须用绿色的密目式安全网全封闭，这是多年来在建筑施工中对安全生产的规定。建筑工人称安全帽、安全带、安全网为救命"三宝"。目前，这三种防护用品都有产品标准。我们在使用时，也应选择符合建筑施工要求的产品。

8.6.1　安全帽

当前安全帽的产品种类很多，制作安全帽的材料有塑料、玻璃钢、竹、藤等。无论选择哪个种类的安全帽，它必须满足下列要求：

（1）耐冲击。将安全帽在+50℃及-10℃的温度下，或用水浸的三种情况下处理后，然后将5kg重的钢锤自1m高处自由落下，冲击安全帽，最大冲击力不应超过500kg（5000N或5kN），因为人体的颈椎只能承受500kg冲击力，超过时就易受伤害；

（2）耐穿透。根据安全帽的不同材质可采用在+50℃、-10℃或用水浸三种方法处理后，用3kg重的钢锥，自安全帽的上方1m的高处，自由落下，钢锥穿透安全帽，但不能碰到头皮。这就要求，选择的安全帽，在戴帽的情况下，帽衬顶端与帽壳内面的每一侧面的水平距离保持在5~20mm；

（3）耐低温性能良好。当在-10℃以下的气温中，帽的耐冲击和耐穿透性能不改变；

（4）侧向钢性能达到规范要求。

8.6.2 安全带

建筑施工中的攀登作业、独立悬空作业如搭设脚手架、吊装混凝土构件、钢构件及设备等,都属于高空作业,操作人员都应佩戴安全带。

安全带应选用符合标准要求的合格产品。目前常用的是带单边护胸的,在使用要注意:

(1)安全带应高挂低用,防止摆动和碰撞;安全带上的各种部件不得任意拆掉。

(2)安全带使用两年以后,使用单位应按购进批量的大小,选择一定比例的数量,作一次抽检,用80kg的砂袋做自由落体试验,若破断不可继续使用,抽检的样带应更换新的挂绳才能使用;如试验不合格,购进的这批安全带就应报废。

(3)安全带外观有破损或发现异味时,应立即更换。

(4)安全带使用3~5年即应报废。

8.6.3 安全网

(1)安全网的形式及性能。目前,建筑工地所使用的安全网,按形式及其作用可分为平网和立网两种。由于这两种网使用中的受力情况不同,因此他们的规格、尺寸和强度要求等也有所不同。

平网:指其安装平面平行于水平面,主要用来承接人和物的坠落。

立网:指其安装平面垂直于水平面,主要用来阻止人和物的坠落。

(2)安全网的构造和材料。安全网由网体、边绳、系绳和筋绳构成。网体由网绳编结而成,具有菱形或方形的网目。编结物相邻两个绳结之间的距离称为网目尺寸;网体四周边缘上的网绳,称为边绳。安全网的尺寸(公称尺寸)即由边绳的尺寸而定;把安全网固定在支撑物上的绳,称为系绳。此外,凡用于增加安全网强度的绳,则统称为筋绳。

安全网的材料,要求其比重小、强度高、耐磨性好、延伸率大和耐久性较强。此外还应有一定的耐气候性能,受潮受湿后其强度下降不太大。目前,安全网以化学纤维为主要材料。同一张安全网上所有的网绳,都要采用同一材料,所有材料的湿干强力比不得低于75%。通常,多采用维纶和尼龙等合成化纤作网绳。丙纶由于性能不稳定,禁止使用。此外,只要符合国际有关规定的要求,亦可采用棉、麻、棕等植物材料作原料。不论用何种材料,每张安全平网的重量一般不宜超过15kg,并要能承受800N的冲击力。

8.6.4 密目式安全网

自1999年5月1日,《建筑施工安全检查标准》JGJ 59—99实施后,P3×6的大网眼的安全平网就只能在电梯井里、外脚手架的跳板下面、脚手架与墙体间的空隙等处使用。要求在建筑物四周用密目式安全网全封闭,它意味着两个方面的要求:(1)在外脚手架的外侧用密目式安全网全封闭;(2)无外脚手架时,在楼层里将楼板、阳台等临边处用密目式安全网全封闭。

密目式安全网的规格有两种:ML1.8m×6m或ML1.5m×6m。1.8m×6m的密目网重量大于或等于3kg。密目式安全网的目数为在网上任意一处的$10cm \times 10cm = 100cm^2$的面积上,大于2000。那些重量相同小于2000目(眼)的密目网或者是800目的安全网,只能用于防风、治砂、遮阳和水产养殖,如果用于建筑物或外脚手架的外侧,它的强度不足以防止人员或物体坠落。

当前,生产密目式安全网的厂家很多,品种也很多,产品质量也参差不齐,为了能使用合格的密目式安全网,施工单位采购来以后,可以作现场试验,除外观、尺寸、重量、目数等的检查以外,还要做以下两项试验:

(1)贯穿试验。即将1.8m×6m的安全网与地面成30°夹角放好,四边拉直固定。在网中心的上方3m的地方,用一根$\phi 48 \times 3.5$的5kg重的钢管,自由落下(图8-1),网不贯穿,即为合格,网贯穿,即为不合格。

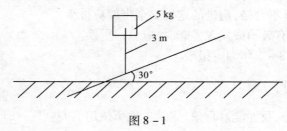

图8-1

做贯穿试验必须使用$\phi 48 \times 3.5$的钢管,并将管口边的毛刺削平。钢管的断面为3.5mm宽的一边道圆环,当5kg重的钢管坠落到与地面成30°角的安全网上时,其贯穿力只通过钢管上的一小部分断面,作用在网面上,因为面积小贯穿力是很大的。如果选用壁厚的钢管或直径大的钢管,因贯穿时的接触面积大,贯穿力都会减弱。

(2)冲击试验。即将密目式安全网水平放置,四边拉紧固定。在网中心上方1.5m处,有一个100kg重的砂袋自由落下,网边撕裂的长度小于200mm,即为合格。

用密目式安全网对在建工程外围及外脚手架的外侧全封闭,就使得施工现场从大网眼的平网作水平防护的敞开式防护,用栏杆或小网眼立网作防护的半封闭式防护,实现了全封闭式防护。这不仅为工人创造了一个安全的作业环境,也给城市的文明建设增添一道风景线,既是建筑施工安全生产的一个质的变化,也是安全生产工作的一个飞跃。施工单位一定要选择符合上述要求的密目式安全网,决不应贪便宜而使用不合格产品。

8.6.5 高处作业重大危险源控制

须有高处作业重大危险源识别、控制清单,有具体的措施方案,专人监控记录。

第9章 临时用电

本章要点

临时用电是指施工现场在建筑施工过程中使用的电力,也是建筑施工用电工程或用电系统的简称。

本章涵盖了施工现场临时用电安全技术规范的全部内容。主要阐述了施工现场临时用电的基本原则;组织设计的编制;基本供电系统的结构和设置;基本保护系统的组成及设置规则;接地装置及设置规则;配电箱的箱体结构、电器配置与接线规则及配电装置的使用与维护要求;配电线路设置的一般规定和架空线路、电缆线路、室内配线的敷设规则;电动机械、电动工具、照明器的使用规则;对外电线路的防护措施;防雷措施;及安全用电措施和电气防火措施等。本章重点是施工现场临时用电必须采用的 TN-S 接地、接零保护系统;三级配电系统和二级漏电保护系统。

9.1 施工现场临时用电的原则

施工现场专用临时用电的三项基本原则是:其一,必须采用 TN-S 接地、接零保护系统;其二,必须采用三级配电系统;其三,必须采用二级漏电保护系统。

9.1.1 采用 TN-S 接地、接零保护系统

所谓 TN-S 接地、接零保护系统(简称 TN-S 系统)是指在施工现场临时用电工程的电源是中性点直接接地的、220/380V、三相四线制的低压电力系统中增加一条专用保护零线(PE 线),称为 TN-S 接零保护系统或称三相五线系统,该系统主要技术特点是:

(1) 电力变压器低压侧或自备发电机组的中性点直接接地,接地电阻值一般不大于 4Ω。

(2) 电力变压器低压侧或自备发电机组共引出 5 条线,其中除引出三条相线(火线) L_1、L_2、L_3(A、B、C)外,尚须于变压器二次侧或自备发电机组的中性点(N)接地处同时引出二条零线,一条叫做工作零线(N 线),另一条叫做保护零线(PE 线)。其中工作零线(N 线)与相线(L_1、L_2、L_3)一起作为三相四线制电源线路使用;保护零线(PE 线)只作电气设备接地保护使用,即只用于连接电气设备正常情况下不带电的外露可导电部分(金属外壳、基座等)。二种零线(N 和 PE)不得混用。同时,为保证接地、接零保护系统可靠,在整个施工现场的 PE 线上还应作不少于 3 处的重复接地,且每处接地电阻值不得大于 10Ω。

9.1.2 采用三级配电系统

所谓三级配电是指施工现场从电源进线开始至用电设备中间应经过三级配电装置配送电力,即由总配电箱(配电室内的配电柜)、分配电箱、开关箱到用电设备处分三个层次逐级配送电力。而开关箱作为末级配电装置,与用电设备之间必须实行"一机一闸制",即每一台用电设备必须有专用的配电开关箱,而每一个开关箱只能用于给一台用电设备配电。总配电箱、分配电箱内可设若干分路,且动力与照明宜分路设置,但开关箱内只能设一路。

9.1.3 采用二级漏电保护系统

所谓二级漏电保护是指在整个施工现场临时用电工程中,总配电箱中必须装设漏电保护器,开关箱中也必须装设漏电保护器。这种由总配电箱和所有开关箱中的漏电保护器所构成的漏电保护系统称为二级漏电保护系统。

在施工现场临时用电工程中,除应记住有三项基本原则以外,还应理解有两道防线。一道防线时采用的 TN-S 接地接零保护系统;另一道防线设立了两线漏电保护系统。在施工现场用电工程中采用 TN-S 接地、接零保护系统时,由于设置了一条专用保护零线(PE),所以在任何正常情况下,不论三相负荷是否平衡,PE 线上都不会有电流通过,不会变为带电体,因此与其相连接的电气设备外露可导电部分(金属外壳、基座等)始终与大地保持等电位,这是 TN-S 接地、接零保护系统的一个突出优点。但是,对于防止因电气设备非正常漏电而发生的间接接触触电来说,仅仅采用 TN-S 接地、接零保护系统并不可靠,这是因为电气设备发生漏电时,PE 线上就会有电流通过,此时与其相连接的电气设备外露可导电部分(金属外壳、基座等)即变为带电部分。如果同时采用二级漏电保护系统,则当任何电气设备发生非正常漏电时,PE 线上的漏电流即同时通过漏电保护器,当漏电流值达到漏电保护器额定漏电动作电流值时,漏电保护器就会在其额定漏电动作时间内分闸断电,使电气设备外露可导电部分(金属外壳、基座等)恢复不带电状态,从而防止可能发生的间接接触触电事故。上述分析表明,只有同时采用 TN-S 接地、接零保护系统和二级漏电保护系统,才能有效地形成完备、可靠的防间接接触触电保护系统,所以 TN-S 接地、接零保护系统和二级漏电保护系统是施工现场防间接接触触电不可或缺其一的二道防线。

9.2 施工现场临时用电管理

施工现场临时用电应实行规范化管理。规范化管理的主要内容包括:建立和实行用电组织设计制度;建立和实行电工及用电人员管理制度;建立和实行安全技术档案管理制度。

9.2.1 施工现场用电组织设计

按照《施工现场临时用电安全技术规范》(以下简称《规范》)的规定:施工现场用电设

备在5台及以上或设备总容量在50kW及以上者,应编制用电组织设计,并且应由电气工程技术人员组织编写。

编制用电组织设计的目的是用以指导建造一个安全可靠、经济合理、方便适用,适应施工现场特点和用电特性的用电工程,并且用以指导所建用电工程的正确使用。

施工现场用电组织设计的基本内容是:

1. 现场勘测

2. 确定电源进线、变电所、配电装置、用电设备位置及线路走向

电源进线、变电所、配电装置、用电设备位置及线路走向要依据现场勘测资料提供的技术条件和施工用电需要综合确定。

3. 负荷计算

负荷是电力负荷的简称,是指电气设备(例如电力变压器、发电机、配电装置、配电线路、用电设备等)中的电流和功率。

负荷计算的结果是配电系统设计中选择电器、导线、电缆规格,以及供电变压器和发电机容量的重要依据。

4. 选择变压器

变压器的选择主要是指为施工现场用电提供电力的10/0.4kV级电力变压器形式和容量的选择,选择的主要依据是现场总计算负荷。

5. 设计配电系统

配电系统主要由配电线路、配电装置和接地装置三部分组成。其中配电装置是整个配电系统的枢纽,经过与配电线路、接地装置的连接,形成一个分层次的配电系统。施工现场用电工程配电系统设计的主要内容是:设计或选择配电装置、配电线路、接地装置等。

6. 设计防雷装置

施工现场的防雷主要是防直击雷,对于施工现场专设的临时变压器还要考虑防感应雷的问题。

施工现场防雷装置设计的主要内容是选择和确定防雷装置设置的位置、防雷装置的形式、防雷接地的方式和防雷接地电阻值等。按照《施工现场临时用电安全技术规范》JGJ 46—2005的规定,所有防雷冲击接地电阻值均不得大于30Ω。

7. 确定防护措施

施工现场在电气领域里的防护主要是指施工现场对外电线路和电气设备对易燃易爆物、腐蚀介质、机械损伤、电磁感应、静电等危险环境因素的防护。

8. 制定安全用电措施和电气防火措施

安全用电措施和电气防火措施是指为了正确使用现场用电工程,并保证其安全运行,防止各种触电事故和电气火灾事故而制定的技术性和管理性规定。

对于用电设备在5台以下和设备总容量在50kW以下的小型施工现场,按照《规范》的规定,可以不系统编制用电组织设计,但仍应制定安全用电措施和电气防火措施,并且要履行与用电组织设计相同的"编、审、批"程序。

9.2.2 电工及用电人员

1. 电工

电工必须是经过按国家现行标准考核合格后的专业电工,并应通过定期技术培训,持证上岗。电工的专业等级水平应同工程的难易程度和技术复杂性相适应。

2. 用电人员

用电人员是指施工现场操作用电设备的人员,诸如各种电动建筑机械和手持式电动工具的操作者和使用者。各类用电人员必须通过安全教育培训和技术交底,掌握安全用电基本知识,熟悉所用设备性能和操作技术,掌握劳动保护方法,并且考核合格。

9.2.3 安全技术档案

按照《施工现场临时用电安全技术规范》JGJ 46—2005 的规定,施工现场用电安全技术档案应包括八个方面的内容,它们是施工现场用电安全管理工作的集中体现。

(1) 施工现场用电组织设计的全部资料。
(2) 修改施工现场用电组织设计资料。
(3) 用电技术交底资料。
(4) 施工现场用电工程检查验收表。
(5) 电气设备试、检验凭单和调试记录。
(6) 接地电阻、绝缘电阻、漏电保护器、漏电动作参数测定记录表。
(7) 定期检(复)查表。
(8) 电工安装、巡检、维修、拆除工作记录。

9.3 供配电系统

施工现场用电工程的基本供配电系统应当按三级设置,即采用三级配电。

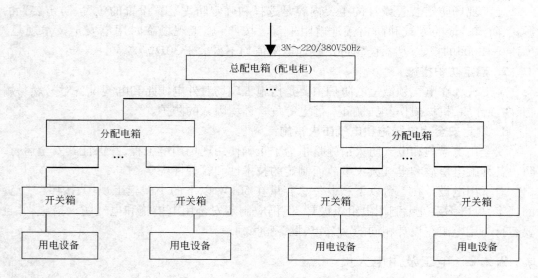

图 9-1 三级配电系统结构形式示意图

9.3.1 系统的基本结构

9.1.2已经述及,三级配电是指施工现场从电源进线开始至用电设备之间,应经过三级配电装置配送电力,即由总配电箱(一级箱)或配电室的配电柜开始,依次经由分配电箱(二级箱)、开关箱(三级箱)到用电设备。它的基本结构形式可用一个系统框图来形象化地描述,如图9-1所示。

9.3.2 系统的设置规则

三级配电系统的设置应遵守四项规则,即分级分路规则,动、照分设规则,压缩配电间距规则,环境安全规则。

1. 分级分路

(1)从一级总配电箱(配电柜)向二级分配电箱配电可以分路。即一个总配电箱(配电柜)可以分若干分路向若干分配电箱(放射式)配电;每一分路也可以(树干式)分支支接若干分配电箱。

(2)从二级分配电箱向三级开关箱配电同样也可以分路。即一个分配电箱可以分若干分路向若干开关箱(放射式)配电,而其每一分路也可以支接若干开关箱或链接若干同类、相邻开关箱。

(3)从三级开关箱向用电设备配电实行所谓"一机一闸"制,不存在分路问题。即每一开关箱只能配电连接一台与其相关的用电设备(含插座),包括配电给集中办公区、生活区、道路及加工车间一组不超过30A负荷的照明器。

按照分级分路规则的要求,在三级配电系统中,任何用电设备均不得越级配电,即其电源线不得直接连接于分配电箱或总配电箱;任何配电装置不得挂接其他临时用电设备。否则,三级配电系统的结构形式和分级分路规则将被破坏。

2. 动照分设

(1)动力配电箱与照明配电箱宜分别设置;若动力与照明合置于同一配电箱内共箱配电,则动力与照明应分路配电。

(2)动力开关箱与照明开关箱必须分箱设置,不存在共箱分路设置问题。

3. 压缩配电间距

压缩配电间距规则是指除总配电箱、配电室(配电柜)外,分配电箱与开关箱之间,开关箱与用电设备之间的空间间距应尽量缩短。按照《规范》的规定,压缩配电间距规则可用以下三个要点说明。

(1)分配电箱应设在用电设备或负荷相对集中的场所;

(2)分配电箱与开关箱的距离不得超过30m;

(3)开关箱与其供电的固定式用电设备的水平距离不宜超过3m。

4. 环境安全

环境安全规则是指配电系统对其设置和运行环境安全因素的要求。主要是指对易燃易爆物、腐蚀介质、机械损伤、电磁辐射、静电等因素的防护要求,防止由其引发设备损坏、触电和电气火灾事故。

9.3.3 配电室的设置

1. 配电室的位置

配电室的位置应符合以下原则：

（1）靠近电源；

（2）靠近负荷中心；

（3）进、出线方便；

（4）周边道路畅通；

（5）周围环境灰尘少、潮气少、振动少、无腐蚀介质，无易燃易爆物，无积水；

（6）避开污染源的下风侧和易积水场所的正下方。

2. 配电室的布置

配电室的布置主要是指配电室内配电柜的空间排列，规则如下：

（1）配电柜正面的操作通道宽度，单列布置或双列背对背布置时不应小于1.5m，双列面对面布置时不应小于2m；

（2）配电柜后面的维护通道宽度，单列布置或双列面对面布置时不应小于0.8m，双列背对背布置时不应小于1.5m，个别地点有建筑结构突出的空地时，则此点通道宽度可减少0.2m；

（3）配电柜侧面的维护通道宽度不应小于1m；

（4）配电室内设值班室或检修室时，该室边缘距配电柜的水平距离应大于1m，并采取屏障隔离；

（5）配电室内的裸母线与地面通道的垂直距离不应小于2.5m，小于2.5m时应采用遮栏隔离，遮栏下面的通道高度不应小于1.9m；

（6）配电室围栏上端与其正上方带电部分的净距不应小于75mm；

（7）配电装置上端（含配电柜顶部与配电母线排）距天棚不应小于0.5m；

（8）配电室经常保持整洁，无杂物。

3. 配电室的照明

配电室的照明应包括二个彼此独立的照明系统：一是正常照明，二是事故照明。

9.3.4 自备电源的设置

按照《施工现场临时用电安全技术规范》JGJ 46—2005的规定，施工现场设置的自备电源，即是指自备的230/400V发电机组。

施工现场设置自备电源主要是基于以下两种情况：

（1）正常用电时，由外电线路电源供电，自备电源仅作为外电线路电源停止供电时的后备接续供电电源；

（2）正常用电时，无外电线路电源可供取用、自备电源即作为正常用电的电源。

9.4 基本保护系统

施工现场的用电系统，不论其供电方式如何，都属于电源中性点直接接地的220/

380V三相四线制低压电力系统。为了保证用电过程中系统能够安全、可靠地运行,并对系统本身在运行过程中可能出现的诸如接地、短路、过载、漏电等故障进行自我保护,在系统结构配置中必须设置一些与保护要求相适应的子系统,即接地保护系统、过载与短路保护系统、漏电保护系统等,它们的组合就是用电系统的基本保护系统。

基本保护系统的设置不仅仅限于保护用电系统本身,而且更重要的是保护用电过程中人的安全和财产安全,特别是防止人体触电和电气火灾事故。

9.4.1 TN-S接地、接零保护系统

9.1.1已经述及,在TN系统中,如果中性线或零线分为二条线,其中一条零线用作工作零线,用N表示;另一条零线用作接地保护零线,用PE表示,即将工作零线与保护零线分开设置和使用,这样的接地、接零保护系统称为TN-S接地、接零保护系统,简称TN-S系统,其组成形式如图9-2所示。

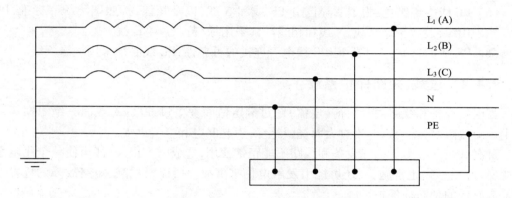

图9-2 TN-S系统组成形式

1. TN-S接地、接零保护系统的确定原则

(1)在施工现场用电工程专用的电源中性点直接接地的220/380V三相四线制低压电力系统中,必须采用TN-S接地、接零保护系统,严禁采用TN-C接零保护系统。

(2)当施工现场与外电线路共用同一供电系统时,电气设备的接地形式应与原系统保持一致。不得一部分设备作保护接零,另一部分设备作保护接地。

当采用TN系统作保护接零时,现场工作零线(N线)必须由电源进线零线通过总漏电保护器后引出,保护零线(PE线)必须由电源进线零线重复接地处或总漏电保护器电源侧进线零线处引出,形成局部TN-S接地、接零保护系统。

2. 采用TN-S和局部TN-S接地、接零保护系统时,PE线的设置规则

(1)PE线的引出位置:对于专用变压器供电时的TN-S接地、接零保护系统,PE线必须由工作接地线、配电室(总配电箱)电源侧零线或总漏电保护器(RCD)电源侧零线处引出。

对于共用变压器三相四线供电时的局部TN-S接地、接零保护系统,PE线必须由电源进线零线重复接地处或总漏电保护器电源侧进线零线处引出。

（2）PE线与N线的连接关系：经过总漏电保护器（RCD）后PE线和N线即分开，不得再作电气连接。

（3）PE线与N线的应用区别：PE线是保护零线，只用于连接电气设备外漏可导电部分，在正常工作情况下无电流通过，被视为不带电部分，且与大地保持等电位；N线是工作零线，作为电源线用于连接单相设备或三相四线设备，在正常工作情况下会有电流通过（当三相负荷不平衡时），被视为带电部分，且对地呈现电压。所以，在实用中二者不得混用和代用。

（4）PE线的重复接地：PE线的重复接地不应少于三处，应分别设置于供配电系统的首端、中间、末端处，每处重复接地电阻值（指工频接地电阻值）不应大于10Ω。

重复接地必须与PE线相连接，严禁与N线相连接，否则N线中的电流将会分流经大地和电源中性点工作接地处形成回路，使PE线对地电位升高而带电。PE线重复接地的目的，一是降低PE线的接地电阻，二是防止PE线断线而招致接地保护失效。

（5）PE线的绝缘色：为了明显区分PE线和N线，以及相线，按照国际统一标准，PE线一律采用绿/黄双色绝缘线，N线和相线严禁采用绿/黄双色绝缘线。

（6）PE线的材质：为了保证PE线电气连接的可靠性，PE线必须采用绝缘铜线。

9.4.2 过载、短路保护系统

当电气设备和线路因其负荷（电流）超过额定值而发生过载故障，或因其绝缘损坏而发生短路故障时，就会因电流过大而烧毁绝缘，引起漏电和电气火灾。

过载和短路故障使电气设备和线路不能正常使用，造成财产损失，甚至使整个用电系统瘫痪，严重影响正常施工，还可能引发触电伤害事故。所以对过载、短路故障的危害必须采取有效的预防性保护措施。

预防过载、短路故障危害的有效技术措施就是在基本供配电系统中设置过载、短路保护系统。过载、短路保护系统可通过在总配电箱、分配电箱、开关箱中设置过载、短路保护电器实现。这里需要指出，过载、短路保护系统必须按三级设置，即在总配电箱、分配电箱、开关箱及其各分路中都要设置过载、短路保护电器，并且其过载、短路保护动作参数应逐级合理选取，以实现三级保护的选择性配合。用作过载、短路保护的电器主要有各种类型的断路器和熔断器。其中，断路器以塑壳式断路器为宜；熔断器则应选用具有可靠灭弧分断功能的产品，不得以普通熔丝替代。

9.4.3 漏电保护系统

9.1.3已经述及，施工现场用电工程采用二级漏电保护系统。其具体设置应符合如下规则。

（1）漏电保护器的设置位置：二级漏电保护系统中漏电保护器的设置位置必须在基本供配电系统的总配电箱（配电柜）和开关箱首、末二级配电装置中。其中，总配电箱（配电柜）中的漏电保护器可以设置于总路，也可以设置于各分路，但不必在总路和各分路重叠设置。

（2）漏电保护器的动作参数应按实行分级、分段漏电保护原则和可靠防止人体触电伤害原则确定，根据这两个原则，《规范》对设置于开关箱和总配电箱（配电柜）中的漏电保护器的漏电动作参数作出了如下具体规定：

1）开关箱中的漏电保护器，其额定漏电动作电流 I_Δ 应为：一般场所 $I_\Delta \leq 30\text{mA}$，潮湿与腐蚀介质场所 $I_\Delta \leq 15\text{mA}$，而其额定漏电动作时间则均应为 $T_\Delta \leq 0.1\text{s}$；

2）总配电箱中的漏电保护器，其额定漏电动作电流应为 $I_\Delta > 30\text{mA}$，额定漏电动作时间应为 $T_\Delta > 0.1\text{s}$，但其额定漏电动作电流与额定漏电动作时间的乘积 $I_\Delta \cdot T_\Delta$ 应不超过安全界限值 $30\text{mA}\cdot\text{s}$，即 $I_\Delta \cdot T_\Delta \leq 30\text{mA}\cdot\text{s}$。

（3）漏电保护器的电源进线类别：漏电保护器的电源进线类别（相线或零线）必须与其进线端标记一一对应，不允许交叉混接，更不允许将 PE 线当作 N 线接入漏电保护器。

（4）漏电保护器的结构选型：漏电保护器在结构选型时，宜选用无辅助电源型（电磁式）产品，或选用辅助电源故障时能自动断开的辅助电源型（电子式）产品。不能选用辅助电源故障时不能断开的辅助电源型（电子式）产品。

漏电保护器极数和线数必须与负荷的相数和线数保持一致。

（5）漏电保护器的使用：漏电保护器必须与用电工程合理的接地系统配合使用，才能形成完备、可靠的防（间接接触）触电保护系统。漏电保护器在 TN-S 系统中的配合使用接线方式、方法如图 9-3 所示。

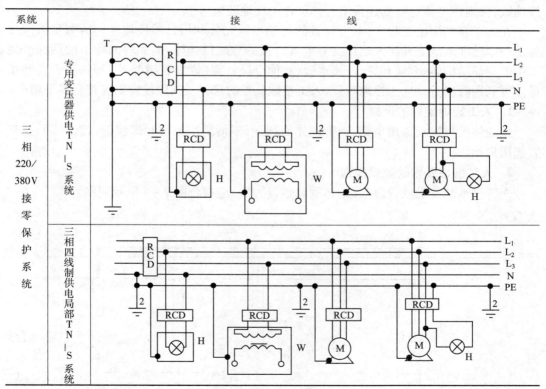

图 9-3 漏电保护器使用接线方法示意

注：L_1、L_2、L_3—相线；N—工作零线；PE—保护零线、保护线；
T—变压器；RCD—漏电保护器；H—照明器；W—电焊机；M—电动机；
1—工作接地；2—重复接地

在图9-3中，干线上的漏电保护器 RCD 是指总配电箱（配电柜）中的漏电保护器；各支线上的漏电保护器 RCD 是指各开关箱中的漏电保护器。并且所有漏电保护器 RCD 均应装设于总配电箱（配电柜）或开关箱中靠近负荷的一侧。

9.5 接地装置

接地是施工现场用电系统安全运行必须实施的基础性技术措施。

在施工现场用电工程中有四种类型的接地，即 10/0.4kV 电力变压器二次侧中性点和 230/400V 自备发电机组电源中性点要直接接地（功能性接地）；PE 线要作重复接地（功能性接地）；电气设备外露可导电部分要通过 PE 线接地（保护性接地）；高大建筑机械和高架金属设施要作防雷接地；产生静电的设备要作防静电接地等。

所谓接地，是指设备与大地作电气连接或金属性连接。电气设备的接地，通常的方法是将金属导体埋入地中，并通过金属导体与电气设备作电气连接（金属性连接）。这种埋入地中直接与地接触的金属导体称为接地体，而连接电气设备与接地体的金属导体称为接地线，接地体与接地线的连接组合体就称为接地装置。

在施工现场用电工程中，电气设备的接地可以充分利用自然接地体。所谓自然接地体是指原已埋入地下并与大地作良好电气连接的金属结构体，例如埋入地下的钢筋混凝土中的钢筋结构体、金属井管、金属水管、其他金属管道（燃气管道除外）等。当无自然接地体可利用时应敷设人工接地装置，人工接地装置的选材及其敷设规则应符合以下要求：

1. 人工接地装置的选材

接地体的材料宜选用角钢、钢管或光面圆钢，不得采用铝材和螺纹钢，接地线的材料宜选用扁钢。

2. 人工接地装置的敷设规则

人工接地装置的敷设（以接地体垂直敷设为例）应符合图9-4所示规则。

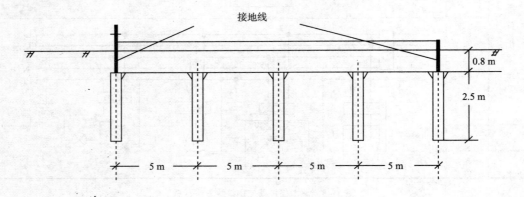

图9-4 接地装置设计简图

9.6 配电装置

9.1.2 已经述及,施工现场的配电装置是指施工现场用电工程配电系统中设置的总配电箱(配电柜)、分配电箱和开关箱。为叙述方便起见,以下将总配电箱和分配电箱合称配电箱。

9.6.1 配电装置的箱体结构

施工现场配电装置(配电箱、开关箱)的箱体结构,要求如下:

(1) 箱体材料

配电箱、开关箱的箱体应采用冷轧钢板或阻燃绝缘材料制作,不得采用木板制作。采用冷轧钢板制作时,钢板厚度应为 1.2~2.0mm,其中开关箱的箱体厚度不得小于 1.2 mm,配电箱的箱体厚度不得小于 1.5 mm。箱体表面应做防腐处理。

(2) 配置电器安装板

配电箱、开关箱内应配置电器安装板,用以安装所配置的电器和接线端子板等,钢质电器安装板与钢板箱体之间应做金属性连接。

当钢质电器安装板与钢板箱体之间采用折页作活动连接时,必须在二者之间跨接编织软铜线。

(3) 加装 N、PE 接线端子板

配电箱、开关箱中应设置 N 线和 PE 线接线端子板,设置规则为:

1) N、PE 端子板必须分别设置,固定安装在电器安装板上,并分别作(N、PE)符号标记,严禁合设在一起。其中,N 端子板与钢质电器安装板之间必须保持绝缘,而 PE 端子板与钢质电器安装板之间必须保持电气连接。当钢板箱配装绝缘电器安装板时,PE 端子板应与钢板箱体作电气连接。

2) N、PE 端子板的接线端子数应与箱的进、出线路数保持一致。

3) N、PE 端子板应采用紫铜板制作。

(4) 配电箱、开关箱的进出线口应设置于箱体正常安装位置的下底面,并设固定线卡。

(5) 配电箱、开关箱的箱体尺寸和电器安装板尺寸应与箱内电器的数量和尺寸相适应,如表 9-1 所示。

配电箱、开关箱内电器安装尺寸选择表　　　表 9-1

间 距 名 称	最小净距(mm)
并列电器(含单极熔断器)间	30
电器进、出线瓷管(塑胶管)孔与电器边缘间	15A,30 20~30A,50 60A 及以上,80

续表

间 距 名 称	最小净距（mm）
上、下排电器进、出线瓷管（塑胶管）孔间	25
电器进、出线瓷管（塑胶管）孔至板边	40
电器至板边	40

（6）配电箱、开关箱应设门配锁，箱门与箱内 PE 端子板间应跨接编织软铜线。

（7）配电箱、开关箱的外形结构应能防雨、防尘。

9.6.2 配电装置的电器配置与接线

1. 配电装置的功能要求和电器选配

配电装置配置的电器必须具备三种基本功能：即电源隔离功能，正常接通与分断电路功能，以及短路、过载、漏电保护功能。

（1）电源隔离功能：所谓电源隔离功能是指所选配的电器分断时具有可见分断点，并能同时断开电源所有极，因此这类电器称为隔离开关。用作隔离开关的电器有刀型开关、刀熔开关和分断时具有可见分断点的断路器。隔离开关可用于空载接通与分断电路。

（2）正常接通与分断电路功能：所谓正常接通与分断电路功能是指所选配的电器能够在配电系统空载或正常负载情况下可靠、有效地接通与分断电路（非频繁操作）。具有这种功能的电器有各种断路器。

（3）过载、短路、漏电保护功能：所谓过载、短路、漏电保护功能是指所选配的电器在配电系统发生过载、短路、漏电故障时，能按其动作特性有效地分断电路。具有这种功能的电器就是各种断路器和漏电保护器的组合、漏电断路器或刀熔开关和漏电保护器的组合。

2. 总配电箱的电器配置与接线

（1）总配电箱的电器配置

总配电箱应设置电源隔离开关、断路器或熔断器、漏电保护器。

1）当总路设置总漏电保护器时，还应装设总隔离开关、分路隔离开关以及总断路器、分路断路器或总熔断器、分路熔断器。

2）当各分路设置分路漏电保护器时，还应装设总隔离开关、分路隔离开关以及总断路器、分断路器或总熔断器、分路熔断器。隔离开关应设置于电源进线端，应采用具有可见分断点并能同时断开电源所有极或彼此靠近的单极隔离电器，不得采用不具有可见分断点的电器。

（2）总配电箱的电器接线

采用 TN-S 接零保护系统时，总配电箱的典型电器配置与接线可有两种基本形式，分别如图 9-5 和 9-6 所示。

1）总配电箱电器配置接线见图 9-5

① 电气接线图为单线图。

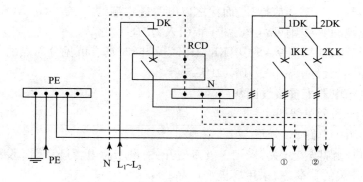

图 9-5　总配电箱电器配置接线图①
注:DK、1DK、2DK—电源隔离开关;1KK、2KK—断路器;RCD—漏电断路器

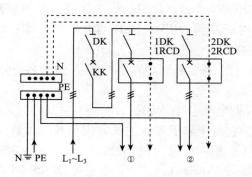

图 9-6　总配电箱电器配置接线图②
注:DK、1DK、2DK—电源隔离开关;KK—断路器;1RCD、2RCD—漏电断路器

② 配电采用一总路、二分路形式。

③ DK 为总电源隔离开关、采用 3 极刀型开关,设于总电源进户端。RCD 为总漏电断路器(具有过载、短路、漏电保护功能),设于总电源隔离开关负荷侧,采用 3 极 4 线型产品。

④ 1DK、2DK 分别为二分路电源隔离开关,均采用 3 极刀型开关,设于二分路电源端;1KK、2KK 分别为二分路断路器,设于 1DK、2DK 的负荷侧,均为 3 极型产品。

⑤ 总电源进线为三相五线形式。L_1、L_2、L_3 直接进入总电源隔离开关 DK,N 线直接进入总漏电断路器 RCD 电源侧 N 端,PE 线进入 PE 端子板,PE 端子板接地(PE 线重复接地)。

⑥ 配出二分路均为三相五线形式。其中 N 线均由 N 端子板引出;PE 线均由 PE 端子板引出。

顺便指出,总配电箱电器配制接线图 9-5 是针对采用三相五线进线、TN-S 接零保护系统设计的。但它对于采用其他进线方式和其他接地保护系统时,仍然具有适用性,例如,当用于三相四线进户,且采用局部 TN-S 接零保护系统时,因为无专用 PE 线进户,所以图中电源进户端的 PE 线应撤掉,而代之以电源进户端的 N(实际是 NPE)线,总漏电断路器 RCD 电源端的 N 线则可由 PE 端子板引入,其余不变。

还需特别指出,如果图 9-5 中 1KK、2KK 为分断时具有可见分断点的断路器,则可兼作隔离开关,而不另设隔离开关 1DK、2DK。

2)总配电箱电器配置接线图 9-6
① 电气接线图为单线图。
② 配电采用一总路、二分路。
③ DK 为总电源隔离开关,采用 3 极刀型开关,设于总电源进户端 KK 为总断路器,设于总电源隔离开关的负荷侧,采用 3 极型产品。
④ 1DK、2DK 分别为二分路电源隔离开关,均采用 3 极刀型开关,分别设于二分路电源端;1RCD、2RCD 分别为二分路漏电断路器(具有过载、短路、漏电保护功能),分设于二分路电源隔离开关的负荷侧,均采用 3 极 4 线型产品。
⑤ 总电源进线为三相五线型式。L_1、L_2、L_3 直接进入总电源隔离开关 DK,N 线经 N 端子板分线接二分路漏电断路器 1RCD、2RCD 的电源侧 N 端,PE 线进入 PE 端子板,PE 端子板接地(PE 线重复接地)。
⑥ 配出二分路均为三相五线型式,其中各分路 N 线为各分路专用,不得混接;而 PE 线则均由 PE 端子板引出。

这里,也需要指出,总配电箱电器配置接线图 9-6 也是针对采用三相五线进线、TN-S 接零保护系统设计的。但它对于采用其他进线方式和其他接地保护系统时,同样也是具有适用性的,例如,当用于三相四线进户,且采用局部 TN-S 接零保护系统时,只需将图中进户 PE 线撤掉,N(实际为 NPE)线改进 PE 端子板,N、PE 端子板作电气连接即可,其余不变。

图 9-6 中,如总断路器 KK 为分断时具有可见分断点的断路器,则可兼作隔离开关,而不必重复装设总隔离开关 DK。

上述总配电箱电器配置与接线图在电器选配方面,实际上还可有其他等效替代方案。例如图中的断路器可用熔断器替代;漏电断路器可用断路器或熔断器与只具漏电保护功能的漏电保护器的串接组合取代,而刀型隔离开关亦可选用刀熔开关等。

3. 分配电箱的电器配置与接线

在采用二级漏电保护的配电系统中,分配电箱中不要求设置漏电保护器,但电源隔离开关、过载与短路保护电器必须设置。此时分配电箱的电器配置与接线原则如下:

(1)总路应设置总隔离开关,以及总断路器或总熔断器。
(2)分路应设置分路隔离开关,以及分路断路器或分路熔断器。
(3)隔离开关应设置于电源进线端。并选用分断时具有可见分断点的电器,如刀型开关等。
(4)断路器或熔断器应设置于隔离开关的负荷侧。断路器和熔断器应具有可靠的过载与短路保护功能。

在分配电箱中,如果总路和分路均选用分断时具有可见分断点的断路器,则总路和分路均可不另设隔离开关。另外,在分配电箱中刀型隔离开关与普通断路器的组合也可用刀熔开关替代。

4. 开关箱的电器配置与接线

开关箱的电器配置与接线要与用电设备负荷类别相适应。以下介绍几种典型开关箱的电器配置与接线。

(1) 三相动力开关箱

一般三相动力开关箱的电器配置与接线如图9-7所示。

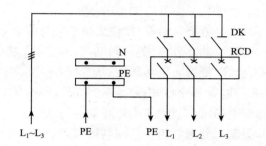

图9-7 一般三相动力开关箱电器配置接线图

1) DK为电源隔离开关,采用三极刀型开关,设于电源进线端。
2) RCD为漏电断路器,采用3极3线型产品。
3) 进线 $L_1 \sim L_3$ 和 PE,出线为 $L_1 \sim L_3$ 和 PE。
4) DK可用刀熔开关或分断时具有可见分断点的断路器替代。
5) 如PE线要作重复接地,则只需将PE端子板接地即可。

此箱可用作混凝土搅拌机、物料提升机、钢筋机械、木工机械、水泵、桩工机械等设备的开关箱。

(2) 单相照明开关箱的电器配置与接线

单相照明开关箱的电器配置与接线如图9-8所示。

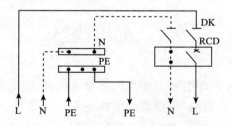

图9-8 单相照明开关箱电器配置接线图

(1) DK为电源隔离开关,采用2极刀型开关,设于电源进线端。
(2) RCD为漏电断路器,采用1极2线型产品。
(3) 进线为 L(L_1或L_2或L_3)、N、PE,出线为L、N、PE。
(4) DK可用刀熔开关或分断时具有可见分断点的断路器替代。
(5) 如PE线要作重复接地,则只需将PE端子接地即可。

此开关箱可用作照明器和单相手持式电动工具的开关箱。

9.6.3 配电装置的使用与维护

配电装置的使用和维护应遵循以下事项：

（1）配电装置的箱（柜）门处均应有名称、用途、分路标记，及内部电气系统接线图，以防误操作。

（2）配电装置门锁，应由专人负责开启和关闭。

（3）配电装置应定期检查、维修。检查、维修人员必须是专业电工。检查、维修时，必须首先将其前一级配电装置的相应隔离开关分闸断电，并悬挂"禁止合闸　有人工作"停电标志牌，严禁带电作业；检查、维修人员必须按规定穿戴绝缘、防护用品，使用绝缘工具。

（4）配电装置送电和停电时，必须严格遵循下列操作顺序：

送电操作顺序为：总配电箱（配电柜）－分配电箱－开关箱；

停电操作顺序为：开关箱－分配电箱－总配电箱（配电柜）。

如遇发生人员触电或电气火灾的紧急情况，则允许就地、就近迅速切断电源。

（5）用电人员应看护好所用开关箱，及时清理周边易燃易爆物、机械损伤物、腐蚀介质等有危害杂物。

（6）施工现场下班停止工作时，必须将班后不用的配电装置分闸断电并上锁。班中停止作业1小时及以上时，相关动力开关箱应断电上锁。暂时不用的配电装置也应断电上锁。

（7）配电装置必须按其正常工作位置安装牢固、稳定、端正。固定式配电箱、开关箱的中心点与地面的垂直距离应为1.4~1.6m；移动式配电箱、开关箱的中心点与地面的垂直距离宜为0.8~1.6m。

（8）配电装置内的电气配置和接线严禁随意改动，并不得随意挂接其他用电设备。

（9）配电装置的漏电保护器应于每次使用时首先用试验按钮试跳一次，只有试跳正常才可继续使用。

9.7 配电线路

在供配电系统中，除了有配电装置作为配电枢纽以外，还必须有连结配电装置和用电设备，传输、分配电能的电力线路，这就是配电线路。

施工现场的配电线路，按其敷设方式和场所不同，主要有架空线路、电缆线路、室内配线三种。设有配电室时，还应包括配电母线。

9.7.1 配电线的选择

配电线的选择，实际上就是架空线路导线、电缆线路电缆、室内线路导线、电缆以及配电母线的选择。

1. 架空线的选择

架空线的选择主要是选择架空线路导线的种类和导线的截面，其选择依据主要是线路敷设的要求和线路负荷计算的计算电流值。

架空线中各导线截面与线路工作制的关系为:三相四线制工作时,N线和PE线截面不小于相线(L线)截面的50%;单相线路的零线截面与相线截面相同。

架空线的材质为:绝缘铜线或铝线,优先采用绝缘铜线。

架空线的绝缘色标准为:当考虑相序排列时:L_1(A相)-黄色;L_2(B相)-绿色;L_3(C相)-红色。另外,N线-淡蓝色;PE线-绿/黄双色。

2. 电缆的选择

电缆的选择主要是选择电缆的类型、截面和芯线配置,其选择依据主要是线路敷设的要求和线路负荷计算的计算电流值。

根据基本供配电系统的要求,电缆中必须包含线路工作制所需要的全部工作芯线和PE线。特别需要指出,需要三相四线制配电的电缆线路必须采用五芯电缆,而采用四芯电缆外加一条绝缘线等配置方法都是不规范的。

五芯电缆中,除包含三条相线外,还必须包含用作N线的淡蓝色芯线和用作PE线的绿/黄双色芯线。其中,N线和PE线的绝缘色规定,同样适用于四芯、三芯等电缆。而五芯电缆中相线的绝缘色则一般由黑、棕、白三色中的二种搭配。

3. 室内配线的选择

室内配线必须采用绝缘导线或电缆。其选择要求基本与架空线路或电缆线路相同。

除以上三种配线方式以外,在配电室里还有一个配电母线问题。由于施工现场配电母线常常采用裸扁铜板或裸扁铝板制作成所谓裸母线,因此其安装时,必须用绝缘子支撑固定在配电柜上,以保持对地绝缘和电磁(力)稳定性。母线规格主要由总负荷计算电流确定。考虑到母线敷设有相序规定,母线表面应涂刷有色油漆,三相母线的相序和色标依次为L_1(A相)-黄色;L_2(B相)-绿色;L_3(C相)-红色。

9.7.2 架空线路的敷设

(1)架空线路的组成:

架空线路的组成一般包括四部分,即电杆、横担、绝缘子和绝缘导线。

(2)架空线相序排列顺序:

1)动力、照明线在同一横担上架设时,导线相序排列顺序是:面向负荷从左侧起依次为L_1、N、L_2、L_3、PE。

2)动力、照明线在二层横担上分别架设时,导线相序排列顺序是:上层横担面向负荷从左侧起依次为L_1、L_2、L_3;下层横担面向负荷从左侧起依次为L(L_1或L_2或L_3)、N、PE。

(3)架空线路电杆、横担、绝缘子、导线的选择和敷设方法应符合《规范》的规定。严禁集束缠绕,严禁架设在树木、脚手架及其他设施上或从其中穿越。

(4)架空线路与邻近线路或固定物的防护距离应符合《规范》的规定。

9.7.3 电缆线路的敷设

电缆敷设应采用埋地或架空两种方式,严禁沿地面明设,以防机械损伤和介质腐蚀。

架空电缆应沿电杆、支架、墙壁敷设,并用绝缘子固定,绝缘线绑扎。严禁沿树木、脚手架及其他设施敷设或从其中穿越。

电缆埋地宜采用直埋方式,埋设深度不应小于0.7m,埋设方法应符合《规范》的规定。直埋电缆在穿越建筑物、构筑物、道路、易受机械损伤、介质腐蚀场所及引出地面从2m高到地下0.2m处必须加设防护套管,防护套管内径不应小于电缆外径的1.5倍。埋地电缆的接头应设在地面以上的接线盒内,电缆接线盒应能防水、防尘、防机械损伤,并远离易燃、易爆、易腐蚀场所。

9.7.4 室内配线的敷设

安装在现场办公室、生活用房、加工厂房等暂设建筑内的配电线路,通称为室内配电线路,简称室内配线。

室内配线分为明敷设和暗敷设两种。

(1) 明敷设可采用瓷瓶、瓷(塑料)夹配线,嵌绝缘槽配线和钢索配线三种方式,不得悬空乱拉。明敷主干线的距地高度不得小于2.5m。

(2) 暗敷设可采用绝缘导线穿管埋墙或埋地方式和电缆直埋墙或直埋地方式。

1) 暗敷设线路部分不得有接头。

2) 暗敷设金属穿管应作等电位连接,并与 PE 线相连接。

3) 潮湿场所或埋地非电缆(绝缘导线)配线必须穿管敷设,管口和管接头应密封。严禁将绝缘导线直埋墙内或地下。

9.8 用电设备

用电设备是配电系统的终端设备,施工现场的用电设备基本上可分为三大类,即电动建筑机械、手持式电动工具和照明器等。

施工现场用电设备的选择和使用不仅应满足施工作业、现场办公和生活需要,而且更重要的是要适应施工现场的环境条件,确保其运行安全,防止各种电气伤害事故。通常,施工现场的环境条件按触电危险程度来考虑,可划分为三类,即一般场所、危险场所和高度危险场所。

(1) 一般场所:相对湿度≤75%的干燥场所;无导电粉尘场所;气温不高于30℃场所;有不导电地板(干燥木地板、塑料地板、沥青地板等)场所等均属于一般场所。

(2) 危险场所:相对湿度长期处于75%以上的潮湿场所;露天并且能遭受雨、雪侵袭的场所;气温高于30℃的炎热场所;有导电粉尘场所;有导电泥、混凝土或金属结构地板场所;施工中常处于水湿润的场所等均属于危险场所。

(3) 高度危险场所:相对湿度接近100%场所;蒸汽环境场所;有活性化学媒质放出腐蚀性气体或液体场所;具有两个及以上危险场所特征(如导电地板和高温,或导电地板和有导电粉尘)场所等均属于高度危险场所。

9.8.1 电动建筑机械的选择和使用

电动建筑机械包括：起重运输机械、桩工机械、夯土机械、焊接机械、混凝土机械、钢筋机械、木工机械以及盾构机械等。

1. 电动建筑机械的选择

电动建筑机械的选择主要应符合以下要求：

（1）电动建筑机械及其安全装置应符合国家有关强制性标准的规定，为合格产品。

（2）电动建筑机械配套的开关箱应有完备的电源隔离以及过载、短路、漏电保护功能。

（3）搁置已久或受损的电动建筑机械，应对其进行检查或维修，特别是要对其安全装置和绝缘进行检测，达到完好、合格后方可重新使用。

2. 电动建筑机械的使用

（1）起重机械的使用

起重机械主要指塔式起重机、外用电梯、物料提升机及其他垂直运输机械。起重机械使用的主要电气安全问题是防雷、运行位置控制、外电防护、电磁感应防护等。为此，应遵守以下规则：

1）塔式起重机、外用电梯、滑升模板的金属操作平台及需要设置避雷装置的物料提升机其机体金属结构件应作防雷接地；同时其开关箱中的 PE 线应通过箱中的 PE 端子板作重复接地。两种接地可共用一组接地体（如机体钢筋混凝土基础中已作等电位焊接的钢筋结构接地体），但接地线及其与接地体的连接点应各自独立。

轨道式塔式起重机的防雷接地可以借助于机轮和轨道与接地装置连接，但还应附加以下三项措施：

① 轨道两端各设一组接地装置；

② 轨道接头处作电气连接，两条轨道端部做环形电气连接；

③ 轨道较长时每隔不大于 30m 加装一组接地装置。

2）塔式起重机运行时严禁越过无防护设施的外电架空线路作业，并应按规范规定与外电架空线路或其防护设施保持安全距离。

3）塔式起重机夜间工作时应设置正对工作面的投光灯；塔身高于 30m 的塔式起重机应在塔顶和臂架端部设红色信号灯。

4）轨道式塔式起重机的电缆不得拖地行走。

5）塔式起重机在强电磁波源附近工作时，地面操作人员与塔式起重机及其吊物之间应采取绝缘隔离防护措施。

6）外用电梯通常属于客、货两用电梯，应有完备的驱动、制动、行程、限位、紧急停止控制，每日工作前必须进行空载检查。

7）物料提升机是只许运送物料，不允许载人的垂直运输机械，应有完备的驱动、制动、行程、限位、紧急停止控制，每日工作前必须进行空载检查。

（2）桩工机械的使用

桩工机械主要有潜水式钻孔机、潜水电机等。桩工机械是一种与水密切接触的机械，因此其使用的主要电气安全问题是防止水和潮湿引起的漏电危害。为此应做到：

1）电机负荷线应采用防水橡皮护套铜芯软电缆，电缆护套不得有裂纹和破损。

2）开关箱中漏电保护器的设置应符合潮湿场所漏电保护的要求。

（3）夯土机械的使用

夯土机械是一种移动式、振动式机械，工作场所较潮湿，所以其使用的主要电气安全问题是防止潮湿、振动、机械损伤引起的漏电危害。为此应做到：

1）夯土机械的金属外壳与 PE 线的连接点不得少于二处；其漏电保护必须适应潮湿场所的要求。

2）夯土机械的负荷线应采用耐气候型橡皮护套铜芯软电缆。

3）夯土机械的操作扶手必须绝缘，使用时必须按规定穿戴绝缘防护用品，使用过程中电缆应有专人调整，严禁缠绕、扭结和被夯土机械跨越，电缆长度不应大于 50m。

4）多台夯土机械并列工作时，其间距不得小于 5m；前后工作时，其间距不得小于 10m。

（4）木工机械的使用

木工机械主要是指电锯、电刨等木料加工机械。木工机械使用的主要电气安全问题是防止因机械损伤和漏电引起触电和电气火灾。因此，木工机械及其负荷线周围必须及时清理木屑等杂物，使其免受机械损伤。其漏电保护可按一般场所要求设置。

（5）焊接机械的使用

电焊机械属于露天半移动、半固定式用电设备。各种电焊机基本上都是靠电弧、高温工作的，所以防止电弧、高温引燃易燃易爆物是其使用应注意的首要问题；其次，电焊机空载时其二次侧具有 50~70V 的空载电压，已超出安全电压范围，所以其二次侧防触电成为其安全使用的第二个重要问题；第三，电焊机常常在钢筋网间露天作业，所以还需注意其一次侧防触电问题。为此，其安全使用要求可综合归纳如下：

1）电焊机械应放置在防雨、干燥和通风良好的地方。

2）电焊机开关箱中的漏电保护器必须采用额定漏电动作参数符合规定（30mA、0.1s）的二极二线型产品。此外，还应配装防二次侧触电保护器。

3）电焊机变压器的一次侧电源线应采用耐气候型橡皮护套铜芯软电缆，长度不应大于 5m，电源进线处必须设置防护罩，进线端不得裸露。

4）电焊机变压器的二次线应采用防水橡皮护套铜芯软电缆，电缆长度不应大于 30m，不得跨越道路；电缆护套不得破裂，其接头必须作绝缘、防水包扎，不应有裸露带电部分；不得采用金属构件或结构钢筋代替二次线的地线。

5）发电机式直流电焊机的换向器应经常检查、清理、维修，以防止可能产生的异常换向电火花。

6）使用电焊机械焊接时必须穿戴防护用品。严禁露天冒雨从事电焊作业。

（6）混凝土机械的使用

混凝土机械主要是指混凝土搅拌机、插入式振动器、平板振动器、地面抹光机、水磨石机等。混凝土机械使用的主要电气安全问题是防止电源进线机械损伤引起的触电危害和停电检修时误启动引起的机械伤害。因此，混凝土机械的电源线（来自开关箱）不能过长，不得拖地，不得缠绕在金属物件上，严禁用金属裸线绑扎固定；当对其进行清理、检查、维修时,必须首先将其开关箱分闸断电,呈现可见电源分断点,并关门上锁。

(7) 钢筋机械的使用

钢筋机械主要是指钢筋切断机、钢筋煨弯机等钢筋加工机械。钢筋机械使用的主要电气安全问题是防止因设备及其负荷线的机械损伤和受潮漏电引起的触电伤害。因此,钢筋机械在使用过程中应能避免雨雪和地面流水的侵害,应及时清除其周边的钢筋废料。

9.8.2 手持式电动工具的选择和使用

施工现场使用的手持式电动工具主要指电钻、冲击钻、电锤、射钉枪及手持式电锯、电刨、切割机、砂轮等。

手持式电动工具按其绝缘和防触电性能进行分类,共分为三类,即Ⅰ类工具、Ⅱ类工具、Ⅲ类工具。Ⅰ类工具是指具有金属外壳、采用普通单重绝缘的工具;Ⅱ类工具是指具有塑料外壳、采用双重绝缘或金属外壳、加强绝缘的工具;Ⅲ类工具是指采用安全电压(例如36V、24V、12V、6V等)供电的工具。各类工具因其绝缘结构和供电电压不同,所以其防触电性能也各不相同,因此其选择和使用必须与环境条件相适应。

1. 手持式电动工具的选择

(1) 一般场所(空气湿度小于75%)可选用Ⅰ类或Ⅱ类工具。

(2) 在潮湿场所或金属构架上操作时,必须选用Ⅱ类或由安全隔离变压器供电的Ⅲ类工具,严禁使用Ⅰ类工具。

(3) 在狭窄场所(锅炉、金属容器、地沟、管道内等)作业时,必须选用由安全隔离变压器供电的Ⅲ类工具。

2. 手持式电动工具的使用

(1) Ⅰ类工具的防触电保护主要依赖于其金属外壳接地和在其开关箱中装设漏电保护器,所以其外壳与PE线的连接点(不应少于二处)必须可靠;而且其开关箱中的漏电保护器应按潮湿场所对漏电保护的要求配置;其负荷线应采用耐气候型橡皮护套铜芯软电缆,并且不得有接头,负荷线插头应具有专用接地保护触头。

(2) Ⅱ类工具的防触电保护可依赖于其双重绝缘或加强绝缘,但使用金属外壳Ⅱ类工具时,其金属外壳可与PE线相连接,并设漏电保护。Ⅱ类工具的负荷线应采用耐气候型橡皮护套铜芯软电缆,并且不得有接头。

(3) Ⅲ类工具的防触电保护主要依赖于安全隔离变压器,由安全电压供电。在狭窄场所使用Ⅲ类工具时,其开关箱和安全隔离变压器应设置在场所外面,并连接PE线,使用过程中应有人在外面监护。Ⅲ类工具开关箱中的漏电保护器应按潮湿场所对漏电保护的要求配置,其负荷线应采用耐气候型橡皮护套铜芯软电缆,并且不得有接头。

(4) 在潮湿场所、金属构架上使用Ⅱ、Ⅲ类工具时,其开关箱和控制箱也应设在作业场所外面。

(5) 各类手持式电动工具的外壳、手柄、插头、开关、负荷线等必须完好无损,其绝缘电阻应为:Ⅰ类工具≥2MΩ,Ⅱ类工具≥7MΩ,Ⅲ类工具≥1MΩ。

(6) 手持式电动工具使用时,必须按规定穿戴绝缘防护用品。

9.8.3 照明器的选择和使用

1. 照明设置的一般规定

（1）在坑洞内作业、夜间施工或作业厂房、料具堆放场、道路、仓库、办公室、食堂、宿舍及自然采光差等场所，应设一般照明、局部照明或混合照明。在一个工作场所内，不得只设局部照明。

（2）停电后作业人员需要及时撤离现场的特殊工程，例如夜间高处作业工程及自然采光很差的深坑洞工程等场所，还必须装设由独立自备电源供电的应急照明。

（3）对于夜间影响行人和车辆安全通行的在建工程，如开挖的沟、槽、孔洞等，应在其邻边设置醒目的红色警戒照明。

对于夜间可能影响飞机及其他飞行器安全通行的高大机械设备或设施，如塔式起重机、外用电梯等，应在其顶端设置醒目的警戒照明。

警戒照明应设置不受停电影响的自备电源。

（4）根据需要设置不受停电影响的保安照明。

2. 照明器的选择

（1）照明器型式的选择

1）正常湿度（相对湿度≤75%）的一般场所，可选用普通开启式照明器。

2）潮湿或特别潮湿（相对湿度＞75%）场所，属于触电危险场所，必须选用密闭型防水照明器或配有防水灯头的开启式照明器。

3）含有大量尘埃但无爆炸和火灾危险的场所，属于一般场所，必须选用防尘型照明器，以防尘埃影响照明器安全发光。

4）有爆炸和火灾危险的场所，属于触电危险场所，应按危险场所等级选用防爆型照明器，详见现行国家标准《爆炸和火灾危险环境电力装置设计规范》（GB 50058）。现举一例予以说明，假设火灾危险场所属于火灾危险区域划分的 23 区，即具有固体状可燃物质，在数量和配置上能引起火灾危险的环境，按该规范规定，照明灯具的防护结构应为 IP2X 级。

5）存在较强振动的场所，必须选用防振型照明器。

6）有酸碱等强腐蚀介质场所，必须选用耐酸碱型照明器。

（2）照明供电的选择

1）一般场所，照明供电电压宜为 220V，即可选用额定电压为 220V 的照明器。

2）隧道、人防工程、高温、有导电灰尘、比较潮湿或灯具离地面高度低于规定 2.5m 等较易触电的场所，照明电源电压不应大于 36V。

3）潮湿和易于触及带电体的触电危险场所，照明电源电压不得大于 24V。

4）特别潮湿、导电良好的地面、锅炉或金属容器等触电高度危险场所，照明电源电压不得大于 12V。

5）行灯电压不得大于 36V。

6）照明电压偏移值最高为额定电压的 －10%～5%。

3. 照明器的使用

（1）照明器的安装

1）安装高度：一般220V灯具室外不低于3m，室内不低于2.5m；碘钨灯及其他金属卤化物灯安装高度宜在3m以上。

2）安装接线：螺口灯头的中心触头应与相线连接，螺口应与零线（N）连接；碘钨灯及其他金属卤化物灯的灯线应固定在专用接线柱上，不得靠近灯具表面；灯具的内接线必须牢固，外接线必须做可靠的防水绝缘包扎。

3）对易燃易爆物的防护距离：普通灯具不宜小于300mm；聚光灯及碘钨灯等高热灯具不宜小于500mm，且不得直接照射易燃物。达不到防护距离时，应采取隔热措施。

4）荧光灯管的安装：应采用管座固定或吊链悬挂方式安装，其配套电磁镇流器不得安装在易燃结构物上。

5）投光灯的安装：底座应牢固安装在非燃性稳定的结构物上。

（2）照明器的控制与保护

1）任何灯具必须经照明开关箱配电与控制，配置完整的电源隔离、过载与短路保护及漏电保护。

2）路灯还应逐灯另设熔断器保护。

3）灯具的相线必须经开关控制，不得直接引入灯具。

4）暂设工程的照明灯具宜采用拉线开关控制，其安装高度为距地2～3m。宿舍区禁止设置床头开关。

9.9 外电防护

在施工现场周围往往存在一些高、低压电力线路，这些不属于施工现场的外界电力线路统称为外电线路。外电线路一般为架空线路，个别现场也会遇到电缆线路。由于外电线路的位置原已固定，因而其与施工现场的相对距离也难以改变，这就给施工现场作业安全带来了一个不利影响因素。如果施工现场距离外电线路较近，往往会因施工人员搬运物料、器具（尤其是金属料具）或操作不慎意外触及外电线路，从而发生直接接触触电伤害事故。因此，当施工现场邻近外电线路作业时，为了防止外电线路对施工现场作业人员可能造成的危害，施工现场必须对其采取相应的防护措施，这种对外电线路可能引起触电伤害的防护称为外电线路防护，简称外电防护。

外电防护属于对直接接触触电的防护。直接接触防护的基本措施是：绝缘；屏护；安全距离；限制放电能量；采用24V及以下安全特低电压。

上述五项基本措施具有普遍适用的意义。但是对于施工现场外电防护这种特殊的防护，其防护措施主要应是做到绝缘、屏护、安全距离。概括来说：第一，保证安全操作距离；第二，架设安全防护设施；第三，无足够安全操作距离，且无可靠安全防护设施的施工现场暂停作业。

9.9.1 保证安全操作距离

（1）在建工程不得在外电架空线路正下方施工、搭设作业棚、建造生活设施或堆放构件、架具、材料及其他杂物等。

（2）在建工程（含脚手架）的周边与外电架空线路的边线之间应保持的最小安全操作距离为：

1）距1kV以下线路，不小于4.0m；
2）距1～10kV线路，不小于6.0m；
3）距35～110kV线路，不小于8.0m；
4）距220kV线路，不小于10m；
5）距330～500kV线路，不小于15m。

应当注意，上、下脚手架的斜道不宜设在有外电线路的一侧。

（3）施工现场的机动车道与外电架空线路交叉时，架空线路的最低点与路面间应保持的最小距离为：

1）距1kV以下线路，不小于6.0m；
2）距1～10kV线路，不小于7.0m；
3）距35kV线路，不小于7.0m。

（4）起重机的任何部位或被吊物边缘在最大偏斜时与外电架空线路边线之间的最小安全距离应符合以下规定：

1）距1kV以下线路：沿垂直方向不小于1.5m，水平方向不小于1.5m；
2）距10kV线路：沿垂直方向不小于3.0m，水平方向不小于2.0m；
3）距35kV线路：沿垂直方向不小于4.0m，水平方向不小于3.5m；
4）距110kV线路：沿垂直方向不小于5.0m，水平方向不小于4.0m；
5）距220kV线路：沿垂直方向不小于6.0m，水平方向不小于6.0m；
6）距330kV线路：沿垂直方向不小于7.0m，水平方向不小于7.0m；
7）距500kV线路：沿垂直方向不小于8.5m，水平方向不小于8.5m。

（5）施工现场开挖沟槽时，如临近地下存在外电埋地电缆，则开挖沟槽与电缆沟槽之间应保持不小于0.5m的距离。

如果上述安全操作距离不能保证，则必须在在建工程与外电线路之间架设安全防护设施。

9.9.2 架设安全防护设施

对外电线路防护可通过采用木、竹或其他绝缘材料增设屏障、遮栏、围栏、保护网等防护设施与外电线路实现强制性绝缘隔离。防护设施应坚固稳定，能防止直径为2.5mm的固体异物穿越，并须在防护隔离处悬挂醒目的警告标志牌。架设安全防护设施须与有关部门沟通，由专业人员架设，架设时应有监护人和保安措施。

9.9.3 无足够安全操作距离，且无可靠安全防护设施时的处置

当施工现场与外电线路之间既无足够的安全操作距离，又无可靠的安全防护设施时，必须首先暂停作业，继而采取相关外电线路暂时停电、改线或改变工程位置等措施，在未采取任何安全措施的情况下严禁强行施工。

9.10 防　　雷

施工现场防雷主要是防直击雷,当施工现场设置变电所和配电室时还应考虑防感应雷问题。处理施工现场的防雷问题,首先要确定防雷部位,继而设置合理的防雷装置。

9.10.1　防雷装置

雷电是一种破坏力,危害性极大的自然现象,要想消除它一般是不可能的,但消除其危害却是可能的。即可通过设置一种装置,人为控制和限制雷电发生的位置,并将雷电能量顺利导入大地,使其不至危害到需要保护的人、设备或设施,这种装置称作防雷装置或避雷装置,防直击雷装置一般由接闪器(避雷针、线、带等)及防雷引下线、接地体等组成。

设置防直击雷装置时必须保证其各组成部分间及与大地间有良好的电气连接,并且其接地电阻值至少应满足冲击接地电阻值不大于 30Ω 的要求。如果安装防雷装置的设备或设施上有用电设备,则该设备开关箱中的 PE 端子板应与其防雷接地体连接,此时接地体的接地电阻值应符合 PE 线重复接地电阻值的要求,即不大于 10Ω。

9.10.2　防雷部位

施工现场需要考虑防直击雷的部位主要是塔式起重机、物料提升机、外用电梯等高大机械设备及钢脚手架、在建工程金属结构等高架设施;防感应雷的部位则是现场变电所、配电室的进、出线处。

在考虑防直击雷的部位时,首先应考察其是否在邻近建筑物或设施防直击雷装置的防雷保护范围以内。如果在保护范围以内,则可不另设防直击雷装置;如果在保护范围以外,则还应按防雷部位设备高度与当地雷电活动规律综合确定安装防雷装置。具体地说这种综合确定需要安装防雷装置的条件如下:

(1) 地区年平均雷暴日数为≤15 天;设备高度≥50m 时。
(2) 地区年平均雷暴日数为>15,<40 天;设备高度≥32m 时。
(3) 地区年平均雷暴日数为≥40 天,<90 天;设备高度≥20m 时。
(4) 地区年平均雷暴日数为≥90 天及雷害特别严重地区;设备高度≥12m 时。

9.10.3　防雷保护范围

防雷保护范围是指接闪器对直击雷的保护范围。接闪器防直击雷的保护范围是按"滚球法"确定的。所谓滚球法是指选择一个其半径 h_r(由防雷类别确定)的一个可以滚动的球体,沿需要防直击雷的部位滚动,当球体只触及接闪器(包括被利用作为接闪器的金属物),或只触及接闪器和地面(包括与大地接触并能承受雷击的金属物),而不触及需要保护的部位时,则该未被触及部分就得到接闪器的保护。参照现行国家标准《建筑物防雷设计规范》,在施工现场年平均雷暴日数大于 15 天/年的地区,设备和金属架构高度为 15m 及以上时;或年平均雷暴日数为 15 天/年及以下地区,设备和金属架构高度为 20m 及以上时,防雷等级可按第三类防雷类别对待。相应地确定接闪器防雷保护范围的滚球半径即为60m。

尚须指出,当施工现场最高机械设备上接闪器或避雷针的保护范围能覆盖其他设备,且又最后退出现场,则其他设备可不设防雷装置。

9.11 安全用电措施和电气防火措施

为了保障施工现场用电安全,除设置合理的用电系统外,还应结合施工现场实际编制并实施相配套的安全用电措施和电气防火措施。

9.11.1 安全用电措施

1. 安全用电技术措施要点

(1) 选用符合国家强制性标准印证的合格设备和器材,不用残缺、破损等不合格产品。

(2) 严格按经批准的用电组织设计构建临时用电工程,用电系统要有完备的电源隔离及过载、短路、漏电保护。

(3) 按规定定期检测用电系统的接地电阻,相关设备的绝缘电阻和漏电保护器的漏电动作参数。

(4) 配电装置装设端正严实牢固,高度符合规定,不拖地放置,不随意改动;进线端严禁用插头、插座作活动连接,进出线上严禁搭、挂、压其他物体;移动式配电装置迁移位置时,必须先将其前一级隔离开关分闸断电,严禁带电搬运。

(5) 配电线路不得明设于地面,严禁行人踩踏和车辆辗压;线缆接头必须连接牢固,并作防水绝缘包扎,严禁裸露带电线头;不得拖拉线缆,严禁徒手触摸和严禁在钢筋、地面上拖拉带电线路。

(6) 用电设备应防止溅水和浸水,已溅水和浸水的设备必须停电处理,未断电时严禁徒手触摸;用电设备移位时,严禁带电搬运,严禁拖拉其负荷线。

(7) 照明灯具的选用必须符合使用场所环境条件的要求,严禁将220V碘钨灯作行灯使用。

(8) 停、送电作业必须遵守以下规则:

1) 停、送电指令必须由同一人下达;

2) 停电部位的前级配电装置必须分闸断电,并悬挂停电标志牌;

3) 停、送电时应有一人操作,一人监护,并应穿戴绝缘防护用品。

2. 安全用电组织措施要点

(1) 建立用电组织设计制度。

(2) 建立技术交底制度。

(3) 建立安全自检制度。

(4) 建立电工安装、巡检、维修、拆除制度。

(5) 建立安全培训制度。

（6）建立安全用电责任制。

9.11.2 电气防火措施

1．电气防火技术措施

（1）用电系统的短路、过载、漏电保护电器要配置合理，更换电器要符合原规格。

（2）PE 线的连接点要确保电气连接可靠。

（3）电气设备和线路周围，特别是电焊作业现场和碘钨灯等高热灯具周围要清除易燃易爆物或作阻燃隔离防护。

（4）电气设备周围要严禁烟火。

（5）电气设备集中场所要配置可扑灭电气火灾的灭火器材。

（6）防雷接地要确保良好的电气连接。

2．电气防火组织措施

（1）建立易燃易爆物和腐蚀介质管理制度。

（2）建立电气防火责任制，加强电气防火重点场所烟火管制，并设置禁止烟火标志。

（3）建立电气防火教育制度，定期进行电气防火知识宣传教育，提高各类人员电气防火意识和电气防火能力。

（4）建立电气防火检查制度，发现问题，及时处理，不留隐患。

（5）建立电气火警预报制，做到防患于未然。

（6）建立电气防火领导责任体系及电气防火队伍。

（7）电气防火措施可与一般防火措施一并编制。

第 10 章　焊接工程

本章要点

本章主要介绍了焊接的实质与分类；焊接作业存在的不安全因素；对焊接作业人员的管理；对焊接作业环境的管理；焊接的基本原理；焊接作业常见事故及预防措施等六个方面的内容。

10.1　焊接的实质

焊接是一种先进而高生产率的金属加工工艺，具有节约材料、工时和焊接性能好及使用寿命长等优点。焊接不仅可以使金属材料形成永久性连接，也可以使某些非金属材料达到永久性连接的目的，如玻璃焊接、塑料焊接等，但生产中主要是用于金属的焊接。

10.2　焊接作业存在的不安全因素

在焊接作业中，存在一些不卫生和不安全的因素，会产生弧光辐射、有害粉尘、有毒气体、高频电磁场、射线和噪声等有害因素。而且焊工需要与各种易燃易爆气体、压力容器及电器设备等相接触，还有高空焊接作业及水下焊接等，在一定条件下会引起火灾、爆炸、触电、烫伤、急性中毒和高处坠落等事故，导致工伤、死亡及重大经济损失，又能造成焊工尘肺、慢性中毒、血液疾病、眼疾和皮肤病等职业病，严重地危害着焊接作业人员的安全与健康，还会造成国家财产和生产的重大损失。

10.3　焊接场地的安全检查

1. 焊接场地检查的必要性

由于焊接场地不符合安全要求造成火灾、爆炸、触电等事故时有发生，破坏性和危害性很大。要防患于未然，必须对焊接场地进行检查。

2. 焊接场地检查的内容

检查焊接与切割作业点的设备、工具、材料是否排列整齐。检查焊接场地是否保持必要的通道。检查所有气焊胶管、焊接电缆线是否互相缠线。气瓶用后是否已移出工作场地。检查焊工作业面积是否足够,工作场地要有良好的自然采光或局部照明。检查焊割场地周围 10m 范围内,各类可燃易燃物品是否清除干净。对焊接切割场地检查要做到:仔细观察环境,针对各类情况,认真加强防护。

10.4　电焊机使用常识及安全要点

（1）交流电焊机是一个结构特殊的降压变压器,空载电压为 60~80V,工作电压为 30V;功率 20~30kW,二次线电流为 50~450A;电源电压 380V 和 220V。

（2）直流电焊机是用一台三相电动机带动一台结构特殊的直流发电机;硅整流式直流电焊机是利用硅整流元件将交流电变为直流电;焊机二次线空载电压为 50~80V,工作电压为 30V,焊接电流为 45~320A;焊机功率 12~30kW,电源电压 380V 和 220V。

（3）交、直流电焊机应空载合闸启动,直流发电机式电焊机应按规定的方向旋转,带有风机的要注意风机旋转方向是否正确。

（4）电焊机在接入电网时须注意电压应相符,多台电焊机同时使用应分别接在三相电网上,尽量使三相负载平衡。

（5）电焊机需要并联使用时,应将一次线并联接入同一相位电路;二次电也需同相相连,对二次侧空载电压不等的焊机,应经调整相等后才可使用,否则不能并联使用。

（6）焊机二次侧把、地线要有良好的绝缘特性,柔性好,导电能力要与焊接电流相匹配,且不宜过长,不宜成盘形状,否则将影响焊接电流。

（7）多台焊机同时使用时,当需拆除某台时,应先断电后在其一侧验电,在确认无电后方可进行拆除工作。

（8）所有交、直流电焊机的金属外壳,都必须采取保护接地或接零。接地、接零电阻值应小于 4Ω。

（9）焊接的金属设备、熔器本身有接地、接零保护时,焊机的二次绕组禁止设有接地或接零。

（10）多台焊机的接地、接零线不得串接接入接地体,每台焊机应设独立的接地、接零线,其接点应用螺丝压紧。

（11）每台电焊机须设专用断路开关,并有与焊机相匹配的过流保护装置。一次线与电源接点不宜用插销连接,其长度不得大于 5m,且须双层绝缘。

（12）电焊机二次侧把、地线需接长使用时,应保证搭接面积,接点处用绝缘胶带包裹好,接点不宜超过两处;严禁长距离使用管道、轨道及建筑物的金属结构或其他金属物体串接起来作为导线使用。

（13）电焊机的一次、二次接线端应有防护罩,且一次接线端需用绝缘带包裹严密;二次接线端应使用线卡子压接牢固。

（14）电焊机应放置在干燥和通风的地方(水冷式除外),露天使用时其下方应防潮且高于周围地面;上方应设防雨雪或搭设防雨棚。

10.5 气焊与气割基本原理及安全要点

气焊是利用可燃气与氧气混合燃烧所产生的热量,对金属进行局部加热的一种使金属连接的熔焊方法。

气割是利用可燃气与氧气混合燃烧所产生的高温,使金属局部溶化,再以高速喷射的氧气流吹去熔融金属,使金属断开。

10.5.1 气焊与气割的原理

气焊与气割的原理和所用的气源是相同的。只是焊炬的构造和喷嘴稍有不同。目前所用的可燃气体有乙炔和液化石油气,助燃气体为氧气。这些气体都是在一定的压力下进行工作的,乙炔发生器、乙炔气瓶、液化石油气和氧气瓶均属压力容器。

10.5.2 碳化钙

碳化钙(俗称电石)分子式为 CaC_2。是将生石灰与焦炭在电炉中熔炼而成的。电石与水产生化学反应,生成乙炔气体(C_2H_2)和氢氧化钙[$Ca(OH)_2$],并放出大量的热。这一反应过程,理论上数量关系为:分解 1.0kg 纯电石,需要消耗 0.526kg 水,同时得到 0.406kg 的乙炔气(常温常压下为 443L)和 10156kg 氢氧化钙,并放出 1990kJ 的热量。但在实际使用中每分解 1.0kg 电石需给水 5~15kg。

10.5.3 乙炔

乙炔气是无色的可燃气体。在常温常压下,乙炔的比重 1.1kg/m³,比空气轻自燃点为 480℃,在空气中的着火温度为 428℃。乙炔与空气混合燃烧所产生的火焰温度为 2350℃,与氧气混合燃烧所产生的温度为 3100~3300℃。

乙炔气毒性很弱,有轻度麻醉作用,但因其中含有磷化氢(PH_3)、硫化氢(H_2S)和不完全燃烧产生的一氧化碳,在通风不良时,长期接触可引起中毒。

10.5.4 石油气

石油气是石油加工的副产品,含有丙烷(C_3H_8)占 50%~80%、丁烷(C_3H_{10})、丙烯(C_3H_6)、丁烯(C_4H_8)和少量的乙烷(C_2H_6)、乙烯(C_2H_4)、戊烷(C_5H_{12})等碳氢化合物。在常温常压下是略带臭味的无色气体,比空气重,一旦外泄则会聚集在地面或低洼处及与地面相通的电缆沟、暖气沟、下水道等处,且不易散失,遇明火后会发生火灾和爆炸。

10.5.5 液化石油气

液化石油气是在常温下将石油气加上 0.8~1.5MPa 的压力即变为液体,体积同时缩小 250~350 倍,液化后便于装入钢瓶贮存和运输。

石油气本身对人体毒性很小,当空气中石油气的浓度大于 10% 时,几分钟内就会使人头脑发晕,不会造成中毒;但当其燃烧供氧不足时,会产生一氧化碳。若室内通风不良,一氧化碳聚集超过容许浓度会使人发生中毒或窒息。

(1) 纯氧是一种无色、无味、无毒的气体。其本身不会燃烧,但有很强的助燃作用,是强氧化剂。用纯氧助燃可提高火焰温度。

(2) 压缩气态氧与矿物油、油脂类接触,会发生氧化反应,产生大量的热,在常温下会发生自燃。氧气几乎同所有的可燃气体和可燃蒸汽形成爆炸性混合物,而且有较宽的爆炸极限范围。

10.6 乙炔瓶在使用中应注意的问题

乙炔瓶在使用、运输和储存时,环境温度一般不得超过40℃;超过时,应采取有效的降温措施。禁止敲击、碰撞。

不得靠近热源和电器设备;夏季要防止暴晒;与明火的距离一般不小于10m(高空作业时,应是与垂直地面处的平行距离)。瓶阀冻结,严禁用火烘烤,必要时可用40℃以下的温水解冻。严禁放置在通风不良及有放射性射线的场所,且不得放在橡胶等绝缘体上。使用时要注意固定,防止倾倒,严禁卧放使用。必须装设专用的减压器、回火防止器。开启时,操作者应站在阀口的侧后方,动作要轻缓。使用压力不得超过0.15MPa,输气流速不应超过$1.5 \sim 2.0 m^3$/时·瓶。严禁铜、银、汞等及其制品与乙炔接触,必须使用铜和金器具时,合金含铜量低于70%。瓶内气体严禁用尽,必须留有不低于规定的剩余压力。在使用乙炔瓶的现场,储存量不得超过5瓶;超过5瓶但不超过20瓶,应在现场或车间内用非燃烧体或难燃烧体墙隔成单独的储存间,应有一面靠外墙;超过20瓶,应设置乙炔瓶库;储存量不超过40瓶的乙炔瓶库,可与耐火等级不低于二级的生产厂房毗连建造,其毗连的墙应是无门、窗和洞的防火墙并严禁任何管线穿过。储存间与明火或散发火花地点的距离,不得小于15m,且不应设在地下室或半地下室内。储存间应有良好的通风、降温等设施,要避免阳光直射,要保证运输道路通畅,在其附近应设有消火栓和干粉或二氧化碳灭火器(严禁使用四氯化碳灭火器)。乙炔瓶储存时,一般要保持直立位置,并应有防止倾倒的措施。严禁与氧气瓶、氯气瓶及易燃物品同间储存。储存间应有专人管理,在醒目的地方应设置"乙炔危险"、"严禁烟火"的标志。

10.7 石油气瓶在使用中应注意的问题

运输和储存时,环境温度不得高于60℃;严禁受日光暴晒或靠近高温热源;与明火距离不小于10m。点火时要先点燃引火物,然后开启气阀;勿颠倒次序;气瓶只许正立使用,严禁卧放、倒置使用。须装专用减压器,使用耐油性强的橡胶导管和衬垫。防止因腐蚀作用而引起漏气。瓶内气体严禁用尽,必须留有0.1MPa以上的压力。瓶内残液严禁倾倒,防止大量挥发,造成火灾或爆炸事故。使用石油气的车间和贮存气瓶的库房,室内地面应平整,严禁有与外界相通的地沟、电缆沟和管道孔洞,以防石油气窜入。地面集水口须有水封措施。使用石油气的车间和贮存气瓶的库房,应通风良好,并加强低处通风。一旦发现石油气泄漏,要严禁一切明火并且避免可能的金属碰撞和电器火花。应立即打开门窗,进行自然通风扩散,并且注意低洼处是否仍有石油气聚集。石油气瓶的使用环境温度在20℃为宜,冬季使用为保证气化速度,气瓶宜放在采暖的车间内,或用40℃的温水加热;也可以采用将几个气瓶并联,以保证用气量。因用气量较大,而气化速度不足以满足需要时,可加用气化器。气化器中通入热水不得超过45℃。当气化器热源中断应及时将液相截门关闭。

10.8 氧气瓶在使用、运输和贮存时应注意的问题

气焊与气割用的压缩纯氧是强氧化剂、矿物油、油脂或细微分散的可燃物质严禁与压缩纯氧接触;操作时严禁用沾有油脂的工具、手套接触瓶阀、减压器;一旦被油脂类污染,应及时用二氯化烷或四氯化碳去油擦净。环境温度不得超过60℃;严禁受日光暴晒,与明火的距离不小于10m并不得靠近热源和电器设备。应避免受到剧烈振动和冲击,严禁从高处滑下或在地面上滚动。禁止用起重设备的吊索直接栓挂气瓶。使用前应检查瓶阀、接管螺纹、减压器及胶管是否完好。发现瓶体、瓶阀有问题,要及时报告。禁止带压拧动瓶阀阀体。检查气密性时,应用肥皂水。严禁使用明火试验。瓶阀手轮反时针方向旋转则瓶阀开启。瓶阀开启时,不得朝向人体,且动作要缓慢。减压器与瓶阀连接的螺扣要拧紧,并不少于4~5扣。冬季遇有瓶阀冻结或结霜,严禁用力敲击或用明火烘烤,应用温水解冻化霜。气瓶内要始终保持正压,不得将气用尽。瓶内至少应留有0.3MPa以上的压力。使用时要注意固定,防止滚动、倾倒;不宜平卧使用,应将瓶阀一端垫高或直立。氧气瓶严禁用于通风换气,严禁用于气动工具的动力气源,严禁用于吹扫容器、设备和各种管道。车辆装运时应妥善固定。汽车装运应横向码放,不宜直立。易燃物品、油脂和带有油污的物品,不得与氧气瓶同车装运。运输时,气瓶须装有瓶帽和防震圈,防止碰断瓶阀。氧气瓶储存处周围10m内,禁止堆放易燃易爆物品和动用明火。同一储存间严禁存放其他可燃气瓶和油脂类物品。氧气瓶应码放整齐,直立放置时,要有护栏和支架,以防倾倒。

10.9 焊炬与割炬在使用中应注意的问题

焊炬和割炬上装接的可燃气与氧气胶管严禁颠倒位置和混用。目前我国现行标准定为:氧气胶管为红色,内径8mm,长度30m,允许工作压力为1.5MPa;乙炔胶管为黑色,内径10mm,长度30m,允许工作压力为0.3MPa。

(1) 点火前,应先将胶管内和中压乙炔发生器内留存的空气排净,再正式点火使用。当火焰色泽为深黄且燃烧恒稳时,说明空气已排净。

(2) 点火前,应检查焊、割炬的射吸性能。方法和操作顺序是:连接氧气胶管,打开乙

炔阀门,打开氧气阀门,用手指堵在乙炔气进口处。若感到有一定的吸力,表明性能正常。否则为不正常,需进行检查修理。

（3）点火前,应检查焊、割炬的气密性。方法是将各阀门和连接点涂抹肥皂水,或浸入清水中,将已接通的氧气和可燃气阀门开启进行观察。若有跑漏现象,需修好再用。

（4）点火时,应先开乙炔阀门,点燃后立即开氧气阀门,这样可防止点火时的回火和鸣爆。

（5）停用时,应先关乙炔气阀门,后关氧气阀门。

（6）发生回火时,应迅速关闭氧气阀门,然后关乙炔气阀门。

（7）点燃的焊、割炬严禁靠近可燃气瓶、乙炔发生器和氧气瓶;严禁随意放在地上或工件上。

（8）焊、割炬的喷嘴发生堵塞时,应停止操作。将其拆下,用捅针从内向外疏通。

（9）点燃的焊、割炬其喷嘴不得与金属物件正面接触,否则易造成回火。

（10）停止使用时,严禁将焊、割炬与气源相通放在工具箱和容器等空气不流通的地方。

10.10　焊接安全管理

（1）焊接操作人员属特殊工种人员。须经主管部门培训、考核,掌握操作技能和有关安全知识,发给操作证件。持证上岗作业。未经培训、考核合格者,不准上岗作业。

（2）电焊作业人员必须戴绝缘手套、穿绝缘鞋和白色工作服,使用护目镜和面罩,高空危险处作业,须挂安全带。施焊前检查焊把及线路是否绝缘良好,焊接完毕要拉闸断电。

（3）焊接作业时须有灭火器材,应配有专人看火。施焊完毕后,要留有充分的时间观察,确认无引火点后,方可离去。

（4）焊工在金属容器内、地下、地沟或狭窄、潮湿等处施焊时,要设监护人员。其监护人必须认真负责,坚守工作岗位,且熟知焊接操作规程和应急抢救方法。需要照明的其电源电压应不高于12V。

（5）夜间工作或在黑暗处施焊应有足够的照明;在车间或容器内操作要有通风换气或消烟设备。

（6）焊接压力容器和管道,需持有压力容器焊接操作合格证。

（7）施工现场焊、割作业须执行"用火证制度",并要切实做到用火有措施,灭火有准备。施焊时有专人看火;施焊完毕后,要留有充分时间观察,确认无复燃的危险后,方可离去。

10.11　防火防爆的基本原则

10.11.1　火灾过程的特点及预防原则

火灾过程特点：

(1) 酝酿期。可燃物在热的作用下蒸发析出气体、冒烟、阴燃。
(2) 发展期。火苗窜起,火势迅速扩大。
(3) 全盛期。火焰包围整个可燃材料,可燃物全面着火,燃烧面积达到最大限度,放出强大的辐射热,温度升高,气体对流加剧。
(4) 衰灭期。可燃物质减少,火势逐渐衰落,终至熄灭。

10.11.2 防火原则的基本要求

(1) 严格控制火源;
(2) 监视酝酿期特征;
(3) 采用耐火建筑材料;
(4) 阻止火焰的蔓延采取隔离措施;
(5) 限制火灾可能发展的规模;
(6) 组织训练消防队伍。

10.11.3 爆炸过程特点及预防原则

1. 爆炸过程特点

(1) 可燃物与氧化剂的相互扩散,均匀混合而形成爆炸性混合物,遇到火源使然爆开始。
(2) 由于爆炸连续反应过程的发展,爆炸范围扩大,爆炸威力升级。
(3) 完成化学反应,爆炸造成灾害性破坏。

2. 防爆原则的基本要求

根据爆炸过程特点,防爆应以阻止第一过程出现;限制第二过程发展;防护第三过程危害为基本原则。

(1) 防治爆炸混合物的形成;
(2) 严格控制着火源;
(3) 燃爆开始时及时泄出压力;
(4) 切断爆炸传播途径;
(5) 减弱爆炸压力和冲击波对人员、设备和建筑物的损坏。

10.12 预防触电事故的基本措施

(1) 为了防止在电焊操作中人体触及带电体的触电事故,可采取绝缘、屏护、间隔、空载自动断电和个人防护等安全措施。

绝缘不仅是保证电焊设备和线路正常工作的必要条件,也是防止触电事故的重要措施。橡胶、胶木、瓷、塑料、布等都是电焊设备和工具常用的绝缘材料。

屏护是采用遮拦、护罩、护盖、箱匣等,把带电体同外界隔绝开来。对于电焊设备、工具和配电线路的带电部分,如果不便包以绝缘或绝缘不足以保证安全时,可以用屏护措施。屏护用材料应当有足够的强度和良好的耐火性能。

间隔是防止人体触及焊机、电线等带电体；避免车辆及其他器具碰撞带电体；为防止火灾在带电体与设备之间保持一定的安全距离。

焊机的空载自动断电保护装置和加强个人防护等，也都是防止人体触及带电体的重要安全措施。

(2) 为防止在电焊操作时人体触及意外带电体而发生触电事故，一般可采用保护接地或保护接零等安全措施。

10.13　登高焊割作业安全措施

(1) 登高焊割作业应根据作业高度及环境条件定出危险区范围。一般认为在地面周围 10m 内为危险区，禁止在作业下方及危险区内存放可燃、易燃物品及停留人员。在工作过程中应设有专人监护。作业现场必须备有消防器材。

(2) 登高焊割作业人员必须戴好符合规定的安全帽，使用标准的防火安全带(安全带应符合《安全带》GB 6095—1985 的要求)，长度不超过 2m，穿防护胶鞋。安全带上的安全绳的挂钩应挂牢。

(3) 登高焊割作业人员应使用符合安全要求的梯子。梯脚需包橡皮防滑，与地面夹角应小于 60°，上、下端均应放置牢靠。使用人字梯时，要有限跨钩，不准两人在同一梯子上作业。登高作业的平台应带有栏杆，事先应检查，不得使用有腐蚀或机械损伤的木板或铁木混合板制作。平台要有一定宽度，以利焊接操作，平台不得大于 1∶3 的坡度，板面要钉防滑条。使用的安全网要张挺、结实，不准有破损。

(4) 登高焊割作业所使用的工具、焊条等物品应装在工具袋内，应防止操作时落下伤人。不得在高处向下投掷材料、物件或焊条头，以免砸伤、烫伤地面工作人员。

(5) 登高焊割作业不得使用带有高频振荡器的焊接设备。登高作业时，禁止把焊接电缆、气体胶管及钢丝绳等混绞在一起，或缠在焊工身上操作。在高处接近 10kV 高压线或裸导线排时，水平、垂直距离不得小于 3m；在 10kV 以下的水平、垂直距离不得小于 1.5m，否则必须搭设防护架或停电，并经检查确无触电危险后，方可操作。

(6) 登高焊割作业应设有监护人，密切注意焊工动态，遇有危险，可立即组织抢救。

(7) 登高焊割作业结束后，应整理好工具及物件，防止坠落伤人。此外，还必须仔细检查工作地及下方地面是否留有火种，确认无隐患后，方可离开现场。

(8) 患有高血压、心脏病、精神病、癫痫病者以及医生认为不宜登高作业的人员，应禁止进行登高焊割作业。

(9) 六级以上大风、雨、雪及雾等气候条件下，无措施时应禁止登高焊割作业。

(10) 酒后或安全条件不符合要求时，不能登高焊割作业。

10.14　中毒事故及其防止措施

气焊气割中会遇到各种不同的有毒气体、蒸汽和烟尘,会发生中毒事故。

(1) 气焊有色金属有时会产生有毒蒸汽和烟尘。

气焊铅时,会产生铅蒸汽,引起铅中毒。气焊黄铜时,会产生锌蒸汽,引起锌中毒。气焊铝及铝合金时,要用铝气焊熔剂,会产生氟化物烟尘,也引起急性中毒。

(2) 在狭小的作业空间焊接有涂层(如涂漆、塑料或镀铅、锌等)的焊件时,由于涂层物质在高温作用下蒸发或裂解形成有毒气体和有毒蒸汽等。

(3) 在有毒介质的容器或环境中焊接时,没有采取通风和个人防护措施时,造成急性中毒。

(4) 液化石油气和乙炔中有硫化氢、磷化氢,会引起中毒。空气中乙炔和液化石油气浓度较高时,也会引起中毒。

为了防止中毒事故,应加强焊割工作场地(尤其是狭小的密闭空间)的通风措施。在封闭容器、罐、桶、舱室中焊接、切割时,应先打开施焊工作物的孔、洞,使内部空气流通,以防焊工中毒,必要时应由专人监护。

第11章 职业卫生

本章要点

本章根据建筑施工的特点,系统地介绍了与建筑业有关的职业病以及建筑待业有职业危害的主要工种、职业危害程度,使施工管理人员和施工作业人员初步了解掌握施工现场职业卫生安全措施。重点掌握职业卫生工程技术中的防范技术措施和防毒技术措施。

11.1 建筑业存在的职业病

与建筑业有关的职业病如下:

11.1.1 职业中毒

(1) 铅及其化合物中毒(蓄电池、油漆、喷漆等)。

(2) 汞及其化合物中毒(仪表制作)。

(3) 锰及其化合物中毒(电焊、锰铁、锰钢冶炼)。

(4) 磷及其化合物中毒(不包括磷化氢、磷化锌、磷化铝)。

(5) 砷及其化合物中毒(不包括砷化氢)。

(6) 二氧化硫中毒(酸洗、硫酸除锈、电镀)。

(7) 氨中毒(晒图)。

(8) 氮氧化合物中毒[接触硝酸、放炮(TNT 炸药)、锰烟]。

(9) 一氧化碳中毒(煤气管道修理、冬期取暖)。

(10) 二氧化碳中毒(接触煤烟)。

(11) 硫化氢中毒(下水道作业工人)。

(12) 四乙基铅中毒(含铅油库、驾驶、汽修)。

(13) 苯中毒(油漆、喷漆、烤漆、浸漆)。

(14) 甲苯中毒(油漆、喷漆、烤漆、浸漆)。

(15) 二甲苯中毒(油漆、喷漆、烤漆、浸漆)。

(16) 汽油中毒(驾驶、汽修、机修、油库工等)。

(17) 氯乙烯中毒(粘接、塑料、制管、焊接、玻纤瓦、热补胎)。

(18) 苯的氨基及化合物中毒(不包括三硝基甲苯)。

(19) 三硝基甲苯中毒(放炮、装炸药)。

11.1.2 尘肺

(1) 矽肺(石工、风钻工、炮工、出碴工等)。
(2) 石墨尘肺(铸造)。
(3) 石棉肺(保温及石棉瓦拆除)。
(4) 水泥尘肺(水泥库、装卸)。
(5) 铝尘肺(铝制品加工)。
(6) 电焊工尘肺(电焊、气焊)。
(7) 铸工尘肺(浇铸工)。

11.1.3 物理因素职业病

(1) 中毒(夏天高温作业、锅炉工等)。
(2) 减压病(潜涵作业、沉箱作业)。
(3) 局部振动病(制管、振动棒、风铆、电钻、校平)。

11.1.4 职业性皮肤病

(1) 接触性皮炎(中国漆、酸碱)。
(2) 光敏性皮炎(沥青、煤焦油)。
(3) 电光性皮炎(紫外线)。
(4) 黑变病(沥青熬炒)。
(5) 痤疮(沥青)。
(6) 溃疡(铬、酸、碱)。

11.1.5 职业性眼病

(1) 化学性眼部烧伤(酸、碱、油漆)。
(2) 电光性眼炎(紫外线、电焊)。
(3) 职业性白内障[含放射性白内障(激光)]。

11.1.6 职业性耳鼻喉口腔疾病

(1) 噪声聋(铆工、校平、气锤)。
(2) 铬鼻病(电镀作业)。

11.1.7 职业性肿瘤

(1) 石棉所致肺癌、间皮癌(保暖工及石棉瓦拆除)。
(2) 苯所致白血病(接触苯及其化合物油漆、喷漆)。
(3) 铬酸盐制造业工人肺癌(电镀作业)。

11.1.8 其他职业病

(1) 化学灼伤(沥青、强酸、强碱、煤焦油)。

(2) 金属烟热(锰烟、电焊镀锌管、熔铅锌)。
(3) 职业性哮喘(接触易过敏的土漆、樟木、苯及其化合物)。
(4) 职业性病态反应性肺泡炎(接触中国漆、漆树等)。
(5) 牙酸蚀病(强酸)。

11.2 建筑业存在职业危害的主要工种

根据职业病的种类,建筑行业已列入有关工种和现虽尚未列入但确有职业病危害的工种相当广泛。主要工种详见表11-1。

建筑行业有职业危害的工种　　　　　　表11-1

有害因素分类	主要危害	次要危害	危害的主要工作
粉尘	矽尘	岩石尘、黄泥沙尘、噪声、振动、三硝基甲苯	石工、碎石机工、碎砖工、掘进工、风钻工、炮工、出碴工
		高温	筑炉工
		高温、锰、磷、铅、三氧化硫等	型砂工、喷砂工、清砂工、浇铸工、玻璃打磨等
	石棉尘	矿渣棉、玻纤尘	安装保温工、石棉瓦拆除工
	水泥尘	振动、噪声	混凝土搅拌机司机、砂浆搅拌工、水泥上料工,搬运工,料库工
		苯、甲苯、二甲苯环氧树脂	建材、建筑科研所试验工、公司材料试验工
	金属尘	噪声、金钢砂尘	砂轮磨锯工、金属打磨工、金属除锈工、钢窗校直工,钢模板校平工
	木屑尘	噪声及其他粉尘	制材工、平刨机工、压刨机工、平光机工、开榫机工、凿眼机工
	其他粉尘	噪声	生石灰过筛工、河沙运料工、上料工
铅	铅尘、铅烟、铅蒸气	硫酸、环氧树脂、乙二胺甲苯	充电工、铅焊工、溶铅、制铅板、除铅锈、锅炉管端退火工、白铁工、通风工、电缆头制作工、印刷工、铸字工、管道灌铅工、油漆工、喷漆工
四乙基铅	四乙基铅	汽油	驾驶员、汽车修理工、油库工
苯、甲苯、二甲苯		环氧树脂、乙二胺、铅	油漆工、喷漆工、环氧树脂、涂刷工、油库工、冷沥青涂刷工、浸漆工、烤漆工、塑料件制作和焊接工
高分子化合物	聚氯乙烯	铅及化合物、环氧树脂、乙二胺	粘接、塑料、制管、焊接、玻璃瓦、热补胎

续表

有害因素分类	主要危害	次要危害	危害的主要工作
锰	锰尘、锰烟	红外线、紫外线	电焊工、气焊工、对焊工、点焊工、自动保护焊、惰性气体保护焊、冶炼
铬氰化合物	六价铬、锌、酸、碱、铅		电镀工、镀锌工
氨			制冷安装、冻结法施工、熏图
汞	汞及其化合物		仪表安装工,仪表监测工
二氧化硫			硫酸酸洗工、电镀工、冲电工、钢筋等除锈、冶炼工
氮氧化合物	二氧化碳	硝酸	密闭管道、球罐、气柜内电焊烟雾、放炮、硝酸试验工
一氧化碳	CO	CO_2	煤气管道修理工、冬期施工暖棚、冶炼、铸造
辐射	非电离辐射	紫外线、红外线、可见光、激光、射频辐射	电焊工、气焊工、不锈钢焊接工、电焊配合工、木材烘干工、医院同位素工作人员
辐射	电离辐射	X射线、γ射线、α射线、超声波	金属和非金属探伤试验工、氩弧焊工、放射科工作人员
噪声		振动、粉尘	离心制管机、混凝土振动棒、混凝土平板振动器、电锤、汽锤、铆枪、打桩机、打夯机、风钻、发电机、空压机、碎石机、砂轮机、推土机、剪板机、带锯、圆锯、平刨、压刨、模板校平工、钢窗校平工
振动	全身振动	噪声	气锻工、桩工,打桩机司机、推土机司机、汽车司机、小翻斗车司机、吊车司机、打夯机司机、挖掘机司机、铲运机司机、离心制管工
振动	局部振动	噪声	风钻工、风铲工、电钻工、混凝土振动棒、混凝土平板振动器、手提式砂轮机、钢模校平、钢窗校平工、铆枪

11.3 职业危害程度

11.3.1 粉尘危害

一个成年人每天大约需要 $19m^3$ 空气,以便从中取得所需的氧气。如果工人在含尘浓度高的场所作业,吸入肺部的粉尘量就多,当尘粒达到一定数量时,就会引起肺组织发生纤维化病变,使肺组织逐渐硬化,失去正常的呼吸功能,称为尘肺病。按发病原因,尘肺可分为五类：

1. 矽肺

吸入含有游离二氧化硅（原称"矽"）粉尘而引起的尘肺称为矽肺。建筑行业中与矽接触的作业是隧道施工，凿岩、放炮、出碴、水泥制品厂的碎石、施工现场的砂石、石料加工、玻璃打磨等。

2. 硅酸盐肺

吸入含有硅酸盐粉尘而引起的尘肺称为硅酸盐肺（俗称矽肺）。如：石棉肺、滑石肺、水泥肺、云母肺等均属硅酸盐肺。建筑行业中接触较多的是水泥尘和石棉尘。接触石棉尘，不仅容易发生硅酸盐肺，而且可能导致石棉癌。

3. 混合性尘肺

吸收含有游离二氧化硅粉尘和其他粉尘而引起的尘肺的称为混合性尘肺。如：建筑业、机械制造、修理的翻砂、铸造等作业。

4. 焊工尘肺

电焊烟尘的成分比较复杂，但其主要成分是铁、硅、锰。其中主要毒物是锰、铁、硅等。毒性虽然不大，但其尘粒极细（$5\mu m$ 以下）在空中停留时间较长，容易吸入肺内。特别是在密闭容器及通风除尘差的地方作业、对焊工的健康将造成危害。尘肺就是其中之一。

5. 其他尘肺

吸入其他粉尘而引起的尘肺称为其他尘肺。如：金属尘肺、木屑尘肺均属其他尘肺。吸入铬、砷等金属粉尘，还可患呼吸系统肿瘤。

患尘肺的发病率，取决于作业场所的粉尘浓度高低和粉尘粒子大小；凡浓度越高、尘粒越小，危害越大，发病率越高。对人体危害最大的是直径 $5\mu m$ 以下的细微尘粒，因其可长时间悬浮在空气中，所以最容易被作业人员吸入肺部而患职业性尘肺病。

11.3.2 毒物危害

1. 有毒物进入人体的途径

在生产过程中，毒物进入人体主要是经呼吸道或皮肤进入。经过消化道者极少。

（1）经呼吸道进入。是生产毒物进入人体的主要途径，因为整个呼吸道都能吸收毒物；尤其肺泡的吸收能力最大；而肺泡壁表面为含碳酸的液体所湿润；并有丰富的微血管；所以肺泡对毒物的吸收极其迅速。

（2）皮肤：经皮肤吸收毒物有三种，即通过表皮屏障，通过毛囊，极少通过汗腺导管进入人体。

（3）经消化道进入：这种途径极少见，大多是不遵守卫生制度引起，如工人在有毒的车间进食或污染了毒物的手取食物，或者由于误食所致。

2. 窒息性气体危害、性能及常见的症状有哪些

（1）窒息性气体是指进入人体后，使血液的运氧能力，或组织利用氧的能力发生障碍，结果造成身体组织缺氧的一种有害气体。常见的窒息性气体有一氧化碳、硫化氢和氰化物。

（2）一氧化碳为无色、无味、无刺激性气体，相对密度0.967，几乎不溶于水，空气中含量达到12.5%时可发生爆炸,同时也是含碳不完全燃烧的物质。在建筑业常见的是工地取暖或加热煤炉和宿舍取暖煤炉,由于门窗密闭,易发生一氧化碳中毒。

(3)一氧化碳的急性中毒最常见:

1)轻度中毒:主要表现为头痛、头晕、恶心、有时呕吐、全身无力。只要脱离现场,吸入新鲜空气,症状可消失。

2)中度中毒:除上述症状外,初期可有多汗、烦躁、脉搏快、很快进入昏迷状态;如抢救及时,可较快苏醒。

3)重度中毒:吸入高浓度一氧化碳,患者突然昏倒,迅速进入昏迷,经及时抢救可逐渐恢复,时间长了,可窒息死亡。

其预防措施:主要是搞好通风设施,煤炉要严加看管。

3. 铅中毒

铅是通过呼吸道吸入人体的。其特点是吸收快毒性大,靠其他途径侵入占的比例很小。

中毒的表现:大多表现为慢性中毒,一般常有疲乏无力,口中金属味,食欲不振,四肢关节肌肉酸痛等。随着病情加重可累及各系统。

(1)神经系统:神经衰弱症候群是出现较早的症状,如头痛、头昏、疲乏无力、记忆力减退,睡眠障碍(失眠)、烦躁、关节酸痛等。

(2)消化系统:常见的有食欲不振,口内有金属味,腹部不适、隐痛、腹泻或便秘,甚至可出现腹部绞痛。

(3)血液系统:铅中毒时,少数患者可出现轻度贫血,经驱铅治疗后迅速恢复。

4. 锰中毒

(1)锰是一种灰白色硬脆的金属,用途广泛,在建筑施工中主要是各类焊工及其配合工接触。焊条中含锰约10%~50%。焊接时发生大量的锰烟尘。车间焊接作业场空气中锰烟尘浓度为3.36mg/m³(超标17倍),而工地简易焊接工棚,房屋低矮,空间狭小,通风不良,锰烟尘浓度高达4.43mg/m³(超标22倍),特别是密闭性球罐、气柜、水箱及工业管道内焊接,锰烟尘浓度高达49.27mg/m³(超标246倍),锰蒸汽在空气中能很快地氧化成灰色的一氧化锰(MnO)及棕红色的四氧化三锰(Mn_3O_4)烟。长期吸入超过允许浓度的锰及其化合物的微粒和蒸汽,则可能造成锰中毒。

(2)焊工的锰中毒,主要是发生在高锰焊条和高锰钢焊接中,发病较慢,大多在接触3~5年以后,甚至可长达20年才逐渐发病。初期表现为疲劳乏力、时常头痛头晕、失眠,记忆力减退,以及植物神经功能紊乱。

(3)锰中毒主要是锰的化合物引起的,急性锰中毒较为少见,如连续焊接吸入大量氧化锰时,也可发生"金属烟雾热"。电焊工人如在作业环境通风不良的管道、坑道、球罐、水箱内焊接,可能出现头痛、恶心、寒颤、高热,以及咽痛、咳嗽、气喘等症状。

5. 苯中毒

在建筑施工中,油漆、环氧树脂、冷沥青、塑料以及喷漆、粘接、机件的浸洗等,均用其作为有机溶剂、稀释剂和清洗剂。有些粘接剂含苯、甲苯或丙酮的浓度高,容易发生急性苯中毒。

苯中毒的表现为：

（1）急性中毒：通风不良，而又无有效的个人防护品时，最易发生急性中毒，主要是中枢神经系统的麻醉作用。严重者，神志突然丧失，迅速昏迷、抽风、脉搏减弱、血压降低，呼吸急促表浅，以至呼吸循环衰竭，如抢救及时，多数可以恢复，若不及时，可因呼吸中枢麻痹而死亡。

（2）慢性中毒：长期吸入低浓度的苯蒸气，可能造成慢性苯中毒。女性可出现月经过多。部分病人可出现红细胞减少和贫血，有的甚至出现再生不良或再生障碍性贫血。个别患者也有发生白血病的。

此外，接触苯的工人，可以出现皮肤干燥发红、疱疹、皮炎、湿疹和毛囊炎等。此外，苯还可以对肝脏有损害作用。

11.3.3 放射线伤害

建筑施工中常用X射线和γ射线，进行工业探伤、焊缝质量检查照片等。

放射性伤害，主要是可使接受者出现造血障碍，白血球减少，代谢机能失调，内分泌障碍，再生能力消失，内脏器官变性，女职工产生畸形婴儿等。

11.3.4 噪声危害

在《工业企业噪声卫生标准》中规定：新建企业、车间的噪声标准不准超过85dB(A)。对于现有企业，考虑到经挤、技术条件和技术可能性，可暂定85dB(A)。

（1）噪声。施工及构件加工过程中，存在着多种无规律的音调和使人听之生厌的杂乱声音。

1）机械性噪声：即由机械的撞击、摩擦、敲打、切削、转动等而发生的噪声。如风钻、风铲、混凝土搅拌机、混凝土振动器、离心制管机；木材加工的带锯、圆锯、平刨；金属加工的车床、钢模板及钢窗校平等发生的噪声。

2）空气动力性噪声：如通风机、鼓风机、空气压缩机、铆枪、空气锤打桩机、电锤打桩机等发出的噪声。

3）电磁性噪声：如发电机、变压器等发出的噪声。

4）爆炸性噪声：如放炮作业过程中发出的噪声。

（2）噪声不仅损害人的听觉系统，造成职业性耳聋、爆炸性耳聋，严重者可鼓膜出血；而且造成神经系统及植物神经功能紊乱、胃肠功能紊乱等。

11.3.5 振动危害

（1）建筑行业产生振动危害的作业主要有：风钻、风铲、铆枪、混凝土振动器、锻锤打桩机、汽车、推土机、铲运机、挖掘机、打夯机、拖拉机、小翻斗车、离心制管机等。

（2）振动危害，分为局部症状和全身症状：主要是手指麻木、胀痛、无力、双手震颤，手腕关节骨质变形，指端白指和坏死等；全身症状，主要是脚部周围神经和血管的改变，肌内触痛，以及头晕、头痛、腹痛、呕吐、平衡失调及内分泌障碍等。

11.3.6 弧光辐射的危害

对建筑施工来说主要是紫外线的危害。

适量的紫外线对人的身体健康是有益的。但长时间受焊接电弧产生的强烈紫外线照射对人的健康是有一定危害的。

手工电弧焊、氩弧焊、二氧化碳气体保护焊和等离子弧焊等作业,都会产生紫外线辐射。其中二氧化碳气体保护焊弧光强度是手工电弧焊的 2~3 倍。

紫外线对人体的伤害是由于光化学作用,主要造成对皮肤和眼睛的伤害。

11.3.7 高温作业

1. 高温作业的概念

在建筑施工中露天作业,常可遇到气温高、湿度大、强热辐射等不良气象条件。如果施工环境气温超过 35℃ 或辐射强度超过 $1.5 cal/cm^2 \cdot min$,或气温在 30℃ 以上,相对湿度 80% 的作业,称为高温作业。

2. 高温作业对人体的影响

(1) 体温和皮肤温度:体温升高是体温调节障碍的主要标志;
(2) 水盐代谢的改变;
(3) 循环系统的改变;
(4) 消化系统的改变;
(5) 神经系统的改变;
(6) 泌尿系统的改变。

3. 中暑的特征

中暑可分热射病、热痉挛和日射病。但在临床往往难以严格区别,而且常以混合式出现,故统称为中暑。

在实际工作中遇到中暑的病例,常常是三种类型的综合表现。中暑的原因是很复杂的,并不单纯由太阳照射头部而引起,而与劳动量大小、水盐丧失情况、营养状况、性别(女多于男)等条件有密切关系,症状虽然有日射病的表现,但常有体温升高,有时还有肌肉痉挛现象。

11.4 职业卫生工程技术

11.4.1 防尘技术措施

1. 水泥除尘措施

(1) 流动搅拌机除尘。在建筑施工现场搅拌机流动性比较大,因此,除尘设备必须考虑适合流动的特点,既要达到除尘目的,又做到装、拆方便。

流动搅拌机上有 2 个尘源点:一是向料斗上加料时飞起的粉尘;二是料斗向拌筒中倒

料时,从进料口、出料口飞起的粉尘。

采用通风除尘系统。即在拌筒出料口安装活动胶皮护罩,挡住粉尘外扬;在拌筒上方安装吸尘罩,将拌筒进料口飞起的粉尘吸走;在地面料斗侧向安装吸尘罩,将加料时扬起的粉尘吸走,通过风机将空气粉尘送入旋风滤尘器,再通过器内水浴将粉尘降落,被水冲入蓄集池。

(2) 水泥制品厂搅拌站除尘。多用混凝土搅拌自动化。由计算机控制混凝土搅拌、输送全系统,这不仅提高了生产效率,减轻了工人劳动强度,同时在进料仓上方安装水泥、沙料粉尘除尘器,就可使料斗作业点粉尘降为零,从而达到彻底改善职工劳动条件的目的。

(3) 高压静电除尘。高压静电除尘是静电分离技术之一,已应用于水泥除尘回收。在水泥料斗上方安装吸尘罩,吸取悬浮在空中的尘粒,通过管道输送到绝缘金属筒仓内,仓内装有高压电晕电极,形成高压静电场。使尘粒荷电后贴附在尘源上,尘粒在电场力(包括风力)和自重力作用下,迅速返回尘源,从而达到抑制、回收的目的。

2. 木屑除尘措施

可在每台加工机械尘源上方或侧向安装吸尘罩,通过风机作用,将粉尘吸入输送管道,再送到蓄料仓内。

3. 金属除尘措施

钢、铝门窗的抛光(砂轮打磨)作业中,一般较多是采用局部通风除尘系统。或在打磨台工人操作的侧方安装吸尘罩,通过支道管、主道管,将含金属粉尘的空气输送到室外。

11.4.2 防毒技术措施

(1) 在职业中毒的预防上,管理和生产部门应采取的措施。

1) 加强管理,要搞好防毒工作。

2) 严格执行劳动保护法规和卫生标准。

3) 对新建、改建、扩建的工程,一定要做到主体工程和防毒设施同时设计、施工及投产。

4) 依靠科学技术,提高预防中毒的技术水平。包括:

① 改革工艺;

② 禁止使用危害严重的化工产品;

③ 加强设备的密闭化;

④ 加强通风。

(2) 对生产工人应采取哪些预防职业中毒的措施?

1) 认真执行操作规程,熟练掌握操作方法,严防错误操作。

2) 穿戴好个人防护用品。

(3) 防止铅毒的技术措施。

只要积极采取措施,改善劳动条件,降低生产环境空气中铅烟浓度,达到国家规定标准 $0.03mg/m^3$。铅尘浓度在 $0.05mg/m^3$ 以下,就可以防止铅中毒。

1) 消除或减少铅毒发生源。

2）改进工艺，使生产过程机械化、密闭化，减少对铅烟或铅尘接触的机会。
3）加强个人防护及个人卫生。

（4）防止锰毒的技术措施。

预防锰中毒，最主要的是应在那些通风不良的电焊作业场所采取措施，使空气中锰烟浓度降低到 0.2mg/m³ 以下。

预防锰中毒主要应采取下列具体防护措施：

1）加强机械通风，或安装锰烟抽风装置，以降低现场浓度。
2）尽量采用低尘低毒焊条或无锰焊条；用自动焊代替手工焊等。
3）工作时戴手套、口罩；饭前洗手漱口；下班后全身淋浴；不在车间内吸烟、喝水、进食。

（5）预防苯中毒的措施。

建筑企业使用油漆、喷漆的工人较多，施工前应采取综合性预防措施，使苯在空气中的浓度下降到国家卫生标准的标准值（苯为 40mg/m³，甲苯、二甲苯为 100mg/m³）以下。主要应采取以下措施。

1）用无毒或低毒物代替苯；
2）在喷漆上采用新的工艺；
3）采用密闭的操作和局部抽风排毒设备；
4）在进入密闭的场所，如地下室、油罐等环境工作时，应戴防毒面具；
5）通风不良的车间、地下室、防水池内涂刷各种防腐涂料或环氧树脂玻璃钢等作业，必须根据场地大小，采取多台抽风机把苯等有害气体抽出室外，以防止急性苯中毒；
6）施工现场油漆配料房，应改善自然通风条件，减少连续配料时间，防止发生苯中毒和铅中毒；
7）在较小的喷漆室内进行小件喷漆，可以采取水幕隔离的防护措施。即工人在水幕外面操纵喷枪，喷嘴在水幕内喷漆。

11.4.3 弧光辐射、红外线、紫外线的防护措施

生产中的红外线和紫外线主要来源于火焰和加热的物体，如锻造的加热炉、气焊和气割等。

为了保护眼睛不受电弧的伤害，焊接时必须使用镶有特制防护眼镜片的面罩。可根据焊接电流强度和个人眼睛情况，选择吸水式滤光镜片或是反射式防护镜片。

为防止弧光灼伤皮肤，焊工必须穿好工作服、戴好手套和鞋帽等。

11.4.4 防止噪声危害的技术措施

各建筑、安装企业应重视噪声的治理，主要应从三个方面着手：消除和减弱生产中噪声源；控制噪声的传播；加强个人防护。

（1）控制和减弱噪声源。从改革工艺入手，以无声的工具代替有声的工具。

（2）控制噪声的传播：

1）合理布局。

2）应从消声方面采取措施：
① 消声；
② 吸声；
③ 隔声；
④ 隔振；
⑤ 阻尼。

（3）做好个人防护。如及时戴耳塞、耳罩、头盔等防噪声用品。

（4）定期进行预防性体检。

11.4.5　防止振动危害的技术措施

（1）隔振，就是在振源与需要防振的设备之间，安装具有弹性性能的隔振装置，使振源产生的大部分振动被隔振装置所吸收。效果均较好。

（2）改革生产工艺，是防止振动危害的治本措施。

（3）有些手持振动工具的手柄，包扎泡沫塑料等隔振垫，工人操作时戴好专用的防振手套，也可减少振动的危害。

11.4.6　防暑降温措施

为了补偿高温作业工人因大量出汗而损失的水分和盐分，最好的办法是供给含盐饮料。

对高温作业工人应进行体格检查，凡有心血管器质性疾病者不宜从事高空作业。炎热季节医务人员要到现场巡回医疗，发现中暑，要立即抢救。

第 12 章 施工现场防火

本章要点

本章针对建筑施工的特点,结合施工过程中重点部位、关键环节和施工现场的环境确定防火的重点,从五个方面介绍消防安全:即消防安全的一般常识;施工现场仓库的防火;施工现场的防火;消防器材的配置使用;消防安全管理。通过较系统的介绍,使施工管理人员和施工作业人员初步了解掌握施工现场防火措施,地下室施工和高层建筑施工的防火;消防器材的分类、用途和使用;消防安全管理制度;火灾险情的处置。重点把握起火具备的三个条件,消防的方式;施工过程重点部位防火安全措施;消防器材的配置和使用;消防管理责任制和火灾险情的报告及处置;易燃危险物品的特性;引起火灾的原因;施工电气防火;消防器材的灭火原理及用途等知识。

12.1 消防安全一般常识

12.1.1 术语

1. 防火

防火是指防止火灾发生和(或)限制其影响的措施。我国消防工作的方针是"以防为主,防消结合",以防为主就是要把预防火灾的工作放在首要的地位,要开展防火安全教育,提高人民群众对火灾的警惕性;健全防火组织,严密防火制度,进行防火检查,消除火灾隐患,贯彻建筑防火措施等。只有抓好消防防火,才能把可能引起火灾的因素消灭在起火之前,减少火灾事故的发生。

"防消结合"就是在积极做好防火工作的同时,在组织上、思想上、物质上和技术上做好灭火战斗的准备。一旦发生火灾,就能迅速地赶赴现场,及时有效地将火灾扑灭。"防"和"消"是相辅相成的两个方面,是缺一不可的,因此,这两方面的工作都要积极做好。

2. 火灾

火灾是一种违反人们意志、在时间和空间上失去控制的燃烧现象。

根据火灾情况下物资燃烧的特性和灭火所适用的灭火剂类型,将火灾分为五类:

A 类火灾:指含碳固体可燃物,如木材、棉、毛、麻、纸张等燃烧的火灾;

B 类火灾:指易燃液体和可熔化固体物质,如汽油、煤油、柴油、甲醇、乙醇、丙酮、沥青、石蜡等燃烧的火灾;

C 类火灾:指可燃气体,如液化石油气、煤气、天然气、甲烷、丙烷、乙炔、氢气等燃烧的火灾;

D 类火灾:指可燃金属,如钾、钠、镁、钛、钴、锂、合金等燃烧的火灾;

E 带电火灾:指带电物体燃烧的火灾。

根据《生产安全事故报告和调查处理条例》(国务院令 493 号)规定的生产安全事故等级标准,公安部下发的《关于调整火灾等级标准的通知》将火灾等级标准调整为四级,按照一次火灾事故所造成的人员伤亡、受灾户数和财物直接损失金额,特别重大、重大、较大和一般火灾的等级标准分别为:

(1) 特别重大火灾是指造成 30 人以上死亡,或者 100 人以上重伤,或者 1 亿元以上直接财产损失的火灾;

(2) 重大火灾是指造成 10 人以上 30 人以下死亡,或者 50 人以上 100 人以下重伤,或者 5000 万元以上 1 亿元以下直接财产损失的火灾;

(3) 较大火灾是指造成 3 人以上 10 人以下死亡,或者 10 人以上 50 人以下重伤,或者 10000 万元以上 5000 万元以下直接财产损失的火灾;

(4) 一般火灾是指造成 3 人以下死亡,或者 10 人以下重伤,或者 1000 万元以下直接财产损失的火灾。

(注:"以上"包括本数,"以下"不包括本数)

3. 着火

可燃物资在与空气共存的条件下,当达到某一温度时与火源接触,立即引起燃烧,并在火源离开后仍能继续燃烧,这种持续燃烧的现象称为着火。

4. 燃烧

燃烧是一种同时伴有放热和发光效应的剧烈的氧化反应。发热、发光、生成新物资是燃烧的 3 个特征。发生燃烧必须具备三个条件:

1) 可燃物质。凡是能够与空气中的氧或其他氧化剂起剧烈化学反应的物质,一般都称为可燃物质。如:木材、纸张、汽油、酒精、氢气、钠、镁等。

2) 助燃物质。凡能和可燃物发生反应并引起燃烧的物质,称为助燃物质。如:空气、氧、氯、过氧化钠等。

3) 有着火源。凡能引起可燃物质燃烧的热能源,叫做着火源。如:明火、高温、赤热体、火星、聚焦的日光、机械热、雷电、静电、电火花等。

只有同时具备了以上 3 个燃烧所必需的条件,可燃物质才能发生燃烧。但为使燃烧发生并持续,还要有一定的条件:

① 要有足够的可燃物质。若可燃气体或蒸气在空气中的浓度不够,燃烧就不会发生。例如:用火柴在常温下去点汽油,能立即燃烧,但若用火柴在常温下去点柴油,却不能燃烧。

② 要有足够的助燃物质。燃烧若没有足够的助燃物,火焰就会逐渐减弱,直至熄灭。如在密闭的小空间中点蜡烛,随着氧气的逐渐耗尽火焰会最终熄灭。

③ 要让引火源达到一定的温度,并具有足够的热量。如火星落到棉花上,很容易着火,而落在木材上,则不易起火,就是因为木材燃烧需要的热量较棉花为多。白磷在夏天很容易自然着火,而煤则不然,这是由于白磷燃烧所需的温度很低(34℃),而煤所需的燃烧温度很高(36~52℃)。

5. 自燃

在一定温度下与空气(氧)或其他氧化剂进行剧烈化合而发生的热效发光的现象过程为燃烧。自燃是指可燃物质在没有外来热源作用的情况下,由其本身所进行的生物、物理或化学作用而产生热。在达到一定的温度和氧量时。发生自动燃烧。

在一般情况下,能自燃的物质有:植物产品、油脂、煤及硫化铁等。

6. 燃点、自燃点和闪点

(1)燃点是指可燃物质加温受热,并点燃后,所放出的燃烧热,能使该物质挥发出足够的可燃蒸气来维持其燃烧。这种加温该物质形成连续燃烧所需的最低温度,既为该物质的燃点。物质的燃点越低,则物质越容易燃烧。

(2)自燃点是指可燃物质受热发生自燃的最低温度。在这一温度时,可燃物质与空气(氧)接触不需要明火的作用,就能自行发生燃烧。

物质的自燃点越低,发生起火的危险性就越大。

(3)闪点是指易燃与可燃液体发生蒸气与空气形成的混合物,遇火源能发生闪燃的最低温度。

6. 爆炸、爆炸极限

物质自一种状态迅速地转变为另一种状态,并在极短的时间内放出巨大能量的现象,称为爆炸。

爆炸极限是表征可燃气体和可燃粉尘危险性的主要示性数。当可燃性气体、蒸气或可燃粉尘与空气(或氧)在一定浓度范围内均匀混合,遇到火源发生爆炸的浓度范围称为爆炸浓度极限,简称爆炸极限。爆炸极限的单位气体或蒸气的爆炸极限的单位,是以在混合物中所占体积的百分比(%)来表示的,如氢与空气混合物的爆炸极限为4%~75%。可燃粉尘的爆炸极限是以混合物中所占体积的质量比g/m^3来表示的。

(1)爆炸可分为核爆炸、物理爆炸和化学爆炸三种形式。

(2)一种可燃气体或可燃液体蒸气的爆炸极限,也不是固定不变的,他们受温度、压力、含氧量、容器的直径等因素的影响。

12.1.2 建筑防火

(1)建筑设计防火

建筑设计防火主要内容:

1)总平面防火。它要求在总平面设计中,应根据建筑物的使用性质、火灾危险性、地形、地势和风向等因素,进行合理布局,尽量避免建筑物相互之间构成火灾威胁和发生火灾爆炸后可能造成严重后果,并且为消防车顺利扑救火灾提供条件。

2)建筑物耐火等级。划分建筑物耐火等级是建筑物设计防火规范中规定的防火技术措施中最基本的措施。它要求建筑物在火灾高温的持续作用下,墙、柱、梁、楼板、屋盖、吊顶等基本建筑结构件,能在一定的时间内不破坏,不传播火灾,从而起到延缓和阻止火灾蔓延的作用,并为人员疏散、抢救物资和扑灭火灾以及为火灾后结构修复创造条件。

3)防火分区和防火分隔。在建筑物中采用耐火性较好的分隔构件将建筑物空间分隔成若干区域,一旦某一区域起火,则会把火灾控制在这一局部区域之中,防止火灾扩大蔓延。

4）防烟分区。对于某些建筑物需用挡烟构件（挡烟梁、挡烟垂壁、隔墙）划分防烟分区将烟气控制在一定范围内，以便用排烟设施将其排出，保证人员安全疏散和便于消防扑救工作顺利进行。

5）室内装修防火。在防火设计中应根据建筑物性质、规模，对建筑物的不同装修部位，采用相应燃烧性能的装修材料。要求室内装修材料尽量做到不燃或难燃化，减少火灾的发生和降低蔓延速度。

6）安全疏散。建筑物发生火灾时，为避免建筑物内人员由于火烧、烟熏中毒和房屋倒塌而遭到伤害，必须尽快撤离；室内的物资财富也要尽快抢救出来，以减少火灾损失。为此要求建筑物应有完善的安全疏散设施，为安全疏散创造良好的条件。

7）工业建筑防爆。在一些工业建筑中，使用和产生的可燃气体、可燃蒸汽、可燃粉尘等物质能够与空气形成爆炸危险性的混合物，遇到火源就能引起爆炸。这种爆炸能够在瞬间以机械功的形式释放出巨大的能量，使建筑物、生产设备造成毁坏，造成人员伤亡。对于上述有爆炸危险的工业建筑，为了防止爆炸事故的发生，减少爆炸事故造成的损失，要从建筑平面与空间布置、建筑结构和建筑设施方面采取防火防爆措施。

（2）建筑防火结构是根据建筑物的使用情况、生产和贮存物品的火灾危险类别而设计的。

表12-1为高层民用建筑的耐火等级与相应构件的最低耐火性能的关系。

高层建筑物构件的燃烧性能和耐火极限　　　　　　　　　　　表12-1

构件名称		燃烧性能和耐火极限(h) 耐火等级	
		一级	二级
墙	防火墙	不燃烧体 3.00	不燃烧体 3.00
	承重墙、楼梯间、电梯井和住宅单元之间的墙	不燃烧体 2.00	不燃烧体 2.00
	非承重外墙、疏散走道两侧的隔墙	不燃烧体 1.00	不燃烧体 1.00
	房间隔墙	不燃烧体 0.75	不燃烧体 0.75
柱		不燃烧体 3.00	不燃烧体 3.00
梁		不燃烧体 2.00	不燃烧体 1.50
楼板、疏散楼梯、屋顶承重结构		不燃烧体 1.50	不燃烧体 1.00
吊顶		不燃烧体 0.25	不燃烧体 0.25

表12-2为多层民用建筑和工业建筑的耐火等级与相应构件的最低耐火性能的关系。

（3）我国建筑的耐火等级分为四级。

这四类耐火等级的建筑物有：

1）一级耐火等级建筑是钢筋混凝土结构或砖墙与混凝土结构组成的混合结构。

2）二级耐火等级的建筑是钢结构屋架，钢筋混凝土柱或砖墙组成的混合结构。

① 建筑钢材是在严格的技术控制下生产的材料，具有强度大、塑性和韧性好、品质均匀、可焊可铆、制成的钢结构质量轻等优点。但就防火而言，钢材虽然属于不燃性材料，耐火性能却很差。二级耐火等级的钢结构屋架，在火焰可烧到部位应当采取钢结构耐火保护层措施，保护层的厚度按有关计算公式计算确定。

多层建筑物构件的燃烧性能和耐火极限　　　　表 12-2

燃烧性能和耐火极限(h) 构件名称		一级	二级	三级	四级
墙	防火墙	不燃烧体 4.00	不燃烧体 4.00	不燃烧体 4.00	不燃烧体 4.00
	承重墙、楼梯间、电梯井的墙	不燃烧体 3.00	不燃烧体 2.50	不燃烧体 2.50	不燃烧体 0.50
	非承重外墙、疏散走道两侧的隔墙	不燃烧体 1.00	不燃烧体 1.00	不燃烧体 0.50	不燃烧体 0.25
	房间隔墙	不燃烧体 0.75	不燃烧体 0.50	不燃烧体 2.50	不燃烧体 0.25
柱	支承多层的柱	不燃烧体 3.00	不燃烧体 2.50	不燃烧体 2.50	难燃烧体 0.50
	支承单层的柱	不燃烧体 2.50	不燃烧体 2.00	不燃烧体 2.00	燃烧体
梁		不燃烧体 2.00	不燃烧体 1.50	不燃烧体 1.00	难燃烧体 0.50
楼板		不燃烧体 1.50	不燃烧体 1.00	不燃烧体 0.50	难燃烧体 0.25
屋顶承重构件		不燃烧体 1.50	不燃烧体 0.50	燃烧体	燃烧体
疏散楼梯		不燃烧体 1.50	不燃烧体 1.00	不燃烧体 1.00	燃烧体
吊顶(包括吊顶搁栅)		不燃烧体 0.25	难燃烧体 0.25	难燃烧体 0.15	燃烧体

注:1. 以木柱承重且以不燃烧材料作为墙体的建筑物,其耐火等级应按四级确定。
2. 高层工业建筑的预制钢筋混凝土装配式结构,其接缝隙点或金属承重构件节点的外露部位,应做防火保护层,其耐火极限不应低于本表相应构件的规定。
3. 二级耐火等级的建筑物吊顶,如采用不燃烧体时,其耐火极限不限。
4. 在二级耐火等级的建筑物中,面积不超过100m² 的房间隔墙,如执行本表的规定有困难时,可采用耐火极限不低于 0.3h 的不燃烧体。
5. 一、二级耐火等级民用建筑疏散走道两侧的隔墙,按本表规定执行有困难时,可采用0.75h 不燃烧体。
6. 建筑构件的燃烧性能和耐火极限,可按 GB 50016—2006 附录确定。

② 钢材不耐火的原因:一是其在高温下强度降低快。在建筑结构中广泛使用的普通低碳钢温度超过350℃,强度开始大幅度下降,在500℃时约为常温时的1/2,600℃时约为常温时的1/3。冷加工钢筋和高强钢丝在火灾高温下强度下降明显大于普通低碳钢筋和低合金钢筋,因此预应力钢筋混凝土构件,耐火性能远低于非预应力钢筋混凝土构件。二是钢材热导率大,易于传递热量,使结构内部升温很快。三是高温下钢材塑性增大,易于产生变形。四是钢构件截面面积较小,热容量小,升温快。

预应力构件所用钢材多为高强钢材和冷加工钢材,这些钢材在温度作用下强度降低幅度更大。在耐火要求较高的建筑结构中使用预应力混凝土构件,可能导致构件在火灾高温作用下失效。试验研究和大量火灾实例表明,处于火灾高温下的裸露钢结构往往在15min 左右即丧失承载能力,发生倒塌破坏。

表12-3 为我国部分钢结构在火灾中的倒塌案例。

3) 三级耐火等级的建筑是木屋顶和砖墙组成的砖木结构。施工现场的办公、宿舍等临时设施场为此类结构,更应该注重防火安全。

4) 四级耐火等级建筑是木屋顶,难燃烧体墙壁组成的可燃结构。

在建筑设计时,究竟对某一建筑物应采用那一类耐火等级为好,这主要取决于建筑物的使用性质和规模大小。对火灾危险性较大,或者发生火灾后社会影响大,人员伤亡大、经济损失大的建筑物,应采用较高的耐火等级。

钢结构在火灾中的倒塌案例　　　　　表 12-3

建筑名称	结构类型	火灾日期	倒塌时间(min)	损失(万元)
重庆某化工厂	钢屋架	1960年2月	20	—
某市文化广场	钢屋架	1969年12月	15	329
某体育馆	钢屋架	1973年5月	19	160
长春某卷烟厂	钢木屋架	1981年4月	20	15.6
北京某剧场	钢木屋架	1983年12月	20	200
唐山某棉纺厂	钢屋架	1986年1月	20	127
北京某厂车间	钢屋架	1986年4月	20	—
江油某俱乐部	钢屋架	1987年4月	20	19.3

12.1.3 火灾危险性分类

火灾危险性质分类的目的,是为了便于在工业建筑防火要求上区别对待,使工厂厂房和库房既安全又经济。

(1) 按生产过程中的使用或生产物质的火灾危险性分为生产的火灾危险性分类。该项分类共分为甲、乙、丙、丁、戊五个分类,见表 12-4。

生产的火灾危险性分类　　　　　表 12-4

生产类别	火灾危险性特征
甲	使用或产生下列物质的生产: 1. 闪点 < 28℃ 的液体 2. 爆炸下限 < 10% 的气体 3. 常温下能自行分解或在空气中氧化即能导致迅速自燃或爆炸的物质 4. 常温下受到水或空气中水蒸气的作用,能产生可燃气体并引起燃烧或爆炸的物质 5. 遇酸、受热、撞击、摩擦、催化以及遇有机物或硫磺等易燃的无机物,极易引起燃烧或爆炸的强氧化剂 6. 受撞击、摩擦或与氧化剂、有机物接触时能引起燃烧或爆炸的物质 7. 在密闭设备内操作温度等于或超过物质本身自燃点的生产
乙	使用或产生下列物质的生产: 1. 闪点 28~60℃ 的液体 2. 爆炸下限 ≥10% 的气体 3. 不属于甲类的氧化剂 4. 不属于甲类的化学易燃危险固体 5. 助燃气体 6. 能与空气形成爆炸性混合物的浮游状态的粉尘、纤维、闪点 ≥60℃ 的液体雾滴
丙	使用或产生下列物质的生产 1. 闪点 ≥60℃ 的液体 2. 可燃固体

续表

生产类别	火灾危险性特征
丁	具有下列情况的生产： 1. 对为燃烧物质进行加工，并在高温或熔化状态下经常产生强辐射热、火花或火焰的生产 2. 利用气体、液体、固体作为燃料或将气体、液体进行燃烧作其他用的各种生产 3. 常温下使用或加工难燃烧物质的生产
戊	常温下使用或加工不燃烧物质的生产

注：在生产过程中，如使用或产生易燃、可燃物质的量较少，不足以构成爆炸或火灾危险时，可以按实际情况确定其火灾危险性的类别。

（2）物品在贮存过程中的火灾危险性分为贮存物品的火灾危险性分类。该项分类也是分为甲、乙、丙、丁、戊五个类别，见表12-5。

储存物品的火灾危险性分类表   表12-5

储存物品类别	火灾危险性特征
甲	1. 闪点<28℃的液体 2. 爆炸下限<10%的气体，以及受到水或空气中水蒸气的作用，能产生爆炸下限<10%气体的固体物质 3. 常温下能自行分解或在空气中氧化即能导致迅速自燃或爆炸的物质 4. 常温下受到水或空气中水蒸气的作用，能产生可燃气体并引起燃烧或爆炸的物质 5. 遇酸、受热、撞击、摩擦、催化以及遇有机物或硫磺等易燃的无机物，极易引起燃烧或爆炸的强氧化剂 6. 受撞击、摩擦或与氧化剂、有机物接触时能引起燃烧或爆炸的物质
乙	1. 闪点≥28℃至<60℃的液体 2. 爆炸下限≥10%的气体 3. 不属于甲类的氧化剂 4. 不属于甲类的化学易燃危险固体 5. 助燃气体 6. 常温下与空气接触能缓慢氧化，积热不散引起自燃的物品
丙	1. 闪点≥60℃的液体 2. 可燃固体
丁	难燃烧物品
戊	不燃烧物品

12.1.4 防火分区和防火分隔

建筑物的某空间发生火灾后，火势便会因热气对流、辐射作用，或者是从楼板、墙壁的烧损处和门窗洞口向其他空间蔓延扩大。因而，对规模、面积大，或多层、高层建筑在一定时间内把火势控制在着火的一定区域内非常重要的。

（1）防火分区　防火分区就是采用一定耐火性能的分隔构件划分的,能在一定时间内防止火灾向同一建筑物的其他部分蔓延的局部区域(空间单元)。

1）防火分区可分为3种类型:水平防火分区、竖向防火分区、特殊部位和重要房间的防火分隔。

2）对防火分区划分的要求:

① 做避难通道使用的楼梯间、前室和某些有避难功能的走廊,必须受到完全保护,保证其不受火灾侵害,并经常保持畅通无阻。

② 在同一个建筑物内,每个危险区域之间、不同用户之间、办公用房和生产车间之间,应该进行防火分隔处理。

③ 高层建筑中的各种竖向井道,如电缆井、管道井、垃圾井等,其本身应是独立的防火单元,保证井道外部火灾不得传入井道内部,井道内部火灾也不得传到井道外部。

④ 有特殊防火要求的建筑(如医院等)在防火分区之内尚应设置更小的防火区域。

⑤ 高层建筑在垂直方向应以每个楼层为单元划分防火分区。

⑥ 所有建筑的地下室,在垂直方向应以每个楼层为单元划分防火分区。

⑦ 为扑救火灾而设置的消防通道,其本身应受到良好的防火保护。

⑧ 设有自动喷水灭火设备的防火分区,其允许面积可以适当扩大。

（2）防火分隔　防火分隔就是用耐火分隔物将建筑物内某些特殊部位、房间等加以分隔,阻止火势蔓延扩大的防火措施。

防火分隔在划分范围大小、分隔对象、分隔的要求等方面都与防火分区不同。防火分隔物主要有耐火隔墙、耐火楼板、防火门(甲、乙、丙级防火门)、防火卷帘等。主要分隔的部位、房间及其防火分隔要求应符合规定要求。

12.2　施工现场仓库防火

建筑物是由各种建筑材料建造起来的。建筑材料在建筑物中有的用做结构材料,承受各种荷载的作用;有的用做室内装修材料,美化室内环境。在这些种类繁多的建筑材料中,有相当多的建筑材料属于易燃物或易燃易爆物品。因此,建筑材料的存放以及使用的防火安全十分重要。

12.2.1　易燃易爆物品仓库的设置

对易引起火灾的仓库,应将库房内、外按 $500m^2$ 的区域分段设立防火墙,把建筑平面划分为若干个防火单元,以便考虑失火后能阻止火势的扩散。仓库应设在水源充足,消防车能驶到的地方,同时,根据季节风向的变化,应设在下风方向。

贮量大的易燃物品仓库,其仓库应与生活区、生活辅助区和堆场分别布置,仓库应设两个以上的大门,大门应向外开启。固体易燃物品应当与易燃易爆的液体分间存放,不得在一个仓库内混合贮存不同性质的物品。特殊易燃易爆物品仓库与生活区应保持30m的安全距离。

12.2.2 建筑材料分类、几种材料的高温性能以及几种常用易燃材料储存防火要求

（1）建筑材料分类

建筑材料种类很多，按其高温的性能可分为三类：

1）无机材料。无机材料一般都是不燃材料，如混凝土、胶凝材料类、砖、天然石材与人造石材类、建筑陶瓷、建筑玻璃、石膏制品类、无机涂料类、建筑五金等。

2）有机材料。有机材料一般为可燃性材料，如建筑木材类、建筑塑料类、装修及装饰性材料类、有机涂料类、各种功能性材料等。

3）复合材料。复合材料含有一定的可燃成分，如使用酚醛树脂胶合板等各种功能性复合材料。

（2）几种材料的高温性能

1）木材。木材是天然高分子化合物，主要化学成分是碳、氢和氧元素，还有少量的氮和其他元素。在温度达到260℃左右时热分解进行很剧烈，如遇明火，便会被引燃。在加热温度达到400~460℃时，即使没有火源，木材也会自行着火。

2）塑料类材料。这主要由塑料的热性能和燃烧特点决定。塑料耐热性差，实用温度界限大约为60~150℃；有的塑料弹性系数小，刚度小，变形大；容易燃烧，在300~500℃范围内，大部分塑料制品容易着火、燃烧时烟多且有毒，燃烧产物容易使人中毒、窒息；密闭的火场可能发生热分解，产生的部分可燃气体与空气形成爆炸性混合物发生爆燃或爆炸；有的塑料燃烧速度快，燃烧中易发生熔融滴落对人易造成伤害，并使火势蔓延；多数塑料燃烧发热量大。

3）胶合板。胶合板的高温性能与胶粘剂有关。使用酚醛树脂、三聚氰胺树脂作胶粘剂的，防火性能好，不易燃烧。使用尿素树脂作胶粘剂的，因其中掺有面粉，所以防火性能差，易于燃烧。难燃胶合板是用磷酸铵、硼酸和氰化亚铅等防火剂浸过薄板制造的板材，其防火性能好，难燃烧。

4）纤维板。纤维板的燃烧性能取决于胶粘剂。使用无机胶粘剂，则制成难燃的纤维板。使用各种树脂作胶粘剂，则随着树脂的不同，制成易燃或难燃的纤维板。

5）玻璃钢瓦。玻璃钢瓦多用作房顶材料。玻璃钢是一种可燃塑料制品，遇明火后会很快燃烧。而建筑中使用的玻璃钢瓦是在原材料中添加阻燃剂制成的滞燃性物质。它在点然后，当明火离开时，火焰即会熄灭，但它在火灾情况下，无法抵挡火势的侵袭，因此不能作为耐火材料。

几种建筑工地经常使用而且易被忽视的材料的储存要求。

（1）石灰

生石灰能与水发生化学反应，并产生大量热，足以引燃燃点较低的材料，如：木材、稻草、席子等。因此，贮存石灰的房间不宜用可燃材料搭设，最好用砖石砌筑。石灰表面不得存放易燃材料，并且要有良好的通风条件。

（2）亚硝酸钠

亚硝酸钠作为混凝土的早强剂、防冻剂，广泛使用在建筑工程的冬期施工中。

亚硝酸钠这种化学材料当与硫、磷及有机物混合时，经摩擦、撞击有引起燃烧或爆炸

的危险,因此在贮存使用时,要特别注意严禁与硫、磷、木炭等易燃物混放、混运。要与有机物及还原剂分库存放,库房要干燥通风。装运氧化剂的车辆,如有散漏,应清理干净。搬运时要轻拿轻放,要远离高温与明火,要设置灭火剂,灭火剂使用雾状水和砂子。

(3) 几种防腐蚀材料

环氧树脂、呋喃树脂、酚醛树脂、乙二胺等都是建筑工程常用的树脂类防腐材料,都是易燃液体材料。它们都具有燃点和闪点低、易挥发的共同特性。它们遇火种、高温、氧化剂都有引起燃烧爆炸的危险。与氨水、盐酸、氟化氢、硝酸、硫酸等反应强烈,有爆炸的危险。因此,在贮存、使用、运输时,都要注意远离火种,严禁吸烟,温度不能过高,防止阳光直射。应与氧化剂、酸类分库存放,库内要保持阴凉通风。搬运时要轻拿轻放,防止包装破坏外流。

(4) 油漆稀释剂

建筑工程施工使用的稀释剂,都是挥发性强、闪点低的一级易燃易爆化学流体材料,诸如汽油、松香水、信那水等易燃材料。

油漆工在休息室内不得存放油漆和稀释剂,油漆和稀释剂必须设库存放,容器必须加盖。刷油漆时涮刷子,残留的稀释剂不能放在休息室内,也不能明露放在库内,应当及时妥善处理掉。

(5) 电石

电石本身不会燃烧,但遇水或受潮会迅速分解出乙炔气体。在装箱搬运、开箱使用时要严格遵守以下要求:严禁雨天运输电石,途中遇雨或必须在雨中运输应采取可靠的防雨措施。搬运电石时,发现桶盖密封不严,要在室外开盖放气后,再将盖盖严搬运。要轻搬轻放,严禁用滑板或在地上滚动、碰撞或敲打电石桶。电石桶不要放在潮湿的地方,库房必须是耐火建筑,有良好的通风条件,库房周围 10m 内严禁明火。库内不准设气、水管道,以防室内潮湿。库内照明设备应用防爆灯,开关采用封闭式并安装在库房外。严禁用铁工具开启电石桶,应用铜制工具开启,开启时人站在侧面。空电石桶未经处理,不许接触明火。小颗粒精粉末电石要随时处理,集中倒在指定坑内,而且要远离明火,坑上不准加盖,上面不许有架空线路。电石不要与易燃易爆物质混合存放在一个库内。禁止穿带钉子的鞋进入库内,以防摩擦产生火花。

12.2.3 易燃易爆物品贮存注意事项

(1) 易燃仓库堆料场与其他建筑物、铁路、道路、高压线的防火间距,应按《建筑设计防火规范》的有关规定执行。

(2) 易燃仓库堆料场物品应当分类、分堆、分组和分垛存放,每个堆垛面积为:木材(板材)不得大于 $300m^2$;稻草不得大于 $150m^2$;锯末不得大于 $200m^2$;堆垛与堆垛之间应留 3m 宽的消防通道。

(3) 易燃露天仓库的四周,应有不小于 6m 的平坦空地作为消防通道,通道上禁止堆放障碍物。

(4) 有明火的生产辅助区和生活用房及易燃堆垛之间,至少应保持 30m 的防火间距。有飞火的烟囱应布置在仓库的下风地带。

(5) 贮存的稻草、锯末、煤炭等物品的堆垛,应保持良好通风,注意堆垛内的温湿度变化。发现温度超过38℃,或水分过低时,应及时采取措施,防止其自燃起火。

(6) 在建的建筑物内不得存放易燃易爆物品,尤其是不得将木工加工区设在建筑物内。

(7) 仓库保管员应当熟悉储存物品的分类、性质、保管业务知识和防火安全制度,掌握消防器材的操作使用和维护保养方法,做好本岗位的防火工作。

12.2.4 易燃仓库的装卸管理

(1) 物品入库前应当有专人负责检查,确定无火种等隐患后,方可装卸物品。

(2) 拖拉机不准进入仓库、堆料场进行装卸作业,其他车辆进入仓库或露天堆料场装卸时,应安装符合要求的火星熄灭防火罩。

(3) 在仓库或堆料场内进行吊装作业时,其机械设备必须符合防火要求,严防产生火星,引起火灾。

(4) 装过化学危险物品的车,必须清洗干净后方准装运易燃和可燃物品。

(5) 装卸作业结束后,应当对库区、库房进行检查,确认安全后,方可离人。

12.2.5 易燃仓库的用电管理

(1) 仓库或堆料场所一般应使用地下电缆,若有困难需设置架空电力线路时,架空电力线与露天易燃物堆垛的最小水平距离,不应小于电线杆高度的1.5倍。库房内设的配电线路,需穿金属管或用非燃硬塑料管保护。

(2) 仓库(堆料场所)严禁使用碘钨灯和超过60W以上的白炽灯等高温照明灯具。当使用日光灯等低温照明灯具和其他防燃型照明灯具时,应当对镇流器采取隔热、散热等防火保护措施。照明灯具与易燃堆垛间至少保持1m的距离,安装的开关箱、接线盒,应距离堆垛外缘不小于1.5m,不准乱拉临时电气线路。贮存大量易燃物品的仓库场地应设置独立的避雷装置。

(3) 仓库库房内不准设置移动式照明灯具。照明灯具下方不准堆放物品,其垂点下方与储存物品水平间距离不得小于0.5m。

(4) 库房内不准使用电炉、电烙铁、电熨斗等电热器具和电视机、电冰箱等家用电器。

(5) 库区的每个库房应当在库房外单独安装开关箱,保管人员离库时,必须拉闸断电。禁止使用不合规格的保险装置。

12.3 施工现场防火

12.3.1 动火区域划分

根据建筑工程选址位置,施工周围环境,施工现场平面布置,施工工艺,施工部位不同,其动火区域分为一、二、三级。

(1) 一级动火区域也称为禁火区域,凡属下列情况的均属此类:
1) 在生产或者贮存易燃易爆物品场区,进行新建、扩建、改建工程的施工现场;
2) 建筑工程周围存在生产或贮存易燃易爆品的场所,在防火安全距离范围内的施工部位;
3) 施工现场内贮存易燃易爆危险物品的仓库、库区;
4) 施工现场木工作业处和半成品加工区;
5) 在比较密封的室内、容器内、地下室等场所,进行配制或者调和易燃易爆液体和涂刷油漆作业。

(2) 二级动火区域:
1) 在禁火区域周围的动火作业区;
2) 登高焊接或者气割作业区;
3) 砖木结构临时食堂炉灶处。

(3) 三级动火区域:
1) 无易燃易爆危险物品处的动火作业区;
2) 施工现场燃煤茶炉处;
3) 冬季燃煤取暖的办公室、宿舍等生活设施。

在一、二级动火区域施工,施工单位必须认真遵守消防法律法规,严格按照有关规定,建立防火安全规章制度。在生产或者贮存易燃易爆品的场区施工,施工单位应当与相关单位建立动火信息通报制度,自觉遵守相关单位消防管理制度,共同防范火灾。做到动火作业先申请,后作业,不批准,不动火。

在施工现场禁火区域内施工,应当教育施工人员严格遵守消防安全管理规定,动火作业前必须申请办理动火证,动火证必须注明动火地点、动火时间、动火人、现场监护人、批准人和防火措施。动火证是消防安全的一项重要制度,动火证的管理由安全生产管理部门负责,施工现场动火证的审批由工程项目部负责人审批。动火作业没经过审批的,一律不得实施动火作业。

12.3.2 施工现场平面布置的防火要求

(1) 施工现场要明确划分出:禁火作业区(易燃、可燃材料的堆放场地)、仓库区(易燃废料的堆放区)和现场的生活区。各区域之间一定要有可靠的防火间距:
1) 禁火作业区距离生活区不小于15m,距离其他区域不小于25m。
2) 易燃、可燃材料堆料场及仓库距离修建的建筑物和其他区不小于20m。
3) 易燃的废品集中场地距离修建的建筑物和其他区域不小于30m。
4) 防火间距内,不应堆放易燃和可燃材料。

(2) 施工现场的道路,夜间要有足够的照明设备。在高压架空电线下面不要搭设临时性建筑物或堆放可燃材料。

(3) 施工现场必须设立消防车通道,其宽度应不小于3.5m,并且在工程施工的任何阶段都必须通行无阻,施工现场的消防水源,要筑有消防车能驶入的道路,如果不可能修建出通道时,应在水源(池)一边铺砌停车和回车空地。

(4) 建筑工地要设有足够的消防水源(给水管道或蓄水池),对有消防给水管道设计的工程,应在建筑施工时,先敷设好室外消防给水管道与消火栓。

(5) 临时性的建筑物、仓库以及正在修建的建(构)筑物道旁,都应该配置适当种类和一定数量的灭火器,并布置在明显和便于取用的地点。冬期施工还应对消防水池、消火栓和灭火器等做好防冻工作。

(6) 作业棚和临时生活设施的规划和搭建,必须符合下列要求:

1) 临时生活设施应尽可能搭建在距离修建的建筑物20m以外的地区,并且不要搭设在高压架空电线的下面,距离高压架空电线的水平距离不应小于6m。

2) 临时宿舍与厨房、锅炉房、变电所和汽车库之间的防火距离,应不小于15m。

3) 临时宿舍等生活设施,距离铁路的中心线以及小量易燃品贮藏室的间距不小于30m。

4) 临时宿舍距火灾危险性大的生产场所不得小于30m。

5) 为贮存大量的易燃物品、油料、炸药等所修建的临时仓库,与永久工程或临时宿舍之间的防火间距应根据所贮存的数量,按照有关规定确定。

6) 在独立的场地上修建成批的临时宿舍,应当分组布置,每组最多不超过二幢,组与组之间的防火距离,在城市市区不小于20m,在农村应不小于10m。临时宿舍简易楼房的层高应当控制在两层以内,每层应当设置两个安全通道。

7) 生产工棚包括仓库,无论有无用火作业或取暖设备,室内最低高度一般不应低于2.8m,其门的宽度要大于1.2m,并且要双扇向外。

12.3.3 施工现场防火要求

(1) 建筑施工现场的防火管理内容

1) 每个建筑工地都应成立防火领导小组,建立、健全安全防火责任制度,各项安全防火规章和制度要书写上墙,施工管理人员要指导作业人员贯彻落实防火规章制度。

2) 要加强施工现场的安全保卫工作。建筑工地周边应当都要设立围挡,其高度应不低于1.8~2.4m。较大的工程要设专职保卫人员。禁止非工地人员进入施工现场。公事人员进入现场要进行登记,有人接待,并告知工地的防火制度。节假日期间值班人员应当昼夜巡逻。

3) 建筑工地要认真执行"三清、五好"管理制度。尤其对木制品的刨花、锯末、料头、防火油毡纸头、沥青,冬期施工的草袋子、稻壳子、苇席子等保温材料要随干随清,做到工完场清。各类材料都要码放成垛,整齐堆放。

4) 临时工、合同工等各类新工人进入施工现场,都要进行防火安全教育和防火知识的学习。经考试合格后方能上岗工作。

5) 建筑工地都必须制定防火安全措施,防火重地和易燃危险场所施工作业必须及时向有关人员、作业班组进行书面安全交底,按照交底要求进行施工并交底落实。

6) 建筑工程要严禁多层转包,以免一个施工现场有多个施工队伍,相互影响。

7) 做好生产、生活用火的管理。

(2) 建筑施工相关工种作业的防火安全要求

建筑工程是一个多工种配合和立体交叉混合作业的施工现场。建筑施工过程中下列工种的施工作业，都应当特别注意防火安全。

1) 建筑焊工

电、气焊是利用电能或化学能转变为热能对金属进行加热的熔接方法。焊接或切割的基本特点是高温、高压、易燃、易爆。

① 电、气焊作业时必须注意以下几个方面的问题：

气焊设备的防火、防爆要求。氧气瓶与乙炔瓶是气焊工艺的主要设备，属于易燃、易爆的受压容器。乙炔气瓶应安装回火防止器，防止氧气倒回发生事故。乙炔瓶应放置在距离明火至少10m以外的地方，严禁倒放。焊、割作业时乙炔瓶和氧气瓶，两者使用时的距离不得小于5m，不得放置在高压线下面或在太阳下暴晒。

每天操作前都必须进行认真的检查。尤其是冬期施工完毕后，要及时将乙炔瓶和氧气瓶送回到存放处，采取一定的防冻措施，以免结冻。如果冻结，严禁用明火烘烤。作业时要根据金属材料的材质、形状，确定焊炬与金属的距离，不要距离太近，以防喷嘴太热，引起焊炬内自燃回火。在点火前要检查焊炬是否正常，其方法是检查焊炬的吸力，若开了氧气而乙炔管毫无吸力，则焊炬不能使用，必须及时修复。

电焊设备防火、防爆要求。电焊机是电弧焊工艺的主要设备，各种电焊机都应该在规定的电压下使用，旋转式直流电焊机应配备足够容量的磁力起动开关，不得使用闸刀开关直接起动。电焊机应有良好的隔离防护装置，电焊机的绝缘电阻不得小于1MΩ。电焊机的接线柱、接线孔等应装在绝缘板上，并有防护罩保护。电焊机应放置在避雨干燥的地方，不准与易燃、易爆物品或容器混放在一起。室内焊接时，电焊机的位置、线路敷设和操作地点的选择应符合防火安全要求，作业前必须进行检查，焊接导线要有足够的截面。严禁将焊接导线搭在氧气瓶、乙炔瓶、发生器、煤气、液化器等易燃易爆设备上，电焊导线中间不应有接头，如果必须设有接头，其接头处要远离易燃、易爆物10m以外。

② 在有类似下述情况而又没有采取相应的安全措施时，不允许进行焊接：

  a. 制作、加工和贮存易燃易爆危险物品的房间内；

  b. 贮存易燃易爆物品的贮罐和容器；

  c. 带电设备；

  d. 刚涂过油漆的建筑构件或设备；

  e. 盛过易燃液体而没有进行彻底清洗处理过的容器。

③ 电、气焊作业过程中的防火要求

电、气焊作业前要明确作业任务，认真了解作业环境，确定出动火的危险区域，并立明显标志，危险区内的一切易燃、易爆品都必须移走。对不能移走的可燃物，要采取可靠的防护措施。尤其刮风天气，要注意风力的大小和风向变化，防止风力把火星吹到附近的易燃物上，必要时应派人监护。

④ 施工现场的焊、割作业，必须符合防火要求，严格执行"十不烧"的规定：

  a. 焊工必须持证上岗，无证者不准进行焊、割作业；

  b. 属一、二、三级动火范围的焊、割作业，未经办理动火审批手续，不准进行焊割；

  c. 焊工不了解焊、割现场周围情况，不得进行焊、割；

d. 焊工不了解焊件内部是否有易燃、易爆物时,不得进行焊、割;

e. 各种装过可燃气体,易燃液体和有毒物质的容器,未经彻底清洗,或未排除危险之前,不准进行焊、割;

f. 用可燃材料作保温层、冷却层、隔声、隔热设备的部位,或火星能飞溅到的地方,在未采取切实可靠的安全措施之前,不准焊、割;

g. 有压力或密闭的管道、容器,不准焊、割;

h. 焊、割部位附近有易燃易爆物品,在未作清理或未采取有效的安全防护措施前,不准焊、割;

i. 附近有与明火作业相抵触的工种在作业时,不准焊、割;

j. 与外单位相连的部位,在没有弄清有无险情,或明知存在危险而未采取有效的措施之前,不准焊、割。

在旧建筑维修中使用电、气焊时,要特别注意作业前必须仔细检查焊割部位的墙体、楼板构造和隐蔽部位,不清楚绝不能施工。对于可燃的墙体和楼板以及存在的孔洞裂缝,导热的金属等要采取可靠的措施,防止火星落入埋下火种,或金属导热造成火灾。室内高级装饰工程,都必须在装饰施工前完成电、气焊施工。

2) 建筑木工

作业时必须注意以下几个方面的问题:

① 建筑工地的木工作业场所要严禁动用明火,工人吸烟要到休息室。工作场地和个人工具箱内要严禁存放油料和易燃易爆物品;

② 要经常对工作间内的电气设备及线路进行检查,发现短路、电气打火和线路绝缘老化破损等情况要及时找电工维修。电锯、电刨等木工设备在作业时,注意勿使刨花、锯末等物将电机盖上;

③ 熬水胶使用的炉子,应在单独房间里进行,用后要立即熄灭;

④ 木工作业要严格执行建筑安全操作规程。完工后必须做到现场清理干净,剩下的木料堆放整齐,锯末、刨花要堆放在指定的地点,做到工完场清并且不能在现场存放时间过长,防止自燃起火;

⑤ 现场支模作业,作业人员应严禁吸烟,严禁在支模作业面的上方进行焊接动火作业,支模作业区域应按照有关规定配备消防灭火器材,明确消防责任人。

3) 建筑电工

① 预防短路造成火灾的措施

施工现场架设或使用的临时用电线路,当发生故障或过载时,就会造成电气失火。由于短路时电流突然增大,发热量很大,不仅能使绝缘材料燃烧,而且能使金属熔化,产生火花引起邻近的易燃、可燃物质燃烧造成火灾。

建筑工地形成电气短路的主要原因:没有按具体环境选用导线,导线受损,线芯裸露维修不及时、导线受潮绝缘被击穿、安错线等都能造成短路。

预防电气短路的措施:建筑工地临时线路都必须使用护套线,导线绝缘必须符合电路电压要求。导线与导线、导线与墙壁和顶棚之间应有符合规定的间距。线路上要安装合适的保险丝和漏电断路器。

② 预防过负荷造成火灾的措施

根据负荷合理选用导线截面。不得随意在线路上接入过多负载。要定期检查线路负荷增减情况，按实际情况去掉过多的电气设备或另增线路。或者根据生产程序和需要，采取先控制后使用的方法，把用电时间排开。

③ 预防电火花和电弧产生的措施

产生火花和电弧的原因主要是：发生电气短路，开关通断，保险丝熔断，带电维修等。

预防措施：裸导线间或导体与接地体间应保持有足够的距离。保持导线支持物良好完整，防止布线过松。导线连接要牢固。经常检查导线的绝缘电阻，保持绝缘的强度和完整。保险器或开关应装在不燃的基座上并用不燃箱盒保护。不应带电安装和修理电气设备。

另外，在进行室内高级装饰时，安装电气线路一定要注意如下问题：

顶棚内的电气线路穿线必须为镀锌铁管，施工安装时必须焊接固定在顶棚内。造型顶棚用金属软管穿线时，要做保护接地，或者穿四根线其中一根作接地处理，防止金属外皮产生感应电引起火灾。

凡电器接头都必须用焊锡连接，而且合乎规范要求。

电源一般是三相的线制，由于装饰电气闭路特别多，这些回路均为单相，都要连接在三相四线制的电源中，所以三相电路都必须平衡，各个回路容量皆应相等，否则火灾危险性是很大的，所以在电源回路安装完毕后，根据施工规程要求把各回路的负荷电流表进行测试和调正，使线路三相保持平衡。

旧建筑物室内装饰时，要重新设计线路的走向和电气设备的容量。

4）油漆工

油漆作业所使用的材料都是易燃、易爆的化学材料。因此，无论油漆的作业场地或临时存放的库房，都要严禁动用明火。室内作业时，一定要有良好的通风条件，照明电气设备必须使用防爆灯头，禁止穿钉子鞋出入现场，严禁吸烟，周围的动火作业要远离10m以外。

5）防腐蚀作业

凡有酸、碱长期腐蚀的工业与其他建筑，都必须进行防腐处理，如工业电镀厂房、化工厂房等。目前防腐蚀方法所使用的材料，多数都是易燃、易爆的化学高分子材料，如环氧树脂、呋喃树脂、酚醛树脂、硫磺类、沥青类、煤焦油等；固化剂多是乙二胺、丙酮、酒精等。

① 硫磺的熬制、储存与施工。硫磺熬制时要严格控制温度，当发现冒蒸烟时要立即撤火降温，如果局部燃烧要用石英粉灭火。贮存运输和施工时严禁与木炭、硝石相混，要远离明火。

② 树脂类。树脂类防腐蚀材料施工时要避开高温，不要长时间置于太阳下暴晒。作业场地和储存库都要远离明火。储存库要阴凉通风。

③ 乙二胺。乙二胺是树脂类常用的固化剂。这种材料遇火种、高温和氧化剂有燃烧的危险。与醋酸、醋酐、二硫化碳、氯磺酸、盐酸、硝酸、硫酸、过氧酸银等发生反应时非常剧烈。因此在储运施工时要注意：应贮存在阴凉通风的仓库间内，远离火种热源。应与酸类、氧化剂隔离堆放。搬运时要轻装轻卸，防止破损。一旦发生火灾，要用泡沫、二氧化

碳、干粉、砂土和雾状水灭火。

乙二胺是一种挥发性很强的化学物质,当明露时通常显黄烟,有毒、有刺激气味。当在空气中挥发到一定浓度时,遇明火有爆炸危险。乙二胺、丙酮、酒精能溶于或稀释多种化学品,能挥发产生大量易燃气体。因此,施工时应该用多少就倒出多少,而且要马上使用,不要明露放置时间过长,剩下的要及时倒回原容器中。贮存、运输时一定将盖盖好,不能漏气。操作工人作业时严禁烟火,注意通风。长时间接触,要带防毒面具,切忌接触皮肤,如果接触皮肤后要马上用清水洗净。

6)冷底子油配制与施工的防火要求

冷底子油是防水所使用的沥青与水泥砂浆在涂抹基层起结合作用的渗透材料。这种材料是由汽油或柴油配制而成的。它的配合比多采用汽油与沥青 6∶4 或 7∶3 的比例配成。它的性能与汽油、柴油基本相似,即挥发性强,闪点低,所以在配制、运输或施工时,遇明火即有起火或爆炸的危险。尤其室内作业,如果通风不好,使其挥发到空气中的含量达到极限,那就更危险了。在配制、运输、施工冷底子油时一定要注意:

① 配制冷底子油时,禁止用铁棒搅拌,以防碰出火星。要严格掌握沥青温度,当发现冒出大量蓝烟时,应立即停止加入。

② 凡是配制、储存、涂刷冷底子油的地点,都要严禁烟火。绝对不允许在附近进行电、气焊或其他动火作业。

③ 无论配制、储存、涂刷时都要设专人监护。

(3) 冬期施工的防火安全要求:

1) 电热法施工要注意以下问题:

① 使用电热法要设电压调整器,以便控制电压。导线接头要焊接牢固,要用绝缘布包好,穿墙要有套管保护,要有良好的电气接地。

② 搞好定点定时测温记录工作,加热温度不宜超过 80℃,发现问题应立即停电检查。

③ 要配备必要的消防器材,如二氧化碳或干粉灭火器。

2) 锯末、生石灰蓄热法。这种方法火灾危险性大,如果操作方法不当,管理不严,极易发生火灾事故。因此在操作前必须经试验来选择比较安全的配合比,并制定出可靠的防火措施方能使用。在使用中要设专人看管,经常检查测温。如果温度超过 80℃ 要进行翻动降温。

3) 烘烤挖土法。这种方法使用简单、广泛,但危险性较大,尤其风天,极易引起火灾。因此在使用时一定要设专人看管,务必做到有火必有人,看火人员绝不能脱离现场,而且现场要准备一些砂子和其他防火器材。风天最好停止使用此方法。每次烘烤的面积不宜过大;一般以建筑面积 200m² 为宜。周围有易燃、易爆材料时,要严禁采用此种方法。

(4) 雨季和高温季节施工的防火安全要求

雨季来临时,因气候潮湿,雷阵雨时还会发生雷击事故,所以在雨季前应检查高大机械设备如塔吊、吊梯的防雷措施;对外露的电气设备及线路,应加强绝缘破损及遮雨设施的检查,以防漏电起火。对石灰、电石等常用的遇水燃烧物品,应防漏、防潮,垫高存放。高温季节则应重点做好对易燃、易爆物品如汽油、香蕉水等的安全保管及发放使用。

12.3.4 地下建筑消防

地下建筑施工防火注意事项：

(1) 地下建筑场所内施工应当标示安全通道，通道处不得堆放障碍物，保证通道畅通。

(2) 地下建筑室内不得贮存易燃易爆建筑施工材料等物品，不得当作木工加工作业区，不得在空气不畅通的室内熬制或配制用于防腐、防水、装饰所用的危险化学品溶液。

(3) 在进行防火、防腐作业时，地下室内应采取一定的通风措施，保证空气流通。照明用电线路不得有接头或裸露部分，照明灯具应当使用防爆灯具，施工人员严禁吸烟和动火。

(4) 地下建筑进行高级装饰时，不得同时进行水暖、电气安装的焊割作业。

(5) 地下建筑室内施工，施工人员应当严格遵守安全操作规程，易引发火灾的特殊作业，应设监护人，并配置必备的气体检测仪和消防器具，必要时应当采取强制通风措施。

12.3.5 高层建筑消防

1. 高层建筑及消防特点

(1) 高层建筑是指超过一定高度和层数的多层建筑。中国自1982年起规定超过10层的住宅建筑和超过24m高的其他民用建筑为高层建筑。1972年国际高层建筑会议将高层建筑分为4类：第一类为9~16层（最高50m），第二类为17~25层（最高75m），第三类为26~40层（最高100m），第四类为40层以上（高于100m）。

(2) 其建筑消防的特点：耐火极限低；火灾因素多；火势蔓延快；扑救难度大；疏散困难。

其消防管理的主要措施：防火分隔；做好完全疏散的准备工作；设置自动报警设施；设置火灾事故照明和疏散标志。

2. 高层建筑施工防火注意事项

(1) 已建成的建筑物楼梯不得封堵。施工脚手架内的作业层应畅通，并搭设不少于2处与主体建筑内相衔接的通道口。

(2) 建筑施工脚手架外挂的密目式安全网，必须符合阻燃标准要求，严禁使用不阻烧的安全网。

(3) 30m以上的高层建筑施工，应当设置加压水泵和消防水源管道，管道的立管直径不得小于50mm，每层应设出水管口，建筑物纵向长度超过60m，每层应设2处出水管口，每处配备长度不小于30m的消防水管，能够使两处的消防水管水流辐射到建筑物的周边任意部位。

(4) 高层焊接作业，要根据作业高度、风力、风力传递的次数，确定出火灾危险区域。并将区域内的易燃易爆物品移到安全地方，无法移动的要采取切实的防护措施。高层焊接作业应当办理动火证，动火处应当配备灭火机，并设专人监护，发现险情，立即停止作业，采取措施，及时扑灭火源。

(5) 大雾天气和六级风时应当停止焊接作业。

(6) 建筑物施工高度达17~25层（高度75m）以上时，脚手架内置的脚手板应采用钢质脚手板,作业层内立面应采用钢网进行围挡,严禁用竹笆进行围挡。

(7) 高层建筑施工临时用电线路应使用绝缘良好的橡胶电缆,严禁将线路绑在脚手架上。施工用电机具和照明灯具的电气连接处应当绝缘良好,保证用电安全。

(8) 高层建筑应设立防火警示标志。楼层内不得堆放易燃可燃物品。在易燃处施工的人员不得吸烟和随便焚烧废弃物。

(9) 高层建筑施工现场以及建筑物毗邻处应按照消防有关规定预留或设置消防水源和消防车(宽度不少于3.5m)的通道。

3. 高层建筑火灾的特点和自救、互救逃生

(1) 高层建筑的火灾特点。一是火蔓延途径多,容易形成立体火灾;二是内部情况复杂,疏散困难;三是外围脚手架和防护物易垮塌;四是扑救难度大。热对流是火灾蔓延的主要形式,火风压和烟囱效应是使火灾蔓延的动力,500℃以上的高温热烟是蔓延的条件。

扑救高层建筑火灾往往遇到较大困难在建高层建筑施工现场通道狭窄,由于受到场地的制约,房屋、棚屋之间,建筑材料垛与垛之间缺乏必要的防火间距,甚至有些材料堆跺堵塞了消防通道,消防车难于接近起火点;内部情况复杂,战斗展开困难。例如:热辐射强,烟雾浓,火势向上蔓延的速度快和途径多,消防人员难以堵截火势蔓延;在建高层下方地形的复杂性,导致举高车无法靠近作业。当形成大面积火灾时,其消防用水量显然不足,需要利用消防车向高楼供水,建筑物内如果没有安装消防电梯,消防队员因攀登高楼体力不够,不能及时到达起火层进行扑救,消防器材也不能随时补充,均会影响扑救。

(2) 自救、互救逃生。高层建筑火灾发生时,火灾现场温度是十分惊人的,而烟雾会挡住你的视线。被困人员应有良好的心理素质,保持镇静不惊慌,不盲目行动,从而选择正确的逃生方法。火灾的逃生方法:一是利用各楼层的消防器材,如干粉、泡沫灭火器或水枪扑灭初期火灾。二是互相帮助,对老、弱受惊吓的人和不熟悉环境的人要引导疏散,帮助共同逃生。三是发生火灾时,要积极行动,不能坐以待毙,要充分利用身边的各种有利于逃生的东西。在火灾中切忌采用跳楼等错误自救逃生方法。

12.4　一般火灾的灭火原理、方法和灭火器材的使用方法

12.4.1　火灾的灭火原理、方法

按照燃烧原理,一切灭火方法的原理是将灭火剂直接喷射到燃烧的物体上。或者将灭火剂喷洒在火源附近的物质上,使其不因火焰热辐射作用而形成新的火点。

1. 冷却灭火法

这种灭火法的原理是将灭火剂直接喷射到燃烧的物体上,以降低燃烧的温度于燃点之下,使燃烧停止。或者将灭火剂喷洒在火源附近的物质上,使其不因火焰热辐射作用而形成新的火点。冷却灭火法是灭火的一种主要方法,常用水和二氧化碳作灭火剂冷却降温灭火。灭火剂在灭火过程中不参与燃烧过程中的化学反应。这种方法属于物理灭火方法。

2. 隔离灭火法

隔离灭火法是将正在燃烧的物质和周围未燃烧的可燃物质隔离或移开,中断可燃物质的供给,使燃烧因缺少可燃物而停止。具体方法有:

(1) 把火源附近的可燃、易燃、易爆和助燃物品搬走;

(2) 关闭可燃气体、液体管道的阀门,以减少和阻止可燃物质进入燃烧区;

(3) 设法阻拦流散的易燃、可燃液体;

(4) 拆除与火源相毗连的易燃建筑物,形成防止火势蔓延的空间地带。

3. 窒息灭火法

窒息灭火法是阻止空气流入燃烧区或用不燃物质冲淡空气,使燃烧物得不到足够的氧气而熄灭的灭火方法。具体方法是:

(1) 用砂土、水泥、湿麻袋、湿棉被等不燃或难燃物质覆盖燃烧物;

(2) 喷洒雾状水、干粉、泡沫等灭火剂覆盖燃烧物;

(3) 用水蒸气或氮气、二氧化碳等惰性气体灌注发生火灾的容器、设备;

(4) 密闭起火建筑、设备和孔洞;

(5) 把不燃的气体或不燃液体(如二氧化碳、氮气、四氯化碳等)喷洒到燃烧物区域内或燃烧物上。

12.4.2 灭火常识

灭火器的使用方法及火灾的扑救方法可参照"灭火器常识"灭火器的分类。

(1) 固体火灾应先用水型、泡沫、磷酸胺盐干粉、卤代烷型灭火器进行扑救。

(2) 液体火灾应先用干粉、泡沫、卤代烷、二氧化碳灭火器进行扑救。

(3) 气体火灾应先用干粉、卤代烷、二氧化碳灭火器进行扑救。

(4) 带电物体火灾应先用卤代烷、二氧化碳、干粉型灭火器进行扑救。

(5) 扑救金属火灾的灭火器材应由设计部门和当地公安消防监督部门协商解决,目前我国还没有定型的灭火器产品。

12.4.3 消防器材的分类

消防器材包括:灭火器,消防水枪,水带接口,不锈钢灭火器,自动灭火等,维保消防系统等。

灭火器一般由筒体、筒盖、药剂胆、把柄、喷嘴等组成。灭火器型号应以汉语拼音大写字母和阿拉伯数字标于筒体,如"MF2"等。其中第一个字母 M 代表灭火器,第二个字母代表灭火剂类型(F 是干粉灭火剂、FL 是磷铵干粉、T 是二氧化碳灭火剂、Y 是卤代烷灭火剂、P 是泡沫、QP 是轻水泡沫灭火剂、SQ 是清水灭火剂),后面的阿拉伯数字代表灭火剂重量或容积,一般单位为每千克或升。

灭火器的种类:

(1) 按其移动方式可分为:手提式和推车式;按驱动灭火剂的动力来源可分为:储气瓶式、储压式、化学反应式。

(2) 按所充装的灭火剂则又可分为:a. 干粉类的灭火器。充装的灭火剂主要有两种,即碳酸氢钠和磷酸铵盐灭火剂;b. 二氧化碳灭火器;c. 泡沫型灭火器;d. 水型灭火器;e. 卤代烷型灭火器(俗称"1211"灭火器和"1301"灭火器)。

卤代烷型灭火器对环境有影响,按照《关于消耗臭氧层物质的蒙特利尔议定书》约定至2005年,我国应全面淘汰121,至2010年应全面淘汰1301。

灭火剂是通过各种灭火设备和器材来施放和喷射的。扑救火灾时,无论采用那一种灭火剂,往往不是一种灭火方法起作用,而是两种或三种方法同时起作用,但是其中有一种起着主要的作用。

为了有效地扑救火灾,应根据燃烧物质的性质和火势发展情况,必须采用适合的足够的灭火剂。选择灭火剂的基本要求是灭火性能高、使用方便、来源丰富、成本低廉,对人体和物体基本无害等。

1) 泡沫灭火剂

泡沫是一种体积较小,表面被液体围成的气泡群,是扑救易燃、可燃液体火灾的有效灭火剂。

泡沫灭火剂现有两种类型,即化学泡沫和空气泡沫。化学泡沫是由两种化学泡沫粉的水溶液混合在一起,经化学反应生成的。空气泡沫是泡沫生成剂和水按一定比例混合,经机械作用,吸入了大量的空气而生成的,故称为机械空气泡沫或空气泡沫。

空气泡沫中有普通蛋白泡沫、氟蛋白泡沫、抗溶性泡沫、轻水泡沫以及中倍数、高倍数泡沫。普通蛋白泡沫、中倍数泡沫、轻水泡沫和化学泡沫等主要用来扑救各种油类火灾;抗溶性泡沫主要用来扑救醇、醛、醚等有机溶剂火灾;高倍数泡沫主要用来扑救那些火源集中、泡沫易于堆积场合的火灾,如地下建筑、室内仓库、矿井巷道、机场设施等处的火灾。

随着我国消防科技的发展,泡沫灭火剂存在自身的缺点,已被性能优越的灭火剂替代,因此,不再详细介绍。

2) 二氧化碳灭火剂

二氧化碳灭火剂在消防工作上有较广泛的应用。

二氧化碳气体,不燃烧、也不助燃,所以在燃烧区内稀释空气,减少空气的含氧量,从而降低燃烧强度。当二氧化碳在空气中的浓度达到30% ~35%时,就能使燃烧熄灭。

灭火用的二氧化碳是以液态灌装在钢瓶内,当从钢瓶内放出时,迅速蒸发,体积扩大400~500倍,同时温度急剧降低到 -78℃,由于蒸发吸热作用,因此在二氧化碳灭火时还具有一定的冷却作用。

由于二氧化碳不导电、不含水分、不污损仪器设备等,故适用于扑救电气设备、精密仪器、图书档案火灾。但是由于二氧化碳与一些金属化合时,金属能夺取二氧化碳中的氧气而继续燃烧,故二氧化碳不能扑救金属钾、钠、镁和铝等物质的火灾。此外,二氧化碳也不易扑灭某些能够在惰性介质中燃烧的物质(如硝酸纤维)和物质内部的阴燃。

3) 酸碱灭火器的作用原理是利用两种药剂混合后发生化学反应,产生压力使药剂喷出,从而扑灭火灾。酸碱灭火器由筒体、筒盖、硫酸瓶胆、喷嘴等组成。筒体内装有碳酸氢钠水溶液,硫酸瓶胆内装有浓硫酸。瓶胆口有铅塞,用来封住瓶口,以防瓶胆内的浓硫酸吸水稀释或同瓶胆外的药液混合。

酸碱灭火器适用于扑救木、棉、麻、毛、纸等一般固体物质火灾,不宜用于油类和忌水、忌酸物质及电气设备的火灾。

4）化学干粉

干粉灭火器内充装的是干粉灭火剂。干粉灭火剂是用于灭火的干燥且易于流动的微细粉末，由具有灭火效能的无机盐和少量的添加剂经干燥、粉碎、混合而成微细固体粉末组成。它是一种在消防中得到广泛应用的灭火剂，且主要用于灭火器中。除扑救金属火灾的专用干粉化学灭火剂外，干粉灭火剂一般分为 BC 干粉灭火剂和 ABC 干粉两大类。如碳酸氢钠干粉、改性钠盐干粉、钾盐干粉、磷酸二氢铵干粉、磷酸氢二铵干粉、磷酸干粉和氨基干粉灭火剂等。干粉灭火剂主要通过在加压气体作用下喷出的粉雾与火焰接触、混合时发生的物理、化学作用灭火：一是靠干粉中的无机盐的挥发性分解物，与燃烧过程中燃料所产生的自由基或活性基团发生化学抑制和副催化作用，使燃烧的链反就中断而灭火；二是靠干粉的粉末落在可燃物表面外，发生化学反应，并在高温作用下形成一层玻璃状覆盖层，从而隔绝氧，进而窒息灭火。另外，还有部分稀释氧和冷却作用。

ABCD 类干粉是以硫酸铵、硫酸氢钾、磷酸二氧铵为主要成分的化学干粉，它适用于扑救多种火灾。覆盖燃烧面，中断燃烧的连锁反应，达到灭火的目的。

化学干粉灭火剂应存放在通风、干燥处，温度应保持50℃以下。如干粉受潮结块，可放在干燥处自然晾干，也可以温度60℃以下受热干燥，然后研磨过筛，恢复原状后，即可继续使用。

5）水是不燃液体，它是最常用，来源最丰富，使用最方便的灭火剂。

水在扑灭火灾中应用的最广泛，水的灭火作用是由它的性质决定。

12.4.4 消防器具的用途和使用方法

建筑施工现场常用的消防器具为水池、消防桶、消防铣、消防沟以及灭火机等。

（1）消防水池

消防水池与建筑物之间的距离，一般不得小于10m，在水池的周转留有消防车道。

在冬季或者寒冷地区，消防水池应有可靠的防冻措施。

（2）几种灭火器的适应火灾及使用方法（手提式）

1）泡沫灭火器适应火灾及使用方法

适用范围：适用于扑救一般 B 类火灾，如油制品、油脂等火灾，也可适用于 A 类火灾，但不能扑救 B 类火灾中的水溶性可燃、易燃液体的火灾，如醇、酯、醚、酮等物质火灾；也不能扑救带电设备及 C 类和 D 类火灾。

使用方法：可手提筒体上部的提环，迅速奔赴火场。这时应注意不得使灭火器过分倾斜，更不可横拿或颠倒，以免两种药剂混合而提前喷出。当距离着火点 10m 左右，即可将筒体颠倒过来，一只手紧握提环，另一只手扶住筒体的底圈，将射流对准燃烧物。在扑救可燃液体火灾时，如已呈流淌状燃烧，则将泡沫由远而近喷射，使泡沫完全覆盖在燃烧液面上；如在容器内燃烧，应将泡沫射向容器的内壁，使泡沫沿着内壁流淌，逐步覆盖着火液面。切忌直接对准液面喷射，以免由于射流的冲击，反而将燃烧的液体冲散或冲出容器，扩大燃烧范围。在扑救固体物质火灾时，应将射流对准燃烧最猛烈处。灭火时随着有效喷射距离的缩短，使用者应逐渐向燃烧区靠近，并始终将泡沫喷在燃烧物上，直到扑灭。

使用时,灭火器应始终保持倒置状态,否则会中断喷射。

(手提式)泡沫灭火器存放应选择干燥、阴凉、通风并取用方便之处,不可靠近高温或可能受到暴晒的地方,以防止碳酸分解而失效;冬期要采取防冻措施,以防止冻结;并应经常擦除灰尘、疏通喷嘴,使之保持通畅。

2)推车式泡沫灭火器适应火灾和使用方法

其适应火灾与手提式化学泡沫灭火器相同。

使用方法:使用时,一般由两人操作,先将灭火器迅速推拉到火场,在距离着火点10m左右处停下,由一人施放喷射软管后,双手紧握喷枪并对准燃烧处;另一个则先逆时针方向转动手轮,将螺杆升到最高位置,使瓶盖开足,然后将筒体向后倾倒,使拉杆触地,并将阀门手柄旋转90°,即可喷射泡沫进行灭火。如阀门装在喷枪处,则由负责操作喷枪者打开阀门。

灭火方法及注意事项与手提式化学泡沫灭火器基本相同,可以参照。由于该种灭火器的喷射距离远,连续喷射时间长,因而可充分发挥其优势,用来扑救较大面积的储槽或油罐车等处的初起火灾。

3)空气泡沫灭火器适应火灾和使用方法

适用范围:适用范围基本上与化学泡沫灭火器相同。但抗溶泡沫灭火器还能扑救水溶性易燃、可燃液体的火灾如醇、醚、酮等溶剂燃烧的初起火灾。

使用方法:使用时可手提或肩扛迅速奔到火场,在距燃烧物6m左右,拔出保险销,一手握住开启压把,另一手紧握喷枪;用力捏紧开启压把,打开密封或刺穿储气瓶密封片,空气泡沫即可从喷枪口喷出。灭火方法与手提式化学泡沫灭火器相同。但空气泡沫灭火器使用时,应使灭火器始终保持直立状态、切勿颠倒或横卧使用,否则会中断喷射。同时应一直紧握开启压把,不能松手,否则也会中断喷射。

4)酸碱灭火器适应火灾及使用方法

适应范围:适用于扑救A类物质燃烧的初起火灾,如木、织物、纸张等燃烧的火灾。它不能用于扑救B类物质燃烧的火灾,也不能用于扑救C类可燃性气体或D类轻金属火灾。同时也不能用于带电物体火灾的扑救。

使用方法:使用时应手提筒体上部提环,迅速奔到着火地点。决不能将灭火器扛在背上,也不能过分倾斜,以防两种药液混合而提前喷射。在距离燃烧物6m左右,即可将灭火器颠倒过来,并摇晃几次,使两种药液加快混合;一只手握住提环,另一只手抓住筒体下的底圈将喷出的射流对准燃烧最猛烈处喷射。同时随着喷射距离的缩减,使用人应向燃烧处推近。

5)二氧化碳灭火器的使用方法

灭火时只要将灭火器提到或扛到火场,在距燃烧物5m左右,放下灭火器拔出保险销,一手握住喇叭筒根部的手柄,另一只手紧握启闭阀的压把。对没有喷射软管的二氧化碳灭火器,应把喇叭筒往上扳70°~90°。使用时,不能直接用手抓住喇叭筒外壁或金属连线管,防止手被冻伤。灭火时,当可燃液体呈流淌状燃烧时,使用者将二氧化碳灭火剂的喷流由近而远向火焰喷射。如果可燃液体在容器内燃烧时,使用者应将喇叭筒提起。从容器的一侧上部向燃烧的容器中喷射。但不能将二氧化碳射流直接冲击可燃液面,以防止将可燃液体冲出容器而扩大火势,造成灭火困难。

推车式二氧化碳灭火器一般由两人操作,使用时两人一起将灭火器推或拉到燃烧处,在离燃烧物10m左右停下,一人快速取下喇叭筒并展开喷射软管后,握住喇叭筒根部的手柄,另一人快速按逆时针方向旋动手轮,并开到最大位置。灭火方法与手提式的方法一样。

使用二氧化碳灭火器时,在室外使用的,应选择在上风方向喷射。在室外内窄小空间使用的,灭火后操作者应迅速离开,以防窒息。

6) 干粉灭火器适应火灾和使用方法

碳酸氢钠干粉灭火器适用于易燃、可燃液体、气体及带电设备的初起火灾;磷酸铵盐干粉灭火器除可用于上述几类火灾外,还可扑救固体类物质的初起火灾。但都不能扑救金属燃烧火灾。

灭火时,可手提或肩扛灭火器快速奔赴火场,在距燃烧处5m左右,放下灭火器。如在室外,应选择在上风方向喷射。使用的干粉灭火器若是外挂式储压式的,操作者应一手紧握喷枪,另一手提起储气瓶上的开启提环。如果储气瓶的开启是手轮式的,则向逆时针方向旋开,并旋到最高位置,随即提起灭火器。当干粉喷出后,迅速对准火焰的根部扫射。使用的干粉灭火器若是内置式储气瓶的或者是储压式的,操作者应先将开启把上的保险销拔下,然后握住喷射软管前端喷嘴部,另一只手将开启压把压下,打开灭火器进行灭火。有喷射软管的灭火器或储压式灭火器在使用时,一手应始终压下压把,不能放开,否则会中断喷射。

干粉灭火器扑救可燃、易燃液体火灾时,应对准火焰要部扫射,如果被扑救的液体火灾呈流淌燃烧时,应对准火焰根部由近而远,并左右扫射,直至把火焰全部扑灭。如果可燃液体在容器内燃烧,使用者应对准火焰根部左右晃动扫射,使喷射出的干粉流覆盖整个容器开口表面;当火焰被赶出容器时,使用者仍应继续喷射,直至将火焰全部扑灭。

在扑救容器内可燃液体火灾时,应注意不能将喷嘴直接对准液面喷射,防止喷流的冲击力使可燃液体溅出而扩大火势,造成灭火困难。

如果当可燃液体在金属容器中燃烧时间过长,容器的壁温已高于扑救可燃液体的自燃点,此时极易造成灭火后再复燃的现象,若与泡沫类灭火器联用,则灭火效果更佳。

使用磷酸铵盐干粉灭火器扑救固体可燃物火灾时,应对准燃烧最猛烈处喷射,并上下、左右扫射。如条件许可,使用者可提着灭火器沿着燃烧物的四周边走边喷,使干粉灭火剂均匀地喷在燃烧物的表面,直至将火焰全部扑灭。

7) 推车式干粉灭火器的使用方法

推车式干粉灭火器的使用方法与手提式干粉灭火器的使用方法相同。

12.4.5 施工现场灭火器的配备

(1) 大型临时设施总平面超过$1200m^2$的,应当按照消防要求配备灭火器,并根据防火的对象、部位,设立一定数量、且容积不少于$4m^3$的消防水池,并配备不少于4套的取水桶、消防铣、消防钩。同时,要备有一定数量的消防沙池等设施,并留有消防车道。

(2) 一般临时设施区域,每$100m^2$面积的配电室、动火处、食堂、宿舍等重点防火部位,应当配备两个10L灭火器。临时性简易住宅楼每层至少配备两个以上灭火器,体量较大的临时性住宅楼还应配备推车式干粉或泡沫灭火器。

(3) 临时木工间、油漆间、机具间等,每 $25m^2$ 应配备一个,种类合适的灭火器;油库、危险品仓库、易燃堆料场应配备足够数量、种类的灭火器。

12.5 消防管理制度

(1) 消防有关法律法规

我国消防法规大体分为三类:一是消防基本法《中华人民共和国消防法》;二是消防行政法规;三是消防技术标准,又称为消防技术法规。

消防行政法规规定了消防管理活动的基本原则、程序和方法。消防技术法规是用于调整人与自然、科学、技术的关系。

另外,各省、市、自治区结合本地区的实际情况还颁布了一些地方性的行政法规、规章和规范性文件以及地方标准。这些规章和管理措施,都为防火监督管理提供了依据。

(2) 消防安全责任制

建筑施工企业是防火安全管理的重点单位,要认真贯彻落实"预防为主、防消结合"的方针,从思想上、组织上、装备上做好火灾的预防工作。建立防火责任制,将防火安全的责任落实到每个建筑施工现场,每一个施工人员,明确分工,划分区域,不留防火死角,真正落实防火责任。

建筑施工企业或者施工现场应当履行下列消防安全职责:

1) 制定消防安全制度、消防安全操作规程;

2) 建立防火档案,确定消防安全重点部位配置消防设施和器材,设置防火标志;

3) 实行定期或者不定期的防火安全检查,必要时实行每月防火巡查,及时消除火灾隐患,并建立检查(巡查)记录;

4) 对职工进行消防安全培训;

5) 制定灭火和应急疏散预案,定期组织消防演练。

(3) 消防安全措施

1) 领导措施。各级领导应当高度重视消防工作,将防火工作纳入安全生产中的一项重要工作,企业的主要领导是:消防安全的第一责任人,建立健全防火预警机制,防止避免火灾事故的发生。

2) 组织措施。应当建立消防安全领导小组织,定期研究、布置、检查消防工作,并设立管理部门或者配备专职人员负责消防工作,有条件的单位应当建立义务消防队伍。

3) 技术措施。根据国家消防安全法规和技术标准,结合防火重点部位,制定本单位的消防安全管理制度和安全操作规程,积极开展防火安全培训,提高人员消防安全意识。搜集和掌握新的防火安全技术,推广和应用科学的先进的消防安全技术,从施工工艺、技术上提高预防火灾事故的防范能力。

4) 物质保障。在消防安全上要舍得投入,每年作出消防设施的建立,消防器材的购置计划,定期更换过期的消防器材,推广和使用新型的防火建筑材料,淘汰易燃可燃的建筑材料,从新阻燃材料和物质上,解决火灾的危险源。

(4) 火灾险情的处置

在日常生活和生产中,因意外情况发生火灾事故,千万不要惊慌,应一方面叫人迅速打电话报警,一方面组织人力积极扑救。

现在我国基本建立火警电话号码为"119"的救援信息系统。火警电话拨通后,要讲清起火的单位和详细地址,也要讲清起火的部位、燃烧的物质和火灾的程度着火的周边环境等情况,以便消防部门根据情况派出相应的灭火力量。

报警后,起火单位要尽量迅速的清理通往火场的道路,以便消防车能顺利迅速的进入现场。同时,并应派人在起火地点的附近路品或单位门口迎候消防车辆,使之能迅速准确地到达火场,投入灭火战斗。

火势蔓延较大,火势燃烧严重的建筑物,施工单位熟悉或者了解建筑物的技术人员,应当及时将受损建筑物的构造、结构情况向消防官兵通报,并提出有关扑救工作建议,保障救火官兵的生命安全,防止火灾事故所造成的损失进一步扩大。

(5) 灭火、应急疏散预案和演练灭火、应急疏散预案和演练内容

1) 组织机构,包括灭火行动组、通信联络组、疏散引导组、安全防护救护组;

2) 报警和接警处置程序;

3) 应急疏散的阻止程序和措施;

4) 扑救初起火灾的程序和措施;

5) 通信联络、安全防护救护的程序和措施;

工期较长的施工现场应当按照灭火和应急疏散预案,至少每半年进行一次演练,并结合实际,不断完善预案。

消防演练时,应当设置明显标识并事先告知演练范围内的人员。

第 13 章 季节性施工

本章要点

本章主要介绍季节性施工的一般知识,注重季节性施工应注意的安全问题。主要包括冬期施工、雨期施工的概念,相应的安全技术措施和气象知识。重点要掌握季节性施工的安全技术措施。同时,了解雨雪、严寒、酷暑、雷暴、大风对安全工作的影响。

13.1 概　　述

我国东北、华北、西北以及青藏高原等地区,每年冬季有长达 3～6 个月的寒冷期,南方许多省市又处于多雨地区,每年有长达 1～3 个月的雨期;长江中下游流域的梅雨期节,长达一个月的时间阴雨连绵不断,伴有多云、多雾、多雷暴天气。东南沿海地区受海洋暖湿气流影响,春夏之交雨水频繁,并伴有台风、暴雨和潮汛,某些地区雷暴季节,雷电活动频繁。这些季节的不良天气现象,给工程的建设进度和质量带来了一系列的问题,也是生产安全事故多发时期。例如,在雨季容易造成各类房屋、墙体、土方坍塌等恶性事故以及山洪、滑坡、泥石流等气象地质水文灾害。因此,应当按照作业条件针对不同季节的施工特点,制定相应的安全技术措施,做好相关安全防护,防止事故的发生。一般来讲,季节性施工主要指雨期施工和冬期施工。雨期施工,应当采取措施防雨、防雷击,组织好排水。同时,注意做好防止触电和坑槽坍塌,沿河流域的工地做好防洪准备,傍山的施工现场做好防滑坡塌方措施,脚手架、塔机等应做好防强风措施。冬期施工,气温低,宜结露结冰、天气宜干燥,作业人员操作不灵活,作业场所应采取措施防滑、防冻,生活办公场所应当采取措施防火和防煤气中毒。另外,春秋季天气干燥,风大,应注意做好防火、防风措施;还应注意季节性饮食卫生,如夏秋季节防止腹泻等流行疾病。任何季节遇 6 级以上(含 6级)强风、大雪、浓雾等恶劣气候,严禁露天起重吊装和高处作业。

13.2 雨期施工

13.2.1 雨期施工的气象知识

1. 雨量

它是用积水的高度来表示的,即假定所下的雨既不流到别处,又不蒸发,也不渗到土里,其所积累的高度。一天雨量的多少称为降水强度。降水强度的划分按照降水强度的大小化分为小雨、中雨、大雨、暴雨等6个等级。降雨等级见表13-1。

降雨等级表　　　　　　　　　　　表13-1

降雨等级	现象描述	降雨量范围(mm)	
		一天总量	半天总量
小雨	雨能使地面潮湿,但不泥泞	1~10	0.2~5.0
中雨	雨降到屋面上有淅淅声,凹地积水	10~25	5.1~15
大雨	降雨如倾盆,落地四溅,平地积水	25~50	15.1~30
暴雨	降雨比大雨还猛,能造成山洪暴发	50~100	30.1~70
大暴雨	降雨比暴雨还大,或时间长,能造成洪涝灾害	100~200	70.1~140
特大暴雨	降雨比大暴雨还大,能造成洪涝灾害	>200	>140

2. 风级

风通常用风向和风速(风力和风级)来表示。风速是指气流在单位时间内移动的距离,用米/秒表示。英国人弗朗西斯·蒲福在1806年对风进行分级,用以表达风力大小。根据风对地面物体或海面的影响程度,按强弱将风力划分为0到12,共13个等级,即目前世界气象组织所建议的分级,也是我国天气预报用以表达风力强弱的标准,见表13-2。后来到20世纪50年代,人类的测风仪器的发展使人们发现自然界的风力实际可以大大的超过12级,于是就把风力划分扩展到17级,即总共18个等级,对应的相当风速:12级台风为32.7~36.9m/s、13级为37.0~41.4m/s、14级为41.5~46.1m/s、15级为46.2~50.9m/s、16级为51.0~56.0m/s、17级为大于56.1m/s。

风级表　　　　　　　　　　　表13-2

风力名称		海岸及陆地面象征标准		相当风速(m/s)
风级	概况	陆地	海岸	
0	无风	静,烟直上		0~0.2
1	软风	烟能表示方向,但风向不能转动	渔船不动	0.3~1.5
2	轻风	人面感觉有风,树叶微响,寻常的风向标转动	渔船张帆时,可随风移动	1.6~3.3
3	微风	树叶及微枝摇动不息,旌旗展开	渔船渐觉簸动	3.4~5.4
4	和风	能吹起地面灰尘和纸张,树的小枝摇动	渔船满帆时,倾于一方	5.5~7.9
5	清风	小树摇摆	水面起波	8.0~10.7
6	强风	大树枝摇动,电线呼呼有声,举伞有困难	渔船加倍缩帆,捕鱼注意危险	10.8~13.8
7	疾风	大树摇动,迎风步行感觉不便	渔船停息港中,去海外下锚	13.9~17.1
8	大风	树枝折断,迎风行走阻力很大	近港渔船均停留不出	17.2~20.7
9	烈风	烟囱及平方顶受到破坏	汽船航行困难	20.8~24.4
10	狂风	陆上少见,可拔树毁屋	汽船航行破危险	24.5~28.4
11	暴风	陆上很少见,有则必受重大损坏	汽船遇之极危险	28.5~32.6
12	飓风	陆上绝少,其摧毁力极大	海浪滔天	>32.6

3. 雷击

雷是一种大气放电现象。如果雷云较低，周围又没有带异性电荷的雷云，就会在地面凸出物上感应出异性电荷，两者空隙间产生了巨大电场，当电场达到一定强度，间隙内空气剧烈游离，造成雷云与地面凸出物之间放电，这就是通常所说的雷击。雷击可产生数百万伏的冲击电压，主放电时间极短，约为50～100ms，其电流极大可达数十万安培，能对施工现场的建（构）筑物、机械设备、电气和脚手架等高架设施以及人身造成严重的伤害，造成大规模的停电、短路及火灾等事故。

雷电可分为直击雷、感应雷、雷电波入侵以及球形雷等形式，雷电的危害可以分为直接在建筑物或其他物体上发生的热效应和电动力作用以及雷云产生的静电感应作用、雷电流产生的电磁感应作用等。

雷暴日数，就是在一年内，该地区发生雷暴的天数，用以表示雷电活动频繁程度。

13.2.2 雨期施工的准备工作

由于雨期（汛期）施工持续时间较长，而且大雨、大风等恶劣天气具有突然性，因此应认真编制好雨期（汛期）施工的安全技术措施，做好雨期（汛期）施工的各项准备工作。

1. 合理组织施工

根据雨期施工的特点，将不宜在雨期施工的工程提早或延后安排，对必须在雨期施工的工程制定有效的措施。晴天抓紧室外作业，雨天安排室内工作。注意天气预报，做好防汛准备。遇到大雨、大雾、雷击和6级以上大风等恶劣天气，应当停止进行露天高处、起重吊装和打桩等作业。暑期作业应当调整作息时间，从事高温作业的场所应当采取通风和降温措施。

2. 做好施工现场的排水

（1）施工现场应按标准实现现场硬化处理；

（2）根据施工总平面图、排水总平面图，利用自然地形确定排水方向，按规定坡度挖好排水沟，确保施工工地排水畅通；

（3）应严格按防汛要求，设置连续、通畅的排水设施和其他应急设施，防止泥浆、污水、废水外流或堵塞下水道和排水河沟；

（4）若施工现场临近高地，应在高地的边缘（现场的上侧）挖好截水沟，防止洪水冲入现场；

（5）雨期前应做好傍山的施工现场边缘的危石处理，防止滑坡、塌方威胁工地；

（6）雨期应设专人负责，及时疏浚排水系统，确保施工现场排水畅通。

3. 运输道路

（1）临时道路应起拱5‰，两侧做宽300mm、深200mm的排水沟；

（2）对路基易受冲刷部分，应铺石块、焦渣、砾石等渗水防滑材料，或者设涵管排泄，保证路基的稳固；

（3）雨期应指定专人负责维修路面，对路面不平或积水处应及时修好；

（4）场区内主要道路应当硬化。

4. 临时设施

施工现场的大型临时设施,在雨期前应整修加固完毕,应保证不漏、不塌、不倒,周围不积水,严防水冲入设施内。选址要合理,避开滑坡、泥石流、山洪、坍塌等灾害地段。

13.2.3 分部分项工程雨期施工

1. 土方与地基基础工程的雨期施工

雨期(汛期)土方与地基基础工程的施工应采取措施重点防止各种坍塌事故。

(1) 坑、沟边上部,不得堆积过多的材料,雨期前应清除沟边多余的弃土,减轻坡顶压力;

(2) 雨期开挖基坑(槽、沟)时,应注意边坡稳定,在建筑物四周做好截水沟或挡水堤,严防场内雨水倒灌,防止塌方;

(3) 雨期雨水不断向土壤内部渗透,土壤因含水量增大,粘聚力急剧下降,土壤抗剪强度降低,易造成土方塌方。所以,凡雨水量大、持续时间长、地面土壤已饱和的情况下,要及早加强对边坡坡角、支撑等的处理;

(4) 土方应集中堆放,并堆置于坑边 3m 以外;堆放高度不得过高,不得靠近围墙、临时建筑;严禁使用围墙、临时建筑作为挡土墙堆放;若坑外有机械行驶,应距槽边 5m 以外,手推车应距槽边 1m 以外;

(5) 雨后应及时对坑槽沟边坡和固壁支撑结构进行检查,深基坑应当派专人进行认真测量、观察边坡情况,如果发现边坡有裂缝、疏松、支撑结构折断、走动等危险征兆,应当立即采取措施;

(6) 雨期施工中遇到气候突变,发生暴雨、水位暴涨、山洪暴发或因雨发生坡道打滑等情况时应当停止土石方机械作业施工;

(7) 雷雨天气不得露天进行电力爆破土石方,如中途遇到雷电时,应当迅速将雷管的脚线、电线主线两端连成短路。

2. 砌体工程的雨期施工

(1) 砌块在雨期应当集中堆放;

(2) 独立墙与迎风墙应加设临时支撑保护,以避免倒墙事故;

(3) 内外墙要尽可能同时砌筑,转角及丁字墙间的连接要同时跟上;

(4) 稳定性较差的窗间墙、砖柱应及时浇筑圈梁或加临时支撑,以增强墙体的稳定性;

(5) 雨后继续施工,应当复核已完工砌体的垂直度。

3. 模板工程的雨期施工

模板的支撑与地基的接触面要夯实,并加垫板,防止产生较大的变形,雨后要检查有无沉降。

4. 起重吊装工程的雨期施工

(1) 堆放构件的地基要平整坚实,周围应做好排水;

(2) 轨道塔式起重机的新垫路基,必须用压路机逐层压实,石子路基要高出周围地面 150mm;

(3) 应采取措施防止雨水浸泡塔吊路基和垂直运输设备基础,并装好防雷设施;

(4) 履带式起重机在雨期吊装时,严禁在未经夯实的虚土或低洼处作业;在雨后吊装

时,应先进行试吊;

(5) 遇到大雨、大雾、高温、雷击和 6 级以上大风等恶劣天气,应当停止起重吊装作业;

(6) 大风大雨后作业,应当检查起重机械设备的基础、塔身的垂直度、缆风绳和附着结构,以及安全保险装置并先试吊,确认无异常方可作业。轨道式塔机,还应对轨道基础进行全面检查,检查轨距偏差、轨顶倾斜度、轨道基础沉降、钢轨不直度和轨道通过性能等。

5. 脚手架工程的雨期施工

(1) 落地式钢管脚手架底应当高于自然地坪 50mm,并夯实整平,留一定的散水坡度,在周围设置排水措施,防止雨水浸泡脚手架;

(2) 施工层应当满铺脚手板,有可靠的防滑措施,应当设置踢脚板和防护栏杆;

(3) 应当设置上人马道,马道上必须钉好防滑条;

(4) 应当挂好安全网并保证有效可靠;

(5) 架体应当与结构有可靠的连接;

(6) 遇到大雨、大雾、高温、雷击和 6 级以上大风等恶劣天气,应当停止脚手架的搭设和拆除作业;

(7) 大风、大雨后,要组织人员检查脚手架是否牢固,如有倾斜、下沉、松扣、崩扣和安全网脱落、开绳等现象,要及时进行处理;

(8) 在雷暴季节,还要根据施工现场情况给脚手架安装避雷针;

(9) 搭设钢管扣件式脚手架时,应当注意扣件开口的朝向,防止雨水进入钢管使其锈蚀;

(10) 悬挑架和附着式升降脚手架在汛期来临前要有加固措施,将架体与建筑物按照架体的高度设置连接件或拉结措施;

(11) 吊篮脚手架在汛期来临前,应予拆除。

13.2.4 雨期施工的机械设备使用、用电与防雷

1. 雨期施工的机械设备使用

(1) 机电设备应采取防雨、防淹措施,安装接地装置;

(2) 在大雨后,要认真检查起重机械等高大设备的地基,如发现问题要及时采取加固措施;

(3) 雨期施工的塔式起重机的使用。

1) 自升式塔吊有附着装置的,在最上一道以上自由高度超过说明书设计高度的,应朝建筑物方向设置两根钢丝绳拉结;

2) 自升式塔吊未附着,但已达到设计说明书最大独立高度的,应设置四根钢丝绳对角拉结;

3) 拉结应用 $\phi15$ 以上的钢丝绳,拉结点应设在转盘以下第一个标准节的根部;拉结点处标准节内侧应采用大于标准节角钢宽度的木方作支撑,以防拉伤塔身钢结构;四根拉结绳与塔身之间的角度应一致,控制在 45°~60°之间;钢丝绳应采用地锚、地锚管固定或

与建筑物已达到设计强度的混凝土结构联结等形式进行锚固;钢丝绳应有调整松紧度的措施,以确保塔身处于垂直状态;

4)塔身螺栓必须全部紧固,塔身附着装置应全面检查,确保无松动、无开焊、无变形;

5)严禁对塔吊前后臂进行固定,确保自由旋转。塔机的避雷设施必须确保完好有效,塔吊电源线路必须切断。

(4)雨期施工的龙门架(井字架)和施工用电梯的使用。

1)有附墙装置的龙门架(井字架)物料提升机和施工用电梯,要采取措施强化附墙拉结装置;

2)无附墙装置的物料提升机,应加大缆风绳及地锚的强度,或设置临时附墙设施等作加固处理。

(5)雨天不宜进行现场的露天焊接作业。

2. 雨期施工的用电

严格按照《施工现场临时用电安全技术规范》落实临时用电的各项安全措施。

(1)各种露天使用的电气设备应选择较高的干燥处放置;

(2)机电设备(配电盘、闸箱、电焊机、水泵等)应有可靠的防雨措施,电焊机应加防护雨罩;

(3)雨期前应检查照明和动力线有无混线、漏电,电杆有无腐蚀,埋设是否牢靠等,防止触电事故发生;

(4)雨期要检查现场电气设备的接零、接地保护措施是否牢靠,漏电保护装置是否灵敏,电线绝缘接头是否良好;

(5)暴雨等险性来临之前,施工现场临时用电除照明、排水和抢险用电外,其他电源应全部切断。

3. 雨期施工的防雷

(1)防雷装置的设置范围。施工现场高出建筑物的塔吊、外用电梯、井字架、龙门架以及较高金属脚手架等高架设施,如果在相邻建筑物、构筑物的防雷装置保护范围以外,在表13-3规定的范围内,则应当按照规定设防雷装置,并经常进行检查。

施工现场内机械设备需要安装防雷装置的规定　　　表13-2

地区平均雷暴日(d)	机械设备高度(m)
≤15	>50
>15,≤40	>32
>40,≤90	>20
>90及雷灾特别严重的地区	>12

如果最高机械设备上的避雷针,其保护范围按照60°计算能够保护其他设备,且最后退出现场,其他设备可以不设置避雷装置。

(2)防雷装置的构成及制作要求。施工现场的防雷装置一般由避雷针、接地线和接地体三部分组成。

避雷针,装在高出建筑物的塔吊、人货电梯、钢脚手架等的顶端。机械设备上的避雷针(接闪器)长度应当为 1~2m。

接地线,可用截面积不小于 16mm² 的铝导线,或用截面积不小于 12mm² 的铜导线,或者用直径不小于 ϕ8 的圆钢,也可以利用该设备的金属结构体,但应当保证电气连接。

接地体,有棒形和带形两种。棒形接地体一般采用长度 1.5m、壁厚不小于 2.5mm 的钢管或∟5×50 的角钢。将其一端垂直打入地下,其顶端离地平面不小于 50cm,带形接地体可采用截面积不小于 50mm²、长度不小于 3m 的扁钢,平卧于地下 500mm 处。

防雷装置的避雷针、接地线和接地体必须焊接(双面焊),焊缝长度应为圆钢直径的 6 倍或扁钢厚度的 2 倍以上。

施工现场所有防雷装置的冲击接地电阻值不得大于 30Ω。

(3)闪电打雷的时候,禁止连接导线,停止露天焊接作业。

13.2.5 雨期施工的宿舍、办公室等临时设施

(1)工地宿舍设专人负责,进行昼夜值班,每个宿舍配备不少于 2 个手电筒;

(2)加强安全教育,发现险情时,要清楚记得避险路线、避险地点和避险方法;

(3)采用彩钢板房应有产品合格证,用作宿舍和办公室的,必须根据设置的地址及当地常年风压值等,对彩钢板房的地基进行加固,并使彩钢板房与地基牢固连接,确保房屋稳固;

(4)当地气象部门发布强对流(台风)天气预报后,所有在砖砌临建宿舍住宿的人员必须全部撤出到达安全地点;临近海边、基坑、砖砌围挡墙及广告牌的临建住宿人员必须全部撤出;在以塔机高度为半径的地面范围内的临建设施内的人员也必须全部撤出;在以塔机高度为半径的地面范围内的临建设施内的人员也必须全部撤出;

(5)大风和大雨后,应当检查临时设施地基和主体结构情况,发现问题及时处理。

13.2.6 夏季施工的卫生保健

(1)宿舍应保持通风、干燥,有防蚊蝇措施,统一使用安全电压。生活办公设施要有专人管理,定期清扫、消毒,保持室内整齐清洁卫生。

(2)炎热地区夏季施工应有防暑降温措施,防止中暑。

1)中暑可分为热射病、热痉挛和日射病,在临床上往往难以严格区别,而且常以混合式出现,统称为中暑。

① 先兆中暑。在高温作业一定时间后,如大量出汗、口渴、头昏、耳鸣、胸闷、心悸、恶心、软弱无力等症状,体温正常或略有升高(不超过 37.5℃),这就有发生中暑的可能性。此时如能及时离开高温环境,经短时间的休息后,症状可以消失。

② 轻度中暑。除先兆中暑症状外,如有下列症候群之一,称为轻度中暑:人的体温在 38℃以上,有面色潮红、皮肤灼热等现象;有呼吸、循环衰竭的症状,如面色苍白、恶心、呕吐、大量出汗、皮肤湿冷、血压下降、脉搏快而微弱等。轻度中暑经治疗,4~5h 内可恢复。

③ 重度中暑。除有轻度中暑症状外,还出现昏倒或痉挛、皮肤干燥无汗,体温在 40℃以上。

2）防暑降温应采取综合性措施

① 组织措施：合理安排作息时间，实行工间休息制度，早晚干活，中午延长休息时间等。

② 技术措施：改革工艺，减少与热源接触的机会，疏散、隔离热源。

③ 通风降温：可采用自然通风、机械通风和挡阳措施等。

④ 卫生保健措施：供给含盐饮料，补偿高温作业工人因大量出汗而损失的水分和盐分。

（3）施工现场应供符合卫生标准的饮用水，不得多人共用一个饮水器皿。

13.3 冬期施工

13.3.1 冬期施工概念

在我国北方及寒冷地区的冬期施工中，由于长时间的持续低温、大的温差、强风、降雪和冰冻，施工条件较其他季节艰难的多，加之在严寒环境中作业人员穿戴较多，手脚亦皆不灵活，对工程进度、工程质量和施工安全产生严重的不良影响，必须采取附加或特殊的措施组织施工，才能保证工程建设顺利进行。

根据当地多年气象资料统计，当室外日平均气温连续5天稳定低于5℃即进入冬期施工；当室外日平均气温连续5天高于5℃时解除冬期施工。

冬期施工与冬期施工是两个不同的概念，不要混淆。例如在我国海拉尔、黑河等高纬度地区，每年有长达200多天需要采取冬期施工措施组织施工，而在我国南方许多低纬度地区常年不存在冬期施工问题。

13.3.2 冬期施工特点

（1）冬期施工由于施工条件及环境不利，是各种安全事故多发季节。

（2）隐蔽性、滞后性。即工程是冬天干的，大多数在春季开始才暴露出来问题，因而给事故处理带来很大的难度，不仅给工种带来损失，而且影响工程使用寿命。

（3）冬期施工的计划性和准备工作时间性强。这是由于准备工作时间短，技术要求复杂。往往有一些安全事故的发生，都是由于这一环节跟不上，仓促施工造成的。

13.3.3 冬期施工基本要求

（1）冬期施工前两个月即应进行冬期施工战略性安排。

（2）冬期施工前一个月即应编制好冬期施工技术措施。

（3）冬期施工前一个月做好冬期施工材料、专用设备、能源、暂设工种等施工准备工作。

（4）搞好相关人员技术培训和技术交底工作。

13.3.4 冬期施工的准备

1. 编制冬期施工组织设计

冬期施工组织设计,一般应在入冬前编审完毕。冬期施工组织设计,应包括下列内容:确定冬期施工的方法、工程进度计划、技术供应计划、施工劳动力供应计划、能源供应计划;冬期施工的总平面布置图(包括临建、交通、管线布置等)、防火安全措施、劳动用品;冬期施工安全措施;冬期施工各项安全技术经济指标和节能措施。

2. 组织好冬期施工安全教育培训

应根据冬期施工的特点,重新调整好机构和人员,并制定好岗位责任制,加强安全生产管理。主要应当加强保温、测温、冬期施工技术检验机构、热源管理等机构,并充实相应的人员。安排气象预报人员,了解近期、中长期天气,防止寒流突袭。对测温人员、保温人员、能源工(锅炉和电热运行人员)、管理人员组织专门的技术业务培训,学习相关知识,明确岗位责任,经考核合格方可上岗。

3. 物资准备

物资准备的内容如下:外加剂、保温材料;测温表计及工器具、劳保用品;现场管理和技术管理的表格、记录本;燃料及防冻油料;电热物资等。

4. 施工现场的准备

(1) 场地要在土方冻结前平整完工,道路应畅通,并有防止路面结冰的具体措施;

(2) 提前组织有关机具、外加剂、保温材料等实物进场;

(3) 生产上水系统应采取防冻措施,并设专人管理,生产排水系统应畅通;

(4) 搭设加热用的锅炉房、搅拌站,敷设管道,对锅炉房进行试压,对各种加热材料、设备进行检查,确保安全可靠;蒸汽管道应保温良好,保证管路系统不被冻坏;

(5) 按照规划落实职工宿舍、办公室等临时设施的取暖措施。

13.3.5 土方与地基基础工程冬期施工

土在冬期由于遭受冻结变的坚硬,挖掘困难;春季化冻时,由于处理不当,很容易发生坍塌,造成质量安全事故,所以土方在冬期施工,必须在技术上予以保障。

(1) 爆破法破碎冻土应当注意的安全事项:

1) 爆破施工要离建筑物 50m 以外,距高压电线 200m 以外;

2) 爆破工作应在专业人员指挥下,由受过爆破知识和安全知识教育的人员担任;

3) 爆破之前应有技术安全措施,经主管部门批准;

4) 现场应设立警告标志、信号、警戒哨和指挥站等防卫危险区的设施;

5) 放炮后要经过 20min 才可以前往检查;

6) 遇有瞎炮,严禁掏挖或在原炮眼内重装炸药,应该在距离原炮眼 60cm 以外的地方另行打眼放炮;

7) 硝化甘油类炸药在低温环境下凝固成固体,当受到振动时,极易发生爆炸,酿成严重事故。因此,冬期施工不得使用硝化甘油类炸药。

(2) 人工破碎冻土应当注意的安全事项:

1）注意去掉楔头打出的飞刺,以免飞出伤人;
2）掌铁楔的人与掌锤的人不能脸对着脸,应当互成90°。

(3) 机械挖掘时应当采取措施注意行进和移动过程的防滑,在坡道和冰雪路面应当缓慢行驶,上坡时不得换档,下坡时不得空档滑行,冰雪路面行驶不得急刹车。发动机应当搞好防冻,防止水箱冻裂。在边坡附近使用、移动机械应注意边坡可承受的荷载,防止边坡坍塌。

(4) 针热法融解冻土应防止管道和外溢的蒸汽、热水烫伤作业人员。

(5) 电热法融解冻土时应注意的安全事项:
1）此法进行前,必须有周密的安全措施;
2）应由电气专业人员担任通电工作;
3）电源要通过有计量器、电流、电压表、保险开关的配电盘;
4）工作地点要设置危险标志,通电时严禁靠近;
5）进入警戒区内工作时,必须先切断电源;
6）通电前工作人员应退出警戒区,再行通电;
7）夜间应有足够的照明设备;
8）当含有金属夹杂物或金属矿石时,禁止采用电热法。

(6) 采用烘烤法融解冻土时,会出现明火,由于冬天风大、干燥,易引起火灾。因此,应注意安全。
1）施工作业现场周围不得有可燃物;
2）制定严格的责任制,在施工地点安排专人值班,务必做到有火就有人,不能离岗;
3）现场要准备一些砂子或其他灭火物品,以备不时之需。

(7) 春融期间在冻土地基上施工。

春融期间开工前必须进行工程地质勘察,以取得地形、地貌、地物、水文及工程地质资料,确定地基的冻结深度和土的融沉类别。对有坑洼、沟槽、地物等特殊地貌的建筑场地应加点测定。开工后,对坑槽沟边坡和固壁支撑结构应当随时进行检查,深基坑应当派专人进行测量、观察边坡情况,如果发现边坡有裂缝、疏松、支撑结构折断、移动等危险征兆,应当立即采取措施。

13.3.6 钢筋工程冬期施工应注意的安全事项

金属具有冷脆性,加工钢筋时应注意:
(1) 冷拔、冷拉钢筋时,防止钢筋断裂伤人;
(2) 检查预应力夹具有无裂纹,由于负温下有裂纹的预应力夹具,很容易出现碎裂飞出伤人;
(3) 防止预制构件中钢筋吊环发生脆断,造成安全事故。

13.3.7 砌体工程冬期施工应注意的安全事项

(1) 脚手架、马道要有防滑措施,及时清理积雪,外脚手架要经常检查加固;
(2) 施工时接触汽原、热水,要防止烫伤;

(3) 现场使用的锅炉、火炕等用焦炭时,应有通风条件,防止煤气中毒;
(4) 现场应当建立防火组织机构,设置消防器材;
(5) 防止亚硝酸钠中毒。

亚硝酸钠是冬期施工常用的防冻剂、阻锈剂,人体摄入10mg亚硝酸钠,即可导致死亡。由于外观、味道、溶解性等许多特征与食盐极为相似,很容易误作为食盐食用,导致中毒事故。要采取措施,加强使用管理,以防误食。

1) 在施工现场尽量不单独使用亚硝酸钠作为防冻剂;
2) 使用前应当召开培训会,让有关人员学会辨认亚硝酸钠(亚硝酸钠为微黄或无色,食盐为纯白);
3) 工地应当挂牌,明示亚硝酸钠为有毒物质;
4) 设专人保管和配制,建立严格的出入库手续和配制实用程序。

13.3.8 冬期混凝土施工应注意的安全事项

(1) 当温度低于-20℃时,严禁对低合金钢筋进行冷弯,以避免在钢筋弯点处发生强化,造成钢筋脆断。
(2) 蓄热法加热砂石时,若采用炉灶焙烤,操作人员应穿隔热鞋,若采用锯末生石灰蓄热,则应选择安全配合比,经试验证明无误后,方可使用。
(3) 电热法养护混凝土时,应注意用电安全。
(4) 采用暖棚法以火炉为热源时,应注意加强消防和防止煤气中毒。
(5) 调拌化学附加剂时,应配戴口罩、手套,防止吸入有害气体和刺激皮肤。
(6) 蒸汽养护的临时采暖锅炉应有出厂证明。安装时,必须按标准图进行,三大安全附件应灵敏可靠,安装完毕后,应按各项规定进行检验,经验收合格后方允许正式使用;同时,锅炉的值班人员应建立严格的交接班制度,遵守安全操作要求操作;司炉人员应经专门训练,考试合格后方可上岗;值班期间严禁饮酒、打牌、睡觉和撤离职守。
(7) 各种有毒的物品、油料、氧气、乙炔(电石)等应设专库存放、专人管理,并建立严格的领发料制度,特别是亚硝酸钠等有毒物品,要加强保管,以防误食中毒。
(8) 混凝土必需满足强度要求方准拆模。

13.3.9 冬期施工起重机械设备的安全使用

(1) 大雪、轨道电缆结冰和6级以上大风等恶劣天气,应当停止垂直运输作业,并将吊笼降到底层(或地面),切断电源;
(2) 遇到大风天气应将俯仰变幅塔机的臂杆降到安全位置并与塔身锁紧,轨道式塔机,应当卡紧夹轨钳;
(3) 暴风天气塔机要做加固措施,风后经全面检查,方可继续使用;
(4) 风雪过后作业,应当检查安全保险装置并先试吊,确认无异常方可作业;
(5) 井字架、龙门架、塔机等缆风绳地锚应当埋置在冻土层以下,防止春季冻土融化,地锚锚固作用降低,地锚拔出,造成架体倒塌事故;
(6) 塔机路轨不得铺设在冻胀性土层上,防止土壤冻胀或春季融化,造成路基起伏不

平,影响塔机的使用,甚至发生安事故;

(7) 春季冻土融化,应当随时观察塔机等起重机械设备的基础是否发生沉降。

13.3.10 冬期施工防火要求

冬期施工现场使用明火处较多,管理不善很容易发生火灾,必须加强用火管理。

(1) 施工现场临时用火,要建立用火证制度,由工地安全负责人审批。

(2) 明火操作地点要有专人看管,明火看管人的主要职责是:

1) 注意清除火源附近的易燃、易爆物,不易清除时,可用水浇湿或用阻燃物覆盖;

2) 检查高处用火,焊接作业要有石棉防护,或用接火盘接住火花;

3) 检查消防器材的配置和工作状态情况;

4) 检查木工棚、库房、喷漆车间、油漆配料车间等场所,此类场所不得用火炉取暖,周围 15m 内不得有明火作业;

5) 施工作业完毕后,对用火地点详细检查,确保无死灰复燃,方可撤离岗位。

(3) 供暖锅炉房及操作人员的防火要求:

1) 锅炉房宜建造在施工现场的下风方向,远离在建工程以及易燃、可燃材料堆场、料库等;

2) 锅炉房应不低于二级耐火等级;

3) 锅炉房的门应向外开启;

4) 锅炉正面与墙的距离应不小于 3m,锅炉与锅炉之间应保持不小于 1m 的距离;

5) 锅炉房应有适当通风和采光,锅炉上的安全设备应保持良好状态并有照明;

6) 锅炉烟道和烟囱与可燃构件应保持一定的距离,金属烟囱距可燃结构不小于 100cm,距已做防火保护层的可燃结构不小于 70cm;未采取消烟除尘措施的锅炉,其烟囱应设防火星帽;

7) 司炉工应当经培训合格持证上岗;

8) 应当制定严格的司炉值班制度,锅炉开火以后,司炉人员不准离开工作岗位,值班时间不允许睡觉或做无关的事;

9) 司炉人员下班时,须向下一班做好交接班,并记录锅炉运行情况;

10) 禁止使用易燃、可燃液体点火;

11) 炉灰倒在指定地点。

(4) 炉火安装与使用的防火要求:

1) 油漆、喷漆、油漆调料间以及木工房、料库等,禁止使用火炉采暖;

2) 金属与砖砌火炉,必须完整良好,不得有裂缝;砖砌火炉壁厚不得小于 30cm;

3) 金属火炉与可燃、易燃材料的距离不得小于 100cm,已做保护层的火炉距可燃物的距离不得小于 70cm;

4) 没有烟囱的火炉上方不得有可燃物,必要时须架设铁板等非燃材料隔热,其隔热板应比炉顶外围的每一边都多出 15cm 以上;

5) 火炉应根据需要设置高出炉身的火档,在木地板上安装火炉,必须设置炉盘;

6) 金属烟囱一节插入另一节的尺寸不得小于烟囱的半径,衔接地方要牢固;

7）金属烟囱与可燃物的距离不得小于30cm，穿过板壁、窗户、挡风墙、暖棚等必须设铁板；从烟囱周边到铁板外边缘尺寸，不得小于5cm；

8）火炉的炉身、烟囱和烟囱出口等部分与电源线和电气设备应保持50cm以上的距离；

9）炉火必须由受过安全消防常识教育的专人看守；

10）移动各种加热火炉时，必须先将火熄灭后方准移动；

11）掏出的炉灰必须随时用水浇灭后倒在指定地点；

12）禁止用易燃、可燃液体点火；

13）不准在火炉上熬炼油料、烘烤易燃物品。

（5）冬期消防器材的保温防冻：

1）室外消火栓。冬期施工工地，应尽量安装地下消火栓，在入冬前应进行一次试水，加少量润滑油，消火栓用草帘、锯末等覆盖，做好保温工作，以防冻结。冬天下雪时，应及时扫除消火栓上的积雪，以免雪化后将消火栓井盖冻住。高层临时消防水管应进行保温或将水放空，消防水泵内应考虑采暖措施，以免冻结。

2）消防水池。入冬前，应做好消防水池的保温工作，随时进行检查，发现冻结时应进行破冻处理。

3）轻便消防器材。入冬前应将泡沫灭火器、清水灭火器等放入有采暖的地方，并套上保温套。

第14章 锅炉及压力容器

本章要点

本章主要介绍锅炉及压力容器的安全附件、典型事故及日常维护保养的一般知识,注重使用及运行中的管理。对建筑施工现场临时锅炉房的管理提出安全要求,对锅炉房安全管理规章制度、压力容器使用的安全规程及其事故和预防做了细致的简述,特别是针对施工现场的气瓶的使用和管理做了详细的介绍。

14.1 锅炉安全附件

(1)安全阀。安全阀是锅炉上的重要附件之一,它对锅炉内部压力极限值的控制及对锅炉的安全保护起着重要的作用。安全阀应按规定配置,合理安装,结构完整,灵敏、可靠。应每年对其检验、定压一次并铅封完好,每月自动排放试验一次,每周手动排放试验一次,做好记录并签名。

(2)压力表。压力表用于准确地测量锅炉上反需测量部分压力的大小。

1)锅炉必须装有与锅筒(锅壳)蒸汽空间直接相连的压力表。

2)根据工作压力选用压力表的量程范围,一般应在工作压力的1.5~3倍。

3)表盘直径不应小于100mm,表的刻盘上应划有最高工作压力红线标志。

4)压力表装置齐全(压力表、存水弯管、三通旋塞)。应每半年对其校验一次,并铅封完好。

(3)水位计。水位计用于显示锅炉内水位的高低。水位计应安装合理,便于观察,且灵敏可靠。每台锅炉至少应装两口独立的水位计,额定蒸发量小于等于0.2t/hr锅炉可只装一只。水位计应设置放水管并接至安全地点。玻璃管式水位计应有防护装置。

(4)温度测量装置。温度是锅炉热力系统的重要参数之一,为了掌握锅炉的运行状况,确保锅炉的安全、经济运行,在锅炉热力系统中,锅炉的给水、蒸汽、烟气等介质均需依靠测量装置进行测量监视。

(5)保护装置。

1)超温报警和连锁保护装置。超温报警装置安装在热水锅炉的出口处,当锅炉的水温超过规定的水温时,自动报警,提醒司炉人员采取措施减弱燃烧。超温报警和连锁保护装置连锁后,还能在超温报警的同时,自动切断燃料的供应和停止鼓、引风,以防止热水锅炉发生超温而导致锅炉损坏或爆炸。

2)高低水位警报和低水位连锁保护装置。当锅炉内的水位高于最高安全水位或低于最低安全水位时,水位警报器就自动发出警报,提醒司炉人员采取措施防止事故发生。

3) 锅炉熄火保护装置。当锅炉炉膛熄灭时,锅炉熄火保护装置作用,切断燃料供应,并发生相应信号。

(6) 排污阀或放水装置。排污阀或放水装置的作用是排放锅水蒸发而残留下的水垢、泥渣及其他有害物质,将锅水的水质控制在允许的范围内,使受热面保持清洁,以确保锅炉的安全、经济运行。

(7) 防爆门。为防止炉膛和尾部烟道再次燃烧造成破坏,常采用在炉膛和烟道易爆处装设防爆门。

(8) 锅炉自动控制装置。通过工业自动化仪表对温度、压力、流量、物位、成分等参数进行测量和调节,达到监视、控制、调节生产的目的,使锅炉在最安全、经济的条件下运行。

14.2　压力容器及其结构

14.2.1　压力容器的定义

从广义上讲,压力容器应该包括所有承受压力载荷的密闭容器。但在工业生产中,承载压力容器是很多的,为了安全管理,把其中一部分比较容易发生事故且危害性比较大的容器,作为一种特殊的设备,需要由专门机构进行安全监督,并按规定的技术管理规范进行设计、制造和使用。工业上把这类特殊的设备叫做压力容器。

对这类特殊的设备,需要界定一个范围,界定范围应该从发生事故的可能性和事故的危害程度来确定。一般来说,压力容器发生爆炸事故及其危害程度与容器的工作介质、工作压力和容积的大小有关。根据国家质量技术监督局2003年颁发的《特种设备安全监察条例》的规定,压力容器是指盛装气体或者液体,承载一定压力的密闭设备,其范围规定为最高工作压力大于或者等于0.1MPa(表压),且压力与容积的乘积大于或者等于2.5MPa·L的气体、液化气体和最高工作温度高于或者等于标准沸点的液体的固定式容器和移动式容器;盛装公称工作压力大于或者等于0.2MPa(表压),且压力与容积的乘积大于或者等于1.0MPa·L的气体、液化气体和标准沸点等于或者低于60℃液体的气瓶、氧舱等。

14.2.2　压力容器的分类

压力容器使用范围相当广泛,型式和数量很多。从不同的角度去划分,可以有多种分类方法。例如:按容器壁厚分,有薄壁容器(指器壁厚度小于或等于容器内径的1/10)和厚壁容器;按壳体几何形状分,有球形容器、圆筒形容器、圆锥形容器等;按制造方法分,有焊接容器、锻造容器、铆接容器、组合容器等;按制造材料分,有钢制容器、有色金属容器等;按工作温度分,有高温容器、常温容器、低温容器等(高温:大于350℃,常温: -20 ~ 350℃,低温: ≤ -20℃)按工作压力分,有低压容器($P=0.1 \sim 1.6$MPa,中压容器($P=1.6 \sim 10$MPa;高压容器($P=10 \sim 100$MPa,超高压容器($P \geq 100$MPa);按容器内介质分,有剧毒容器、有毒介质容器;按容器在生产工艺过程中的作用原理分,有反应容器、换热容器、分离容器、储存容器等。

我国为了有利于安全监督、管理和检查,1999年新颁布的《压力容器安全技术监察规程》中把压力容器划分为三类。

(1) 下列情况之一的,为第三类压力容器:

1) 高压容器;

2) 中压容器(仅限毒性程度为极度和高度危害介质);

3) 中压储存容器(仅限易燃或毒性程度为中度危害介质,且 PV 乘积大于 $10MPa·m^3$);

4) 中压反应容器(仅限易燃或毒性程度为中度危害介质,且 PV 乘各大于等于 $0.5MPa·m^3$);

5) 低压容器(公限毒性程度为极度和高度危害介质,且 PV 乘积大于等于 $0.2MPa·m^3$);

6) 高压、中压管壳式余热锅炉;

7) 中压搪玻璃压力容器;

8) 使用强度级别较高(指相应标准中搞拉强度规定值下限大于等于540MPa)的材料制造的压力容器;

9) 移动式压力容器,包括铁路罐车(介质为液化气体、低温液体)、罐式汽车[液化气体运输(半挂)车、低温液体运输(半挂)车、水久气体运输(半挂)车]和罐式集装箱(介质为液化气体、低温液体)等;

10) 球形储罐(容积大于等于 $50m^3$);

11) 低温液体储存容顺(容积大于 $5m^3$)。

(2) 下列情况之一的,为第二类压力容器(以上1规定的除外):

1) 中压容器;

2) 低压容器(公限毒性程度为极度和高度危害介质);

3) 低压反应容器和低压储存容器(公限易燃介质或毒性程度为中度危害介质);

4) 低压管壳式余热锅炉;

5) 低压搪玻璃压力容器;

6) 压力容器。

(3) 低压容器为第一类压力容器(以上1、2规定的除外)。

14.2.3　压力容器安全附件

(1) 安全阀。安全阀是一种由进口静压开启的自动泄压阀门,它依靠介质自身的压力排出一定数量的流体介质,以防止容器或系统内的压力超过预定的安全值。当容器内的压力恢复正常后,阀门自行关闭,并防止介质继续排出。安全阀分全启式安全阀和微启式安全阀。根据安全阀的整体结构和加载方式可以分为静重式、杠杆式、弹簧式和先导式4种。

(2) 爆破片。爆破片装置是一种非重闭式泄压装置,由进口静压使爆破片受压爆破而泄放出介质,以防止容器或系统内的压力超过预定的安全值。

爆破片又自然数为爆破膜或防爆膜,是一种断裂型安全泄放装置。与安全阀相比,它具有结构简单、泄压反应快、密封性能好、适应性强等特点。

(3) 安全阀与爆破片装置的组合。安全阀与爆破片装置并联组合时,爆破片的标定爆破压力不得超过容器的设计压力。安全阀的开启压力应略低于焊破片的标定爆破压力。

当安全阀进口和容器这间串联安装爆破片装置时,应满足下列条件:
1)容器内的介质应是洁净的,不含有胶着物质或阻塞物质;
2)安全阀的泄放能力应满足要求;
3)当安全阀与爆破片之间存在背压时,阀仍能在开启压力下准确开启;
4)爆破片的泄放面积不得小于安全阀的进口面积;
5)安全阀与爆破片装置之间应设置放空管或排污管,以防止该空间的压力累积。

(4) 爆破帽。爆破帽为一端封闭,中间有一薄弱层面的厚壁短管,爆破压力误差较小,泄放面积较小,多用于超高压容器。超压时其断裂的薄弱层面的开槽处。由于其工作时通常还有温度影响,因此,一般均选用热处理性能稳定,且随温度变化较小的高强度材料(如 $34CrNi_3Mo$ 等)制造,其破爆压力与材料强度之比一般为 $0.2 \sim 0.5$。

(5) 易熔塞。易熔塞属于"熔化型"("温度型")安全泄放装置,它的动作取决于容器壁的温度,主要用于中、低压的小型压力容器,在盛装液化气体的钢瓶中应用更为广泛。

(6) 紧急切断阀。紧急切断阀是一种特殊结构和特殊用途的阀门,它通常与截止阀串联安装在紧靠容器的介质出口管道上。其作用是在管道发生大量泄漏时紧急止漏,一般还具有过流闭止及超温闭止的性能,并能在近程和远程独立进行操作。紧急切断阀按操作方式的不同,可分为机械(或手动)牵引式、油压操纵式、气压操纵式和电动操纵式等多种,前两种目前在液化石油气槽车上应用非常广泛。

(7) 减压阀。减压阀的工作原理是利用膜片、弹簧、活塞等敏感元件改变阀瓣与阀座之间的间隙,在介质通过时产生节流,因而压力下降而使其减压的阀门。

当调节螺栓向下旋紧时,弹簧被压缩,将膜片向下推,顶开脉冲阀阀瓣,高压侧的一部分介质就经高压通道进入,经脉冲阀阀瓣与阀座间的间隙流入环形通道而进入汽缸,向下推动活塞并打开主阀阀瓣,这时高压侧的介质便从主阀阀瓣与阀座之间的间隙流过而被节流减压。同时,低压侧的一部分介质经低压通道进入膜片下方主间,当其压力由离压侧的介质压力升高而升高的足以抵消弹簧的弹力时,膜片向上推动脉冲阀阀瓣逐渐闭合,使进入汽缸的介质减少,活塞和主阀阀瓣向上移动,主阀关小,从而减少流向低压侧的介质量,使低压侧的压力不致因高压侧压力升高而升高,从而达到自动调节压力的目的。

(8) 压力表、温度计、液位计
1) 压力表。压力表是指定容器内介质压力的仪表,是压力容器的重要安全装置。按其结构和作用原理,压力表可分为液柱式、弹性元件式、活塞式和电量式四大类。活塞式压力计通常用作校验用的标准仪表,液柱式压力计一般只用于测量很低的压力,压力容量广泛采用的是各种类型的弹性元件式压力计。

2) 液位计。液位计又称液面计,是用来观察和测量容器内液体位置变化情况的仪表,特别是对于盛装液化气体的容器,液位计是一个必不可少的安全装置。

3) 温度计。温度计是用来测量物质冷热程度的仪表,可用来测量压力容器介质的温度,对于需要控制壁温的容器,还必须装设测试壁温的温度计。

14.3　压力容器的破裂形式

压力容器也和其他设备及零件一样,常会因设计结构不合理、制造质量不合格、使用及维护不当或其他原因而发生过量变形、表面形状变化和断裂破坏等,使之没有达到使用寿命就失去正常工作效能,乃至突然破裂,酿成事故。根据压力容器破坏特点,可分为延性破裂、脆性破裂、疲劳破裂、腐蚀破裂、压力冲击破裂和蠕变破裂等六种形式。

14.3.1　延性破裂

延性破裂是压力容器在内部压力作用下,器壁上产生应力达到材料的强度极限时,在器壁上发生明显的塑性变形,器壁体积将迅速增大。如果压力继续升高,容积迅速增大,至器壁上的应力达到材料的断裂强度时,容器即发生韧性破裂。金属材料的破坏形式属韧性断裂。

14.3.2　脆性破裂

有些压力容器有破裂与延性破裂相反,容器的破裂不是经过显著的塑性变形。根据破裂时的压力计算,器壁的平均应力远远低于材料的强度极限,有的甚至还低于屈服极限,这种破裂现象和脆性材料的破裂相似,故称为脆性破裂,又因为它是在较低的应力状态下发生的,也叫作低应力破裂。

14.3.3　疲劳破裂

有资料表明,压力容器在运行中的破坏事故有75%以上是由疲劳引起的。承受交变载荷的金属构件,尽管载荷在构件内引起的最大应力并不高,有时还低于材料的屈服极限,但经历长时间反复应力的作用会引起金属的疲劳,致使发生破裂,这种由于反复应力的作用引起金属疲劳所造成的破裂叫做疲劳破裂。

14.3.4　腐蚀破裂

压力容器的腐蚀破裂是指容器壳体由于受到腐蚀介质的腐蚀而产生的一种破裂形式。这种压力容器由腐蚀破裂引起的事故,在化工生产中是很常见的。

14.3.5　压力冲击破裂

压力冲击破裂是指容器内的压力由于各种原因而急剧升高,使壳体受到高压力的突然冲击而造成的破裂爆炸,其产生的原因有可燃气体的爆炸、聚合釜内产生爆聚、反应器内反应失控产生的压力或温度的急骤升高、液化气体在容器内由于压力突然释放而产生的爆沸等。

14.3.6　蠕变破裂

压力容器在高温和应力的双重作用下,由于金属材料产生缓慢而连续的塑性变形即蠕变所导致的破裂叫蠕变破裂。

14.4 锅炉与压力容器的安全规定

施工现场临时锅炉房的安全要求

1. 施工现场临时锅炉房的安全要求

（1）施工现场临时锅炉房设置的位置应考虑周围临建的环境，不宜和木工棚、易燃易爆材料仓库、变压室等相邻。同时，还应考虑使用方便。临时锅炉房的面积大小应根据锅炉房设置的台数并满足有关规定。

（2）临时锅炉房应防火，便于操作，有足够的照明，临时用电设施应符合电气规程规定。墙体不准用竹、荆芭大泥，应用砖或砌块砌筑或瓦楞铁及石棉板，屋顶不准用简易油毡屋顶，应用瓦楞铁或石棉板做屋顶。屋顶距锅炉最高点要保证有一定的安全距离。

（3）锅炉房大门、窗均应向外开。锅炉房地面应平整、不积水。锅炉前端至少留有 2～3m，后端至少留有 60～70cm，便于操作和维修。

（4）锅炉排污，泄水应通向排污池（箱）。

（5）锅炉上的安全附件及附属设备应齐全、灵敏、可靠，按正规施工进行安装。司炉工必须经过培训、持证上岗。锅炉房要有必要的规章制度，例如：岗位责任制、安全操作制、交接班制、巡回检查制等。

（6）锅炉房应设有消防用具或设备。

2. 锅炉房的几项规章制度

（1）岗位责任制。明确制定锅炉房管理人员、司炉班长、司炉工、水处理化验员、仪表工、维修工的各自职责。

（2）交接班制度。明确交接班时间，交接内容，交接人员双方签字等。

（3）巡回检查制度。

（4）定期检查、检修制度。

（5）安全操作规程。

（6）维护保养、清洁卫生制度。

（7）水质管理制度。

（8）事故报告制度。

锅炉房内除八项规章制度外，还应有：锅炉安全运行记录，交接班记录，水质处理设备及水质化验记录，锅炉和附属设备的检修保养记录，主管领异的检查记录等等。

14.5 锅炉与压力容器常见事故

锅炉与压力容器是一种特殊设备，经常处于高温、高压下运行，如果管理不善，或使用不当就会发生各类事故，甚至发生破坏力很大的爆炸事故，后果十分惨重。但是只要认识和掌握它的规律,严格执行操作规程,加强对锅炉、压力容器的管理,事故是能够防止的。

14.5.1 事故分类

(1) 爆炸事故。指锅炉、压力容器在使用中和试压时,发生破裂,使压力瞬间降至大气压力的事故。

(2) 重大事故。指锅炉压力容器由于受压部件严重损坏,或附件损坏等,被迫停止运行,必须进行修理的事故。

(3) 一般事故。指锅炉、压力容器损坏程度不严重,不须要立即停止运行进行修理的事故。

14.5.2 事故产生的主要原因

1. 锅炉事故产生的原因

锅炉设备事故大部分是属于责任事故,偶尔也有坏人破坏事故,对于后者应提高警惕,加强保卫工作;责任事故的原因很多,有的属于锅炉设备的先天质量问题,有的属于锅炉在使用中的管理和操作问题。主要有以下四个方面:

(1) 设计制造方面。结构不合理,材质不符合要求,焊接质量粗糙,受压元件强度不够,以及其他由于设计制造不良造成的事故。

(2) 管理和操作方面。管理不严,制度不健全,劳动纪律松弛,违章操作,不严格监视各种安全仪表,不按规定进行定期检验,不及时进行维护检验;无水质处理设施和水质处理不好;其他由于运行管理不善造成的事故。

(3) 安全附件不齐全、不灵敏。

(4) 安装、改造、修理质量不好,以及其他方面引起的事故。

2. 压力容器事故产生的主要原因

压力容器一般只要发生事故,大部分都是破坏性事故。造成事故的原因是多方面的,往往由几种不安全因素爆发。一般来讲,其原因有以下二个方面:

(1) 因设计失误,粗制滥造引起的。

(2) 使用不当,致使容器强度不足而破裂。

3. 对事故处理的要求

(1) 一旦发生锅炉、压力容器事故,操作人员一定要保持镇静,不要惊慌失措。判断事故原因和处理事故时要"稳、准、快"。重大事故要保持现场,并及时报告有关领导。

(2) 事故原因一时查不清,应迅速报告上级,不得盲目处理。在事故未妥善处理之前,操作人员不得擅离岗位。

(3) 事故后,应将发生事故的前后时间、部位、经过及处理方法等详细记录,并根据具体情况进行分析,找出主要原因,从中吸取教训,防止类似事故再次发生。

14.5.3 典型锅炉事故及预防

1. 锅炉爆炸事故

(1) 水蒸气爆炸

锅炉中容纳水及水蒸气较多的大型部件，如锅炉及水冷壁集箱等，在正常工作时，或者处于水汽两相共存的饱和状态，或者是充满了饱和水，容器内的压力则等于或接近锅炉的工作压力，水的温度则该压力对应的饱和温度。一旦该容器破裂，容器内液面上的压力瞬间下降为大气压力，与大气压力相对应的水的饱和温度是100℃。原工作压力下高于100℃的饱和水此时成了极不稳定、在大气压力下难于存在的"过饱和水"，其中的一部分即瞬时汽化，体积聚然膨胀许多倍，在容器周围空间形成爆炸。

（2）超压爆炸

超压爆炸指由于安全阀、压力表不齐全、损坏或装设错误，操作人员擅离岗位或放弃监视责任，关闭或关小出汽通道，无承压能力的生活锅炉改作承压蒸汽锅炉等原因，致使锅炉主要承压部件筒体、封头、管板、炉胆等承受的压力超过其承载能力而造成的锅炉爆炸。

超压爆炸是小型锅炉最常见的爆炸情况之一。预防这类爆炸的主要措施是加强运行管理。

（3）缺陷导致爆炸

缺陷导致爆炸指锅炉承受的压力并未超过额定压力，但因锅炉主要承压部件出现裂纹、严重变形、腐蚀、组织变化等情况，导致主要承压部件丧失承载能力，突然大面积破裂爆炸。

缺陷导致的爆炸也是锅炉常见的爆炸情况之一。预防这类爆炸，除加强锅炉的设计、制造、安装、运行中的质量控制和安全监察外，还应加强锅炉检验，发现锅炉缺陷及时处理，避免锅炉主要承压部件带缺陷运行。

（4）严重缺水导致爆炸

锅炉的主要承压部件如锅筒、封头、管板、炉胆等，不少是直接受火焰加热的。锅炉一旦严重缺水，上述主要受压部件得不到正常冷却，甚至被烧，金属温度急剧上升甚至被烧红。这样的缺水情况是严禁加水的，应立即停炉，如给严重缺水的锅炉上水，往往酿成爆炸事故，长时间缺水干烧的锅炉也会爆炸。

防止这类爆炸的主要措施也是加强运行管理。

2. 锅炉重大事故

（1）缺水事故

1）锅炉缺水的后果。当锅炉水位低于水位表最低安全水位刻度线时，即形成了锅炉缺水事故。锅炉缺水时，水位表内往往看不到水位，表内发白发亮。缺水发生后，低水位警报器动作并发出警报，过热蒸汽温度升高，给水流量不正常地小于蒸汽流量。锅炉缺水是锅炉运行中最常见的事故之一，常常造成严重后果。严格缺水会使锅炉蒸发受热面管子过热变形甚至烧塌，胀口渗漏，胀管脱落，受热面钢材过热或过烧，降低或丧失承载能力，管子爆破，炉墙损坏。如锅炉缺水处理不当，甚至会导致锅炉爆炸。

2）锅炉缺水的处理。发现锅炉缺水时，应首先判断是轻微缺水还是严重缺水，然后酌情予以不同的处理。通常判断缺水程度的方法是"叫水"。"叫水"的操作方法是：打开水位表的放水旋塞冲洗汽连管及水连管，关闭水位表的汽连接管旋塞，关闭放水旋塞。如果此时水位表中有水位出现，则为轻微缺水。如果通过"叫水"水位表内仍无水位出现，说明水位已降到水连管以下甚至更严重，属于严重缺水。

轻微缺水时，可以立即向锅炉上水，使水位恢复正常。如果上水后水位仍不能恢复正常应立即停炉检查。严重缺水时,必须紧急停炉。在未判定缺水程度或者已判定属于严重缺水情况下,严格给锅炉上水,以免造成锅炉爆炸事故。

"叫水"操作一般只适用于相对容水量较大的小型锅炉,不适用于相对容水量很小的电站锅炉或其他锅炉。对相对容水量小的电站锅炉或其他锅炉,以及最高火界在水连管以上的锅壳锅炉,一旦发现缺水,应立即停炉。

(2) 满水事故

1) 锅炉满水的后果。锅炉水位高于水位表最高安全水位刻度线的现象,称为锅炉满水。

锅炉满水时,水位表内也往往看不到水位,但表内发暗,这是满水与缺水的重要区别。满水发生后,高水位报警器动作并发生警报,过热蒸汽温度降低,给水流量不正常地大于蒸汽流量。严重满水时,锅水可进入蒸汽管道和过热器,造成水击及过热器结垢。因而满水的主要危害是降低蒸汽品质,损害以至破坏过热器。

2) 锅炉满水的处理。发现锅炉满水后,应冲洗水位表,检查水位表有无故障;一旦确认满水,应立即关闭给水阀停止向锅炉上水,启用省煤器再循环管路,减弱燃烧,开启排污阀及过热器、蒸汽管道上的疏水阀;待水位恢复正常后,关闭排污阀及各疏水阀;查清事故原因并予以消除,恢复正常运行。如果满水时出现水击,则在恢复正常水位后,还须检查蒸汽管道、附件、支架等,确定无异常情况,才可恢复正常运行。

(3) 汽水共腾

1) 汽水共腾的后果。锅炉蒸发表面(水现)汽水共同升起,产生大量泡沫并上下波动翻腾的现象,叫汽水共腾。发生汽水共腾时,水位表内也出现泡沫,水位急剧波动,汽水界线难以分清;过热蒸汽温度急剧下降;严重时,蒸汽管道内发生水冲击。汽水共腾与满水一样,会使蒸汽带水,降低蒸汽品质,造成过热器结垢及水击振动,损坏过势器或影响用汽设备的安全运行。

2) 汽水共腾的处理。发现汽水共腾时,应减弱燃烧力度,降低负荷,关小主汽阀;加强蒸汽管道和过热器的疏水;全开连续排污阀,并打开定期排污阀放水,同时上水,以改善锅水品质,待水质改善、水位清晰时,可逐渐恢复正常运行。

(4) 锅炉爆管

1) 爆管后果。炉管爆破指锅炉蒸发受热面管子在运行中爆破,包括水冷壁、对流管束管子爆破及烟管爆破。炉管爆破时,往往能听到爆破声,随之水位降低,蒸汽及给水压力下降,炉膛或烟道中有汽水喷出的声响,负压减小,燃烧不稳定,给水流量明显地大于蒸汽流量,有时还有其他比较明显的症状。

2) 爆管处理。炉管爆破时,通常必须紧急停炉修理。

由于导致炉管爆破的原因很多,有时往往是几方面的因素共同影响而造成事故,因而防止炉管爆破必须从搞好锅炉设计、制造、安装、运行管理、检验等各个环节入手。

(5) 省煤器损坏

1) 省煤器损坏的后果。省煤器损坏指由于省煤器管子破裂或者省煤器其他零件损坏所造成的事故。

省煤器损坏时,给水流量不正常地大于蒸汽流量;严重时,锅炉水位下降,过热蒸汽温度上升;省煤器烟道内有异常声响,烟道潮湿或漏水,排烟温度下降,烟气阻力增大,引风机电流增大。省煤器损坏会造成锅炉缺水而被迫停炉。

2）省煤器损坏处理。省煤器损坏时，如能经直接上水管给锅炉上水，并使烟气经旁通烟道流出，则可不停炉进行省煤器修理，否则必须停炉进行修理。

（6）过热器损坏

1）过热器损坏的后果。过热器损坏主要指过热器爆管。这种事故发生后，蒸汽流量明显下降，且不正常地小于给水流量；过热蒸汽温度上升，压力下降；过热器附近有明显声响，炉膛负压减小，过热器后的烟气温度降低。

2）过热器损坏处理。过热器损坏通常需要停炉修理。

（7）水击事故

1）水击事故的后果。水在管道中流动时，因速度突然变化导致压力突然变化，形成压力波并在管道中传播的现象，叫水击。发生水击时管道承受的压力骤然升高，发生猛裂振动并发生巨大声响，常常造成管道、法兰、阀门等的损坏。

2）水击事故的预防与处理。为了预防水击事故，给水管道和省煤器管道的阀门启闭不应过于频繁，开闭速度要缓慢；对可分式省煤器的出口水温要严格控制，使之低于同压力下的饱和温度40℃；防止满水和汽水共腾事故，暖管之前应彻底疏水；上锅筒进水速度应缓慢，下锅筒进汽速度也应缓慢。发生水击时，除立即采取措施使之消除外，还应认真检查管道、阀门、法兰、支撑等，如无异常情况，才能使锅炉继续进行。

（8）炉膛爆炸事故

1）炉膛爆炸事故。炉膛爆炸是指炉膛内积存的可燃性混合物瞬间同时爆燃，从而使炉膛烟气侧压力突然升高，超过了设计允许值而造成水冷壁、刚性梁及炉顶、炉墙破坏的现象，即正压爆炸。此外还有负压爆炸，即在送风机突然停转时，引风机继续运转，烟气侧压力急降，造成炉膛、刚性梁及炉墙破坏的现象。

炉膛爆炸（外爆）要同时具备三个条件：一是燃料必须以游离状态存在于炉膛中，二是燃料和空气的混合物达到爆燃的浓度，三是有足够的点火能源。炉膛爆炸常发生于燃油、燃气、燃煤粉的锅炉。不同可燃物的爆炸极限和爆炸范围各不相同。

由于爆炸过程中火焰传播速度非常快，每秒达数百米甚至数千米，火焰激波以球面向各方传播，邻近燃料同时被点燃，烟气容积突然增大，因来不及泄压而使炉膛内压力陡增而发生爆炸。

2）炉膛爆炸事故预防。为防止炉膛爆炸事故的发生，应根据锅炉的容量和大小，装设可靠的炉膛安全保护装置，如防爆门、炉膛火焰和压力检测装置，连锁、报警、跳闸系统及点火程度，熄火程度控制系统。同时，尽量提高炉膛及刚性梁的抗爆能力。此外应加强使用管理，提高司炉工人技术水平。在启动锅炉点火时要认真按操作规程进行点火，严禁采用"爆燃法"，点火失败后先通风吹扫5~10min后才能重新点火；在燃烧不稳，炉膛负压波动较大时，如除大灰、燃料变更、制粉系统及雾化系统发生故障，低负荷运行时应精心控制燃烧，严格控制负压。

（9）尾部烟道二次燃烧事故

1）尾部烟道二次燃烧主要发生在燃油锅炉上。当锅炉运行中燃烧不完好时，部分可燃物随着烟气进入尾部烟道，积存于烟道内或粘附在尾部受热面上，在一定条件下这些可燃物自行着火燃烧。尾部烟道二次燃烧常将空气预热器、省煤器破坏。引起尾部烟道二次燃烧的条件是：在锅炉尾部烟道上有可燃物堆积下来，并达到一定的温度，有一定量的空气可供燃烧。这3个条件同时满足时，可燃物就有可能自燃或被引燃着火。

2) 尾部烟道二次燃烧的预防。为防止产生尾部二次燃烧，要提高燃烧效率，尽可能减少不完全燃烧损失，减少锅炉的启停次数；加强尾部受热面的吹灰，保证烟道各种门孔及烟气挡板的密封良好；应在燃油锅炉的尾部烟道上装设灭火装置。

(10) 锅炉结渣

1) 锅炉结渣结果。锅炉结渣指灰渣在高温下粘结于受热面、炉墙、炉排之上并越积越多的现象。燃煤锅炉结渣是个普遍性的问题，层燃炉、沸腾炉、煤粉炉都有可能结渣，由于煤粉炉炉膛温度较高，煤粉燃烧后的细灰呈飞腾状态，因而更易在受热面上结渣。结渣使受热面吸热能力减弱，降低锅炉的出力和效率；局部水冷壁管结渣会影响和破坏水循环，甚至造成水循环故障；结渣会造成过热蒸汽温度的变化，使过热器金属超温，严重的结渣会妨碍燃烧设备的正常运行，甚至造成被迫停炉。结渣对锅炉的经济性、安全性都有不利影响。

2) 锅炉结渣预防。预防结渣的主要措施有：

① 在设计上要控制炉膛燃烧热负荷，在炉膛中布置足够的受热面，控制炉膛出口温度，使之不超过灰渣变形温度；合理设计炉膛形状，正确设置燃烧器，在燃烧器结构性能设计中充分考虑结渣问题；控制水冷壁间距不要太大，而要把炉膛出口处受热面管间距拉开；炉排两排装设防焦集箱等。

② 在运行上要避免超负荷运行；控制火焰中心位置，避免火焰偏斜和火焰冲墙，合理控制过量空气系数和减少漏风。

③ 对沸腾炉和层燃炉，要控制送煤量，均匀送煤，及时调整燃料层的煤层厚度。

④ 发现锅炉结渣要及时清除。清渣应在负荷较低、燃烧稳定时进行，操作人员应注意防护和安全。

14.6 气　　瓶

气瓶是指在正常环境下(-40~60℃)可重复充气使用的，公称工作压力为1.0~30MPa(表压)，公称容积为0.4~1000L的盛装永久气体、液化气体或溶解气体的移动式压力容器。

14.6.1 气瓶的分类

1. 按工作压力分类

气瓶按工作压力分为高压气瓶和低压气瓶。高压气瓶的工作压力大于8MPa，多为30、20、15、10、8MPa；低压气瓶的工作压力小于5MPa，多为5、3、2、1.6、1MPa。

2. 按容积分类

气瓶按容积(V,升)分为大、中、小三种。大容积气瓶的容积为$100L < V \leq 1000L$；中

容积气瓶的容积为 12L < V ≤ 100L；小容积气瓶的容积为 0.4L ≤ V ≤ 12L。

3. 按盛装介质的物理状态分类

按盛装介质的物理状态，气瓶可分为永久气体气瓶、液化气体气瓶和溶解乙炔气瓶。

(1) 永久性气体气瓶。永久性气体是指临界温度低于 -10℃，常温下呈气态的气体，如氢气、氧气、氮气、空气、一氧化碳及惰性气体。

盛装永久性气体的气瓶都是在较高压力下充装气体的钢瓶。常见的压力为 15MPa，也有充装压力为 20~30MPa 的。

(2) 液化气体气瓶。液化气体是指临界温度等于或高于 -10℃ 的各种气体，它们在常温、常压下呈气态，而经加压和降温后变为液体。在这些气体中，有的临界温度较高，如硫化氢、氨、丙烷、异丁烯、环氧乙烷、液化石油等。气体经加压、降温液化后充入钢瓶中，装瓶后在瓶内保持气相和液相平衡状态。这些气体的充装压力一般不超过 10MPa，常把这些气体的气瓶称为低压液化气体气瓶。

有的液化气体的临界温度较低，在 -10℃ ≤ T ≤ 70℃，如二氧化碳气、氯化氢、乙烯、乙烷等，这些气体的充装压力较高，一般在 12.5~15MPa，充装后可能在环境温度的影响下全部气化，这类气瓶常称为高压液化气体气瓶。

(3) 溶解乙炔气瓶。是专门用于盛装乙炔的气瓶。由于乙炔气体极不稳定，特别是在高压下，很容易聚合或分解，液化后的乙炔，稍有振动，即会引起爆炸。所以不能以压缩气体状态充装，必须把乙炔溶解在溶剂（常用丙酮）中，瓶内充满多孔物质（如硅酸酸钙多孔物质等）作为吸收剂。为了增加乙炔的充装量，乙炔气是以加压方式充装的。

14.6.2 钢质气瓶的结构

我国目前使用的钢质气瓶中，绝大部分是 40L 无缝钢瓶和容积较大的焊接钢质气瓶两种。这些气瓶一般由瓶体、瓶阀、瓶帽、底座、防振圈组成。焊接钢瓶还有护罩。

1. 瓶体

40L 无缝气瓶的瓶体大多数用碳素钢坯经冲压、拉伸等方法制成。为了便于平衡直立，其底部用热套方法加装筒状或四角状底座，其外形见图 14-1。

焊接式气瓶外形如图 14-2 所示。这种气瓶的公称直径较大，承压较低。它由两个封判断和一个筒体组成，两头焊有大小护罩，是为了保护钢瓶直立的需要，护罩上开有吊孔。

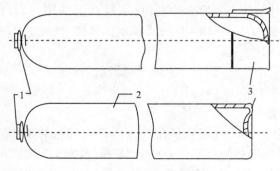

图 14-1 无缝气瓶外形
1—瓶口；2—瓶体；3—瓶底

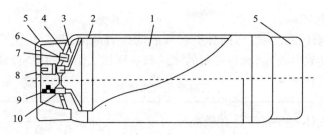

图 14－2 焊接式气瓶构造
1—瓶体;2—垫板;3—导管;4—封头;5—护罩;6、7—螺塞和螺塞座;8—瓶阀;9—阀座

2．瓶阀

瓶阀是气瓶的主要附件,用以控制气体的进出,因此,要求气阀体积小,强度高、气密性好、耐用可靠。它由阀体、阀杆、阀瓣、密封件、压紧螺母、手轮以及易熔合金塞、爆破膜等组成,详见图 14－3。

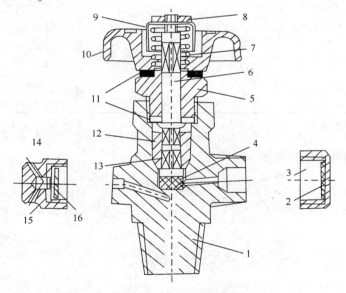

图 14－3 活瓣式瓶阀(套筒)
1—阀体;2—封垫;3—螺盖;4—密封填料;5—压紧螺母;6—阀杆;7—弹簧;8—压帽;
9—压簧盖;10—手枪;11—封垫;12—套筒;13—阀瓣;14—带孔螺母;15—封垫;16—安全膜片

3．瓶帽

为了保护瓶阀免受损伤,瓶阀上必须配带合适的瓶帽。瓶帽用钢管、可锻铸铁或球墨铸铁等材料制成。瓶帽上开有对称的排气孔,避免当瓶阀损坏时,气体由瓶帽一侧排出产生反作用力推倒气瓶。

4．防振圈

它是由橡胶或塑料制成的厚约 25～30mm 的弹性圆圈。每个气瓶上套两个,当气瓶受到撞击时,能吸收能量,减轻振动并有保护瓶体标志和漆色不被磨损的作用。

5. 气瓶的漆色和标志

为了便于识别气瓶充填气体的种类和气瓶的压力范围,避免在充装、运输、使用和定期检验时混淆而发生事故,国家对气瓶的漆色和字样作了明确的规定,详见表14-1。

几种常见气瓶漆色　　　　　　　　　表14-1

序号	气瓶名称	化学式	外表面颜色	字样	字样颜色	色　环
1	氢	H_2	深绿	氢	红	$P=14.7$MPa 不加色环 $P=19.8$MPa 黄色环一道 $P=29.4$MPa 黄色环二道
2	氧	O_2	天蓝	氧	黑	$P=14.7$MPa 不加色环 $P=19.6$MPa 白色环一道 $P=29.4$MPa 白色环二道
3	氨	NH_3	黄	液氨	黑	
4	氯	Cl_2	草绿	液氯	白	
5	空气		黑	空气	白	$P=14.7$MPa 不加色环 $P=19.6$MPa 白色环一道
6	氮	N_2	黑	氮	黄	$P=29.4$MPa 白色环二道
7	硫化氢	H_2S	白	液化硫化氢	红	
8	二氧化碳	CO_2	铝白	液化二氧化碳	黑	$P=14.7$MPa 不加色环 $P=19.6$MPa 黑色环一道

打在气瓶肩部的符号和数据钢印,叫气瓶标志。各种颜色、字样、数据和标志的部位、字形等都有明确的规定详见图14-4。

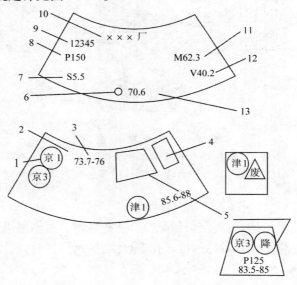

图14-4 气瓶钢印标记的顺序和位置

1—检验单位代号;2—检验日期;3—下次检验日期;4—报废印打法;5—降压钢印打法;
6—制造厂检验标记;7—不包括腐蚀裕度在内的筒体壁厚(mm);8—设计压力(kg/cm^2);
9—气瓶编号;10—气瓶制造厂名称(或代号);11—实际质量;12—实际容积(L);13—制造年月

14.6.3 气瓶的安全使用

（1）防止气瓶受热。使用中的气瓶不应放在烈日下暴晒，不要靠近火源及高温区，距明火不应小于10m；不得用高压蒸汽直接喷吹气瓶；禁止用热水解冻及明火烘烤，严禁用温度超过40℃的热源对气瓶加热。

（2）正确操作。气瓶立放时应采取防止倾倒的措施；开阀时要慢慢开启，防止附件升压过快产生高温；对可燃气体的气瓶，不能用钢制工具等敲击钢瓶，防止产生火花；氧气瓶的瓶阀及其附件不得沾油脂，手或手套上沾有油污后，不得操作氧气瓶。

（3）气瓶使用到最后应留有余气，以防止混入其他气体或杂质而造成事故。气瓶用于有可能产生回流（倒灌）的场合，必须有防止倒灌的装置，如单向阀、止回阀、缓冲罐等。液化石油气气瓶内的残余油气，应在有安全措施的设施上回收，不得自行处理。

（4）加强气瓶的维护。气瓶外壁油漆层既能防腐，又是识别的标志，以防止误用和混装，要保持好漆面的完事和标志的清晰。瓶内混进水分会加速气瓶内壁的腐蚀，气瓶在充装前一定要对气瓶进行干燥处理。

（5）气瓶使用单位不得自行改变充装气体的品种、擅自更换气瓶的颜色标志。确实需要更换时应提出申请，由气瓶检验单位负责对气瓶进行改装。负责改装的单位应根据气瓶制造钢印标志和安全状况，确定气瓶是否适合于所要换装的气体。改装时，应对气瓶的内部进行彻底清理、检验，打检钢印和涂检验标志，换装相应的附件，更换改装气体的字样、色环和颜色。

14.6.4 常用气瓶的安全使用要点

1. 氧气瓶

（1）严禁接触和靠近油物及其他易燃品，严禁与乙炔等可燃气体的气瓶混放一起或同车运输，必须保证规定的安全间隔距离。

（2）不得靠近热源和在阳光下暴晒。

（3）瓶内气体不得用尽，必须留有0.1~0.2MPa的余压。

（4）瓶体要装防振圈，应轻装轻卸，避免受到剧烈振动和撞击，以防止因气体膨胀而发生爆炸。

（5）储运时，瓶阀应戴安全帽，防止损坏瓶阀而发生事故。

（6）不得手掌满握手柄开启瓶阀，且开启速度要缓慢；开启瓶阀时，人应在瓶体一侧且人体和面部应避开出气口及减压器的表盘。

（7）瓶阀冻结时，可用热水或蒸汽加热解冻，严禁敲击和火焰加热。

（8）氧气瓶的瓶阀及其附件不得沾油脂，手或手套上沾有油污后，不得操作氧气瓶。

2. 乙炔瓶

（1）不得靠近热源和在阳光下暴晒。

（2）必须直立存放和使用，禁止卧放使用。

（3）瓶内气体不得用尽，必须留有0.1~0.2MPa的余压。

（4）瓶阀应戴安全帽储运。

（5）瓶体要有防振圈,应轻装轻卸,防止因剧烈振动和撞击引起爆炸。

（6）瓶阀冻结,严禁敲击和火焰加热,只可用热水和蒸汽加热瓶阀解冻,不许用热水或蒸汽加热瓶体。

（7）必须配备减压器方可使用。

3. 液化石油气瓶

（1）不得靠近热源、火源和暴晒。

（2）冬季气瓶严禁火烤和沸水加热,只可用40℃以下温水加热。

（3）禁止自行倾倒残液,防止发生火灾和爆炸。

（4）瓶内气体不得用尽,应留有一定余气。

（5）禁止剧烈振动和撞击。

（6）严格控制充装量,不得充满液体。

附录 试 题

一、单选题(本题型每题有4个备选答案,其中只有1个答案是正确的。多选、不选、错选都不得分)

1. 土石根据其坚硬程度和开挖方法及使用工具可分为(　　)类。
   A. 5　　　　　　B. 6　　　　　　C. 7　　　　　　D. 8

   正确答案:D

2. 野外鉴别人工填土,它的颜色为(　　)。
   A. 固定的红色　　　　　　B. 无固定颜色
   C. 有固定颜色　　　　　　D. 都是黄色

   正确答案:B

3. 在斜坡上挖土方,应做成坡势,以利(　　)。
   A. 蓄水　　　　B. 泄水　　　　C. 省力　　　　D. 行走

   正确答案:B

4. 在滑坡地段挖土方时、不宜在(　　)季节施工。
   A. 冬季　　　　　　B. 春季
   C. 风季　　　　　　D. 雨季

   正确答案:D

5. 湿土地区开挖时,若为人工降水,降至坑底(　　)时方可开挖。
   A. 0.2m 以下　　　　　　B. 0.5m 以下
   C. 0.2m 以上　　　　　　D. 0.5~1.0m

   正确答案:D

6. 在膨胀土地区开挖时,开挖前要做好(　　)。
   A. 堆土方案　　　　　　B. 回填土准备工作
   C. 排水工作　　　　　　D. 边坡加固工作

   正确答案:C

7. 采用钢筋混凝土灌注桩时,开挖标准是桩身混凝土达到(　　)。
   A. 设计强度后　　　　　　B. 混凝土灌注
   C. 混凝土灌注24h　　　　D. 混凝土凝固后

   正确答案:A

8. 人工开挖土方时,两个人的操作间距应保持(　　)。
   A. 1m　　　　　　B. 1~2m
   C. 2~3m　　　　　D. 3.5~4m

   正确答案:A

9. 盾构施工组织设计方案中的关键问题是(　　)。

A. 组织施工力量 B. 使用最好的设施
C. 保证质量可靠 D. 安全专项方案和措施

正确答案：D

10. 在盾构法施工前必须编制好（　　）。
    A. 进度计划 B. 器材使用计划
    C. 职业生活计划 D. 应急预案

正确答案：D

11. 盾构出土皮带运输机应设（　　）。
    A. 防护并专人负责 B. 安全网
    C. 隔离带 D. 脚手架

正确答案：A

12. 盾构机头部每天都应检测可燃气体的浓度，做到预测、预防和序控工作，并做好（　　）。
    A. 计划工作 B. 记录台账
    C. 检测到位 D. 专人负责

正确答案：B

13. 在临边堆放弃土、材料和移动施工机械应与坑边保持一定距离，当土质良好时，要距坑边（　　）。
    A. 0.5m 以外/高度不超 0.5m B. 0.8m 以外/高度不超 1.5m
    C. 1m 以外/高度不超 1m D. 按施工方案规定堆放

正确答案：D

14. 对于（　　）的基坑（槽）开挖时严禁采用天然冻结施工。
    A. 黏土 B. 软土 C. 老黄土 D. 干燥的砂土

正确答案：D

15. 对于高度在 5m 以内的挡土墙一般多采用（　　）。
    A. 重力式挡土墙 B. 钢筋混凝土挡土墙
    C. 锚杆挡土墙 D. 锚定板挡土墙

正确答案：A

16. 基坑（槽）四周排水沟及集水井应设置在（　　）。
    A. 基础范围以外 B. 堆放土以外
    C. 围墙以外 D. 基础范围以内

正确答案：A

17. 明排水法由于设备简单和排水方便，所以较为普遍采用，但它只宜用于（　　）。
    A. 松软土层 B. 黏土层
    C. 细砂层 D. 粗粒土层

正确答案：D

18. 轻型井点一般用于土壤渗透系数 $K=$（　　）的土壤。
    A. $<10^{-6}$（cm/s） B. 10^{-5}（cm/s）

C. $10^{-2} \sim 10^{-5}$ (cm/s)　　　　D. 10^{-1} (cm/s)

正确答案：C

19. "管井井点"可降水深度为（　　）。
    A. 3~5m　　　B. 5~8m　　　C. <10m　　　D. >10m

正确答案：D

20. 顶管法所用的管子通常采用钢筋混凝土管或钢管，管经一般为（　　）。
    A. 80~100mm　　　　　　B. 100~200mm
    C. 500~600mm　　　　　D. 700~2600mm

正确答案：D

21. 编制工程项目顶管施工组织设计方案，其中必须制订有针对性、实效性的（　　）。
    A. 施工技术指标　　　　B. 施工进度计划
    C. 节约材料措施　　　　D. 安全技术措施和专项方案

正确答案：D

22. 在顶进千斤顶安装时，按照理论计算或经验选定的总顶力的（　　）配备千斤顶。
    A. 0.5倍　　　B. 1倍　　　C. 1.2倍　　　D. 1.5倍

正确答案：C

23. 工作坑点内应设符合规定的和固定牢固的（　　）。
    A. 安全带　　　　B. 安全网
    C. 脚手架　　　　D. 安全梯

正确答案：D

24. 工具管中的纠偏千斤顶应绝缘良好，操作电动高压油泵应（　　）。
    A. 穿工作服　　　　B. 戴口罩
    C. 戴安全帽　　　　D. 戴绝缘手套

正确答案：D

25. 出土车应有指挥引车，严禁（　　）。
    A. 超载　　　　B. 开快车
    C. 不靠边行驶　　　　D. 途中停车

正确答案：A

26. 出土车轨道终端，必须（　　）。
    A. 有人指挥　　　　B. 不准乱堆土石
    C. 安装限制装置　　D. 装卸有序

正确答案：C

27. 顶管法施工，管子的顶进或停止，应以（　　）。
    A. 指挥人员发出的信号为准　　B. 顶进不顺为停止信号
    C. 工具管头部发出信号为准　　D. 监视人发出信号为准

正确答案：C

28. 顶进过程中，为防止发生崩铁伤人事故，一切操作人员（　　）。
    A. 顶进过程中可以停机　　B. 不准无指挥开机

C. 不得在顶铁两侧操作　　　　　　D. 不得赶进度

正确答案：C

29. 在隧道工程施工中,采用冻结法地层加固时,必须对附近的建筑物或地下埋设物及盾构隧道本身采取(　　)。
    A. 加强管理　　　　　　　　　　B. 防护措施
    C. 严密组织　　　　　　　　　　D. 技术交底

正确答案：B

30. 盾构施工前,必须进行地表环境调查,障碍物调查以及工程地质勘察,确保盾构施工过程中的(　　)。
    A. 安全生产　　　　　　　　　　B. 质量工程
    C. 完成工程量　　　　　　　　　D. 进度指标

正确答案：A

31. 垂直运输设备的操作人员,在作业前要进行安全检查(　　)。
    A. 安全帽　　　　　　　　　　　B. 手套
    C. 工作服　　　　　　　　　　　D. 卷扬机等设备各部位

正确答案：D

32. 对开挖工作坑的所有作业人员都应严格执行施工管理人员的(　　)。
    A. 安全技术交底　　　　　　　　B. 安全教育
    C. 现场示范　　　　　　　　　　D. 逐级布置工作

正确答案：A

33. "喷射井点"适用土的渗透系数是(　　)。
    A. $10^{-3} \sim 10^{-6}$ cm/s　　　　B. 10^{-2} cm/s
    C. $<10^{-6}$ cm/s　　　　　　　D. 10^{-1} cm/s

正确答案：A

34. 基坑排水的方法有(　　)。
    A. 强制排水　　　　　　　　　　B. 人工排水
    C. 自然排水　　　　　　　　　　D. 明排水、人工降低水位

正确答案：D

35. 基坑采用人工降低地下水位排水工作,应持续到(　　)。
    A. 排干净水　　　　　　　　　　B. 边排水边施工
    C. 排水差不多便可　　　　　　　D. 基础工程完毕,进行回填后

正确答案：D

36. 临时性挖方砂土(不包括细砂、粉砂)边坡值应为(　　)
    A. 1:1.25 ~ 1:1.50　　　　　　B. 1:0.75 ~ 1:1.00
    C. 1:1.00 ~ 1:1.25　　　　　　D. 1:0.50 ~ 1:1.00

正确答案：A

37. 临时性挖方一般(硬)黏性土边坡值应为(　　)。
    A. 1:0.75 ~ 1:1.00　　　　　　B. 1:0.50 ~ 1:0.75

C. 1:0.30~1:0.75　　　　　　D. 1:0.30~1:0.50

正确答案：A

38. 临时性挖方一般软黏性土边坡值应为（　　）。
    A. 1:0.75~1:1.00　　　　　　B. 1:1.50 或更缓
    C. 1:1.00~1:1.25　　　　　　D. 1:1.25~1:1.50

正确答案：B

39. 重力式挡土墙的基础厚度与墙高之比应为（　　）。
    A. 1:2~1:3　　　　　　　　　B. 1:2~2:3
    C. 1:3　　　　　　　　　　　D. 2:3

正确答案：B

40. 挡土墙沿水平方向每隔 10~25m 要设缝宽为（　　）的伸缩缝或沉降缝。
    A. 10mm　　　　　　　　　　B. 25mm
    C. 20~30mm　　　　　　　　D. 20mm

正确答案：C

41. 顶管法顶进长度超过（　　）应有预防缺氧、窒息的措施。
    A. 20m　　　B. 30m　　　C. 40m　　　D. 50m

正确答案：D

42. 顶管施工时，坑内氧气瓶与乙炔瓶（　　）放置。
    A. 不得进入坑内　　　　　　B. 不能乱放
    C. 不能混放　　　　　　　　D. 不能压在一起

正确答案：A

43. 管道内的照明电信系统一般采用（　　）。
    A. 高压电　　　　　　　　　B. 低压电
    C. 干电池　　　　　　　　　D. 汽车电瓶

正确答案：B

44. 机械在运转中，须小心谨慎，严禁（　　）。
    A. 超负荷作业　　　　　　　B. 快跑
    C. 低速行驶　　　　　　　　D. 维修

正确答案：A

45. 在气压盾构施工中严禁将（　　）带入气压施工区。
    A. 化学物品　　　　　　　　B. 易燃、易爆物品
    C. 有腐蚀物品　　　　　　　D. 有害物品

正确答案：B

46. 根据规范 GB 50202—2002 基坑侧壁安全分为（　　）个等级。
    A. 3　　　B. 4　　　C. 5　　　D. 6

正确答案：A

47. 一级基坑围护结构当设计有指标时，以设计要求为依据，当无设计指标时，根据规范，围护结构顶部位移监控值为（　　）。

A. 4cm   B. 3cm   C. 6cm   D. 2cm

正确答案：B

48. 一级基坑围护结构,无设计指标要求时,基坑边地面最大沉降监控值为(   )。
   A. 4cm   B. 5cm   C. 3cm   D. 6cm

正确答案：C

49. 一级基坑支护结构设计的重要性系数应为(   )。
   A. 1.00   B. 1.2   C. 1.10   D. 0.90

正确答案：C

50. 当基坑周围环境无特殊要求时,基坑开挖深度小于(   )为三级基坑。
   A. 8m   B. 7m   C. 6m   D. 5m

正确答案：B

51. 当基坑周围环境无特殊要求时,基坑开挖深度(   )为二级基坑。
   A. 大于5m 小于8m   B. 大于7m 小于10m
   C. 大于8m 小于12m   D. 大于6m 小于9m

正确答案：B

52. 当基坑周围环境无特殊要求,也不是重要工程支护结构,也不是主体结构的一部分,基坑开挖深度(   )为一级基坑。
   A. 大于8m   B. 大于12m
   C. 大于10m   D. 大于7m

正确答案：C

53. 用土钉墙作基坑支护结构,基坑深度不宜大于(   )。
   A. 10m   B. 8m   C. 12m   D. 9m

正确答案：C

54. 土钉墙适用于(   )土质场地。
   A. 软土   B. 含水量高的土
   C. 淤泥   D. 非软土

正确答案：D

55. 土钉墙支护的土钉与水平面夹角为(   )。
   A. 30°~45°   B. 45°~60°
   C. 20°~30°   D. 5°~20°

正确答案：D

56. 土钉墙支护的土钉钢筋宜采用(   )。
   A. Ⅰ级钢筋   B. Ⅱ、Ⅲ级钢筋
   C. 钢丝束   D. 钢绞线

正确答案：B

57. 土钉墙喷射混凝土强度的等级不宜低于(   )。
   A. C15   B. C20   C. C30   D. C10

正确答案：B

58. 土钉墙喷射混凝土面层厚度不宜小于(　　)。
    A. 100mm   B. 120mm   C. 80mm   D. 60mm

    正确答案:C

59. 土钉墙支护的土钉钢筋直径宜为(　　)。
    A. 8~20m   B. 12~28m
    C. 10~30m   D. 16~32m

    正确答案:D

60. 支撑(拉锚)的安装与拆除顺序应与(　　)一致。
    A. 基坑支护结构设计计算工况   B. 基坑降水方案
    C. 基坑支护结构的材料   D. 基坑施工季节

    正确答案:A

61. 支撑的安装必须按(　　)的顺序施工。
    A. 现开挖再支撑   B. 开槽支撑先撑后挖
    C. 边开挖边支撑   D. 挖到槽底再支撑

    正确答案:B

62. 支撑的拆除应按(　　)的顺序施工。
    A. 先换支撑后拆除   B. 先支撑后换支撑
    C. 拆除与换支撑同时进行   D. 不换支撑就拆除

    正确答案:A

63. 土层锚杆张拉预应力应如何进行。(　　)
    A. 锚固段灌浆强度大于15MPa,并不小于设计强度等级的75%可进行张拉
    B. 锚固段灌浆强度大于10MPa,,并不小于设计强度等级的50%可进行张拉
    C. 锚固段灌浆强度大于20MPa,并不小于设计强度80%,可进行张拉
    D. 锚固段灌浆强度大于30MPa,并不小于设计强度90%,可进行张拉

    正确答案:A

64. 土层锚杆预应力张拉至设计荷载的(　　)后,再按设计要求锁定。
    A. 0.8~0.9倍   B. 0.9~1.0倍
    C. 0.7~0.8倍   C. 0.75~0.9倍

    正确答案:B

65. 基坑监测点应在(　　)范围内布置。
    A. 从基坑边沿以外1~2倍的开挖深度
    B. 从基坑边沿以外0.5~1倍的开挖深度
    C. 从基坑边沿以外0.8~1.5倍的开挖深度
    D. 从基坑边沿以外2~3倍的开挖深度

    正确答案:A

66. 基坑检测基准点不应少于(　　)。
    A. 1个   B. 2个   C. 3个   D. 4个

    正确答案:B

289

67. 对接扣件的抗滑承载力设计值为(　　)。
   A. 3.2kN　　　B. 3.4kN　　　C. 3.6kN　　　D. 3.8kN

   正确答案：A

68. 直角扣件、旋转扣件的抗滑承载能力设计值为(　　)。
   A. 6kN　　　B. 8kN　　　C. 7kN　　　D. 8.5kN

   正确答案：B

69. 扣件式钢管支架的底座,其抗压承载力设计值为(　　)。
   A. 20kN　　　B. 30kN　　　C. 40kN　　　D. 50kN

   正确答案：C

70. 楼板模板及其支架(楼层高度4m以下)定型组合钢模板自重标准值为(　　)。
   A. 0.3kN/m²　　　　　　　　B. 0.50kN/m²
   C. 1.10kN/m²　　　　　　　D. 1.50kN/m²

   正确答案：C

71. 对普通混凝土,新浇筑混凝土自重标准值(G_{2K})可采用(　　)。
   A. 0.75kN/m³　　　　　　　B. 1.10kN/m³
   C. 2.0kN/m³　　　　　　　 D. 2.4kN/m³

   正确答案：D

72. 钢筋自重(G_{3K})应根据工程设计图确定。对一般梁板结构每立方米钢筋混凝土的钢筋自重标准(　　)。
   A. 楼板0.3kN,梁0.5kN　　　　B. 楼板0.5kN,梁0.8kN
   C. 楼板1.1kN,梁1.5kN　　　　D. 楼板1.5kN,梁2.0kN

   正确答案：C

73. 振捣混凝土时产生的荷载标准值(G_{2K})对水平模板可采用(　　)。
   A. 0.2kN/m²　　　　　　　　B. 0.5kN/m²
   C. 1.0kN/m²　　　　　　　　D. 2kN/m²

   正确答案：D

74. 钢模板及其支架的荷载设计值可乘以系数(　　)。
   A. 0.35　　　B. 0.45　　　C. 0.75　　　D. 0.9

   正确答案：D

75. 验算结构表面外露的模板,其最大变形值为模板计算跨度的(　　)。
   A. 1/200　　　B. 1/250　　　C. 1/300　　　D. 1/400

   正确答案：D

76. 验算模板结构表面隐蔽的模板,其最大变形值为模板计算跨度的(　　)。
   A. 1/200　　　B. 1/250　　　C. 1/300　　　D. 1/400

   正确答案：B

77. 木支架受压立杆除应满足计算需要外,其梢直径不得小于(　　)。
   A. 50mm　　　B. 60mm　　　C. 80mm　　　D. 70mm

   正确答案：C

78. 在板结构中,钢支架立柱及桁架杆件的受压构件长细比不应大于( )。
　　A. 80　　　　　B. 150　　　　　C. 160　　　　　D. 170
　　　　　　　　　　　　　　　　　　　　　　　　　　　　　　正确答案:B

79. 在模板结构中,钢杆件和木杆件受拉时的长细比分别应不大于( )。
　　A. 450:300　　B. 350:250　　C. 250:150　　D. 150:100
　　　　　　　　　　　　　　　　　　　　　　　　　　　　　　正确答案:B

80. 木支架立柱长细比不应大于( )。
　　A. 150　　　　B. 120　　　　C. 110　　　　D. 100
　　　　　　　　　　　　　　　　　　　　　　　　　　　　　　正确答案:B

81. 门架使用可调支座时,调节螺杆伸长不得大于( )。
　　A. 50mm　　　B. 100mm　　　C. 150mm　　　D. 200mm
　　　　　　　　　　　　　　　　　　　　　　　　　　　　　　正确答案:D

82. 模板及其支架在安装过程中,必须设置( )。
　　A. 保证工程质量设施　　　　　B. 提高施工速度设施
　　C. 保证节约材料的设施　　　　D. 能有效防倾覆的临时固定设施
　　　　　　　　　　　　　　　　　　　　　　　　　　　　　　正确答案:D

83. 现浇钢筋混凝土梁、板,当跨度大于( )时应起拱。
　　A. 2m　　　　B. 3m　　　　C. 4m　　　　D. 5m
　　　　　　　　　　　　　　　　　　　　　　　　　　　　　　正确答案:C

84. 当设计无具体要求时,起拱高度可为跨度的( )。
　　A. 1/1000～3/1000　　　　　　B. 1/100～3/100
　　C. 1/1000～1/1500　　　　　　D. 1/1500～1/2000
　　　　　　　　　　　　　　　　　　　　　　　　　　　　　　正确答案:A

85. 模板安装作业必须搭设操作平台的最小高度是( )。
　　A. 2.0m　　　B. 1.8m　　　C. 1.5m　　　D. 2.5m
　　　　　　　　　　　　　　　　　　　　　　　　　　　　　　正确答案:A

86. 木立柱水平拉杆及剪刀撑若采用木板时,其截面尺寸不应小于( )。
　　A. 25mm×80mm　　　　　　　B. 20mm×60mm
　　C. 25mm×50mm　　　　　　　D. 20mm×70mm
　　　　　　　　　　　　　　　　　　　　　　　　　　　　　　正确答案:A

87. 剪刀撑斜杆与地面夹角应为( )。
　　A. 45°～60°　　　　　　　　　B. 30°～45°
　　C. 25°～30°　　　　　　　　　D. 10°～40°
　　　　　　　　　　　　　　　　　　　　　　　　　　　　　　正确答案:A

88. 采用扣件式钢管作模板支撑时,立杆顶端伸出顶层横向水平杆中心线的长度 a 的限值为( )。
　　A. 0.6m　　　B. 0.5m　　　C. 0.4m　　　D. 0.8m
　　　　　　　　　　　　　　　　　　　　　　　　　　　　　　正确答案:B

89. 采用扣件式钢管支模时,立杆顶端的计算长度为( )。
    A. $h+1.5a$ B. $h+2a$ C. $h+2.5a$ D. $h+3.0a$
    正确答案:B

90. 采用扣件式钢管脚手架作模板支架时,立柱底部必须设置纵横向扫地杆,纵上横下,使直角扣件扣牢。纵向扫地杆距离底座的限制高度为( )。
    A. 200mm   B. 250mm
    C. 300mm   D. 350mm
    正确答案:A

91. 扣件式钢管模板支架的立杆间距应由计算确定,但间距最大不应大于( )。
    A. 1.5m   B. 1.2m   C. 1.8m   D. 2.0m
    正确答案:A

92. 多排扣件式钢管模板支架,四周应设通长竖向剪刀撑,中间纵横方向每隔( )应设置一道竖向剪刀撑。
    A. 4~5个立杆间距或5~7m   B. 6~8个立杆间距或7~9m
    C. 8~10个立杆间距或8~10m   D. 2~4个立杆间距或2~4m
    正确答案:A

93. 扣件式钢管支架高于( )时应设置水平剪刀撑。
    A. 4.0m   B. 5.0m   C. 6.0m   D. 7.0m
    正确答案:A

94. 木立柱宜选用整料,当不能满足要求时,立柱的接头不宜超过( )个,并应采用对接夹板的接头方式。
    A. 4   B. 3   C. 1   D. 2
    正确答案:C

95. 在悬空部位作业时,操作人员应( )。
    A. 遵守操作规定   B. 进行安全技术交底
    C. 戴好安全帽   D. 系好安全带
    正确答案:D

96. 滑动模板支承杆一般用( )的圆钢或螺纹钢制成。
    A. $\phi 25$ B. $\phi 20$ C. $\phi 35$ D. $\phi 15$
    正确答案:A

97. 扣件拧紧力距应为( )。
    A. 40~65N·m   B. 20~30N·m
    C. 30~40N·m   D. 70~80N·m
    正确答案:A

98. 门架的跨距和间距应按设计规定布置,但间距宜不小于( )。
    A. 0.8m   B. 1.2m   C. 1.5m   D. 2.0m
    正确答案:B

99. 基坑(槽)上口堆放模板时的最小距离应在( )以外。

  A. 2m   B. 1m   C. 2.5m   D. 0.8m

正确答案：A

100. 斜支撑与侧模的夹角不应小于(　　)。
  A. 30°   B. 35°   C. 40°   D. 45°

正确答案：D

101. 吊索具的许用拉力是正常使用时允许承受的(　　)。
  A. 最大拉力   B. 最小拉力
  C. 拉力   D. 拉断力

正确答案：A

102. 钢丝绳末端用绳夹固定时绳夹数量不得少于(　　)。
  A. 2个   B. 3个   C. 4个   D. 5个

正确答案：B

103. 吊挂和捆绑用钢丝绳的安全系数(　　)
  A. 2.5   B. 3.5   C. 6   D. 8

正确答案：D

104. 钢丝绳在破断前一般有(　　)等预兆,容易检查、便于预防事故。
  A. 表面光亮   B. 生锈
  C. 断丝、断股   D. 表面有泥

正确答案：C

105. 多次弯曲造成的(　　)是钢丝绳破坏的主要原因之一。
  A. 拉伸   B. 扭转
  C. 弯曲疲劳   D. 变形

正确答案：C

106. 一般情况下不仅可以在较高温度下工作,而且耐重压的钢丝绳的绳芯为(　　)。
  A. 棉芯   B. 麻芯
  C. 石棉芯   D. 钢芯

正确答案：D

107. 吊钩、吊环不准超负荷进行作业,使用过程中要定期进行检查,如发现危险截面的磨损高度超过(　　)时,应立即降低负荷使用。
  A. 10%   B. 20%   C. 30%   D. 40%

正确答案：A

108. 为保证安全,每个绳夹应拧紧至卡子内钢丝绳压扁(　　)为标准。
  A. 1/2   B. 1/3   C. 1/4   D. 1/5

正确答案：B

109. 在高温和低温条件下不准使用的千斤顶是(　　)。
  A. 移动式螺旋千斤顶   B. 齿条千斤顶
  C. 液压千斤顶   D. 固定式螺旋千斤顶

正确答案：C

110. 千斤顶是一种用比较小的力就能把重物升高、降低或移动的简单机具,结构简单,使用方便,承载能力,可从 1~300t,顶升高度一般为(　　),顶升速度可达 10~35mm/min。
    A. 1200mm	B. 900mm
    C. 600mm	D. 300mm
                                                                正确答案:D

111. 既可顶起高处重物,又可顶起低处重物的千斤顶是(　　)。
    A. 移动式螺旋千斤顶	B. 齿条千斤顶
    C. 液压千斤顶	D. LQ 形固定式螺旋千斤顶
                                                                正确答案:B

112. 手拉葫芦的起重链条直径磨损超过(　　)应予报废更新。
    A. 5%	B. 8%	C. 9%	D. 10%
                                                                正确答案:D

113. 手拉葫芦的提升机构是靠(　　)工作的。
    A. 链轮	B. 手拉链	C. 齿轮传动装置	D. 起重链
                                                                正确答案:C

114. 起重桅杆为立柱式,用绳索(缆风绳)绷紧立于地面。绷紧一端固定在起重桅杆的顶部,另一端固定在地面锚桩上。拉索一般不少于(　　)根。
    A. 2	B. 3	C. 4	D. 5
                                                                正确答案:C

115. 新桅杆组装时,中心线偏差不大于总支承长度的(　　)。
    A. 1/1000	B. 1/500	C. 3/1000	D. 1/200
                                                                正确答案:A

116. 用多台电动卷扬机吊装设备时,其牵引速度和起重能力(　　),并且要做到统一指挥,统一动作,同步操作。
    A. 可以不同	B. 前者相同,后者无所谓
    C. 前者无所谓,后者相同	D. 应相同
                                                                正确答案:D

117. 起吊设备时,电动卷扬机卷筒上钢丝绳余留圈数应不少于(　　)圈。
    A. 2	B. 3	C. 4	D. 5
                                                                正确答案:B

118. 配合桅杆使用时,电动卷扬机的位置与桅杆的距离应(　　)桅杆的高度。
    A. 小于	B. 小于等于
    C. 等于大于	D. 无所谓
                                                                正确答案:C

119. 起重作业中,除了(　　)外均可用地锚来固定。
    A. 拖拉绳	B. 缆风绳
    C. 动滑轮	D. 卷扬机
                                                                正确答案:C

120. 地锚拖拉绳与水平夹角一般以(　　)以下为宜。
 A. 30°　　　　B. 40°　　　　C. 50°　　　　D. 60°

正确答案：A

121. 当卷扬机的牵引力一定时,滑轮的轮数愈多则(　　)。
 A. 速比愈小,而起吊能力愈大　　B. 速比愈大,起吊能力也愈大
 C. 速比愈大,而起吊能力愈小　　D. 速比愈小,起吊能力也愈小

正确答案：B

122. 使用滑轮的直径,通常不得小于钢丝绳直径的(　　)倍。
 A. 16　　　　B. 12　　　　C. 8　　　　D. 4

正确答案：A

123. 履带式起重机用于双机抬吊重物时,分配给单机重量不得超过单机允许起重量的(　　),并要求统一指挥。抬吊时应先试抬,使操作者之间相互配合,动作协调,起重机各运转速度尽量一致。
 A. 25%　　　　B. 50%　　　　C. 75%　　　　D. 100%

正确答案：C

124. 汽车式起重机约70%以上的翻车事故是因(　　)造成的,因此,在使用汽车起重机时应特别引起重视。
 A. 大风　　　　　　　　B. 超载或支腿陷落
 C. 道路不平　　　　　　D. 无人指挥

正确答案：B

125. 轮胎式起重机的行驶和起重操作同在一室,(　　)为轮胎。
 A. 回转装置　　　　　　B. 变幅装置
 C. 起升装置　　　　　　D. 行走装置

正确答案：D

126. 汽车式起重机的支腿处必须坚实,在起吊重物前,应对支腿加强观察,看看有无陷落现象,有时为了保证安全使用,会增铺垫道木,其目的是(　　)。
 A. 加大承压面积　　　　B. 减小承压面积
 C. 减小对地面的压力　　D. 增大对地面的压力

正确答案：A

127. 在起重作业中,(　　)斜拉、斜吊和起吊地下埋设或凝结在地面上的重物。
 A. 允许　　　　　　　　B. 禁止
 C. 无所谓　　　　　　　D. 看情况

正确答案：B

128. 在国内200t以上高大工件的吊装很少使用大型吊车,300t以上高大工件的吊装极少采用大型吊车,主要是由于(　　)。
 A. 经济实力和装备水平的限制　　B. 地基地耐力的限制
 C. 占地面积的限制　　　　　　　D. 吊装工艺的限制

正确答案：A

129. 在大型吊车的吊装中,辅助吊车松钩时,立式设备的仰角不宜( )。
　　A. 小于75°　　B. 大于75°　　C. 小于85°　　D. 大于85°
　　　　　　　　　　　　　　　　　　　　　　　　　　　正确答案:B

130. 当采用龙门桅杆滑移法吊装时,其上部横梁的改制要符合国家的有关标准要求,焊缝应作( )。
　　A. 80%磁粉探伤　　　　　　　B. 100%磁粉探伤
　　C. 80%超声波探伤　　　　　　D. 100%超声波探伤
　　　　　　　　　　　　　　　　　　　　　　　　　　　正确答案:D

131. 采用无锚点吊推法吊装,应对工件在吊装中各种( )下的强度与稳定性应进行核算,必要时采取加固措施。
　　A. 正常状态　　　　　　　　　B. 有利状态
　　C. 不利状态　　　　　　　　　D. 无风状态
　　　　　　　　　　　　　　　　　　　　　　　　　　　正确答案:C

132. 在施工现场,应标出龙门架的组对位置、工件就位时龙门架所到达的位置以及行走路线的刻度,以监测龙门架两侧移动的同步性,要求误差小于跨度的( )。
　　A. 1/2000　　　　　　　　　　B. 1/1000
　　C. 1/500　　　　　　　　　　 D. 1/200
　　　　　　　　　　　　　　　　　　　　　　　　　　　正确答案:A

133. 滑移法在滑行中发现异常情况,( )。
　　A. 可以不加理会,继续滑移
　　B. 必须立即停滑,找出原因方可继续滑移
　　C. 必须立即停滑,静止一段时间后继续滑移
　　D. 可以边滑移,边找原因
　　　　　　　　　　　　　　　　　　　　　　　　　　　正确答案:B

134. 群集式千斤液压提升初次起吊,当工件试吊时,需要停置观察( )分钟,注意各起吊索具的受力情况以及液压泵的压力表,如果索具受力均匀,压力表读数无大幅度波动,就可以正常起吊。
　　A. 5~10　　　　　　　　　　　B. 10~20
　　C. 20~30　　　　　　　　　　 D. 30~60
　　　　　　　　　　　　　　　　　　　　　　　　　　　正确答案:D

135. 建筑拆除工程的施工方法有人工拆除、机械拆除、( )三种。
　　A. 人力拆除　　　　　　　　　B. 工具拆除
　　C. 爆炸拆除　　　　　　　　　D. 爆破拆除
　　　　　　　　　　　　　　　　　　　　　　　　　　　正确答案:D

136. 建筑拆除工程的施工方法有人工拆除、爆破拆除、( )三种。
　　A. 人力拆除　　　　　　　　　B. 机械拆除
　　C. 爆炸拆除　　　　　　　　　D. 工具拆除
　　　　　　　　　　　　　　　　　　　　　　　　　　　正确答案:B

137. 建筑拆除工程的施工方法有机械拆除、爆破拆除、(　　)三种。
   A. 人力拆除　　　　　　　　B. 人工拆除
   C. 爆炸拆除　　　　　　　　D. 工具拆除
   正确答案：B

138. 建筑拆除工程必须由具备爆破与拆除专业承包资质的单位施工，严禁将工程(　　)。
   A. 分项转包　　　　　　　　B. 分部位转包
   C. 整体转包　　　　　　　　D. 专业转包
   正确答案：C

139. 建筑拆除工程(　　)由具备爆破与拆除专业承包资质的单位施工，严禁将工程整体转包。
   A. 一般　　　　　　　　　　B. 建议
   C. 必须　　　　　　　　　　D. 应该
   正确答案：C

140. 拆除工程的建设单位与施工单位在签订施工合同时，应签订(　　)协议，明确双方的安全管理责任。
   A. 安全责任　　　　　　　　B. 安全生产管理
   C. 经济合同　　　　　　　　D. 施工进度
   正确答案：B

141. 施工单位应对拆除工程的(　　)管理负直接责任。
   A. 安全技术　　　　　　　　B. 在建工程的安全生产
   C. 在建工程的经济合同　　　D. 在建工程的施工进度
   正确答案：A

142. (　　)应对拆除工程的安全技术管理负直接责任。
   A. 建设单位　　　　　　　　B. 施工单位
   C. 监理单位　　　　　　　　D. 分包单位
   正确答案：B

143. 施工单位应对从事拆除作业的人员依法办理(　　)保险。
   A. 失业　　　　　　　　　　B. 失窃
   C. 意外伤害　　　　　　　　D. 医疗
   正确答案：C

144. (　　)应对从事拆除作业的人员依法办理意外伤害保险。
   A. 施工单位　　　　　　　　B. 建设单位
   C. 监理单位　　　　　　　　D. 政府部门
   正确答案：A

145. 施工单位应全面了解拆除工程的图纸和资料，进行实地勘察，并应编制施工组织设计和(　　)措施。
   A. 安全技术　　　　　　　　B. 质量规章
   C. 质量管理　　　　　　　　D. 质量保证

正确答案：A

146. 拆除工程必须制定生产安全事故应急救援预案,成立(　　),并应配备抢险救援器材。
    A. 安全部门　　　　　　　　B. 抢救队伍
    C. 抢险队伍　　　　　　　　D. 组织机构
正确答案：D

147. 拆除工程必须制定生产安全事故应急救援(　　),成立组织机构,并应配备抢险救援器材。
    A. 部门　　　　　　　　　　B. 队伍
    C. 人员　　　　　　　　　　D. 预案
正确答案：D

148. 拆除施工采用的脚手架、安全网,必须由(　　)搭设。经有关人员验收合格后,方可使用。
    A. 安全部门　　　　　　　　B. 专业人员
    C. 施工人员　　　　　　　　D. 技术部门
正确答案：B

149. 拆除施工采用的脚手架、(　　)必须由专业人员搭设。经有关人员验收合格后,方可使用。
    A. 安全带　　　　　　　　　B. 工具
    C. 安全网　　　　　　　　　D. 安全帽
正确答案：C

150. 拆除施工严禁立体(　　)作业。水平作业时,各工位间应有一定的安全距离。
    A. 生产　　　　　　　　　　B. 混合
    C. 交叉　　　　　　　　　　D. 多工种
正确答案：C

151. 作业人员必须配备相应的(　　)用品,并正确使用。
    A. 生产　　　　　　　　　　B. 安全
    C. 防护　　　　　　　　　　D. 个人劳动保护用品
正确答案：D

152. 拆除工程施工前,必须对施工作业人员进行书面(　　)交底。
    A. 生产　　　　　　　　　　B. 质量
    C. 施工　　　　　　　　　　D. 安全技术
正确答案：D

153. 履带式打挖掘机短距离转移地工地时,每行走(　　)应对行走机构进行检查和润滑。
    A. 200～700m　　　　　　　B. 300～900m
    C. 500～1000m　　　　　　　D. 700～1300m
正确答案：C

154. 当土方在挖掘出停机面以下时,应选择(　　)作业方式。

298

A. 正铲　　　　B. 拉铲　　　　C. 抓斗　　　　D. 反铲

正确答案：D

155. 挖掘机作业结束后，应停放在（　　）。
 A. 高边坡附近　　　　　　　　B. 填方区
 C. 坡道上　　　　　　　　　　D. 坚实、平坦地带

正确答案：D

156. 挖掘机在拉铲或反铲作业时，履带距工作面边缘距离应大于（　　）。
 A. 0.5m　　　　B. 1m　　　　C. 1.5m　　　　D. 2m

正确答案：B

157. 静作用压路机在施工过程中，要求实际含水量超过最佳含水量的2%，也不低于（　　），否则应采取措施。
 A. 3%　　　　B. 6%　　　　C. 9%　　　　D. 12%

正确答案：A

158. 轮胎压路机最适于碾压（　　）。
 A. 碎石层　　　　　　　　　　B. 砂土层
 C. 黏土层　　　　　　　　　　D. 沥青路面

正确答案：D

159. 轮胎式装载机自身运料时的合理运距为（　　）。
 A. 30～80m　　　　　　　　　B. 30～120m
 C. 50～100　　　　　　　　　D. 70～150

正确答案：C

160. 两台以上推土机在同一地区作业时，前后距离应大于8m，左右距离应大于（　　）。
 A. 1m　　　　B. 1.5m　　　　C. 2m　　　　D. 2.5m

正确答案：B

161. 推土机在深沟、基坑或陡坡地区作业时，其垂直边坡深度一般不超过（　　），否则应放出安全边坡。
 A. 1m　　　　B. 1.5m　　　　C. 2m　　　　D. 3m

正确答案：C

162. 推土机推屋墙或围墙时，其高度不宜超过（　　）。
 A. 2.5m　　　　B. 3.5m　　　　C. 4m　　　　D. 4.5m

正确答案：A

163. 不得用推土机推（　　）。
 A. 树根　　　　　　　　　　　B. 碎石块
 C. 建筑垃圾　　　　　　　　　D. 石灰

正确答案：D

164. 自行式铲运机的经济运距为（　　）。
 A. 500～800m　　　　　　　　B. 500～1200m
 C. 800～1200m　　　　　　　　D. 800～2000m

正确答案:D

165. 两台铲运机平行作业时,机间隔不得小于( )。
    A. 2m   B. 1m   C. 3m   D. 2.5m

正确答案:A

166. 拖式铲运机主要特点之一是( )。
    A. 行驶速度快   B. 适合长距离作业
    C. 机动性能强   D. 对地面条件要求低

正确答案:C

167. 振动压路机的生产效率相当于静作压路机的( )倍。
    A. 1~2   B. 3~4   C. 5~6   D. 7~8

正确答案:B

168. 应检查工作装置采间板磨损间隙,当间隙超过( )时,应予更换。
    A. 3mm   B. 10mm   C. 7mm   D. 5mm

正确答案:C

169. 作业中,当桩锤冲击能量达到最大能量时,其最后10锤的贯入值不得小于( )。
    A. 10mm   B. 7mm   C. 5mm   D. 3mm

正确答案:C

170. 打桩机的安装场地应平坦坚实,当地基承载力达不到规定压应力时,应在履带下铺设路基箱或30mm厚的钢板其间距不得大于( )mm。
    A. 500   B. 300   C. 100   D. 700

正确答案:C

171. 压桩机工作时,非工作人员应离机( )以外,起重机起重臂下,严禁站人。
    A. 10m   B. 5m   C. 20m   D. 15m

正确答案:A

172. 钻架的吊重中心,钻机的卡孔和护进管中心应在同一垂直线上,钻杆中心允许偏差为( )mm。
    A. 30   B. 40   C. 50   D. 20

正确答案:D

173. 桩锤在施打过程中,操作人员必须在距离桩锤中心( )以外监视。
    A. 2m   B. 3m   C. 4m   D. 5m

正确答案:D

174. 桩按施工方法分为二大类( )及灌注桩。
    A. 锤击桩   B. 振动沉管桩
    C. 预制桩   D. 静力压桩

正确答案:C

175. D25型柴油打桩锤,其活塞质量为( )kg。
    A. 250   B. 2500   C. 25000   D. 5000

正确答案:B

176. 振动锤启动前,电压应高于额定电压( )。
    A. 5%   B. 20%   C. 25%   D. 10%~15%
    正确答案:D

177. 三支点式履带打桩架手杆安装好,履带驱动液压马达应置于( )部,安装后的手杆,其下方搁置点应不少于( )个。
    A. 前 3   B. 后 3
    C. 前 4   D. 后 4
    正确答案:B

178. 打桩作业前应由( )向机组人员进行安全技术交底。
    A. 项目经理   B. 班组长
    C. 设计院代表   D. 施工技术人员
    正确答案:D

179. 在桩贯入度较大的软土层起动桩锤时,应先关闭油门冷打,待每击贯入度小于( )mm 时,用开启油门启动桩锤。
    A. 50   B. 100   C. 150   D. 200
    正确答案:B

180. 正前方吊桩时,对混凝土预制柱,立柱中心与桩的水平距离不得大于( )m,对钢管桩水平距离不得大于( )m。
    A. 4 7   B. 5 10   C. 3 8   D. 5 5
    正确答案:A

181. 钻机钻孔时,当钻头磨损量达( )mm 时,应予更换。
    A. 10   B. 20   C. 30   D. 40
    正确答案:A

182. 混凝土搅拌输送车搅拌装置连续运行不超过( )。
    A. 6   B. 8   C. 10   D. 12
    正确答案:B

183. 混凝土泵应在垂直管前端加装长度不少于( )m 的水平管。
    A. 10   B. 15   C. 20   D. 30
    正确答案:C

184. 水磨石机在混凝土强度达到( )时进行磨削作业。
    A. 50%~60%   B. 60%~70%
    C. 70%~80%   D. 80%~90%
    正确答案:C

185. 泵送混凝土过程中,因供料中断被迫暂停时,停机时间不得超过( )min。
    A. 20   B. 30   C. 40   D. 50
    正确答案:B

186. 作业时,振动棒插入混凝土中的深度不应超过( )。
    A. 1/3~2/3   B. 1/3~1/2

301

C. 2/3～3/4　　　　　　　　　　D. 3/4～4/5

正确答案：C

187. 混凝土搅拌机每次加入的拌合料,不得超过搅拌机规定值的(　　)。
　　A. 5%　　　B. 10%　　　C. 15%　　　D. 20%

正确答案：B

188. 混凝土从搅拌机卸出至浇筑完毕,运送时间不超过(　　)min。
　　A. 30　　　B. 40　　　C. 45　　　D. 60

正确答案：C

189. 混凝土输送车用一搅拌混凝土时,必须在拌筒内加入水量的(　　)水。
　　A. 2/3　　　B. 3/4　　　C. 1/2　　　D. 4/5

正确答案：A

190. 振动棒各插上间距应均匀,一般间距不超过振动棒有效作业半径的(　　)倍。
　　A. 1.3　　　B. 1.5　　　C. 1.7　　　D. 2

正确答案：B

191. 插入振动器在搬动时应(　　)。
　　A. 切断电源　　　　　　B. 使电动机停止转动
　　C. 用软管拖拉　　　　　D. 随时

正确答案：A

192. 钢筋切断机切短料时,手和切刀之间的距离应保持在(　　)以上,如手据握端小于400mm时,应采用套管或夹具。
　　A. 150mm　　　B. 200mm　　　C. 400mm　　　D. 500mm

正确答案：A

193. 焊接机械机体必须使用单独导线接地,接地电阻不得大于(　　)Ω。
　　A. 4　　　B. 10　　　C. 15　　　D. 20

正确答案：B

194. 灰浆泵泵送的灰浆的稠度为(　　)mm。
　　A. 60～80　　　　　　B. 70～80
　　C. 80～120　　　　　 D. 120～140

正确答案：C

195. 移动电焊机时,应切断(　　)。
　　A. 负荷开关　　　　　B. 电源
　　C. 电流　　　　　　　D. 电压

正确答案：B

196. 液压式张拉机油箱内要保持(　　)的油位。
　　A. 80%　　　B. 75%　　　C. 85%　　　D. 90%

正确答案：C

197. 塔式起重机的主参数是(　　)。
　　A. 起重量　　　　　　B. 公称起重力矩

C. 起升高度　　　　　　　D. 起重力矩

正确答案：B

198. 塔式起重机主要由(　　)组成。
　　A. 基础、塔身和塔臂
　　B. 基础、架体和提升机构
　　C. 金属结构、提升机构和安全保护装置
　　D. 金属结构、工作机构和控制系统

正确答案：D

199. 塔式起重机最基本的工作机构包括(　　)。
　　A. 起升机构、变幅机构、回转机构和行走机构
　　B. 起升机构、限位机构、回转机构和行走机构
　　C. 起升机构、变幅机构、回转机构和自升机构
　　D. 起升机构、变幅机构、回转机构和自升机构

正确答案：A

200. 下列对起重力矩限制器主要作用的叙述哪个是正确的？(　　)
　　A. 限制塔机回转半径　　　　B. 防止塔机超载
　　C. 限制塔机起升速度　　　　D. 防止塔机出轨

正确答案：B

201. 对小车变幅的塔式起重机，起重力矩限制器应分别由(　　)进行控制。
　　A. 起重量和起升速度　　　　B. 起升速度和幅度
　　C. 起重量和起升高度　　　　D. 起重量和幅度

正确答案：D

202. 对动臂变幅的塔式起重机，当吊钩装置顶部升至起重臂下端的最小距离为800mm处时，(　　)应动作，使起升运动立即停止。
　　A. 起升高度限位器　　　　　B. 起重力矩限制器
　　C. 起重量限制器　　　　　　D. 幅度限位器

正确答案：A

203. 塔式起重机的拆装作业必须在(　　)进行。
　　A. 温暖季节　　　　　　　　B. 白天
　　C. 晴天　　　　　　　　　　D. 良好的照明条件的夜间

正确答案：B

204. 当起重量大于相应挡位的额定值并小于额定值的110%时，(　　)应当动作，使塔机停止提升方向的运行。
　　A. 起重力矩限制器　　　　　B. 起重量限制器
　　C. 变幅限制器　　　　　　　D. 行程限制器

正确答案：B

205. 当起重量大于相应挡位的额定值并小于额定值的110%时，起重量限制器应当动作，使塔机停止向(　　)方向运行。

A. 上升 B. 下降
C. 左右 D. 上下

正确答案：A

206. ( )能够防止塔机超载、避免由于严重超载而引起塔机的倾覆或折臂等恶性事故。
A. 力矩限制器 B. 吊钩保险
C. 行程限制器 D. 幅度限制器

正确答案：A

207. 塔式起重机工作时,风速应低于( )级。
A. 4 B. 5 C. 6 D. 7

正确答案：C

208. 下列哪个安全装置是用来防止运行小车超过最大或最小幅度的两个极限位置的安全装置？( )
A. 起重量限制器 B. 超高限制器
C. 行程限制器 D. 幅度限制器

正确答案：D

209. ( )设于小车变幅式起重臂的头部和根部,用来切断小车牵引机构的电路,防止小车越位。
A. 幅度限制器 B. 力矩限制器
C. 大车行程限位器 D. 小车行程限位器

正确答案：D

210. 臂架根部铰点高度大于( )的起重机,应安装风速仪。
A. 30m B. 40m C. 50m D. 60m

正确答案：C

211. 风速仪应安装在起重机顶部至吊具的( )。
A. 中间部位 B. 最高的位置间的不挡风处
C. 最高的位置间的挡风处 D. 最高位置

正确答案：B

212. ( )能够防止钢丝绳在传动过程中脱离滑轮槽而造成钢丝绳卡死和损伤。
A. 力矩限制器 B. 超高限制器
C. 吊钩保险 D. 钢丝绳防脱槽装置

正确答案：D

213. ( )是防止起吊钢丝绳由于角度过大或挂钩不妥时,造成起吊钢丝绳脱钩的安全装置。
A. 力矩限制器 B. 超高限制器
C. 吊钩保险 D. 钢丝绳防脱槽装置

正确答案：C

214. 塔式起重机拆装工艺由( )审定。
A. 企业负责人 B. 检验机构负责人

C. 企业技术负责人　　　　　　　D. 验收单位负责人

正确答案：C

215. 风力在（　）级以上时，不得进行塔机顶升作业。
A. 4　　　　B. 5　　　　C. 6　　　　D. 7

正确答案：A

216. 塔机顶升作业，必须使（　）和平衡臂处于平衡状态。
A. 配重臂　　　　　　　　　　B. 起重臂
C. 配重　　　　　　　　　　　D. 小车

正确答案：B

217. 在装设附着框架和附着杆时，要通过调整附着杆的距离，保证（　）。
A. 平衡臂的稳定性　　　　　　B. 起重臂的稳定性
C. 塔身的稳定性　　　　　　　D. 塔身的垂直度

正确答案：D

218. 附着框架应尽可能设置在（　）。
A. 塔身2个标准节之间　　　　B. 起重臂与塔身的连接处
C. 塔身标准节的节点连接处　　D. 平衡臂与塔身的连接处

正确答案：C

219. 塔机附着装置以上的塔身自由高度一般不得超过（　）。
A. 40m　　　B. 35m　　　C. 30m　　　D. 25m

正确答案：A

220. 内爬升塔机的固定间隔不得小于（　）个楼层。
A. 2　　　　B. 3　　　　C. 4　　　　D. 5

正确答案：B

221. 施工升降机是一种使用工作笼（吊笼）沿（　）作垂直（或倾斜）运动用来运送人员和物料的机械。
A. 标准节　　　　　　　　　　B. 导轨架
C. 导管　　　　　　　　　　　D. 通道

正确答案：B

222. 施工升降机吊笼内空净高度不得小于（　）。
A. 1.5m　　B. 1.8m　　C. 2m　　　D. 2.2m

正确答案：C

223. 人货两用施工升降机提升吊笼钢丝绳的的安全系数不得小于（　）。
A. 6　　　　B. 8　　　　C. 10　　　D. 12

正确答案：D

224. 施工升降机操作按钮中，（　）必须采用非自动复位型。
A. 上升按钮　　　　　　　　　B. 下降按钮
C. 停止按钮　　　　　　　　　D. 急停按钮

正确答案：D

225. 施工升降机的( )与基础进行连接。
    A. 吊笼 B. 底笼 C. 底架 D. 导轨架
    正确答案:C

226. "用来传递和承受荷载,是吊笼上下运动的导轨"表述的是施工升降机的( )。
    A. 导轨架 B. 底架
    C. 标准节 D. 防坠安全器
    正确答案:A

227. 物料提升机附墙架可采用( )与架体及建筑连接。
    A. 木杆 B. 竹杆 C. 钢丝绳 D. 钢管
    正确答案:D

228. 物料提升机吊笼(吊篮)的两侧应设置( )高的安全挡板或挡网。
    A. 80cm B. 90cm C. 100cm D. 110cm
    正确答案:C

229. 物料提升机缆风绳与地面的夹角不应大于( )。
    A. 45° B. 50° C. 60° D. 65°
    正确答案:C

230. 塔机的任何部位与输电线路的距离不得小于( )m。
    A. 4 B. 3 C. 2 D. 1
    正确答案:D

231. 下列对物料提升机使用的叙述,( )是正确的。
    A. 只准运送物料,严禁载人上下
    B. 一般情况下不准载人上下,遇有紧急情况可以载人上下
    C. 安全管理人员检查时可以乘坐吊篮上下
    D. 维修人员可以乘坐吊篮上下
    正确答案:A

232. 《井架及龙门架物料提升机安全技术规范》规定,物料提升机的额定载重量为( )。
    A. 3000kg 以上 B. 1500kg 以下
    C. 2000kg 以下 D. 2000kg 以上
    正确答案:C

233. 物料提升机按结构形式分类,分为( )。
    A. 龙门架式和井架式 B. 上回转式和下回转式
    C. 高架和低架 D. 行走式和固定式
    正确答案:A

234. 物料提升机的天梁应使用型钢,其截面高度应经计算确定,但不得少于2根( )的槽钢。
    A. [10 B. [12 C. [14 D. [16
    正确答案:C

235. 下列哪个是安装在物料提升机吊笼上沿导轨运行,可防止吊笼运行中偏移或摆动,保证吊笼垂直上下运行的装置?( )
 A. 滑轮　　　　B. 地轮　　　　C. 导靴　　　　D. 天轮
 正确答案:C

236. 超过( )高的塔机,必须在起重机的最高部位(臂架、塔帽或人字架顶端)安装红色障碍指示灯,并保证供电不受停机影响。
 A. 20m　　　　B. 30m　　　　C. 40m　　　　D. 50m
 正确答案:B

237. 物料提升机的基础浇筑C20混凝土,厚度不得小于( )。
 A. 150mm　　　B. 250mm　　　C. 350mm　　　D. 300mm
 正确答案:D

238. 起升钢丝绳在放出最大工作长度后,卷筒上的钢丝绳至少保留( )。
 A. 1圈　　　　B. 2圈　　　　C. 3圈　　　　D. 5圈
 正确答案:C

239. 多塔作业时,处于高位的塔机(吊钩升至最高点)与低位塔机的垂直距离在任何情况下不得小于( )m。
 A. 1　　　　　B. 1.5　　　　C. 2　　　　　D. 3
 正确答案:B

240. 物料提升机基础周边( )m范围内不得挖排水沟?。
 A. 2　　　　　B. 3　　　　　C. 4　　　　　D. 5
 正确答案:D

241. 出现下列那种情况,吊钩应报废?( )
 A. 挂绳处断面磨损量超过原高的20%
 B. 挂绳处断面磨损量超过原高的15%
 C. 挂绳处断面磨损量超过原高的10%
 D. 挂绳处断面磨损量超过原高的5%
 正确答案:C

242. 扣件式钢管脚手架所用的钢管规格尺寸( )。
 A. $\phi48×3.5$ 或 $\phi51×3$　　　　B. $\phi38×2.5$
 C. $\phi30×1.5$　　　　　　　　　D. $\phi62×4$
 正确答案:A

243. 横向水平杆(小横杆)的最大长度应为( )。
 A. 3500mm　　　　　　　　　　B. 4000mm
 C. 2200mm　　　　　　　　　　D. 5000mm
 正确答案:C

244. 纵向水平杆(大横杆)的最大长度应为( )。
 A. 6500mm　　　　　　　　　　B. 5000mm
 C. 4500mm　　　　　　　　　　D. 4000mm

正确答案：A

245. 扣件式钢管脚手架所用的扣件应采用( )。
    A. 钢板压制扣件
    B. 可锻铸铁制作的扣件
    C. 材质符合《钢管脚手架扣件》规定的可锻铸铁制作的扣件
    D. 其他形式扣件

正确答案：C

236. 在脚手架主节点处必须设置一根横向水平杆(小横杆),用直角扣件扣紧,且严禁拆除,这是因为( )。
    A. 横向水平杆是构成脚手架整体刚度的必不可少的杆件
    B. 横向水平杆是承传竖向荷载的重要受力构件
    C. 横向水平杆是承传竖向、水平荷载的重要受力构件
    D. 横向水平杆是承受竖向荷载的重要受力构件,又是保证脚手架的整体刚度的不可缺少的杆件

正确答案：D

247. 为计算简便,并确保安全,对脚手架立杆要求( )。
    A. 仅按轴心压杆计算   B. 仅按压弯杆计算
    C. 仅按受弯杆计算   D. 既按轴心压杆又按压弯杆计算

正确答案：D

248. 计算纵向或横向水平杆与立杆的连接扣件抗滑承载力时,应采用扣件抗滑承载力的设计值,其值为( )。
    A. 10kN；   B. 3.2kN；   C. 8kN；   D. 40kN

正确答案：C

249. 纵向水平杆(大横杆)的内力和挠度按( )。
    A. 两端固接的单跨梁计算   B. 两跨连续梁计算
    C. 三跨连续梁计算   D. 既可按单跨梁又可按三跨连续梁计算

正确答案：C

250. 已知双排架连墙件间距竖向为H_1,水平向为L_1,风荷载标准值W_K,则此脚手架连墙件所受水平力设计值为( )。
    A. $H_1 \times L_1 \times W_K + 3kN$
    B. $1.4H_1 \times L_1 \times W_K + 3kN$
    C. $1.4H_1 \times L_1 \times W_K + 5kN$
    D. $H_1 \times L_1 \times W_K + 5kN$

正确答案：C

251. 当脚手板采用竹笆板时,纵向水平杆应满足以下要求( )。
    A. 等间距设置,最大间距不大于400mm
    B. 等间距设置,最大间距不大于300mm
    C. 等间距设置,最大间距不大于500mm
    D. 间距不限

正确答案：A

252. 脚手架作业层上为支承脚手板在非主节点处设置横向水平杆的要求是(　　)。
　　A. 宜等间距设置,最大间距不大于纵距的 1/3
　　B. 宜等间距设置,最大间距不大于纵距的 1/2
　　C. 宜等间距设置,最大间距不大于 1000mm
　　D. 宜等间距设置,最大间距不大于 750
　　　　　　　　　　　　　　　　　　　　　　　　　　　　正确答案:B

253. 单排脚手架的横向水平杆设置应满足要求(　　)。
　　A. 一端用直角扣件固定在纵向水平杆上,另一端插入墙内,插入深度不小于 180mm
　　B. 一端用旋转扣件固定在纵向水平杆上,另一端插入墙内,插入深度不小于 100mm
　　C. 一端用旋转扣件固定在纵向水平杆上,另一端插入墙内,插入深度不小于 80mm
　　D. 一端用直角扣件固定在纵向水平杆上,另一端插入墙内,插入深度不小于 50mm
　　　　　　　　　　　　　　　　　　　　　　　　　　　　正确答案:A

254. 脚手架作业层的脚手板铺设规定为(　　)。
　　A. 可以不满铺
　　B. 应满铺、铺稳
　　C. 应铺满、铺稳,离开墙面不超过 120~150mm
　　D. 应铺满、铺稳,离开墙面 200~300mm 处可以不设任何防护
　　　　　　　　　　　　　　　　　　　　　　　　　　　　正确答案:C

255. 冲压钢脚手板对接平铺时,接头处构造应满足的要求是(　　)。
　　A. 接头处必须设一根横向水平杆
　　B. 接头处必须设两根横向水平杆;脚手板外伸长度应取 130~150mm;且两块脚手板外伸长度之和不大于 300mm
　　C. 接头处必须设两根横向水平杆;两块脚手板外伸长度之和不大于 400mm
　　D. 接头处必须设两根横向水平杆;两块脚手板外伸长度之和不大于 300mm
　　　　　　　　　　　　　　　　　　　　　　　　　　　　正确答案:B

256. 脚手板搭接铺设时,接头必须支在横向水平杆上,搭接长度和伸出横向水平杆的长度应分别为(　　)。
　　A. 大于 200mm 和不小于 100mm　　B. 大于 80mm 和不小于 50mm
　　C. 大于 40mm 和不小于 200mm　　D. 大于 100mm 和不小于 50mm
　　　　　　　　　　　　　　　　　　　　　　　　　　　　正确答案:A

257. 脚手架底层步距不应(　　)。
　　A. 大于 2m　　　　　　　　　　　B. 大于 3m
　　C. 大于 3.5m　　　　　　　　　　D. 大于 4.5m
　　　　　　　　　　　　　　　　　　　　　　　　　　　　正确答案:A

258. 有一双排脚手架,搭设高度为 48m;步距 $h=1.5m$,跨距 $L_a=1.8m$,此脚手架连墙件布置除应满足计算要求外,其最大竖向间距和最大水平间距还应不大于(　　)。
　　A. 竖向 6m,水平向 6m　　　　　B. 竖向 5m,水平向 5.4m
　　C. 竖向 4.5m,水平向 5.4m　　　D. 竖向 4.5m,水平向 6m

正确答案:C

259. 连墙件应靠近主节点设置,这是为了( )。
   A. 便于施工   B. 便于连墙件设置
   C. 便于立杆接长   D. 保证连墙件对脚手架起到约束作用
   正确答案:D

260. 连墙件设置要求是( )。
   A. 应靠近主节点,偏离主节点的距离不应大于 600mm
   B. 应靠近主节点,偏离主节点的距离不应大于 300mm
   C. 应远离主节点,偏离主节点的距离不应小于 400mm
   D. 应远离主节点,偏离主节点的距离不应小于 600mm
   正确答案:B

261. 对一字形、开口形脚手架连墙件的设置规定( )。
   A. 是相同的   B. 要求较低
   C. 无特别考虑   D. 更为严格,有专门规定
   正确答案:D

262. 高度 24m 以上的双排脚手架连墙件构造规定为( )。
   A. 可以采用拉筋和顶撑配合的连墙件
   B. 可以采用仅有拉筋的柔性连墙件
   C. 可采用顶撑顶在建筑物上的连墙件
   D. 必须采用刚性连墙件与建筑物可靠连接
   正确答案:D

263. 连墙件必须( )。
   A. 采用可承受压力的构造
   B. 采用可承受拉力的构造
   C. 采用可承受压力和拉力的构造
   D. 采用仅有拉筋或仅有顶撑的构造
   正确答案:C

264. 剪刀撑的设置宽度( )。
   A. 不应小于 4 跨,且不应小于 6m
   B. 不应小于 3 跨,且不应小于 4.5m
   C. 不应小于 3 跨,且不应小于 5m
   D. 不应大于 4 跨,且不应大于 6m
   正确答案:A

265. 剪刀撑斜杆与地面的倾角宜( )。
   A. 在 45°~75°之间   B. 在 45°~60°之间
   C. 在 30°~60°之间   D. 在 30°~75°之间
   正确答案:B

266. 剪刀撑斜杆用旋转扣件固定在与其相交的横向水平杆伸出端或立杆上,旋转扣件中

心线至主节点的距离不应( )。
A. 大于 150mm　　　　　　　　B. 小于 150mm
C. 大于 300mm　　　　　　　　D. 小于 300mm

正确答案:A

267. 运料斜道的宽度和坡度的规定是( )。
A. 不宜小于 0.8m 和宜采用 1:6　　B. 不宜小于 1.5m 和宜采用 1:6
C. 不宜小于 0.5m 和宜采用 1:3　　D. 不宜小于 1.5m 和宜采用 1:7

正确答案:B

268. 人行斜道的宽度和坡度的规定是( )。
A. 不宜小于 1m 和宜采用 1:8　　B. 不宜小于 0.8m 和宜采用 1:6
C. 不宜小于 1m 和宜采用 1:3　　C. 不宜小于 1.5m 和宜采用 1:7

正确答案:C

269. 双排脚手架横向水平杆靠墙一端至墙装饰面的距离不宜( )。
A. 大于 100mm　　　　　　　　B. 大于 600mm
C. 大于 500mm　　　　　　　　D. 大于 400mm

正确答案:A

270. 脚手架立杆底座底面标高宜至少应高于自然地坪( )。
A. 100mm　　B. 70mm　　C. 50mm　　D. 30mm

正确答案:C

271. 立杆底座下的垫板长度和厚度尺寸是( )。
A. 不宜小于 3 跨和小于 50mm　　B. 不宜小于 2 跨和小于 50mm
C. 不宜小于 2 跨和小于 30mm　　D. 不宜小于 3 跨和小于 30mm

正确答案:D

272. 脚手架施工荷载按均布荷载计算可分为( )。
A. 承重架(结构施工用)3kN/m²、装修架 2kN/m²
B. 承重架 2.7kN/m²、装修架 2.5kN/m²
C. 承重架 2kN/m²、装修架 1kN/m²
D. 承重架 5kN/m²、装修架 4kN/m²

正确答案:A

273. 当脚手架基础下有设备基础、管沟时,( )。
A. 如果不采取加固措施,不应开挖
B. 可以开挖,否则施工进度跟不上
C. 可以开挖,不必采取加固措施
D. 开挖后,基础可以暂时悬空

正确答案:A

274. 脚手架搭设时,应遵守:( )。
A. 一次搭设高度不应超过相邻连墙件以上二步
B. 一次搭设高度可以不考虑连墙件的位置

C. 一次搭设高度可以在相邻连墙件以上四步

D. 一次搭设高度可以在相邻连墙件以上五步

正确答案：A

275. 开始搭设立杆时,应遵守下列规定:(   )。
   A. 每隔 6 跨设置一根抛撑,直至连墙件安装稳定后,方可拆除
   B. 搭设立杆时,可以不必设置抛撑和连墙件,一直搭到顶
   C. 采用钢丝和结构固定,待立杆搭设到顶后,再回过头来安装连墙件
   D. 相邻立杆的对接扣件都可在同一个水平面内

正确答案：A

276. 纵向水平杆(大横杆)的对接扣件应符合下列规定:(   )。
   A. 应交错布置,两根相邻杆的接头,在不同步或不同跨的水平方向错开的距离应不小于500mm,各接头中心距最近的主节点的距离不大于纵距的1/3
   B. 两根相邻杆的接头,应在同一步和同一跨内布置
   C. 两根相邻杆的接头,可在同一个竖向平面内
   D. 两根相邻杆的接头,在水平方向的接头可在200mm 以内

正确答案：A

277. 各类杆件端头伸出扣件盖板边缘的长度,应为(   )。
   A. 100mm   B. 80mm   C. 50mm   D. 200mm

正确答案：A

278. 脚手架拆除时必须是(   )。
   A. 必须由上而下逐层进行,严禁上下同时作业
   B. 可以上下同时拆除
   C. 由下部往上逐层拆除
   D. 对于不需要的部分,可以随意拆除

正确答案：A

279. 当脚手架采取分段,分立面拆除时,对不拆除的脚手架(   )。
   A. 应在两端按规定设置连墙件和横向斜撑加固
   B. 可不设加固措施
   C. 不必设连墙件
   D. 设置卸荷措施

正确答案：A

280. 扣件拧紧抽样检查的数目及质量制定标准为:(   )。
   A. 连接横向水平杆与纵向水平杆的扣件,每51~90 个应抽检5 个,不允许存在不合格
   B. 1000 个扣件以内,不必抽检
   C. 每抽查时,允许有30% 不合格
   D. 抽检时,可不用扭力矩扳手检查

正确答案：A

281. 脚手架上各构配件拆除时( )。
    A. 严禁抛掷至地面
    B. 可将配件一个个的抛掷到地面
    C. 应在高处将构配件捆绑在一起,一次抛掷到地面
    D. 待下班后,工地上没有人时,再将构配件抛掷到地面

正确答案:A

282. 双排脚手架( )。
    A. 应设剪刀撑与横向斜撑
    B. 应设剪刀撑
    C. 应设横向斜撑
    D. 可不设剪刀撑和横向斜撑

正确答案:A

283. 单排脚手架( )。
    A. 应设剪刀撑
    B. 应设横向斜撑
    C. 应设剪刀撑和横向斜撑
    D. 可以不设任何斜撑

正确答案:A

284. 脚手架上门洞桁架下的两侧立杆应:( )。
    A. 为双管立杆,副立杆应高出于门洞口的1~2步
    B. 为单杆
    C. 为双立杆,但副立杆只需搭设一步架的高度
    D. 为双立杆,但副立杆不需要用扣件与主立杆连接

正确答案:A

285. 高度在24m以下的单、双排脚手架,均必须在外侧立面设剪刀撑,其规定为( )。
    A. 两端各设一道,并从底到顶连续设置,中间每道剪刀撑净距不应大于15m
    B. 无论多长的脚手架只需在两端各设一道剪刀撑
    C. 剪刀撑不要从底到顶连续设置
    D. 剪刀撑的设置没有规定

正确答案:A

286. 脚手架的人行斜道和运料斜道应设防滑条,其距离为( )。
    A. 600mm   B. 500mm   C. 400mm   D. 250~300mm

正确答案:D

287. 遇有( )以上强风、浓雾等恶劣气候,不得进行露天攀登与悬空高处作业。
    A. 5级   B. 6级   C. 7级   D. 8级

正确答案:B

288. 高处作业的安全技术措施及其所需料具,必须列入工程的( )。
    A. 预算单   B. 施工组织设计

C. 结算单　　　　　　　　　　D. 验收单

正确答案：B

289. 移动式操作平台的面积不应超过（　　）。
　　A. 20m² 　　B. 15m² 　　C. 8m² 　　D. 10m²

正确答案：D

290. 钢平台安装时，钢丝绳应采用专用的挂钩挂牢，采取其他方式时卡头的卡子不得少于（　　）个。
　　A. 5 个 　　B. 4 个 　　C. 3 个 　　D. 2 个

正确答案：C

291. 建筑工程外脚手架外侧采用的全封闭立网，其网目密度不应低于（　　）。
　　A. 800 目/100cm² 　　　　B. 1000 目/100cm²
　　C. 1500 目/100cm² 　　　　D. 2000 目/100cm²

正确答案：D

292. 钢模板部件拆除后，临时堆放处与楼层边沿的距离不应小于（　　）。
　　A. 0.8m 　　B. 0.9m 　　C. 1m 　　D. 1.1m

正确答案：C

293. 移动式操作平台的次梁，间距不应大于（　　）。
　　A. 35cm 　　B. 40cm 　　C. 45cm 　　D. 50cm

正确答案：B

294. 高度超过（　　）的层次上的交叉作业，凡人员进出的通道口应设双层安全防护棚。
　　A. 18m 　　B. 20m 　　C. 24m 　　D. 28m

正确答案：C

295. 建筑施工进行高处作业之前，应进行安全防护设施的（　　）和验收。
　　A. 自检互检　　　　　　　　B. 局部检查
　　C. 总体检查　　　　　　　　D. 逐项检查

正确答案：D

296. 悬挑式钢平台的搁支点与上部拉结点，必须位于（　　）上。
　　A. 脚手架　　　　　　　　　B. 建筑物
　　C. 钢模板　　　　　　　　　D. 施工设备

正确答案：B

297. 安全防护设施的验收，应具备施工组织设计及有关验算数据、安全防护设施验收记录、安全防护设施（　　）等资料。
　　A. 变更记录　　　　　　　　B. 变更验收
　　C. 变更签证　　　　　　　　D. 变更记录及签证

正确答案：D

298. 悬挑钢平台左右两侧必须装置（　　）的防护栏杆。
　　A. 临时　　　　　　　　　　B. 固定
　　C. 白纱绳　　　　　　　　　D. 尼龙绳

正确答案:B

299. 支模、粉刷、砌墙等各工种进行上下立体交叉作业时,不得在( )方向上操作。
    A. 同一垂直   B. 同一横面
    C. 垂直半径外   D. 不同垂直

正确答案:A

300. 由于上方施工可能坠落物件或处于起重机把杆回转范围之内的通道,在其受影响的范围内,必须搭设( )。
    A. 单层防护棚   B. 单层防护网
    C. 双层防护网   D. 顶部能防止穿透的双层防护廊

正确答案:D

301. 装设轮子的移动式操作平台,轮子与平台的接合处应牢固可靠,立柱底端与地面的距离不得超过多少?( )
    A. 120mm   B. 100mm   C. 80mm   D. 60mm

正确答案:C

302. 雨天和雪天进行高处作业时,必须采取可靠的防滑、防寒和( )措施。
    A. 防霜   B. 防水   C. 防尘   D. 防冻

正确答案:D

303. 因作业必需临时拆除或变动安全防护设施时,必须经( )同意,采取相应的可靠措施,作业后应立即恢复。
    A. 安全员   B. 技术员
    C. 班长   D. 施工负责人

正确答案:D

304. 防护棚搭设与拆除时,应设警戒区和派专人监护,严禁( )拆除。
    A. 由木工   B. 由非架子工
    C. 从上而下   D. 上下同时

正确答案:D

305. 坡度大于1:2.2的屋面,防护栏杆应设置( )。
    A. 1m   B. 1.2m   C. 1.3m   D. 1.5m

正确答案:D

306. 当在基坑四周固定时,栏杆柱可采用钢管并打入地面( )。
    A. 40~60cm   B. 45~65cm
    C. 50~70cm   D. 55~75cm

正确答案:C

307. 栏杆柱的固定及其与横杆的连接,其整体构造应使防护栏杆在上杆任何处,能经受任何方向的( )的外力?
    A. 800N   B. 900N   C. 1000N   D. 1100N

正确答案:C

308. 防护栏杆必须自上而下用安全立网封闭,或在栏杆下边设置严密固定的高度不低于

315

（　　）的挡脚板或40cm的挡脚笆。
A.14cm B.16cm C.18cm D.20cm

正确答案：C

309.电梯井口必须设防护栏杆或固定栅门；电梯井内应每隔两层并最多隔（　　）设一道安全网。
A.8m B.9m C.10m D.12m

正确答案：C

310.楼板、屋面和平台等面上短边尺寸小于（　　）但大于2.5cm的孔口必须用坚实的盖板盖设。
A.20cm B.25cm C.30cm D.35cm

正确答案：B

311.边长为（　　）洞口，必须设置以扣件扣接钢管而成的网格，并在其上满铺竹笆或脚手板。
A.50～150cm B.50～130cm
C.40～130cm D.40～150cm

正确答案：A

312.边长超过（　　）的洞口，四周设防护栏杆，洞口下张设安全平网。
A.130cm B.150cm C.180cm D.200cm

正确答案：B

313.墙面等处的竖向洞口，凡落地的洞口应加装固定式的防护门，门栅格的间距不应大于（　　）。
A.13cm B.14cm C.15cm D.16cm

正确答案：C

314.下边沿至楼板或底面低于80cm的窗台等竖向洞口，如侧边落差大于2m时，应加设多高的临时护栏？（　　）
A.1.0m B.1.1m C.1.2m D.1.3m

正确答案：C

315.位于车辆行驶道旁的洞口，深沟与管道坑、槽所加盖板应能承受不小于当地额定卡车后轮有效承载力（　　）倍的荷载。
A.1 B.1.5 C.2 D.2.5

正确答案：C

316.攀登的用具、结构构造上必须牢固可靠。供人上下的踏板其使用荷载不应大于（　　）。
A.1000N B.1100N C.1200N D.1300N

正确答案：B

317.梯脚底部应坚实，不得垫高使用。立梯工作角度以（　　）为宜。
A.60°±5° B.65°±5°
C.70°±5° D.75°±5°

正确答案:D

318. 折梯使用时上部夹角以( )为宜,铰链必须牢固,并应有可靠的拉撑措施。
    A. 30°~40°　　　　　　　　B. 35°~45°
    C. 35°~50°　　　　　　　　D. 40°~60°
    正确答案:B

319. 固定式直爬梯应用金属材料制成。梯宽不应大于50cm,支撑应采用不小于( )的角钢,埋设与焊接均必须牢固。
    A. ∟50×4　　　　　　　　B. ∟50×5
    C. ∟60×6　　　　　　　　D. ∟70×6
    正确答案:D

320. 使用直爬梯进行攀登作业时,攀登高度以( )为宜。
    A. 4m　　　B. 5m　　　C. 6m　　　D. 8m
    正确答案:B

321. 支设高度在( )以上的柱模板,四周应设斜撑,并应设立操作平台。
    A. 2m　　　B. 2.5m　　　C. 3m　　　D. 3.5m
    正确答案:C

322. 张拉钢筋的两端必须设置挡板。挡板应距所张拉钢筋的端部( )。
    A. 1.0~1.5m　　　　　　　　B. 1.3~1.8m
    C. 1.5~2m　　　　　　　　D. 1.8~2.0m
    正确答案:C

323. 进行各项窗口作业时,操作人员的重心应位于( )。
    A. 室内　　　B. 室外　　　C. 窗口　　　D. 窗外
    正确答案:A

324. 混凝土浇筑时的悬空作业,如无可靠的安全设施,必须系好安全带并( ),或架设安全网。
    A. 戴好安全帽　　　　　　　　B. 扣好保险钩
    C. 穿好防滑鞋　　　　　　　　D. 戴好手套
    正确答案:B

325. 悬空作业所用的索具、脚手板、吊篮、吊笼、平台等设备,均需经过( )或验证方可使用。
    A. 安全员检查　　　　　　　　B. 施工人员验收
    C. 先试用　　　　　　　　　　D. 技术鉴定
    正确答案:D

326. 安装管道时必须有已完结构或操作平台为立足点,严禁在安装中的管道上( )。
    A. 堆物　　　　　　　　　　　B. 站立
    C. 行走　　　　　　　　　　　D. 站立和行走
    正确答案:D

327. 各种垂直运输接料平台,除两侧设防护栏杆外,平台口还应设置( )或活动防护栏

317

杆。
A. 安全围栏　　　　　　　　B. 安全门
C. 安全立网　　　　　　　　D. 竹笆

正确答案：B

328. 分层施工楼梯口和梯段边,必须安装临时护栏。顶层楼梯口应随工程结构进度安装(　　)。
A. 临时护栏　　　　　　　　B. 安全立网
C. 警告牌　　　　　　　　　D. 正式防护栏杆

正确答案：D

329. 临边防护栏杆采用钢筋作杆件时,上杆直径不应小于16mm,下杆直径不应小于14mm,栏杆柱直径不应小于(　　)。
A. 14mm　　B. 16mm　　C. 18mm　　D. 20mm

正确答案：C

330. 梯子如需接长使用,必须有可靠的连接措施,连接后梯梁的强度,不应低于(　　)。
A. 单梯梁强度的90%　　　　B. 单梯梁强度的80%
C. 单梯梁强度的70%　　　　D. 单梯梁的强度

正确答案：D

331. 上下梯子时,必须(　　)梯子,且不得手持器物。
A. 背面　　　　　　　　　　B. 左侧向
C. 右侧向　　　　　　　　　D. 面向

正确答案：D

332. 密目式安全网每 $10cm \times 10cm = 100cm^2$ 面积上有多少个以上的网目？(　　)
A. 2000个　　　　　　　　　B. 1500个
C. 3000个　　　　　　　　　D. 40000个

正确答案：A

333. 安全帽耐冲击试验最大冲击力不应超过多少？(　　)
A. 400kg　　B. 500kg　　C. 600kg　　D. 700kg

正确答案：B

334. 安全带的报废年限为(　　)。
A. 1~2年　　　　　　　　　B. 2~3年
C. 3~5年　　　　　　　　　D. 4~5年

正确答案：C

335. 施工现场专用的,电源中性点直接接地的220/380V三相四线制用电工程中,必须采用的接地保护形式是(　　)。
A. TN　　B. TN-S　　C. TN-C　　D. TT

正确答案：B

336. 施工现场用电工程中,PE线上每处重复接地的接地电阻值不应大于(　　)。
A. 4Ω　　B. 10Ω　　C. 30Ω　　D. 100Ω

正确答案:B

337. 施工现场用电系统中,连接用电设备外露可导电部分的 PE 线可采用(　　)。
    A. 绝缘铜线   B. 绝缘铝线
    C. 裸铜线   D. 钢筋
                                            正确答案:A

338. 施工现场用电系统中,PE 线的绝缘色应是(　　)。
    A. 绿色   B. 黄色
    C. 淡蓝色   D. 绿/黄双色
                                            正确答案:D

339. 施工现场用电系统中,N 线的绝缘色应是(　　)。
    A. 黑色   B. 白色
    C. 淡蓝色   D. 棕色
                                            正确答案:C

340. 施工现场配电母线和架空配电线路中,标志 L_1(A)、L_2(B)、L_3(C)三相相序的绝缘色应是(　　)。
    A. 黄、绿、红   B. 红、黄、绿
    C. 红、绿、黄   D. 黄、红、绿
                                            正确答案:A

341. 在建工程(含脚手架具)周边与 10kV 外电架空线路边线之间的最小安全操作距离应是(　　)。
    A. 4m   B. 6m   C. 8m   D. 10m
                                            正确答案:B

342. 施工现场的机动车道与 220/380V 架空线路交叉时的最小垂直距离应是(　　)。
    A. 4m   B. 5m   C. 6m   D. 7m
                                            正确答案:C

343. 施工现场用电工程的基本供配电系统应按(　　)设置。
    A. 一级   B. 二级   C. 三级   D. 四级
                                            正确答案:C

344. 施工现场用电工程中,PE 线的重复接地点不应少于(　　)。
    A. 一处   B. 二处   C. 三处   D. 四处
                                            正确答案:C

345. 架空线路的同一横担上,L_1(A)、L_2(B)、L_3(C)、N、PE 五条线的排列次序是面向负荷侧从左起依次为(　　)。
    A. L_1、L_2、L_3、N、PE   B. L_1、N、L_2、L_3、PE
    C. L_1、L_2、N、L_3、PE   D. PE、N、L_1、L_2、L_3
                                            正确答案:B

346. 配电柜正面的操作通道宽度,单列布置或双列背对背布置时不应小于(　　)。
    A. 2m   B. 1.5m   C. 1.0m   D. 0.5m

正确答案:B

347. 配电柜后面的维护通道宽度,双列背对背布置时不应小于( )。
   A. 1.5m　　　B. 1.0m　　　C. 0.8m　　　D. 0.5m

正确答案:A

348. 总配电箱中漏电保护器的额定漏电动作电流 I_Δ 和额定漏电动作时间 T_Δ 的选择要求是( )。
   A. $I_\Delta > 30mA, T_\Delta = 0.1S$
   B. $I_\Delta = 30mA, T_\Delta > 0.1$
   C. $I_\Delta > 30mA, T_\Delta > 0.1S$
   D. $I_\Delta > 30mA, T_\Delta > 0.1S, I_\Delta \cdot T_\Delta \not> 30mA \cdot S$

正确答案:D

349. 铁质配电箱箱体的铁板厚度为不小于( )。
   A. 1.0mm　　　B. 1.2mm　　　C. 1.5mm　　　D. 2.0mm

正确答案:C

350. 配电室内的裸母线与地面通道的垂直距离不应小于( )。
   A. 1.8m　　　B. 2.0m　　　C. 2.5m　　　D. 3.0m

正确答案:C

351. 移动式配电箱、开关箱中心点与地面的相对高度可为( )。
   A. 0.3m　　　B. 0.6m　　　C. 0.9m　　　D. 1.8m

正确答案:C

352. 开关箱中的刀开关可用于不频繁操控电动机的最大容量是( )。
   A. 2.2kW　　　B. 3.0kW　　　C. 4.0kW　　　D. 5.5kW

正确答案:B

353. 开关箱中设置刀型开关 DK、断路器 KK。漏电保护器 RCD,则从电源进线端开始其连接次序应依次是( )。
   A. DK - KK - RCD
   B. DK - RCD - KK
   C. KK - RCD - DK
   D. RCD - KK - DK

正确答案:A

354. 间接接触触电的主要保护措施是在配电装置中设置( )。
   A. 隔离开关
   B. 漏电保护器
   C. 断路器
   D. 熔断器

正确答案:B

355. 分配电箱与开关箱的距离不得超过( )。
   A. 10m　　　B. 20m　　　C. 30m　　　D. 40m

正确答案:C

356. 开关箱与用电设备的水平距离不宜超过( )。
   A. 3m　　　B. 4m　　　C. 5m　　　D. 6m

正确答案:A

357. 固定式配电箱、开关箱中心点与地面的相对高度可为( )。
   A. 0.5m　　　B. 1.0m　　　C. 1.5m　　　D. 1.8m

正确答案:C

358. 一般场所开关箱中漏电保护器,其额定漏电动作电流为( )。
    A. 10mA   B. 20mA   C. ≥30mA   D. ≤30mA
正确答案:D

359. 潮湿场所开关箱中的漏电保护器,其额定漏电动作电流为( )。
    A. ≥15mA   B. ≤15mA   C. 30mA   D. ≤30mA
正确答案:B

360. 开关箱中漏电保护器的额定漏电动作时间为( )。
    A. ≥0.1s   B. ≤0.1s   C. 0.2s   D. ≤0.2s
正确答案:B

361. 施工现场专用电力变压器或发电机中性点直接接地的工作接地电阻值,一般情况下取为( )。
    A. ≥4Ω   B. ≤4Ω   C. 10Ω   D. ≤10Ω
正确答案:B

362. 室内明敷主干线的距地高度不得小于( )。
    A. 1.5m   B. 2.0m   C. 2.5m   D. 3.0m
正确答案:C

363. Ⅱ类手持式电动工具适用场所是( )。
    A. 潮湿场所   B. 金属容器内
    C. 地沟中   D. 管道内
正确答案:A

364. 电焊机一次侧电源线的长度不应大于( )。
    A. 3m   B. 5m   C. 10m   D. 15m
正确答案:B

365. 电焊机二次线可采用( )。
    A. 防水橡皮护套铜芯软电缆   B. 绝缘铜线
    C. 绝缘铝线   D. 绝缘导线和结构钢筋
正确答案:A

366. 必须采用Ⅲ类手持式电动工具的场所是( )。
    A. 狭窄管内   B. 潮湿地面
    C. 混凝土地板   D. 户外气温高于30℃
正确答案:A

367. 施工现场内所有防雷装置的冲击接地电阻值为不得大于( )。
    A. 1Ω   B. 4Ω   C. 10Ω   D. 30Ω
正确答案:D

368. 在地沟、管道内等狭窄场所使用手持式电动工具时,必须选用( )。
    A. Ⅰ类工具   B. 塑料外壳Ⅱ类工具
    C. 金属外壳Ⅱ类工具   D. Ⅲ类工具

369. 室外固定式灯具的安装高度应为（　　）。
　　A. 2m　　　　B. 2.5m　　　　C. >2.5m　　　　D. ≥3m
正确答案：D

370. 室内固定式灯具的安装高度应为（　　）。
　　A. ≥2.5m　　　B. >2m　　　　C. 2m　　　　D. 1.8m
正确答案：A

371. 聚光灯和碘钨灯等高热灯具距易燃物的防护距离为不小于（　　）。
　　A. 200mm　　　B. 300mm　　　C. 500mm　　　D. 600mm
正确答案：C

372. 白炽灯和日光灯等普通灯具距易燃物的防护距离为不小于（　　）。
　　A. 200mm　　　B. 300mm　　　C. 400mm　　　D. 500mm
正确答案：B

373. 在遂道内施工，照明电源电压不应大于（　　）。
　　A. 36V　　　　B. 24V　　　　C. 12V　　　　D. 6V
正确答案：A

374. 在潮湿场所施工，照明电源电压不应大于（　　）。
　　A. 36V　　　　B. 24V　　　　C. 12V　　　　D. 6V
正确答案：B

375. 在金属容器内施工，照明电源电压不应大于（　　）。
　　A. 36V　　　　B. 24V　　　　C. 12V　　　　D. 6V
正确答案：C

376. 行灯的电源电压不应大于（　　）。
　　A. 220V　　　B. 110V　　　C. 36V　　　　D. 24V
正确答案：C

377. 是否需要编制用电组织设计的依据是（　　）。
　　A. 工程规模　　　　　　　B. 工程地点
　　C. 管理部门要求　　　　　D. 用电设备数量或容量
正确答案：D

378. 施工现场用电工程建造的依据是（　　）。
　　A. 项目经理的指示　　　　B. 电工的经验
　　C. 用电人员的要求　　　　D. 用电组织设计
正确答案：D

379. 施工现场用电工程应建立（　　）种档案。
　　A. 2　　　　　B. 4　　　　　C. 6　　　　　D. 8
正确答案：D

380. 高空施焊时必须使用标准的防火（　　），戴头罩。
　　A. 焊具　　　　　　　　　B. 安全带

        C. 工作服   D. 工具
                                                                正确答案:B

381. 高空施焊时必须使用标准的防火安全带,戴(   )。
        A. 焊具   B. 安全帽
        C. 头罩   D. 工具
                                                                正确答案:C

382. 严禁将施焊把线绕在(   )或搭在背上。
        A. 身上   B. 工件上
        C. 工作服上   D. 工具箱上
                                                                正确答案:A

383. 严禁将(   )绕在身上或搭在背上。
        A. 施焊把线   B. 工件
        C. 工作服   D. 工具箱
                                                                正确答案:A

384. (   )将施焊把线绕在身上或搭在背上。
        A. 不能   B. 可以   C. 一般   D. 严禁
                                                                正确答案:D

385. 装卸乙炔气瓶和石油气瓶时(   )轻拿轻放,不得剧烈振动。
        A. 不能   B. 可以   C. 应该   D. 随便
                                                                正确答案:C

386. 装卸乙炔气瓶和石油气瓶时应该轻拿轻放,(   )剧烈振动。
        A. 视情况可   B. 可以
        C. 不得   D. 随便
                                                                正确答案:C

387. 施焊完成或下班时必须拉闸断电、将地线和把线分开、确定火星(   ),方可离开现场。
        A. 周围无易爆物   B. 周围无易燃物
        C. 已熄灭   D. 不会燃烧
                                                                正确答案:C

388. 电焊时严禁借用金属管道、金属脚手架、结构钢筋等金属物搭接代替(   )使用。
        A. 导线   B. 支撑物
        C. 已熄灭   D. 不会燃烧
                                                                正确答案:A

389. 氧气瓶与电焊在同一处使用时,瓶底应垫(   ),防止气瓶带电。
        A. 钢脚手板   B. 支撑物
        C. 绝缘物   D. 小钢模
                                                                正确答案:C

390. 焊接方法可分为(   )三大类。

323

A. 电焊、气焊、熔焊 B. 熔焊、气焊、压焊
C. 气焊、压焊、钎焊 D. 熔焊、压焊、钎焊

正确答案：D

391. ( )可分为熔焊、压焊、钎焊三大类。
A. 焊接方法 B. 气焊
C. 电焊 D. 熔焊

正确答案：A

392. 电弧焊焊接时,一旦发生人员及设备事故,应立即( )。
A. 切断电源 B. 停止气焊
C. 停止电焊 D. 报告

正确答案：A

393. 常用的电阻焊方法有( )等三种。
A. 熔焊、压焊、钎焊 B. 气焊、点焊、缝焊
C. 电焊、点焊、缝焊 D. 点焊、缝焊、对焊

正确答案：D

394. 常用的( )方法有点焊、缝焊和对焊等三种。
A. 电阻焊 B. 气焊
C. 电焊 D. 熔焊

正确答案：A

395. 在容器内施焊时,应采取通风措施,照明电压不得超过( )V。容器内施焊应采取用绝缘材料使焊工身体与焊件隔离。间隔作业时焊工到外面休息。
A. 12 B. 24 C. 36 D. 220

正确答案：A

396. 焊接用电缆线应采用( )。
A. 多股细铜线 B. 多股细铝线
C. 单股铜线 D. 单股铝线

正确答案：A

397. 交流焊机空载电压不得超过( )V。
A. 36 B. 60 C. 80 D. 110

正确答案：C

398. 焊机一次侧电源线长度最大不得超过( )m。
A. 5 B. 10 C. 15 D. 20

正确答案：A

399. 焊机二次侧电源线长度最大不得超过( )m。
A. 20 B. 30 C. 40 D. 50

正确答案：B

400. 氧气瓶与乙炔瓶的距离不得小于( )m。
A. 1 B. 3 C. 5 D. 10

正确答案:C

401. 电石起火时必须用干砂或( )灭火器,严禁用其他灭火器或水灭火。
   A. 泡沫　　　　　　　　　　B. 四氯化碳
   C. 二氧化碳　　　　　　　　D. 1211

正确答案:C

402. 为防止电焊弧光伤害眼睛,应采取的防护方式是使用( )。
   A. 墨镜　　　　　　　　　　B. 滤光镜
   C. 平光镜　　　　　　　　　D. 风镜

正确答案:B

403. 在潮湿场地及触电危险性较大的环境,安全电压为( )V。
   A. 3　　　B. 12　　　C. 36　　　C. 24

正确答案:B

404. 登高焊割作业时,一般认为在地面周围( )m 范围内为危险区。
   A. 3　　　B. 5　　　C. 10　　　D. 20

正确答案:C

405. 《中华人民共和国职业病防治法》于( )开始施行。
   A. 2002 年 1 月 1 日　　　　B. 2002 年 10 月 27 日
   C. 2005 年 5 月 1 日　　　　D. 2003 年 1 月 1 日

正确答案:C

406. 职业病防治工作坚持( )的方针。
   A. 预防为主、安全第一　　　B. 预防为主、防治结合
   C. 分类管理、综合治理　　　D. 预防为主、综合治理

正确答案:B

407. 混凝土搅拌工接触到的主要职业危害为( )。
   A. 水泥尘　　　　　　　　　B. 辐射
   C. 木屑尘　　　　　　　　　D. 噪声

正确答案:A

408. 电焊工接触到的主要职业危害为( )。
   A. 红外线　　　　　　　　　B. 紫外线
   C. 振动　　　　　　　　　　D. 锰尘(烟)

正确答案:D

409. 得了矽肺病的人主要是吸入了( )。
   A. 硅酸盐　　　　　　　　　B. 金属尘
   C. 二氧化硅粉尘　　　　　　D. 混合性粉尘

正确答案:C

410. 根据我国工业、企业噪声标准规定,凡新建、扩建、改建企业允许噪声为( )分贝。
   A. 60　　　B. 80　　　C. 85　　　D. 90

正确答案:C

411. 国家标准规定,车间空气中苯的最高允许浓度为(　　)mg/m³。
    A. 40　　　　　B. 80　　　　　C. 90　　　　　D. 100
                                                            正确答案:A

412. 国家标准规定,车间空气中甲苯的最高允许浓度为(　　)mg/m³。
    A. 40　　　　　B. 80　　　　　C. 90　　　　　D. 100
                                                            正确答案:D

413. 国家标准规定,车间空气中铅烟的最高允许浓度为(　　)mg/m³,凡超标均应采取措施。
    A. 0.05　　　　B. 0.003　　　　C. 0.03　　　　D. 0.005
                                                            正确答案:C

414. 国家标准规定,车间空气中铅尘的最高允许浓度为(　　)mg/m³,凡超标均应采取措施。
    A. 0.05　　　　B. 0.003　　　　C. 0.03　　　　D. 0.005
                                                            正确答案:A

415. 职业病防治的宗旨是为了预防、控制和消除职业危害,防治职业病,(　　)。
    A. 保护劳动者健康及其相关权益
    B. 保护劳动者健康,促进经济发展
    C. 保护劳动者健康及其相关权益,促进经济发展
    D. 提高人员素质
                                                            正确答案:C

416. 职业病防治法适用于(　　)内的职业病防治活动。
    A. 中华人民共和国领域内
    B. 中华人民共和国境内
    C. 中华人民共和国三十一个省、自治区、直辖市内
    D. 中华人民共和国领域内,包括港、澳、台地区
                                                            正确答案:A

417. 职业病指(　　)。
    A. 劳动者在工作中所患的疾病
    B. 用人单位的劳动者在职业活动中,因接触粉尘、放射性物质和其他有毒、有害物质等因素而引起的疾病
    C. 工人在劳动过程中因接触粉尘、有毒、有害物质而引起的疾病
    D. 工人在劳动过程中因劳动造成的传染性疾病
                                                            正确答案:B

418. 职业病防治法规定(　　)依法享有职业卫生保护的权利。
    A. 劳动者　　　　　　　　　B. 用人单位
    C. 地方政府　　　　　　　　D. 法人单位
                                                            正确答案:A

419. 职业病防治法中所称用人单位是指(　　)。

A. 企业、事业单位、政府机关　　　B. 企业、科研单位、政府机关
C. 企业、事业单位和个体经济组织　D. 企业单位

正确答案:C

420. (　　)必须依法参加工伤社会保险。
　　A. 劳动者　　　　　　　　　　B. 各级政府
　　C. 用人单位　　　　　　　　　D. 施工管理人员

正确答案:C

421. 工作场所的职业病危害因素强度或者浓度应当符合(　　)。
　　A. 国际标准化组织　　　　　　B. 世界卫生组织标准
　　C. 国际劳工组织标准　　　　　D. 国家职业卫生标准

正确答案:D

422. 工作场所的职业病防护设施的设置应(　　)。
　　A. 按国家标准统一设置　　　　B. 与职业病危害防护相适应
　　C. 根据生产规模设置　　　　　D. 与安全标准相适应

正确答案:B

423. 工作场所的设备、工具、用具等设施应(　　)。
　　A. 考虑保护劳动者身体健康的要求
　　B. 符合保护劳动者生理、心理健康的要求
　　C. 满足生产要求
　　D. 只要满足安全要求

正确答案:B

424. 职业病危害项目实行(　　)制度。用人单位设有依法公布的职业病目录所列职业病的危害项目的,应当及时、如实向卫生行政部门申报,接受监督。
　　A. 申报　　　　　　　　　　　B. 审批
　　C. 许可　　　　　　　　　　　D. 备案

正确答案:A

425. 可能产生职业病危害的建设单位应在(　　)阶段向卫生行政部门提交职业病危害预评价报告书。
　　A. 设计　　　　　　　　　　　B. 可行性论证
　　C. 竣工验收　　　　　　　　　D. 施工阶段

正确答案:B

426. 未提交预评价报告或者预评价报告未经(　　)部门审核同意的,有关部门不得批准该建设项目。
　　A. 规划部门　　　　　　　　　B. 卫生行政部门
　　C. 财政部门　　　　　　　　　D. 建设行政部门

正确答案:B

427. 职业病危害预评价、职业病危害控制效果评价由依法设立的取得省级以上人民政府卫生行政部门资质认证的(　　)进行。

A. 医疗卫生机构 B. 职业卫生技术服务机构
C. 中介机构 D. 防疫机构

正确答案：B

428. 建设项目的职业病防护设施所需费用,应当纳入( )预算。
A. 地方财政 B. 中央财政
C. 建设项目工程 D. 施工单位

正确答案：C

429. 建设项目的职业病防护设施应当与主体工程( )。
A. 同时设计,同时投入生产
B. 同时设计,同时施工
C. 同时设计,同时施工,同时投入生产和使用
D. 同时投入生产,同时使用

正确答案：C

430. 职业病危害严重的建设项目的防护设施设计,应当经( )部门进行卫生审查,符合国家职业卫生标准和卫生要求的,方可施工。
A. 职业卫生技术服务机构 B. 卫生行政部门
C. 疾病预防控制中心 D. 中介机构

正确答案：B

431. 建设项目在( ),建设单位应当进行职业病危害控制效果评价。
A. 竣工验收前 B. 竣工验收后
C. 设计阶段 D. 施工阶段

正确答案：A

432. 国家对从事放射、高毒等作业实行( )。
A. 专项管理 B. 计划管理
C. 特殊管理 D. 分类管理

正确答案：C

433. ( )应当设置或者指定职业卫生管理机构或者组织,配备专职或者兼职的职业卫生专业人员,负责本单位的职业病防治工作。
A. 卫生行政部门 B. 工会组织
C. 用人单位 D. 施工单位

正确答案：C

434. 用人单位应当建立、健全职业卫生档案和( )档案。
A. 伤亡事故 B. 工资
C. 人事 D. 劳动者健康监护

正确答案：D

435. ( )必须采用有效的职业病防护设施,并为劳动者提供符合职业病防治要求的个人使用的职业病防护用品。
A. 卫生行政部门 B. 职业卫生技术服务机构

C. 用人单位 D. 组织机构

正确答案：C

436. 用人单位应当优先采用有利于防治职业病和保护劳动者健康的新技术、新工艺、新材料，（　　）职业病危害严重的技术、工艺、材料。
A. 逐步替代 B. 禁止使用
C. 淘汰 D. 可以使用

正确答案：A

437. 产生职业病危害的用人单位，应当在（　　）设置公告栏，公布有关职业病防治的规章制度、操作规程、职业病危害事故应急救援措施和工作场所职业病危害因素检测结果。
A. 醒目位置 B. 厂长办公室
C. 厂区内 D. 现场办公室

正确答案：A

438. 对产生严重职业病危害的作业岗位，应当在醒目位置（　　）。
A. 警示标识和中文警示说明 B. 警示标识
C. 警示说明 D. 图示

正确答案：A

439. 对可能发生急性职业损伤的有毒、有害工作场所，用人单位应当设置报警装置，配置现场急救用品、冲洗设备、应急撤离通道和必要的（　　）。
A. 警戒区 B. 泄险区
C. 隔离墙 D. 消防设施

正确答案：D

440. 用人单位应当按照国务院卫生行政部门的规定，（　　）对工作场所进行职业病危害因素检测、评价。
A. 必要时 B. 定期
C. 不定期 D. 一年一次

正确答案：B

441.《职业病防治法》是第（　　）号主席令公布的。
A. 40　　　 B. 50　　　 C. 60　　　 D. 65

正确答案：C

442. 用人单位违反职业病防治法规定，造成重大职业病危害事故或者其他严重后果，构成犯罪的，对直接负责的主管人员和（　　），依法追究刑事责任。
A. 直接责任人员 B. 责任人员
C. 管理人员 D. 法人代表

正确答案：A

443. 用人单位订立或者变更劳动合同时，未告知劳动者（　　）真实情况的，卫生行政部门责令限期改正，给予警告，可以并处2万元以上5万元以下的罚款。
A. 职业病危害 B. 医疗待遇

C. 工资标准　　　　　　　　D. 工伤保险待遇

正确答案：A

444. 用人单位未提供职业病防护设施和个人使用的职业病防护用品，或者提供的职业病防护设施和个人使用的职业病防护用品不符合国家职业卫生标准和卫生要求的，卫生行政部门除给予警告，责令限期改正，逾期不改正的，处（　　）20万元以下的罚款。

A. 10万元以上　　　　　　　B. 8万元以上
C. 5万元以上　　　　　　　 D. 2万元以上

正确答案：C

445. 消防安全必须贯彻的方针（　　）。
A. 安全第一　预防为主　　　B. 群防群制
C. 谁主管　谁负责　　　　　D. 预防为主　防消结合

正确答案：D

446. 化学爆炸的实质是高速度（　　）。
A. 气体膨胀　　　　　　　　B. 温度升高
C. 压力增大　　　　　　　　D. 燃烧

正确答案：D

447. 火灾等级划分为（　　）。
A. 二类　　　　　　　　　　B. 三类
C. 四类　　　　　　　　　　D. 五类

正确答案：C

448. 动火区域划分为（　　）。
A. 1　　　B. 2　　　C. 3　　　D. 4

正确答案：C

449. 贮存易燃可燃气体的火灾危险性分为（　　）类。
A. 甲　　　　　　　　　　　B. 甲、乙
C. 甲、乙、丙　　　　　　　D. 甲、乙、丙、丁

正确答案：C

450. 易燃物品露天仓库四周内应有不小于（　　）m的平坦空地作为消防通道。
A. 2　　　B. 4　　　C. 6　　　D. 8

正确答案：C

451. 易燃仓库堆料场应分堆垛和分组设置，木材（板材）每个堆垛面积不得大于（　　）m^2。
A. 2　　　B. 200　　　C. 300　　　D. 400

正确答案：C

452. 按照贮存物品的火灾危险性分类，可燃物体属于（　　）。
A. 甲　　　B. 乙　　　C. 丙　　　D. 丁

正确答案：C

453. 堆料场内确实需要架设用电线路、架空线路与露天易燃物堆垛的最小水平距离，不应

小于电线杆高度的( )m。
A.1　　　B.1.5　　　C.2　　　D.2.5

正确答案:B

454. 建筑物件中三级耐火等级中的( )为燃烧体。
A. 墙　　　　　　　　B. 柱
C. 楼板　　　　　　　D. 屋顶承重构件

正确答案:D

455. 楼板的耐火极限,三级为( )h。
A.0.5　　　B.1　　　C.1.5　　　D.2

正确答案:A

456. 按照贮存物品的火灾危险性分类,助燃气体属于( )。
A. 甲　　　B. 乙　　　C. 丙　　　D. 丁

正确答案:B

457. 按照贮存物品的火灾危险性分类,不燃烧物品属于( )。
A. 乙类　　　B. 丙类　　　C. 丁类　　　D. 戊类

正确答案:D

458. 施工现场的木工作业区,属于( )动火区域。
A. 一级　　　B. 二级　　　C. 三级　　　D. 四级

正确答案:A

459. 施工现场动火证由( )部门审批。
A. 公司安全科　　　　B. 项目技术负责人
C. 项目负责人　　　　D. 安全员

正确答案:C

460. 30m 以上的高层建筑施工,应当设置加压水泵和消防水源管道,管道的立管直径不小于( )mm。
A.25　　　B.50　　　C.60　　　D.75

正确答案:B

461. 生石灰与( )发生化学反应产生大量热,足以引燃燃点较低的材料。
A. 丙酮　　　　　　　B. 水
C. 酒精　　　　　　　D. 环氧树脂

正确答案:B

462. 建筑工程广泛使用( )作为混凝土的早强剂。
A. 亚硝酸钠　　　　　B. 氨水
C. 环氧树脂　　　　　D. 丙酮

正确答案:A

463. 下列车辆中,( )不准进入易燃物品仓库或堆料场装卸作业。
A. 汽车吊　　　　　　B. 装载机
C. 货车　　　　　　　D. 拖拉机

正确答案:D

464. 易燃易爆物品仓库的大门应当向（　　）开启。
　　A. 向内　　　　　　　　B. 向外
　　C. 上下　　　　　　　　D. 横向推拉

正确答案:B

465. 照明灯具与易燃堆垛间至少保持（　　）m 距离。
　　A. 0.5　　　B. 1　　　C. 1.5　　　D. 2

正确答案:B

466. 禁火作业区应当距离生活区不小于（　　）m。
　　A. 10　　　B. 15　　　C. 20　　　D. 25

正确答案:B

467. 易燃、可燃堆垛场及仓库距离在建的建筑物和其他区域不小于（　　）m。
　　A. 10　　　B. 15　　　C. 20　　　D. 25

正确答案:D

468. 易燃的废品集中场地距离在建的建筑物和其他区域不小于（　　）m。
　　A. 15　　　B. 20　　　C. 25　　　D. 30

正确答案:D

469. 施工现场必须设立消防车通道，通道宽度不小于（　　）m。
　　A. 3　　　B. 3.5　　　C. 4　　　D. 4.5

正确答案:B

470. 临时生活设施尽可能搭建在距离修建的建筑物（　　）m 以外的地方。
　　A. 20　　　B. 25　　　C. 30　　　D. 35

正确答案:A

471. 临时宿舍与厨房、锅炉房、变电所之间的防火距离应不小于（　　）m。
　　A. 5　　　B. 10　　　C. 15　　　D. 20

正确答案:C

472. 临时宿舍距离火灾危险性较大的生产场所不得小于（　　）m。
　　A. 10　　　B. 20　　　C. 30　　　D. 40

正确答案:C

473. 临时宿舍的简易楼层高应控制在（　　）以内。
　　A. 一层　　　B. 二层　　　C. 三层　　　D. 四层

正确答案:B

474. 临时宿舍的简易楼安全通道，每层不应少于（　　）处。
　　A. 1　　　B. 2　　　C. 3　　　D. 4

正确答案:B

475. 气焊使用的乙炔气瓶应当放置在距明火（　　）m 以外的地方。
　　A. 5　　　B. 8　　　C. 10　　　D. 15

正确答案:C

476. 电焊导线中间不应有接头,若有接头,接头处应远离易燃、易爆物品( )m以外。
   A. 5   B. 8   C. 10   D. 15

   正确答案:C

477. 木材用明火点燃时,最底着火点( )℃。
   A. 135   B. 159   C. 250   D. 300

   正确答案:B

478. 按照消防的有关规定,( )m以上建筑物为高层建筑。
   A. 24   B. 30   C. 34   D. 40

   正确答案:A

479. 防火设计中所谓的最后一道防线是指( )。
   A. 增强结构   B. 耐火稳定性
   C. 减少易燃材料   D. 增加烟道

   正确答案:B

480. 易燃仓库内严禁使用( )照明灯具。
   A. 碘钨灯   B. 25瓦白炽灯
   C. 日光灯   D. 防爆灯

   正确答案:A

481. 冬期施工时氧气瓶瓶颈冻结,应采取( )措施解冻。
   A. 明火烘烤   B. 热水解冻
   C. 用铁锤轻打   D. 反复震荡

   正确答案:B

482. 焊割作业的乙炔气瓶与氧气瓶两者使用的安全距离是( )m。
   A. 2   B. 3   C. 4   D. 5

   正确答案:D

483. 一般临时设施区域,每100m² 配备( )个10L灭火器。
   A. 2   B. 3   C. 4   D. 5

   正确答案:A

484. 安全检查标准规定( )m以上的高层建筑,应当设置临时消防水源加压泵和输水管道。
   A. 24   B. 30   C. 35   D. 40

   正确答案:A

485. 适用于扑救易燃气体、液体和电器设备火灾的是( )灭火剂。
   A. D类干粉   B. ABCD干粉
   C. BC干粉   D. 泡沫

   正确答案:C

486. ( )燃烧的火灾不能用水扑救。
   A. 木制品   B. 塑料品
   C. 玻璃钢制品   D. 电气装置

正确答案:D

487. 下列物品中,(　　)是可燃品。
    A. 石棉瓦　　　　　　　　B. 玻璃
    C. 玻璃钢　　　　　　　　D. 混凝土

正确答案:C

488. 施工单位消防安全的第一责任人是(　　)。
    A. 项目负责人　　　　　　B. 项目安全员
    C. 公司安全科长　　　　　D. 公司法人代表

正确答案:D

489. 我国通常设定的火险报警电话号码是(　　)。
    A. 110　　　　B. 119　　　　C. 120　　　　D. 122

正确答案:B

490. 冬季安全施工准备工作应提前(　　)。
    A. 20 天　　　B. 1 个月　　　C. 2 个月　　　D. 3 个月

正确答案:C

491. 冬期施工安全技术措施应提前(　　)时间编制。
    A. 20 天　　　B. 1 个月　　　C. 2 个月　　　D. 3 个月

正确答案:B

492. 冬期施工安全防护器材应(　　)时间到位。
    A. 20 天　　　B. 1 个月　　　C. 2 个月　　　D. 3 个月

正确答案:B

493. 入冬前搞好相关人员(　　)。
    A. 安全技术培训、安全技术交底　　B. 配发工作服
    C. 配发安全帽　　　　　　　　　　D. 配发安全带

正确答案:A

494. 工地职工宿舍冬季要重点预防(　　)。
    A. 偷盗　　　　　　　　　B. 爆炸
    C. 食物中毒　　　　　　　D. 煤气中毒

正确答案:D

495. 冬期施工,高处作业要注意(　　)。
    A. 防冻　　　　　　　　　B. 防滑
    C. 防坠落　　　　　　　　D. 防质量事故

正确答案:B

496. 冻土爆破施工离建筑物(　　)。
    A. 10m　　　B. 20m　　　C. 30m　　　D. 50m

正确答案:D

497. 冻土爆破施工离高压电线(　　)。
    A. 50m　　　B. 100m　　　C. 150m　　　D. 200m

正确答案:D

498. 冻土爆破如有哑炮,应在距离原炮眼( )以外地方另行打眼。
　　A. 60cm　　　　B. 30cm　　　　C. 40cm　　　　D. 50cm

正确答案:A

499. 使用煤炉取暖,必须提前( )。
　　A. 备好器材燃料　　　　　　B. 提出使用方案和放火措施审批
　　C. 分工专人负责　　　　　　D. 搞好环境卫生

正确答案:B

500. 雨季临时道路应起拱( )。
　　A. 2%　　　　B. 3%　　　　C. 4%　　　　D. 5%

正确答案:D

501. 道路两侧做宽、深各( )的排水沟。
　　A. 100~50mm　　　　　　　B. 300~200mm
　　C. 150~100mm　　　　　　 D. 200~150mm

正确答案:B

502. 夏季职工宿舍要( )。
　　A. 防蚊蝇　　　　　　　　　B. 防火
　　C. 防偷盗　　　　　　　　　D. 防触电

正确答案:A

503. 工地职工食堂要( )。
　　A. 防火　　　　　　　　　　B. 防食物中毒
　　C. 防蚊蝇　　　　　　　　　D. 防偷盗

正确答案:B

504. 落地式钢管脚手架底座应高于地平面( )并夯实,做好排水。
　　A. 50mm　　　B. 100mm　　　C. 200mm　　　D. 300mm

正确答案:A

505. 小型锅炉的容量( );中型锅炉;大型锅炉。
　　A. 20t/h 以下　　　　　　　B. 20~30t/h
　　C. 30~65t/h　　　　　　　 D. 65t/h 以上

正确答案:A

506. 中压锅炉的压力一般在( )。
　　A. 0.1~1.47MPa　　　　　　B. 1.57~5.9MPa
　　C. 5.9~13.7MPa　　　　　　D. 大于13.7MPa

正确答案:B

507. 锅炉结构主要由( )、水冷壁、集箱、对流管束、烟火管等受压部件及其他部件组成。
　　A. 钢壳　　　B. 水管　　　C. 锅筒　　　D. 水火管

正确答案:C

508. 以下不属于锅炉附属设备的是( )。
 A. 过热器 B. 省煤器
 C. 给水设备 D. 烟火管
 正确答案:D

509. 立式直水管锅炉,由锅壳、炉胆、上下管板、直水管等主要( )组成。
 A. 结构 B. 部件
 C. 附属设备 D. 承压件
 正确答案:B

510. 锅炉主要受压部件中起汇集、贮存、净化蒸汽和补充给水作用的是( )。
 A. 水冷壁 B. 对流管束
 C. 锅筒 D. 集箱
 正确答案:C

511. 结构简单、紧凑、易于移动安装和检修,对水质要求不太高是( )锅炉的特点。
 A. 卧式锅壳式 B. 立式锅壳式锅炉
 C. 单锅筒横置式 D. 双锅筒横置式
 正确答案:A

512. 为了保证锅炉燃烧过程的正常进行,空气需要不断地被送入( )内,并及时将燃烧产生的烟气引至炉外,所用设备为鼓风机和引风机。
 A. 烟火管 B. 炉膛
 C. 对流管束 D. 集箱
 正确答案:B

513. 下列不属于按壳体几何形状分的是( )。
 A. 球形容器 B. 圆筒形容器
 C. 圆锥形容器 D. 厚壁容器
 正确答案:D

514. 属于中压容器的压力值为( )。
 A. $P=0.1\sim1.6MPa$ B. $P=1.6\sim10MPa$
 C. $P=10\sim100MPa$ D. $P\geq100MPa$
 正确答案:B

515. 压力容器的最高工作压力大于或者等于( )。
 A. 0.01MPa B. 0.05MPa
 C. 10kPa D. 0.1MPa
 正确答案:D

516. 按工作温度分,属于低温容器的温度是( )。
 A. 大于350℃ B. $-20\sim350$℃
 C. $-20\sim50$℃ D. 低于-20℃
 正确答案:C

517. 下列不属于第二类压力容器的是( )。

A. 中压容器

B. 低压管壳式余热锅炉

C. 存贮毒性程度为极度和高度危害介质的低压容器

D. 中压搪玻璃压力容器

正确答案:D

518. 下列不属于按制造方法分的有( )
   A. 钢制容器   B. 锻造容器
   C. 铆接容器   D. 焊接容器

正确答案:A

519. 压力容器的结构比较简单,它主要是由一个能够承受压力的( )和其他必要的连接件和密封件组成。
   A. 封头   B. 壳体   C. 法兰   D. 接管

正确答案:B

520. 以下压力表除( )外,均应停止使用。
   A. 表内弹簧管泄漏或指针松动的压力表
   B. 没有限止钉的压力表,在无压力时,指针距零位的数值超过压力表的允许误差
   C. 有限止钉的压力表,在无压力时,指针能回到限止钉处
   D. 封印损坏或超过校验有效期的压力表

正确答案:C

521. 锅炉上装设的安全泄压装置是( )。
   A. 安全阀   B. 易熔塞
   C. 防爆片   D. 防爆帽

正确答案:A

522. 水位计是锅炉上主要( )之一。
   A. 附属设备   B. 安全装置
   C. 部件   D. 结构

正确答案:B

523. 锅炉与压力容器使用的压力表一般都是( ),而且大都是单弹簧管式压力表。
   A. 有液柱式   B. 电接点式
   C. 弹性元件式   D. 活塞式

正确答案:C

524. 锅炉与墙壁之间至少留有( )的间距。
   A. 20cm   B. 30cm
   C. 50cm   D. 70cm

正确答案:D

525. 锅炉房内( )备有防火砂箱(袋)或化学灭火剂。
   A. 不配   B. 必须
   C. 无所谓   D. 视情况

337

正确答案:B

526. 因为它要承受较高的压力,需要较厚的( )。
    A. 防爆片　　　　　　　　　B. 密封件
    C. 壳壁　　　　　　　　　　D. 法兰

正确答案:C

527. 对流管束又称对流排管,是由外径 38~51mm 的许多( )组成。置于上下锅筒之间,是水管锅炉的主要受热面。
    A. 无缝钢管　　　　　　　　B. 铁皮卷制
    C. 焊接钢管　　　　　　　　D. 脚手架钢管

正确答案:A

528. 冬季液化石油气瓶严禁火烤和沸水加热,只可用( )加热。
    A. 60℃以下温水　　　　　　B. 80℃以上开水
    C. 40℃以上温水　　　　　　D. 40℃以下温水

正确答案:D

529. 锅炉房屋顶不准用( )。
    A. 简易油毡屋顶　　　　　　B. 瓦楞铁
    C. 石棉板　　　　　　　　　D. 以上都是

正确答案:A

530. 负责压力容器的技术安全管理工作的( )。
    A. 厂长　　　　　　　　　　B. 总工程师
    C. 检验人员　　　　　　　　D. 专职压力容器的管理人员

正确答案:D

531. 压力容器一般只要发生事故,大部分都是( )事故。
    A. 无人员伤亡　　　　　　　B. 爆炸
    C. 一般性　　　　　　　　　D. 破坏性

正确答案:D

532. 事故原因一时查不清,( )。
    A. 慢慢查,直到查清为止　　　B. 应迅速报告上级,不得盲目处理
    C. 先处理情况,其他以后再说　D. 查不清就不查了,放一边做其他事

正确答案:B

533. 在发现锅炉缺水时,应( )
    A. 先判断是轻微缺水还是严重缺水,然后施以不同的处理方法
    B. 首先加水
    C. 紧急停炉检查
    D. 先报告上级,等上级来处理

正确答案:A

534. 重大事故是指锅炉压力容器( )。
    A. 在使用中和试压时,发生破裂,使压力瞬间降至大气压力的事故

B. 由于受压部件严重损坏,或附件损坏等,被迫停止运行,必须进行修理的事故
C. 损坏程度不严重,不须要立即停止运行进行修理的事故
D. 发生破坏力很大的爆炸事故

正确答案:B

535. "叫水"方法只适用于相对容水量( )的小型锅炉。
    A. 较小　　　　　B. 最小　　　　　C. 较大　　　　　D. 最大

正确答案:C

536. 满水事故是锅炉水位高于水位表( )水位线时造成的事故。
    A. 最低　　　　　　　　　　　　B. 二分之一
    C. 三分之二　　　　　　　　　　D. 最高

正确答案:D

537. 发现汽水共腾时,应减弱燃烧,降低负荷,( )并打开定期排污阀,改善给水质量直至恢复正常。
    A. 关小主汽阀,打开蒸汽管道及过热器,全开连续排污阀
    B. 打开主汽阀,关小蒸汽管道及过热器,全开连续排污阀
    C. 关小主汽阀,全开蒸汽管道及过热器,打开连续排污阀
    D. 打开主汽阀,全开蒸汽管道及过热器,关小连续排污阀

正确答案:A

538. ( )导致炉墙、构架损坏,造成停炉及人员伤亡。
    A. 炉管爆炸　　　　　　　　　　B. 汽水共腾
    C. 锅炉爆炸　　　　　　　　　　D. 炉膛爆炸

正确答案:D

539. 高压气瓶的工作压力大于( )。
    A. 2MPa　　　　　　　　　　　　B. 3MPa
    C. 5MPa　　　　　　　　　　　　D. 8MPa

正确答案:C

540. 按容积(V,升)分属于中容积气瓶的是( )。
    A. 100L < V ≤ 1000L　　　　　　B. 12L < V ≤ 100L
    C. 0.4L ≤ V ≤ 12L　　　　　　　D. 低于0.4L

正确答案:B

541. 盛装永久性气体的气瓶都是在较高压力下充装气体的钢瓶。常见的压力为( )。
    A. 5MPa　　　　B. 8MPa　　　　C. 10MPa　　　　D. 15MPa

正确答案:D

542. 焊接气瓶除了由瓶体、瓶阀、瓶帽、低座、防振圈组成外,一般还有( )。
    A. 护罩　　　　　　　　　　　　B. 手轮
    C. 压紧螺母　　　　　　　　　　D. 爆破膜

正确答案:A

543. 瓶帽一般不能用( )材料制作。

A. 钢管 B. 可锻铸铁
C. 球墨铸铁 D. 普通塑料

正确答案:D

544. $P=19.6MPa$ 氧气瓶的色环为( )。
A. 不加色环 B. 黑色环一道
C. 白色环一道 D. 黄色环一道

正确答案:C

545. 溶解乙炔气瓶是专门用于盛装( )的气瓶。
A. 乙炔 B. 氨
C. 一氧化碳 D. 氢气

正确答案:A

546. 外表颜色为深绿色的气瓶用于盛装( )。
A. 乙炔 B. 氨气 C. 氧气 D. 氢气

正确答案:D

547. 气瓶在使用中,距明火不应( )。
A. 大于10m B. 大于5m
C. 小于10m D. 小于20m

正确答案:C

548. 氧气瓶内气体不得用尽,必须留有( )的余压。
A. 小于0.1MPa B. 0.1~0.2MPa
C. 大于0.2MPa D. 不能大于0.2MPa

正确答案:B

549. 瓶帽上开有对称的排气孔的目的是( )。
A. 为了视觉上的美观
B. 避免当瓶阀损坏时,气体由瓶帽一侧排出产生反作用力推倒气瓶
C. 旋转方便
D. 没有具体作用

正确答案:C

二、多选题(本题型每题有5个备选答案,其中至少有2个答案是正确的。多选、少选、错选均不得分)

1. 土石的分类是按下列哪些原因来分类:( )。
A. 坚硬程度 B. 开挖方法 C. 使用工具
D. 坚硬系数 E. 质量密度

正确答案:ABC

2. 按地基的承载能力及其与地质成因的关系,将土分为:( )。
A. 岩石 B. 碎石土 C. 砂土
D. 黏性土 E. 人工填土

正确答案：ABCDE

3. 在滑坡地段挖土方前应了解：（　　）。
   A. 地质勘察资料　　B. 地形　　C. 地貌及滑坡迹象
   D. 周围环境　　E. 周围建筑物
   正确答案：ABC

4. 挡土墙的计算内容是：（　　）。
   A. 土压力计算　　B. 倾覆稳定性验算　　C. 滑动稳定性验算
   D. 墙身强度验算　　E. 挡土墙高度计算
   正确答案：ABCD

5. 顶管施工主要包括：（　　）。
   A. 作业坑设置、后背修筑与导轨铺设
   B. 顶进设备布置、工作管准备
   C. 降水与排水、顶进
   D. 挖土与出土、下管与接口
   E. 施工交底
   正确答案：ABCD

6. 顶管法施工可分为：（　　）。
   A. 对顶法、顶拉法　　B. 顶拉法、中继法　　C. 后顶法
   D. 深覆土减摩顶进法　　E. 牵引法
   正确答案：ABCDE

7. 工程项目顶管施工组织设计方案中的安全技术措施必须有：（　　）。
   A. 针对性　　B. 实效性　　C. 原则性
   D. 不同性　　E. 统一性
   正确答案：AB

8. 目前我国地下工程施工中主要有：（　　）。
   A. 手掘式盾构　　B. 挤压式盾构　　C. 半机械式盾构
   D. 机械式盾构　　E. 人工操作
   正确答案：ABCD

9. 盾构施工过程安全保护措施环节有：（　　）。
   A. 盾构机进洞　　B. 盾构机推进开挖　　C. 盾构机出洞
   D. 安全教育　　E. 加强检查
   正确答案：ABC

10. 盾构施工开工阶段整个流程（　　）。
    A. 盾构机进出洞　　B. 管片进场　　C. 垂直运输和水平运输
    D. 车架段交叉作业　　E. 管片拼装
    正确答案：ABCDE

11. 洞口防护作业的范围包括：（　　）。
    A. 行车轨道与结构井的临边防护

341

B. 拌浆施工区域的临边围护
C. 结构井井口的防护
D. 每一层结构井的临边围护
E. 结构上中小型预留孔的围护

正确答案：ABCDE

12. 电机车水平运输作业包括：(　　　　)。
    A. 电机车水平运输系统
    B. 垂直运输的施工材料
    C. 围护盾构工作面的安全措施
    D. 盾构工作的出土箱
    E. 洞口井的围护

正确答案：ABCDE

13. 顶管前,根据地下顶管施工技术要求,按实际情况制定的专项安全技术方案和措施要必须符合(　　　　)。
    A. 规范　　　　　　B. 标准　　　　　　C. 规程
    D. 领导指示　　　　E. 地方规定

正确答案：ABC

14. 挡土墙基础埋置深度,应根据地基土的(　　　　)。
    A. 容许承载力　　　B. 冻结深度　　　　C. 岩石风化程度
    D. 雨水冲刷　　　　E. 人为原因等

正确答案：ABCD

15. 土层锚杆的组成：(　　　　)。
    A. 锚头　　　　　　B. 拉杆　　　　　　C. 锚固体
    D. 管件　　　　　　E. 螺栓

正确答案：ABC

16. 土层锚杆现场试验检验的内容包括：(　　　　)。
    A. 确定基坑支护承受的荷载及锚杆布置
    B. 锚杆承载能力计算
    C. 杆的稳定性计算
    D. 确定锚固体长度
    E. 直径和拉杆直径

正确答案：ABCDE

17. 符合下列(　　　　)条件的为一级基坑。
    A. 重要工程或支撑结构作主体结构的一部分
    B. 开挖深度大于10m
    C. 与临近建筑物重要设施的距离在开挖深度以内的基坑
    D. 基坑范围内有历史文物,近代优秀建筑重要管线等严加保护的基坑
    E. 开挖深度大于7m

正确答案：ABCD

18. 土方开挖的顺序、方法必须与设计工况相一致并遵循下列原则：（　　）。
    A. 开挖先撑　　　　B. 先撑开挖　　　　C. 分层开挖
    D. 严禁超挖　　　　E. 边撑边挖

正确答案：ABCD

19. 挡土墙的形式有：（　　）。
    A. 重力式挡土墙　　B. 钢筋混凝土挡土墙　　C. 锚杆挡土墙
    D. 锚定板挡土墙　　E. 其他轻型挡土墙

正确答案：ABCDE

20. 挡土墙的主要作用有：（　　）。
    A. 维护土体边坡稳定　　B. 防止坡体的滑移　　C. 防止土方边坡的坍塌
    D. 防止土体的滑移　　　E. 防止土方的坍塌

正确答案：ABC

21. 斜坡土挖方时在斜坡的上侧弃土时应注意：（　　）。
    A. 弃土堆应连续设置，顶面外斜
    B. 应保证挖方边坡的稳定
    C. 当坡度陡于 1/5 或在软土地区禁止上侧堆土
    D. 弃土堆离沟边 0.8m 以外
    E. 堆土高度不能超过 1.5m

正确答案：ABCDE

22. 基坑（槽）排水的方法有：（　　）。
    A. 集水井法　　　　B. 排水沟法　　　　C. 集水井抽水法
    D. 明排水法　　　　E. 人工降低地下水法

正确答案：ABCDE

23. 人工降低地下水位方法有：（　　）。
    A. 轻型井点　　　　B. 喷射井点　　　　C. 管井井点
    D. 深井泵　　　　　E. 由渗井点

正确答案：ABCDE

24. 土石方工程的主要内容包括：（　　）。
    A. 挖掘、运输　　　B. 填筑、压实　　　C. 排水降水
    D. 土壁支撑设计　　E. 施工准备

正确答案：ABCDE

25. 土方工程施工前，应（　　）。
    A. 分析该工程的功能
    B. 分析核对实测地形图核对
    C. 水文地质工程质量资料
    D. 地下管道电缆通信
    E. 地下构筑物

343

正确答案：ABCDE

26. 在膨胀土地区开挖时要符合（   ）。
    A. 开挖   B. 作垫层   C. 基础施工
    D. 回填土连续进行   E. 工程验收

正确答案：ABCDE

27. 基坑开挖过程中如何排水？（   ）。
    A. 在坑底设集水井
    B. 沿坑底的周围或中央开挖排水沟
    C. 把水引入集水井
    D. 然后用水泵抽走
    E. 抽出的水应予以引开，严防倒流

正确答案：ABCDE

28. 喷射井点的设备主要有：（   ）。
    A. 喷射井管   B. 高压水泵   C. 进水总管
    D. 排水总管   E. 符加设备

正确答案：ABCD

29. 基坑支护结构设计，应考虑的荷载有：（   ）。
    A. 土压力
    B. 地下水压力
    C. 影响范围内建筑物、构筑物荷载
    D. 施工荷载，堆放材料、汽车、吊车、浇筑混凝土泵车
    E. 路面行人的重量

正确答案：ABCD

30. 基础土方工程施工组织设计应包括下列内容：（   ）。
    A. 勘察测量，场地平整方案
    B. 排水、降水设计、支护结构体系选择和设计
    C. 土方开挖方案设计
    D. 基坑及周围建筑、构筑物道路管道的监测方案和保护措施
    E. 楼板及屋面板混凝土浇筑方案

正确答案：ABCD

31. 一般模板的组成部分为（   ）。
    A. 模板面   B. 支撑结构   C. 连接配件
    D. 加固结构   E. 螺栓

正确答案：ABC

32. 模板工程专项施工组织设计应包括（   ）。
    A. 模板结构设计计算书
    B. 模板结构布置图、构件详图、节点大样
    C. 安装与拆除程序与方法

344

D. 基坑支护方案

E. 施工安全、消防措施

正确答案：ABCE

33. 模板按其功能分类,常用的模板主要有(　　)。
   A. 定型组合模板　　B. 墙体大模板　　C. 飞模
   D. 滑动模板　　E. 柱模板、梁模板

正确答案：ABCD

34. 模板工程所使用的材料可以是(　　)。
   A. 钢材　　B. 木材　　C. 铝合金
   D. 竹材　　E. 铜材

正确答案：ABC

35. 模板结构恒荷载、活荷载标准值有(　　)。
   A. 新浇筑混凝土自重标准值
   B. 施工人员及设备荷载标准值
   C. 振捣混凝土时产生的荷载标准值
   D. 倾倒混凝土时,对侧模的水平荷载标准值
   E. 工程竣工后的使用荷载标准值

正确答案：ABCD

36. 扣件式钢管模板支架立杆底部通常应设置(　　)。
   A. 底座
   B. 通长木垫板(板长大于2个立杆间距)板厚不小于50mm
   C. 混凝土底板　　D. 钢柱脚　　E. 素土

正确答案：AB

37. 直接夹紧柱模板的柱箍常使用(　　)。
   A. 扁钢　　B. 角钢　　C. 槽钢
   D. 木楞　　E. 竹杆

正确答案：ABCD

38. 采用对角楔木调整支撑高度时(　　)。
   A. 楔木应接触紧密　　B. 应和垫木顶紧　　C. 应使用铁钉固定牢靠
   D. 应使用砖块垫牢　　E. 应使用石块垫牢

正确答案：ABC

39. 旧扣件应检查的项目有(　　)。
   A. 裂缝　　B. 变形　　C. 螺栓滑丝
   D. 采购证明　　E. 扣件重量

正确答案：ABC

40. 扣件式钢管应检查的项目有(　　)。
   A. 质量合格证
   B. 质量检验报告

C. 是否平直、光滑、不应有裂缝、结疤、分层硬弯、压痕和深刻划道等
D. 采购合同
E. 钢管的表面硬度

正确答案:ABC

41. 扣件式钢管支架使用中应定期检查的项目有(　　)。
A. 地基积水,底座松动,立杆悬空
B. 扣件螺栓松动
C. 立杆沉降与垂直偏差
D. 安全防护是否完好
E. 立柱是否沾满了混凝土

正确答案:ABCD

42. 钢管不得使用的疵病有(　　)。
A. 不符设计要求　　　B. 严重锈蚀　　　C. 严重弯曲
D. 压扁　　　　　　　E. 裂纹

正确答案:BCDE

43. 建筑工程模板承受的恒荷载标准值的种类有(　　)。
A. 模板及其支架自重　　B. 新浇混凝土自重　　C. 钢筋自重
D. 立柱自重　　　　　　E. 新浇筑混凝土作用于模板的侧压力

正确答案:ACE

44. 门式钢管支架验收时应有的文件为(　　)。
A. 施工组织设计
B. 门式钢管脚手架的出厂合格证和质量检验报告
C. 监理实施细则
D. 搭设中重要问题处理记录
E. 模板支架施工验收报告

正确答案:ABDE

45. 门式钢管支架验收现场的检查项目有(　　)。
A. 构配件齐全,质量合格,连接件牢固
B. 防护设施符合规定
C. 基础符合要求
D. 水平度与垂直度合格
E. 验收人员培训证明

正确答案:ABCD

46. 安装模板时应作到(　　)。
A. 不得漏浆　　　　　B. 尺寸统一　　　　C. 模板上下用人接送
D. 随装随运　　　　　E. 严禁抛掷

正确答案:CDE

47. 吊运散装模板时,应做到(　　)。

A. 放置于运料平台上
B. 码放整齐
C. 单块吊运
D. 待捆绑牢固后方可起吊
E. 有防吊运过程中散落的措施

正确答案:BDE

48. 安装独立梁模板时应设安全操作平台,严禁操作人员(　　　　)。
A. 站在独立梁底模上操作
B. 站在模板支架上操作
C. 站在柱模支架上操作
D. 站在扶梯上操作
E. 在底模、柱模支架上通行

正确答案:ABCE

49. 钢丝绳按捻制方向可分为(　　　　)。
A. 同向捻　　　　B. 交互捻　　　　C. 混合捻
D. 反向捻　　　　E. 一致捻

正确答案:ABC

50. 钢丝绳的破坏原因主要有(　　　　)。
A. 截面积减少　　B. 质量发生变化　　C. 变形
D. 突然损坏　　　E. 连接过长

正确答案:ABCD

51. 化学纤维绳可分为(　　　　)。
A. 尼龙绳　　　　B. 涤纶绳　　　　C. 吕宋绳
D. 维尼纶绳　　　E. 丙纶绳

正确答案:ABDE

52. 焊接环形链出现(　　　　)情况之一时应予报废。
A. 裂纹
B. 未进行负荷试验
C. 链条发生塑性变形,伸长达原长度的5%
D. 链环直径磨损达原直径的10%
E. 使用后未保养

正确答案:ACD

53. 卡环可分为(　　　　)。
A. 销子式　　　　B. 骑马式　　　　C. L或U形
D. 螺旋式　　　　E. U四杆式

正确答案:AD

54. 起重吊装作业中使用的吊钩、吊环,其表面要光滑,不能有(　　　　)等缺陷。
A. 剥裂　　　　　B. 刻痕　　　　　C. 锐角

347

D. 接缝　　　　　　　　E. 裂纹

正确答案：ABCDE

55. 绳夹在使用时应要注意（　　）。
   A. 其数量和间距与钢丝绳直径成正比
   B. 一般绳夹的间距最小为钢丝绳直径的 6 倍
   C. 绳夹的数量不得少于 3 个
   D. 钢丝绳受力后绳夹可以移动
   E. 钢丝绳受力变形后，为防止继续变形，可不拧紧绳夹

正确答案：ABC

56. 以下属于专用的取物装置有（　　）。
   A. 三角架吊具　　　　B. 可调杠杆式吊具　　　　C. 起吊平放物体吊具
   D. 四杆式吊具　　　　E. 四杆机构吊具

正确答案：ABCDE

57. 几台千斤顶同时作业时，就注意的事项有（　　）。
   A. 服从统一指挥　　　B. 动作一致　　　　　　C. 保证同步顶升
   D. 确保同步降落　　　E. 以上都不对

正确答案：ABCD

58. 手拉葫芦的优点有（　　）。
   A. 结构紧凑　　　　　B. 手拉力小　　　　　　C. 携带方便
   D. 使用稳当　　　　　E. 比其他的起重机械容易掌握

正确答案：ABCDE

59. 手拉葫芦的适用范围：（　　）。
   A. 起吊轻型构件
   B. 拉紧扒杆的缆风绳
   C. 起吊重型设备
   D. 小型设备或重物的短距离吊装
   E. 构件或设备运输时拉紧捆绑的绳索

正确答案：ABDE

60. 安装好的桅杆在投入使用前，必须满足（　　）。
   A. 中心线偏差不大于总支承长度的 1/1000
   B. 每 5m 长度内中心线偏差和局部朔性变形不应大于 20mm
   C. 在桅杆全长内，中心偏差不应大于总支承长度 1/200
   D. 桅杆的连接螺栓，必须紧固可靠
   E. 各种桅杆的基础都必须平整坚实，不得积水

正确答案：ABCDE

61. 金属桅杆又可分为（　　）。
   A. 管式桅杆　　　　　B. 人字桅杆　　　　　　C. 牵引桅杆
   D. 龙门桅杆　　　　　E. 格构式桅杆

正确答案:AE

62. 电动卷扬机应完整无损,如发现( )等情况时,必须进行修理或更换。
    A. 卷筒壁减薄10%　　　B. 筒体裂纹和变形　　　C. 电气受潮
    D. 卷筒轴磨损严重　　　E. 减速箱油量不足

正确答案:ABCD

63. 对起重吊装使用的地锚要求( )。
    A. 严格按设计进行制作
    B. 可以根据现场的条件随意制作
    C. 使用时可适当超载
    D. 使用时不准超载
    E. 做好制作地锚的隐蔽工程记录

正确答案:ADE

64. 地锚基坑前方地锚出线点(即钢丝绳穿过土层后露出地面处)前方坑深2.5倍范围及基坑两侧2m范围以内,不得有( )。
    A. 地沟　　　　　　　B. 电缆　　　　　　　C. 地下管道
    D. 地下煤气管　　　　E. 临时挖沟

正确答案:ABCDE

65. 按使用方法滑轮可分为( )。
    A. 导向滑轮　　　　　B. 平衡滑轮　　　　　C. 定滑轮
    D. 动滑轮　　　　　　E. 滑轮组

正确答案:CDE

66. 在起重作业中常用的起重机械主要有( )。
    A. 手拉葫芦　　　　　B. 履带式起重机　　　C. 轮胎式起重机
    D. 汽车式起重机　　　E. 塔式起重机

正确答案:BCDE

67. 履带式起重机的起升机构主要有( )。
    A. 卷扬机构　　　　　B. 滑轮组　　　　　　C. 起重臂
    D. 操作系统　　　　　E. 吊钩

正确答案:ABE

68. 桅杆滑移法吊装中调整桅杆应注意:( )。
    A. 先调整桅杆底部位置,后调整桅杆垂直度。试吊后若发现桅杆位置偏差将影响到工件吊装就位,应再次进行桅杆调整
    B. 先调整桅杆垂直度,后调整桅杆底部位置。试吊后若发现桅杆位置偏差将影响到工件吊装就位,应再次进行桅杆调整
    C. 桅杆垂直度的允许偏差为桅杆高度的1/250
    D. 桅杆垂直度的允许偏差为桅杆高度的1/150
    E. 桅杆顶部或底部导向滑轮挂结绳扣的长度要根据提升滑轮组动(定)滑轮和卷扬机走绳出(入)绳角确定

正确答案：ACE

69. 在桅杆滑移法吊装试吊过程中,发现有哪些现象时,应立即停止吊装或者使工件复位,判明原因妥善处理,经有关人员确认安全后,方可进行试吊(　　　　)。
   A. 地锚冒顶、位移、
   B. 钢丝绳抖动
   C. 设备或机具有异常声响、变形、裂纹
   D. 桅杆地基下沉
   E. 其他异常情况

正确答案：ABCDE

70. 桅杆扳转法吊装技术按工件和桅杆的运动形式可为(　　　　)。
   A. 单转法　　　　B. 单桅杆扳转法　　　　C. 双转法
   D. 双桅杆扳转法　　E. 单吊点扳吊

正确答案：AC

71. 移动式龙门桅杆吊装,施工人员进入施工岗位吊装前必须做好(　　　　)。
   A. 接受技术交底工件　　B. 组织自检、互检　　C. 填写安全技术卡片
   D. 吊装许可令　　　　E. 组织联合安全检查

正确答案：ABCDE

72. 滑移法是一种比较先进的施工方法,它的优点有(　　　　)。
   A. 自动化程度高　　B. 设备工艺简单　　C. 施工速度快
   D. 费用低　　　　E. 吊装工艺简单

正确答案：BCD

73. 大型构件与设备液压同步提升系统主要由(　　　　)等部分组成。
   A. 柔性钢绞线或刚性支架承重系统
   B. 电液比例液压控制系统
   C. 计算机控制系统
   D. 传感器检测系统
   E. 液压提升器

正确答案：ABCDE

74. 铲运机作业过程由(　　　　)组成。
   A. 预松土　　　　B. 铲土　　　　C. 运土
   D. 卸土　　　　E. 返回

正确答案：BCDE

75. 推土机在坡道上停机时,应(　　　　)。
   A. 将变速杆挂低速档　　B. 接合主离合器　　C. 操纵人员不得离开
   D. 锁住制动踏板　　　E. 将履带或轮胎楔住

正确答案：ABDE

76. 单斗挖掘机的工作装置可分为(　　　　)作业。
   A. 反铲　　　　B. 拉铲　　　　C. 斜铲

D. 正铲 　　　　　　E. 抓斗

正确答案：AE

77. 打桩机工作时，严禁(　)(　)(　)或(　)等动作同时进行。
A. 吊桩　　　　　　B. 回转　　　　　　C. 吊锤
D. 行走　　　　　　E. 吊道桩器

正确答案：ABCD

78. 平杆式柴油锤由(　)等组成。
A. 活塞　　　　　　B. 平杆　　　　　　C. 缸锤
D. 顶横梁　　　　　E. 燃油系统

正确答案：ABCDE

79. 打桩机类型应根据(　)、(　)、(　)、(　)施工工艺等综合考虑选择。
A. 桩长　　　　　　B. 桩径　　　　　　C. 地质条件
D. 桩的类型　　　　E. 桩的型号

正确答案：ABCD

80. 打桩机操作司机必须经过(　)，并经有关部门(　)后，发给(　)。方能(　)。严禁无证人员操作打桩机。（按顺序填写）
A. 单独操作　　　　B. 专业培训　　　　C. 考核批准
D. 高中文化　　　　E. 合格证件

正确答案：BCEA

81. 钢筋调直机作用为(　)。
A. 调直　　　　　　B. 拉伸　　　　　　C. 切断
D. 输送　　　　　　E. 消除氧化皮

正确答案：ACDE

82. 下列哪些设备是建筑施工中最为常见的垂直运输设备？(　)
A. 塔式起重机　　　B. 搅拌机　　　　　C. 施工升降机
D. 打桩机　　　　　E. 龙门架及井架物料提升机

正确答案：ACE

83. 塔式起重机金属结构基础部件包括(　)。
A. 底架　　　　　　B. 塔身　　　　　　C. 平衡臂
D. 卷扬机　　　　　E. 转台

正确答案：ABCE

84. 塔式起重机最基本的工作机构包括(　)。
A. 起升机构　　　　B. 限位机构　　　　C. 回转机构
D. 行走机构　　　　E. 变幅机构

正确答案：ACDE

85. 力矩限制器可安装在(　)。
A. 塔帽　　　　　　B. 起重臂根部　　　C. 底架
D. 吊钩　　　　　　E. 起重臂端部

正确答案：ABE

86. 对动臂变幅的塔式起重机，设置幅度限制器时，应设置( )。
   A. 最小幅度限位器   B. 小车行程限位开关   C. 终端缓冲装置
   D. 防止小车出轨装置 E. 防止臂架反弹后倾装置

   正确答案：AE

87. 对小车变幅的塔式起重机，设置幅度限制器时，应设置( )。
   A. 最小幅度限位器   B. 小车行程限位开关   C. 终端缓冲装置
   D. 防止小车出轨装置 E. 防止臂架反弹后倾装置

   正确答案：BC

88. 下列哪些是塔式起重机拆装工艺编制的主要依据？( )
   A. 国家有关塔式起重机的技术标准和规范、规程
   B. 随机的使用、拆装说明书
   C. 随机的整机、部件的装配图、电气原理及接线图
   D. 已有的拆装工艺及过去拆装作业中积累的技术资料
   E. 其他单位的拆装工艺或有关资料

   正确答案：ABCD

89. 塔机爬升过程中，禁止进行下列哪些动作？( )
   A. 起升   B. 变幅   C. 回转
   D. 起升和回转   E. 起升和变幅

   正确答案：ABCDE

90. 塔机日常检查和使用前的检查的主要内容包括( )。
   A. 基础   B. 主要部位的连接螺栓   C. 金属结构和外观结构
   D. 安全装置   E. 配电箱和电源开关

   正确答案：ABCDE

91. 固定式塔机的安全装置主要有( )。
   A. 起重力矩限制器   B. 起重量限制器   C. 防坠安全器
   D. 起升高度限位器   E. 小车变幅限位器

   正确答案：ABDE

92. 起重机的拆装作业应在白天进行，当遇有( )天气时应停止作业。
   A. 大风   B. 潮湿   C. 浓雾
   D. 雨雪   E. 高温

   正确答案：ACD

93. 塔式起重机上必备的安全装置有( )。
   A. 起重量限制器   B. 力矩限制器   C. 起升高度限位器
   D. 回转限位器   E. 幅度限制器

   正确答案：ABCDE

94. 塔式起重机力矩限制器起作用时，允许( )。
   A. 载荷向臂端方向运行   B. 载荷向臂根方向运行   C. 吊钩上升

D. 吊钩下降　　　　　　　E. 载荷自由下降

正确答案：BD

95. 操作塔式起重机严禁(　　)。
A. 拔桩　　　　　　B. 斜拉、斜吊　　　　C. 顶升时回转
D. 抬吊同一重物　　E. 提升重物自由下降

正确答案：ABCE

96. 施工升降机按驱动方式分类可分为(　　)。
A. SC 型　　　　　　B. 单柱型　　　　　　C. 双柱型
D. SH 型　　　　　　E. SS 型

正确答案：ADE

97. 施工升降机主要由(　　)组成。
A. 金属结构　　　　B. 驱动机构　　　　　C. 附着
D. 安全保护装置　　E. 电气控制系统

正确答案：ABDE

98. 下列(　　)属于施工升降机的金属结构。
A. 吊笼　　　　　　B. 导轨架　　　　　　C. 天轮架及小起重机构
D. 电动机　　　　　E. 对(配)重

正确答案：ABCE

99. 施工升降机标准节的截面可以采取下列(　　)形状。
A. 矩形　　　　　　B. 菱形　　　　　　　C. 正方形
D. 三角形　　　　　E. 圆形

正确答案：ACD

100. 高架提升机应设置下列哪些安全装置？(　　)
A. 安全停靠装置　　B. 断绳保护装置　　　C. 通讯装置
D. 下极限限位器　　E. 缓冲器

正确答案：ABCDE

101. 吊钩禁止补焊，下列哪些情况应予报废？(　　)
A. 用 20 倍放大镜观察表面有裂纹及破口
B. 挂绳处断面磨损量超过原高的 10%
C. 心轴磨损量超过其直径的 5%
D. 表面有碰损
E. 开口度比原尺寸增加 15%。

正确答案：ABCE

102. 塔机力矩限制器起作用时，允许采取下列哪些运行方式？(　　)
A. 载荷向臂端方向运行
B. 载荷向臂根方向运行
C. 吊钩上升
D. 吊钩下降

353

E. 载荷自由下降

正确答案：BD

103. 物料提升机的稳定性能主要取决于物料提升机的下列哪些部件？（　　）
    A. 基础　　　　　　　B. 缆风绳　　　　　　C. 附墙架
    D. 标准节　　　　　　E. 地锚

正确答案：ABCE

104. 塔式起重机司机患有下列哪些疾病和生理缺陷的不能做司机工作？（　　）
    A. 色盲　　　　　　　B. 心脏病　　　　　　C. 断指
    D. 癫痫　　　　　　　E. 矫正视力低于5.0(1.0)

正确答案：ABCDE

105. 钢丝绳出现下列哪些情况时必须报废和更新？（　　）
    A. 钢丝绳断丝现象严重
    B. 断丝的局部聚集
    C. 当钢丝磨损或锈蚀严重，钢丝的直径减小达到其直径的10%时
    D. 钢丝绳失去正常状态，产生严重变形时
    E. 当钢丝磨损或锈蚀严重，钢丝的直径减小达到其直径的40%时

正确答案：ABDE

106. 滑轮达到下列任意一个条件时即应报废？（　　）
    A. 轮缘破损
    B. 槽底磨损量超过相应钢丝绳直径的25%
    C. 槽底壁厚磨损达原壁厚的20%
    D. 转动不灵活
    E. 有裂纹

正确答案：ABCE

107. 脚手架所用钢管应采用Q23SA钢，此钢材的重要质量标准和性能是（　　）。
    A. 标准屈服强度不低于235N/mm^2
    B. 可焊性能好　　　　C. 抗锈蚀性能好
    D. 低温下抗冲击性好　E. 管壁厚度不均匀

正确答案：AC

108. 脚手架所用钢管使用时，应注意：（　　）。
    A. $\phi48\times3.5$ 与 $\phi51\times3$ 的钢管不得混用
    B. $\phi48\times3.5$ 与 $\phi51\times3$ 的钢管可以混用
    C. $\phi51\times3$ 与 $\phi32\times2$ 的钢管可以混用
    D. 钢管上严禁打孔
    E. 开孔不影响钢管的使用

正确答案：AD

109. 在荷载分类中，将脚手板重量归于（　　）。
    A. 可变荷载　　　　　B. 永久荷载　　　　　C. 施工荷载

D. 构配件自重　　　　E. 临时荷载

正确答案:BD

110. 设计承重脚手架时,应根据使用过程中可能出现的荷载取其最不利组合进行计算,因此(　　)。

　　A. 对纵、横向水平杆的强度、变形计算应考虑:永久荷载+0.9(施工荷载+风荷载)的组合

　　B. 对纵、横向水平杆的强度、变形计算应考虑:永久荷载+施工荷载的组合

　　C. 对立杆稳定应考虑:永久荷载+施工荷载和永久荷载+0.9(施工荷载+风荷载)的两种组合

　　D. 对立杆稳定应考虑:永久荷载+施工荷载和永久荷载+施工荷载+风荷载的两种组合

　　E. 对立杆的稳定只考虑竖向荷载

正确答案:BC

111. 纵、横向水平杆的计算内容应有(　　)。

　　A. 抗弯强度和挠度

　　B. 抗剪强度和挠度

　　C. 抗压强度和挠度

　　D. 与立杆连接扣件的抗滑承载力

　　E. 地基承载力

正确答案:AD

112. 为保证脚手架立杆的安全使用,规范规定对其计算内容应有(　　)。

　　A. 抗压强度　　　　B. 稳定　　　　　　C. 容许长细比

　　D. 抗弯强度　　　　E. 抗剪强度

正确答案:BC

113. 计算脚手架立杆稳定时,应进行不同的荷载效应组合,它们是(　　)。

　　A. 永久荷载+施工荷载

　　B. 永久荷载+0.9施工荷载

　　C. 永久荷载+施工荷载+风荷载

　　D. 永久荷载+0.9(施工荷载+风荷载)

　　E. 永久荷载

正确答案:AD

114. 计算立杆稳定性时,应选取其危险部位(或称最不利部位),当脚手架以相同步距、纵距、横距和连墙件布置,且风荷载不大时,危险部位在(　　)。

　　A. 脚手架顶层立杆段

　　B. 脚手架半高处立杆段

　　C. 脚手架底层立杆段

　　D. 双管立杆变截面处的单立杆段

　　E. 双管立杆的双管立杆段

正确答案:CD

115. 脚手架连墙件的间距除应满足计算要求外,还应满足(　　)。
    A. 脚手架高度不大于50m时,竖向不大于3步距,横向不大于3跨距
    B. 脚手架高度不大于50m时,竖向不大于4步距,横向不大于4跨距
    C. 脚手架高度大于50m时,竖向不大于2步距,横向不大于3跨距
    D. 脚手架高度大于50m时,竖向不大于2步距,横向不大于4跨距
    E. 脚手架高度不大于50m时,竖向不大于5步距,横向大于5跨距

正确答案:AC

116. 双排脚手架每一连墙件的覆盖面积应不大于(　　)。
    A. 架高不大于50m时,40m²
    B. 架高不大于50m时,50m²
    C. 架高大于50m时,30m²
    D. 架高大于50m时,27m²
    E. 架高大于50m时,60m²

正确答案:AD

117. 一字形、开口形脚手架连墙件设置做了专门的规定,它们是(　　)。
    A. 在脚手架的两端必须设置连墙件
    B. 在脚手架的两端宜设置连墙件
    C. 端部连墙件竖向间距不应大于建筑物层高,并不应大于4m(两步)
    D. 端部连墙件竖向间距不应大于建筑物层高,并不应大于6m(三步)
    E. 连墙件的设置与封圈形脚手架相同

正确答案:AC

118. 使用旧扣件时,应遵守下列有规定(　　)。
    A. 有裂缝、变形的严禁使用
    B. 有裂缝、但不变形的可以使用
    C. 有变形、但无裂缝的可以使用
    D. 出现滑丝的必须更换
    E. 螺栓锈蚀、变曲变形的可以使用

正确答案:AD

119. 立杆钢管的表面质量和外形应是(　　)。
    A. 平直光滑,无锈蚀、裂缝、结疤、分层、硬弯、毛刺、压痕和深的划道
    B. 钢管如有锈蚀,则锈蚀深度应不大于0.5mm
    C. 钢管如有弯曲,则6.5m长钢管弯曲挠度不应大于20mm
    D. 钢管如有弯曲,则6.5m长钢管弯曲挠度不应大于50mm
    E. 钢管锈蚀深度最大可以达到1.5mm

正确答案:ABC

120. 根据整架加荷试验得知,影响双排脚手架稳定承载能力的因素较多,其中主要的并反映在计算中的有(　　)。

A. 立杆的步距、横距　　B. 立杆的纵距　　　　　C. 脚手架的连墙件布置
D. 支撑设置　　　　　　E. 走道板的设置

正确答案：ABC

121. 脚手架底部的构造要求是(　　)。
    A. 每根立杆底端应设底座或垫板,且应设纵向、横向扫地杆
    B. 纵向扫地杆距底座上皮不大于200mm,并采用直角扣件与立杆固定
    C. 纵向扫地杆距底座上皮不大于1000mm,并采用直角扣件与立杆固定
    D. 横向扫地杆应采用直角扣件固定在紧靠纵向扫地杆下方的立杆上
    E. 横向扫地杆设在距底面上0.8m处

正确答案：ABD

122. 连墙件设置要求有(　　)。
    A. 偏离主节点的距离不应大于300mm
    B. 偏离主节点的距离不应大于600mm
    C. 宜靠近主节点设置
    D. 应从脚手架底层第一步纵向水平杆处开始设置
    E. 应在脚手架底层第二步纵向水平杆处开始设置

正确答案：ACD

123. 纵向水平杆(大横杆)的接头可以搭接或对接。搭接时有以下具体要求(　　)。
    A. 搭接长度不应小于1m
    B. 应等间距设置3个旋转扣件固定
    C. 端部扣件盖板边缘至搭接杆端的距离不应小于500mm
    D. 端部扣件盖板边缘至搭接杆端的距离不应小于100mm
    E. 搭接长度应为0.5m

正确答案：ABD

124. 横向斜撑设置有如下规定(　　)。
    A. 一字形、开口形双排脚手架的两端必须设置横向斜撑
    B. 高度24m以上的封圈形双排架除在拐角处设置外,中间应每隔6跨设置一道
    C. 高度在24m以下的封圈形双排架可不设置
    D. 高度在24m以下的封圈形双排架应在拐角处设置
    E. 高度在24m以上的封圈形双排架仅需要在拐角处设置

正确答案：ABC

125. 连墙件的数量、间距设置应满足以下要求(　　)。
    A. 计算要求
    B. 最大竖向、水平向间距要求
    C. 每一连墙件覆盖的最小面积要求
    D. 每一连墙件覆盖的最大面积要求
    E. 没有覆盖面积的要求

正确答案：ABD

126. 在脚手架使用期间,严禁拆除(　　)。
   A. 主节点处的纵向横向水平杆
   B. 非施工层上,非主节点处的横向水平杆
   C. 连墙件
   D. 纵横向扫地杆
   E. 非作业层上的走道板

   正确答案:ACD

127. 纵向水平杆的对接接头应交错布置,具体要求是(　　)。
   A. 两个相邻接头不宜设在同步、同跨内
   B. 各接头中心至最近主节点的距离不宜大于纵距的1/3
   C. 各接头中心至最近主节点的距离不宜大于纵距的1/2
   D. 不同步、不同跨的两相邻接头水平向错开距离不应小于500mm
   E. 不同步、不同跨的两相邻接头水平向可在同一个平面上

   正确答案:ABD

128. 脚手架作业层上的栏杆及挡脚板的设置要求为(　　)。
   A. 栏杆和挡脚板均应搭设在外立杆的内侧
   B. 上栏杆上皮高度应为1.2m
   C. 挡脚板高度不应小于120m
   D. 挡脚板高度不应小于180m
   E. 可以不设挡脚板

   正确答案:ABD

129. 临边防护栏杆的上杆应符合下列哪些规定?(　　)
   A. 离地高度1.0~1.2m
   B. 离地高度0.5~0.6m
   C. 承受外力3000N
   D. 承受外力2000N
   E. 承受外力1000N

   正确答案:AE

130. 攀登和悬空高处作业人员以及搭设高处作业安全设施的人员必须经过(　　)合格,持证上岗。
   A. 专业考试合格　　B. 体格检查　　C. 专业技术培训
   D. 思想教育　　　　E. 技术教育

   正确答案:AC

131. 施工中对高处作业的安全技术设施发现有缺陷和隐患时,应当如何处置?(　　)
   A. 发出整改通知单　　B. 必须及时解决　　C 悬挂安全警告标志
   D. 危及人身安全时,必须停止作业　　E. 追究原因

   正确答案:BD

132. 雨天和雪天进行高处作业时,必须采取(　　)措施。

358

A. 防滑 B. 防风 C. 防冻
D. 防寒 E. 防火

正确答案：BCD

133. 暴风雪及台风、暴雨后,应对高处作业安全设施逐一加以检查,发现有何种现象应立即修理完善?（　　）
 A. 违章 B. 松动 C. 变形
 D. 损坏 E. 脱落

正确答案：BCDE

134. 防护棚搭设与拆除应符合（　　）规定。
 A. 严禁上下同时拆除 B. 设防护栏杆 C. 设警戒区
 D. 派专人监护 E. 立告示牌

正确答案：ACD

135. 遇有六级以上强风、浓雾等恶劣气候,不得进行何种作业?（　　）
 A. 悬空高处作业 B. 高处作业 C. 露天作业
 D. 露天攀登 E. 电工作业

正确答案：AD

136. 高处作业中的（　　）必须在施工前进行检查,确认其完好,方可投入使用。
 A. 安全标志 B. 工具 C. 仪表
 D. 电器设施 E. 各种设备

正确答案：ABCDE

137. 进行高处作业前,应逐级进行安全技术教育及交底,落实所有（　　）。
 A. 安全思想教育 B. 安全技术 C. 技术交底
 D. 安全技术措施 E. 人身防护用品

正确答案：DE

138. 下列关于毛竹临边防护栏杆的规定,哪些是正确的?（　　）
 A. 毛竹横杆小头有效直径不应小于70mm
 B. 栏杆柱小头直径不应小于60mm
 C. 使用不小于16号的镀锌钢丝绑扎
 D. 毛竹横杆小头有效直径不应小于80mm
 E. 栏杆柱小头直径不应小于80mm

正确答案：ACE

139. 垂直运输接料平台应设置下列哪些设施?（　　）
 A. 两侧设防护栏杆
 B. 平台口设置活动防护栏杆
 C. 平台口设防护立网
 D. 平台口设置安全门
 E. 平台口设置固定防护栏杆

正确答案：ABD

140. 安全防护设施的验收,主要包括哪些内容?(   )
    A. 所有临边、洞口等各类技术措施的设置状况
    B. 技术措施所用的配件、材料和工具的规格和材质
    C. 技术措施的节点构造及其与建筑物的固定情况
    D. 扣件和连接件的紧固程度
    E. 安全防护设施的用品及设备的性能与质量合格的验证

正确答案:ABCDE

141. 下列关于原木临边防护栏杆的规定,哪些是正确的?(   )
    A. 原木横杆的上杆梢径不应小于 65mm
    B. 栏杆柱梢径不应小于 75mm
    C. 使用不小于 12 号的镀锌钢丝绑扎
    D. 原木横杆的上杆梢径不应小于 70mm
    E. 栏杆柱梢径不应小于 70mm

正确答案:CDE

142. 下列关于钢筋临边防护栏杆的规定,哪些是正确的?(   )
    A. 钢筋横杆上杆的直径不应小于 16mm
    B. 下杆直径不应小于 14mm
    C. 栏杆柱直径不应小于 18mm
    D. 采用电焊或镀锌钢丝绑扎固定
    E. 栏杆柱直径不应小于 20mm

正确答案:ABCD

143. 悬空作业应有牢靠的立足处,并必须视具体情况配置(   )或其他安全设施。
    A. 立网   B. 栏杆   C. 防护栏网
    D. 安全警告标志   E. 安全钢丝绳

正确答案:BC

144. 下列关于钢管临边防护栏杆的规定,哪些是正确的?(   )
    A. 钢管横杆采用 $\phi 48 \times (2.75 \sim 3.5)$ mm 的管材
    B. 采用电焊固定
    C. 栏杆柱采用 $\phi 48 \times (2.75 \sim 3.5)$ mm 的管材
    D. 采用镀锌钢丝绑扎固定
    E. 采用扣件固定

正确答案:ABCE

145. 下列关于临边防护栏杆的规定,哪些是正确的?(   )
    A. 防护栏杆应由上、下两道横杆及栏杆柱组成
    B. 上杆离地高度为 1.5~1.8m
    C. 下杆离地高度为 0.5~0.6m
    D. 上杆离地高度为 1.0~1.2m
    E. 下杆离地高度为 0.6~0.8m

正确答案：ACD

146. 下列关于坡度大于1∶2.2的屋面临边防护栏杆的设置，哪些是正确的？（　　）
    A. 自上而下使用密目式安全网封闭
    B. 上杆离地高度为1.5m
    C. 下杆离地高度为0.4~0.6m
    D. 上杆离地高度为1.0~1.2m
    E. 下杆离地高度为0.6~0.8m

正确答案：ABE

147. 进行交叉作业，（　　）严禁堆放任何拆下物件。
    A. 基坑内　　　　B. 楼层边口　　　　C. 脚手架边缘
    D. 电梯井口　　　E. 通道口

正确答案：BCE

148. 下列对落地的竖向洞口的防护措施哪些是正确的？（　　）
    A. 加装开关式的安全门
    B. 加装工具式的安全门
    C. 使用防护栏杆，下设挡脚板
    D. 使用密目式安全网封闭
    E. 加装固定式的安全门

正确答案：ABCE

149. 下列对固定式直爬梯的设置哪些是正确的？
    A. 使用金属材料制作
    B. 梯宽不大于50mm
    C. 支撑采用不大于∟70×5的角钢
    D. 梯宽不小于50mm
    E. 支撑采用不小于∟70×5的角钢

正确答案：ABE

150. 进行模板支撑和拆卸时的悬空作业，下列哪些规定是正确的？（　　）
    A. 严禁在连接件和支撑上攀登上下
    B. 严禁在上下同一垂直面上装、拆模板
    C. 支设临空构筑物模板时，应搭设支架或脚手架
    D. 模板上留有预留洞时，应在安装后将洞口覆盖
    E. 拆模的高处作业，应配置登高用具或搭设支架

正确答案：ABCDE

151. 安全防护设施验收应具备哪些资料？（　　）
    A. 施工组织设计及有关验算数据
    B. 安全防护设施验收记录
    C. 搭设人员完工验收记录
    D. 安全防护设施变更记录及签证

E. 安全防护设施交底记录

正确答案：ABD

152. 在下列哪些部位进行高处作业必须设置防护栏杆？（　　　）
    A. 基坑周边
    B. 雨篷边
    C. 挑檐边
    D. 无外脚手架的屋面与楼层周边
    E. 料台与挑平台周边

正确答案：ABCDE

153. 当临边栏杆所处位置有发生人群拥挤可能时，应采取何种措施？（　　　）
    A. 设置双横杆　　　　B. 加密栏杆柱距　　　　C. 加大横杆截面
    D. 加设密目式安全网　E. 增设挡脚板

正确答案：BC

154. 板与墙的洞口必须设置下列哪些防护设施或其他防坠落的防护设施？（　　　）
    A. 警戒区　　　　　　B. 牢固的盖板　　　　　C. 防护栏杆
    D. 安全网　　　　　　E. 警戒线

正确答案：BCD

155. 下列哪些是密目式安全网进行贯穿实验的要点？（　　　）
    A. 将密目式安全网张好绑扎在实验架上与地面成45°的夹角
    B. 将10kg重的 $\phi 48 \times 3.5$ 的钢管放置在其中心点上方3m处
    C. 使钢管垂直自由落下
    D. 将密目式安全网张好绑扎在实验架上与地面成30°的夹角
    E. 将5kg重的 $\phi 48 \times 3.5$ 的钢管放置在其中心点上方3m处

正确答案：CDE

156. 建筑施工中通常所说的"三宝"是指哪些？（　　　）
    A. 安全带　　　　　　B. 安全锁　　　　　　　C. 安全鞋
    D. 安全网　　　　　　E. 安全帽

正确答案：ACD

157. 下列哪些材料可作为制作安全帽的材料？（　　　）
    A. 塑料　　　　　　　B. 竹　　　　　　　　　C. 木
    D. 藤　　　　　　　　E. 玻璃钢

正确答案：ABDE

158. 安全网主要由哪几部分组成？（　　　）
    A. 网体　　　　　　　B. 边绳　　　　　　　　C. 系绳
    D. 筋绳　　　　　　　E. 包装绳

正确答案：ABCD

159. 架空线路可以架设在（　　　）上。
    A. 木杆　　　　　　　B. 钢筋混凝土杆　　　　C. 树木

  D. 脚手架   E. 高大机械

正确答案：AB

160. 电缆线路可以（　　）敷设。
  A. 沿地面   B. 埋地   C. 沿围墙
  D. 沿电杆或支架   E. 沿脚手架

正确答案：BCD

161. 室内绝缘导线配电线路可采用（　　）敷设。
  A. 嵌绝缘槽   B. 穿塑料管   C. 沿钢索
  D. 直埋墙   E. 直埋地

正确答案：ABC

162. 对外电线路防护的基本措施可以是（　　）。
  A. 保证安全操作距离   B. 搭设安全防护设施   C. 迁移外电线路
  D. 停用外电线路   E. 施工人员主观防范

正确答案：ABCD

163. 搭设外电防护设施的主要材料是（　　）。
  A. 木材   B. 竹材   C. 钢管
  D. 钢筋   E. 安全网

正确答案：AB

164. 直接接触触电防护的适应性措施是（　　）。
  A. 绝缘   B. 屏护   C. 安全距离
  D. 采用24V及以下安全特低电压   E. 采用漏电保护器

正确答案：ABCD

165. 总配电箱电器设置种类的组合应是（　　）。
  A. 刀开关、断路器、漏电保护器
  B. 刀开关、熔断器、漏电保护器
  C. 断路器、漏电断路器
  D. 刀开关、断路器
  E. 具有可见分断点的断路器、漏电保护器

正确答案：ABE

166. 配电箱中的刀型开关在正常情况下可用于（　　）。
  A. 接通空载电路   B. 分断空载电路   C. 电源隔离
  D. 接通负载电路   E. 分断负载电路

正确答案：ABC

167. 配电箱中的断路器在正常情况下可用于（　　）。
  A. 接通与分断空载电路
  B. 接通与分断负载电路
  C. 电源隔离
  D. 电路的过载保护

E. 电路的短路保护

正确答案：ABDE

168. 总配电箱中的漏电断路器在正常情况下可用于（   ）。
  A. 电源隔离　　　　　B. 接通与分断电路　　　C. 过载保护
  D. 短路保护　　　　　E. 漏电保护

正确答案：BCDE

169. 开关箱中的漏电断路器在正常情况下可用于（   ）。
  A. 电源隔离　　　　　B. 频繁通、断电路　　　C. 电路的过载保护
  D. 电路的短路保护　　E. 电路的漏电保护

正确答案：CDE

170. 照明开关箱中电器配置组合可以是（   ）。
  A. 刀开关、熔断器、漏电保护器
  B. 具有可见分断点的断路器、漏电保护器
  C. 刀开关、漏电断路器
  D. 断路器、漏电保护器
  E. 刀开关、熔断器

正确答案：ABC

171. 5.5kW 以上电动机开关箱中电器配置组合可以是（   ）。
  A. 刀开关、断路器、漏电保护器
  B. 断路器、漏电保护器
  C. 刀开关、漏电断路器
  D. 刀开关、断路器
  E. 具有可见分断点的断路器、漏电保护器

正确答案：ACE

172. 配电箱、开关箱的箱体材料可采用（   ）。
  A. 冷轧铁板　　　　　B. 环氧树脂玻璃布板　　C. 木板
  D. 木板包铁皮　　　　E. 电木板

正确答案：ABE

173. 自然接地体可利用的地下设施有（   ）。
  A. 钢筋结构体　　　　B. 金属井管　　　　　　C. 金属水管
  D. 金属燃气管　　　　E. 铠装电缆的钢铠

正确答案：ABCE

174. 人工接地体材料可采用（   ）。
  A. 圆钢　　　　　　　B. 角钢　　　　　　　　C. 螺纹钢
  D. 钢管　　　　　　　E. 铝板

正确答案：ABD

175. 在 TN 接零保护系统中，PE 线的引出位置可以是（   ）。
  A. 电力变压器中性点接地处

B. 总配电箱三相四线进线时,与 N 线相连接的 PE 端子板

C. 总配电箱三相四线进线时,总漏电保护器的 N 线进线端

D. 总配电箱三相四线进线时,总漏电保护器的 N 线出线端

E. 总配电箱三相四线进线时,与 PE 端子板电气连接的金属箱体

正确答案:ABCE

176. 36V 照明适用的场所条件是( )。
A. 高温　　　　　　B. 有导电灰尘　　　　C. 潮湿
D. 易触及带电体　　E. 灯高低于 2.5m

正确答案:ABE

177. 行灯的电源电压可以是( )。
A. 220V　　　　　　B. 110V　　　　　　　C. 36V
D. 24V　　　　　　 E. 12V

正确答案:CDE

178. Ⅱ类手持式电动工具适用的场所为( )。
A. 潮湿场所　　　　B. 金属构件上　　　　C. 锅炉内
D. 地沟内　　　　　E. 管道内

正确答案:AB

179. 施工现场电工的职责是承担用电工程的( )。
A. 安装　　　　　　B. 巡检　　　　　　　C. 维修
D. 拆除　　　　　　E. 用电组织设计

正确答案:ABCD

180. 选择漏电保护器额定漏电动作参数的依据有( )。
A. 负荷的大小　　　B. 负荷的种类　　　　C. 设置的配电装置种类
D. 设置的环境条件　E. 安全界限值

正确答案:CDE

181. 总配电箱中漏电保护器的额定漏电动作电流 I_Δ 和额定漏电动作时间 T_Δ,可分别选择为( )。

A. $I_\Delta = 50\text{mA}$　$T_\Delta = 0.2\text{s}$

B. $I_\Delta = 75\text{mA}$　$T_\Delta = 0.2\text{s}$

C. $I_\Delta = 100\text{mA}$　$T_\Delta = 0.2\text{s}$

D. $I_\Delta = 200\text{mA}$　$T_\Delta = 0.15\text{s}$

E. $I_\Delta = 500\text{mA}$　$T_\Delta = 0.1\text{s}$

正确答案:ABCD

182. 配电系统中漏电保护器的设置位置应是( )。
A. 总配电箱总路、分配电箱总路
B. 分配电箱总路、开关箱
C. 总配电箱总路、开关箱
D. 总配电箱分路、开关箱

E. 分配电箱分路、开关箱

正确答案：CD

183. 施工现场需要编制用电组织设计的基准条件是（　　）。
   A. 用电设备 5 台及以上
   B. 用电设备总容量 100kW 及以上
   C. 用电设备总容量 50kW 及以上
   D. 用电设备 10 台及以上
   E. 用电设备 5 台及以上，且用电设备总容量 100kW 及以上

正确答案：AC

184. 建筑施工可能产生的尘肺病有（　　）几类。
   A. 矽肺　　　　　　　B. 硅酸盐肺　　　　　　C. 混合性肺
   D. 焊工尘肺　　　　　E. 其他尘肺

正确答案：ABCDE

185. 任何单位和个人不得将产生职业病危害的作业转移给（　　）。
   A. 乡镇企业
   B. 个体企业
   C. 不具备职业病防护条件的单位
   D. 不具备职业病防护条件的个人
   E. 残疾人组建的生产企业

正确答案：CDE

186. 用人单位应采取哪些职业病防治管理措施（　　）。
   A. 设置或者指定职业卫生管理机构或者组织，配备专职或者兼职的职业卫生专业人员，负责本单位的职业病防治工作
   B. 制定职业病防治计划和实施方案
   C. 建立、健全职业卫生管理制度和操作规程
   D. 建立、健全职业卫生档案和劳动者健康监护档案
   E. 建立、健全工作场所职业病危害因素监测及评价制度

正确答案：ABCDE

187. 用人单位不得安排（　　）从事对本人和胎儿、婴儿有危害的作业。
   A. 夜班作业
   B. 未成年工
   C. 高空作业
   D. 接触职业病危害的作业
   E. 孕期、哺乳期的女职工

正确答案：BE

188. 可采取以下（　　）措施来控制噪声的传播。
   A. 消声　　　　　　　B. 吸声　　　　　　　C. 隔声
   D. 隔振　　　　　　　E. 阻尼

正确答案：ABD

189. 建筑工地噪声主要有以下（　　　）几种。
    A. 机械性噪声　　　　B. 施工人员叫喊声　　　　C. 空气动力性噪声
    D. 临街面的嘈杂声　　E. 电磁性噪声

正确答案：ACD

190. 有毒物可通过什么进入人体。（　　　）
    A. 呼吸道　　　　　　B. 皮肤　　　　　　　　　C. 消化道
    D. 化学反应　　　　　E. 物理反应

正确答案：ABC

191. 职业危害因素按来源分为（　　　）。
    A. 化学因素
    B. 劳动过程中有害因素
    C. 物理因素
    D. 生产过程中产生的有害因素
    E. 生产环境中的有害因素

正确答案：BDE

192. 职业活动中存在的（有害）因素以及在作业过程中产生的其他职业有害因素统称职业病危害因素。（　　　）
    A. 化学　　　　　　　B. 物理　　　　　　　　　C. 生物
    D. 噪声　　　　　　　E. 辐射

正确答案：ABC

193. 产生职业病危害的用人单位，应当在醒目位置设置公告栏，公布有关职业病防治的（　　　）。
    A. 规章制度
    B. 操作规程
    C. 职业病危害事故应急救援措施
    D. 工作场所职业病危害因素检测结果
    E. 标准

正确答案：ABCD

194. 用人单位按照职业病防治要求，用于（　　　）等费用，按照国家有关规定，在生产成本中据实列支。
    A. 安全知识培训　　　B. 工作声所卫生检测　　　C. 健康监护
    D. 职业卫生培训　　　E. 预防和治理职业病危害

正确答案：BCDE

195. 用人单位应对职业病防护设备、应急救援设施和个人使用的职业病防护用品按规定定期进行（　　　）。
    A. 清洗　　　　　　　B. 维护　　　　　　　　　C. 检修
    D. 预防　　　　　　　E. 检测

正确答案：BCE

196. 职业病防治法是根据宪法制定的,是为了（　　）。
    A. 预防　　　　　　　B. 控制　　　　　　　C. 消除职业病危害
    D. 防治职业病　　　　E. 保护劳动者及其相关权益
    正确答案：ABCDE

197. 产生职业病危害的用人单位应设立设备、工具、用具等设施应符合保护劳动者（　　）的要求。
    A. 生理健康　　　　　B. 思想健康　　　　　C. 心理健康
    D. 职业道德　　　　　E. 不使用
    正确答案：AC

198. 可能发生尘肺的工种有（　　）。
    A. 石工　　　　　　　B. 水泥工　　　　　　C. 电工
    D. 塔吊工　　　　　　E. 电焊工
    正确答案：ABE

199. 在建筑施工中可能发生苯中毒的工种有（　　）。
    A. 油漆工　　　　　　B. 砖工　　　　　　　C. 塔吊工
    D. 喷漆工　　　　　　E. 沥青工
    正确答案：ADE

200. 电焊工可导致的职业病有哪几种？（　　）
    A. 耳聋　　　　　　　B. 电光性眼炎　　　　C. 化学性眼部灼伤
    D. 职业性白内障　　　E. 苯中毒
    正确答案：BCD

201. 建筑工地工人不得在有害作业场所内（　　），饭前饭后必须先洗手、漱口,严防有害物随着食物进入体内。
    A. 吸烟　　　　　　　B. 吃食物　　　　　　C. 洗脸
    D. 洗手　　　　　　　E. 漱口
    正确答案：AB

202. 在（　　）涂刷各种防腐涂料作业时,必须根据场地大小,采取多台抽风机把苯等有害气体抽出室外,以防止急性苯中毒。
    A. 露台　　　　　　　B. 地面　　　　　　　C. 通风不良的车间
    D. 通风不良的地下室　E. 通风不良的防水池内
    正确答案：CDE

203. 在以下的职业病中,与建筑业有关的职业病有（　　）。
    A. 炭疽病　　　　　　B. 森林脑病　　　　　C. 手臂振动病
    D. 低压病　　　　　　E. 中毒
    正确答案：CE

204. 按照火灾统计规定,重大火灾是（　　）。
    A. 死亡3人以上

B. 重伤 20 人以上
C. 死亡、重伤 10 人以上
D. 受灾 30 户以上
E. 直接财产损失 30 万元以上

正确答案：ACDE

205. 火灾直接财产损失是指(　　)所造成的损失。
　　A. 烧毁　　　　　　B. 烧损　　　　　　C. 烟熏
　　D. 破拆、水渍　　　E. 污染

正确答案：ABCDE

206. 引起火灾的火源有(　　)。
　　A. 火柴
　　B. 电器设备产生的高温或电火花
　　C. 雷击放电
　　D. 未熄灭的烟蒂
　　E 锯末刨花

正确答案：ABCD

207. 能自燃的物质是(　　)。
　　A. 塑料　　　　　　B. 植物产品　　　　C. 油脂
　　D. 煤　　　　　　　E. 锯末

正确答案：BCDE

208. 起火必须具备的条件是(　　)。
　　A. 能燃烧的物质　　B. 助燃物　　　　　C. 明火焰
　　D. 火星　　　　　　E. 电火花

正确答案：ABCDE

209. 爆炸可分为几种形式？(　　)
　　A. 核爆炸　　　　　B. 物理爆炸　　　　C. 化学爆炸
　　D. 自然爆炸　　　　E. 生物爆炸

正确答案：ABC

210. 仓库保管员应当熟悉贮存物品的(　　)知识和防火安全制度。
　　A. 分类　　　　　　B. 用途　　　　　　C. 性质
　　D. 规格　　　　　　E. 保管业务

正确答案：ACE

211. 露天贮存的物品应当(　　)存放，并留出必要的防火间距。
　　A. 分类　　　　　　B. 分档　　　　　　C. 分堆
　　D. 分组　　　　　　E. 分垛

正确答案：ACDE

212. 按照防火要求，施工现场应当明确划分(　　)区域。
　　A. 禁火区　　　　　B. 仓库区　　　　　C. 办公区

D. 生活区　　　　　　　E. 生产区

正确答案：ABD

213. 没有采取相应安全措施,下列(　　　)情况下不允许焊割作业。
　　A. 制作、加工和贮存易燃易爆危险品的房间内
　　B. 贮存易燃易爆危险品的储罐和容器
　　C. 带电设备
　　D. 刚涂刷过油漆的建筑构件和设备
　　E. 盛过易燃液体而未进行彻底清洗处理过的容器

正确答案：ABCDE

214. 焊接或者切割的基本特点是(　　　)。
　　A. 高温　　　　　　　B. 高压　　　　　　　C. 易燃
　　D. 易爆　　　　　　　E. 易烫伤

正确答案：ABCD

215. 易燃物品仓库内不准使用(　　　)等电器器具。
　　A. 电视机　　　　　　B. 电冰箱　　　　　　C. 电熨斗
　　D. 电烙铁　　　　　　E. 电炉子

正确答案：ABCDE

216. 库房内严禁使用明火,库房外动火作业必须办理动火证,动火证必须注明(　　　)等内容。
　　A. 动火地点、时间　　B. 动火人　　　　　　C. 现场监护人
　　D. 批准人　　　　　　E. 防火措施

正确答案：ABCDE

217. 易燃易爆化学物品出厂时,必须有产品安全说明书。说明书中必须有经法定检验机构测定的该物品的(　　　)数据。
　　A. 燃点　　　　　　　B. 闪电　　　　　　　C. 自然点
　　D. 爆炸极限　　　　　E. 浓度极限

正确答案：ABCD

218. 扑救火灾选择灭火剂的基本要求是(　　　)。
　　A. 灭火性能高　　　　B. 使用方便　　　　　C. 来源丰富
　　D. 成本低廉　　　　　E. 对人体无害

正确答案：ABCDE

219. 水是(　　　)的灭火剂。
　　A. 最常用　　　　　　B. 来源最丰富　　　　C. 效果最好
　　D. 使用最方便　　　　E. 最经济

正确答案：ABD

220. 下列什么火灾不能用水扑救？(　　　)
　　A. 碱金属　　　　　　B. 高压电气装置　　　C. 硫酸
　　D. 油毡　　　　　　　E. 熔化的钢水

正确答案：ABCE

221. 下列什么气体为助燃物？（　　　）
    A. 氧气　　　　　　B. 氮气　　　　　　C. 二氧化碳
    D. 氦气　　　　　　E. 氢气

正确答案：AE

222. 四级耐火构件中的（　　　）均为不燃烧体。
    A. 墙　　　　　　　B. 柱　　　　　　　C. 梁
    D. 楼板　　　　　　E. 疏散楼梯

正确答案：ABCD

223. 地下建筑的火灾的特点是（　　　）。
    A. 发烟量大　　　　B. 温度高　　　　　C. 泄爆能力差
    D. 人员疏散困难　　E. 扑救困难

正确答案：ABCDE

224. 建筑工地常备的消防器材有（　　　）。
    A. 沙子　　　　　　B. 水桶　　　　　　C. 铁锹
    D. 灭火机　　　　　E. 水池

正确答案：ABCD

225. 一般临时设施的（　　　）为重点防火部位，应当配备两个 10L 的灭火机。
    A. 配电室　　　　　B. 食堂　　　　　　C. 澡堂
    D. 宿舍　　　　　　E. 动火处

正确答案：ABDE

226. 消防安全责任主要有（　　　）。
    A. 消防安全制度和安全操作规程
    B. 防火档案
    C. 防火安全检查
    D. 消防安全培训
    E. 建立义务消防队

正确答案：ABCD

227. 消防安全主要包括（　　　）措施。
    A. 领导措施　　　　B. 组织措施　　　　C. 行动措施
    D. 技术措施　　　　E. 物质保障措施

正确答案：ABDE

228. 1211 手提式轻便灭火机有（　　　）。
    A. 0.50kg　　　　　B. 10kg　　　　　　C. 1.50kg
    D. 20kg　　　　　　E. 40kg

正确答案：ABDE

229. 我国消防法规主要由（　　　）部分构成。
    A. 消防法

B. 消防行政法规

C. 消防技术法规

D. 地方性消防行政法规

E. 行政部门红头文件

正确答案：ABCD

230. 施工现场每25m² 的( )场所,应当配备种类适当的灭火机。
    A. 临时木工棚   B. 油漆间   C. 木机具间
    D. 办公室   E. 更衣室

正确答案：ABC

231. 某建筑公司承建一座15层商务楼。某日在12层支塑料模壳,焊接螺纹钢时,火星飞溅到塑料模壳上后燃烧起火,引燃脚手架竹笆,造成巨额财产损失。造成事故的主要原因是( )。
    A. 在易燃物品处焊接作业
    B. 消防安全规章制度没落实
    C. 动火处未配备消防器具
    D. 当日温度很高
    E. 当时风力较大,助长了火势蔓延

正确答案：ABC

232. 某市安全监督站对某建筑工地木工作业区检查,发现该作业区管理混乱,木工机具下面的电机被木屑刨花埋住,安检人员下发了隐患整改通知书,由于该工地未及时对事故隐患进行及时整改,当天中午工人下班后,该工地木工棚发生火灾事故。事故的主要原因是( )。
    A. 未配备消防器材
    B. 未设专人看护
    C. 未挂安全警示牌
    D. 未及时清理电机边的刨花锯末
    E. 工人下班后未拉闸断电

正确答案：BDE

233. 季节性施工主要指的是( )。
    A. 冬季   B. 雨季   C. 春季
    D. 夏季   E. 秋季

正确答案：AB

234. 冬期施工应采取的主要措施是( )。
    A. 防冻   B. 防滑   C. 防火
    D. 防煤气中毒   E. 防偷盗

正确答案：ABCD

235. 夏期施工主要应采取的措施为( )。
    A. 防中暑   B. 防洪水   C. 防雷电

D. 防倒塌　　　　　　　E. 防偷盗

正确答案：ABCD

236. 施工现场高出建筑物的（　　　）设备应有防风、防雷电的措施
　　A. 塔吊　　　　　　B. 施工升降机　　　　C. 井架物料提升机
　　D. 脚手架　　　　　E. 施工作业面

正确答案：ABCD

237. 夏季人员中暑的特征有（　　　）。
　　A. 大量出汗、口渴　　B. 头昏、耳鸣　　　　C. 胸闷、心悸、恶心
　　D. 身体软弱无力　　　E. 体温不断升高

正确答案：ABCDE

238. 锅炉的主要受压部件有（　　　）。
　　A. 锅筒　　　　　　B. 水冷壁　　　　　　C. 集箱
　　D. 对流管束　　　　E. 烟火管

正确答案：ABCDE

239. 锅炉的其他部件主要有（　　　）。
　　A. 对流管束　　　　B. 炉墙　　　　　　　C. 炉排
　　D. 烟火管　　　　　E. 锅炉钢架

正确答案：BCE

240. 锅炉的附属设备除了过热器、省煤器、空气预热器、锅炉通风设备、给水设备、除尘器外还有（　　　）。
　　A. 上煤出渣系统　　B. 水质软化设备　　　C. 常用钠离子交换器
　　D. 附属管道　　　　E. 对流管束

正确答案：ABCD

241. 立式锅炉主要有：（　　　）。
　　A. 立式横水管锅炉　B. 立式弯水管锅炉　　C. 单火筒
　　D. 立式直水管锅炉　E. 双火筒

正确答案：ABD

242. 下列属于第三类压力容器的有（　　　）。
　　A. 高压容器
　　B. 存贮毒性程度为极度和高度危害介质的中压容器
　　C. 高压、中压管壳式余热锅炉
　　D. 容积大于 $5m^3$ 的低温液体储存容顺
　　E. 容积大于等于 $50m^3$ 的球形储罐

正确答案：ABCDE

243. 下列属于第二类压力容器的有（　　　）。
　　A. 中压容器
　　B. 移动式压力容器
　　C. 存贮毒性程度为极度和高度危害介质的低压容器

D. 中压搪玻璃压力容器
E. 低压管壳式余热锅炉

正确答案：ACE

244. 按容器在生产工艺过程中的作用原理可分为(　　)。
　　A. 反应容器　　　　B. 有毒介质容器　　　C. 储存容器
　　D. 换热容器　　　　E. 分离容器

正确答案：ACDE

245. 低压容器结构形式中属特殊形状的有(　　)。
　　A. 球形容器　　　　B. 方形　　　　　　　C. 椭球形
　　D. 半圆筒形　　　　E. 半球形

正确答案：BCDE

246. 锅炉与压力容器的安全附件是为了使锅炉与压力容器能够安全运行而装在设备上的附属装置。它包括(　　)等。
　　A. 防振圈　　　　　B. 压力表　　　　　　C. 水位计
　　D. 安全泄压装置　　E. 水位警报装置

正确答案：BCDE

247. 压力表的种类很多可分为(　　)四种。
　　A. 液柱式　　　　　B. 弹性元件式　　　　C. 电接点式
　　D. 活塞式　　　　　E. 单弹簧管式压力表

正确答案：ABCD

248. 安全泄压装置的类型有(　　)等。
　　A. 安全阀　　　　　B. 止回阀　　　　　　C. 防爆片
　　D. 防爆帽　　　　　E. 易熔塞

正确答案：ACDE

249. 压力容器在使用中应执行的规章制度包括(　　)。
　　A. 压力容器的安全操作规程
　　B. 压力容器的运行、维修制度
　　C. 压力容器的事故报告制度
　　D. 操作人员的岗位责任制
　　E. 压力容器的定期检验制度

正确答案：ABCDE

250. 锅炉房必要的规章制度主要有(　　)等。
　　A. 岗位责任制　　　B. 安全操作制　　　　C. 交接班制
　　D. 巡回检查制　　　E. 事故报告制度

正确答案：ABCDE

251. 施工现场临时锅炉房设置的位置应考虑周围临建的环境,不宜和(　　)等相邻。
　　A. 木工棚　　　　　B. 食堂　　　　　　　C. 易燃易爆材料仓库
　　D. 钢筋棚　　　　　E. 变压室

正确答案：ACE

252. 临时锅炉房应防火，便于操作，有足够的照明，临时用电设施应符合电气规程规定，墙体应用（　　）。
　　A. 砖或砌块砌筑　　　B. 瓦楞铁　　　　　C. 石棉板
　　D. 荆笆大泥　　　　　E. 竹

正确答案：ABC

253. 锅炉常见事故有（　　）。
　　A. 水位事故　　　　　B. 汽水共腾　　　　C. 炉管爆破
　　D. 炉膛爆炸　　　　　E. 锅炉爆炸

正确答案：ABCDE

254. 引发缺水事故的常见原因是（　　）。
　　A. 运行人员监视失误
　　B. 水位表故障，形成假水位
　　C. 给水设备或管道故障，无法给水或给水不足
　　D. 排污后忘记关排污阀
　　E. 水冷壁、对流管束或省煤器管子破裂漏水

正确答案：ABCDE

255. 锅炉设备事故中属于设计制造方面的原因主要有（　　）。
　　A. 结构不合理　　　　B. 材质不符合要求　　C. 焊接质量粗糙
　　D. 受压元件强度不够　E. 其他由于设计制造不良造成的事故

正确答案：ABCDE

256. 导致炉管爆破的原因主要有（　　）。
　　A. 水质不良，管子结垢，阻力增大
　　B. 管道腐蚀、冲刷使管壁减薄
　　C. 锅水中悬浮物或含盐量过多
　　D. 管材或焊接缺陷
　　E. 水循环不良，传热效果差，导致局部管子超温

正确答案：ABDE

257. 按盛装介质的物理状态，气瓶可分为（　　）。
　　A. 氧气瓶　　　　　　B. 永久气体气瓶　　　C. 液化气体气瓶
　　D. 溶解乙炔气瓶　　　E. 乙炔瓶

正确答案：BCD

258. 气瓶一般由（　　）组成。
　　A. 瓶体　　　　　　　B. 瓶阀　　　　　　　C. 瓶帽
　　D. 底座　　　　　　　E. 防振圈

正确答案：ABCDE

259. 永久性气体气瓶主要用于盛装（　　）等气体。
　　A. 一氧化碳　　　　　B. 硫化氢　　　　　　C. 丙烷

375

D. 氨　　　　　　　　　E. 氢气

正确答案：AE

260. 气瓶用于防止倒灌的装置(　　)。
　　A. 阀杆、阀瓣　　　　B. 单向阀　　　　C. 压紧螺母
　　D. 止回阀　　　　　　E. 缓冲罐

正确答案：BDE

261. 瓶阀是气瓶的主要附件,用以控制气体的进出,因此,要求气阀(　　)。
　　A. 体积小　　　　　　B. 强度高　　　　C. 气密性好
　　D. 耐用可靠　　　　　E. 体积大

正确答案：ABCD

262. 气瓶的安全使用应注意(　　)。
　　A. 防止气瓶受热
　　B. 正确操作
　　C. 气瓶使用到最后应留有余气,以防止混入其他气体或杂质而造成事故
　　D. 加强气瓶的维护
　　E. 气瓶使用单位不得自行改变充装气体的品种、擅自更换气瓶的颜色标志

正确答案：ABCDE

三、判断题(本题型每题题干有2个答案,只有1个选择,正确或错误)

1. 根据大量的统计资料,可得出黏性土和砂土的物理力学指标的经验数据。(　　)
　　A. 正确　　　　　　　B. 错误

正确答案：A

2. 土体经过挖掘后,组织遭受破坏,体积减少的性质称为土的可松性。(　　)
　　A. 正确　　　　　　　B. 错误

正确答案：B

3. 土坡坡度要根据工程地质和土坡高度,结合当地同类土体的稳定坡度值确定。(　　)
　　A. 正确　　　　　　　B. 错误

正确答案：A

4. 电缆头的拆除与装配必须切断电源方可进行作业。(　　)
　　A. 正确　　　　　　　B. 错误

正确答案：A

5. 盾构进出洞的整个工艺流程是起始和结束两个环节。(　　)
　　A. 正确　　　　　　　B. 错误

正确答案：A

6. 管片堆场要平整,道路要通畅就可以了。(　　)
　　A. 正确　　　　　　　B. 错误

正确答案：B

7. 盾构机安装完毕后,经项目经理验收签字后即可投入使用。(　　)

A. 正确　　　　　　　　　B. 错误

正确答案:B

8. 盾构进出洞都存在相当大的危险性,因此,对策和监控措施必须落实到位。　（　　）
　　A. 正确　　　　　　　　　B. 错误

正确答案:A

9. 行车垂直运输主要包括运用行车盾构推进所需的施工材料吊运至井下,将井下的出土箱等重物吊至地面。　（　　）
　　A. 正确　　　　　　　　　B. 错误

正确答案:A

10. 流砂的发生与动水压力有关,动水压力系指地下水在渗流时受到土颗粒的阻力,同时水对相应地产生一种反作用力,这一反作用力就称为动水压。　（　　）
　　A. 正确　　　　　　　　　B. 错误

正确答案:A

11. 当动水力等于或大于土的浸水重度,则土的颗粒失去自重,处于悬浮状态,此时土的抗剪强度为零,土颗粒就随着渗流的水一起流动,这种现象就称"流砂"。　（　　）
　　A. 正确　　　　　　　　　B. 错误

正确答案:A

12. 锚杆可用钢筋或钢丝绳,一端固定在桩顶的腰梁(导梁)上,另一端固定在锚碇上,其长度应保证锚碇在土的破坏棱体以外。　（　　）
　　A. 正确　　　　　　　　　B. 错误

正确答案:A

13. 挡土墙的作用主要用来维护土体边坡的稳定,防止坡体的滑移和土边坡的坍塌。
　　　　　　　　　　　　　　　　　　　　　　　　　　　　　　　　　　（　　）
　　A. 正确　　　　　　　　　B. 错误

正确答案:A

14. 基坑(槽)施工中一般可不防止地面水流入坑沟内。　（　　）
　　A. 正确　　　　　　　　　B. 错误

正确答案:B

15. 人工开挖土方时,两个人操作间距应保持 1~2m,并应自上而下逐层挖掘。　（　　）
　　A. 正确　　　　　　　　　B. 错误

正确答案:B

16. 组合钢模板及其配件的制作质量应符合现行国家标准《组合钢模板技术规范》(GBJ 214-89)的规定。　（　　）
　　A. 正确　　　　　　　　　B. 错误

正确答案:A

17. 组合钢模板及其配件的制作质量应符合设计要求。　（　　）
　　A. 正确　　　　　　　　　B. 错误

正确答案:A

18. 安装钢筋模板组合体时,吊索应按模板设计规定的吊点位置绑扎。 (　)
   A. 正确　　　　　　　　　　B. 错误

   正确答案:A

19. 在下层楼板上支模板时无需考虑楼板的承载能力。 (　)
   A. 正确　　　　　　　　　　B. 错误

   正确答案:B

20. 计算模板及支架结构的强度、稳定性和连接时,应采用荷载设计值。 (　)
   A. 正确　　　　　　　　　　B. 错误

   正确答案:A

21. 荷载设计值为荷载的标准值乘以荷载分项系数。 (　)
   A. 正确　　　　　　　　　　B. 错误

   正确答案:A

22. 计算模板的承载能力极限状态,应采用荷载效应的基本组合。 (　)
   A. 正确　　　　　　　　　　B. 错误

   正确答案:A

23. 遇四级及其以上风力应停止一切吊运作业。 (　)
   A. 正确　　　　　　　　　　B. 错误

   正确答案:B

24. 模板及其支架应具有足够的承载能力、刚度和稳定性,应能可靠的承受新浇筑混凝土的自重,侧压力和施工过程中所产生的荷载以及风荷载。 (　)
   A. 正确　　　　　　　　　　B. 错误

   正确答案:A

25. 模板和支架安装在地基土上时,应加设垫板,垫板应有足够强度和支撑面积,且应中心承载,地基土应坚实,并有排水设施。 (　)
   A. 正确　　　　　　　　　　B. 错误

   正确答案:A

26. 麻绳捆绑时,在物体的尖锐边角处应垫上保护性软物。 (　)
   A. 正确　　　　　　　　　　B. 错误

   正确答案:A

27. 钢丝绳可以作任意选用,且可超负荷使用。 (　)
   A. 正确　　　　　　　　　　B. 错误

   正确答案:B

28. 化学纤维绳应远离明火和高温,但可在露天长期暴晒。 (　)
   A. 正确　　　　　　　　　　B. 错误

   正确答案:B

29. 电动卷扬机用完后,可以不切断电源,但要将控制器放到零位,用保险闸自动刹紧,并拉紧跑绳。 (　)
   A. 正确　　　　　　　　　　B. 错误

正确答案：B

30. 多次使用过的桅杆，在重新组装时，每5m长度内中心线偏差和局部朔性变形不应大于20mm。 （　　）

　　A. 正确　　　　　　　　　B. 错误

正确答案：A

31. 较重要的地锚在使用时，必须设专人检查绳卡是否牢固，地锚有无松动及被拉出的危险。 （　　）

　　A. 正确　　　　　　　　　B. 错误

正确答案：A

32. 履带式起重机操作灵活，使用方便，车身能360°回转，并且可以载荷行驶，越野性能好，机动性好，可长距离转移并对道路无破坏性。 （　　）

　　A. 正确　　　　　　　　　B. 错误

正确答案：B

33. 轮胎式起重机的安全技术要与汽车式起重机的安全技术要求相仿。 （　　）

　　A. 正确　　　　　　　　　B. 错误

正确答案：A

34. 大型吊车吊装技术的基本原理就是利用吊车提升重物的能力，通过吊车旋转、变幅等动作，将工件吊装到指定的空间位置。 （　　）

　　A. 正确　　　　　　　　　B. 错误

正确答案：A

35. 桅杆滑移法吊装是利用桅杆起重机提升滑轮给能够向上提升这一动作，设置尾排及其他索具配合，将立式静置工件吊装就位。 （　　）

　　A. 正确　　　　　　　　　B. 错误

正确答案：A

36. 当拆除工程对周围相邻建筑安全可能产生危险时，必须采取相应保护措施，必要时应对建筑内的人员进行撤离安置。 （　　）

　　A. 正确　　　　　　　　　B. 错误

正确答案：A

37. 当拆除工程对周围相邻建筑安全可能产生危险时，必须采取相应保护措施，建筑内的人员不必撤离安置。 （　　）

　　A. 正确　　　　　　　　　B. 错误

正确答案：B

38. 在拆除作业前，施工单位应检查建筑内各类管线情况，确认全部切断后方可施工。 （　　）

　　A. 正确　　　　　　　　　B. 错误

正确答案：A

39. 在拆除作业前，施工单位应检查建筑内各类管线情况，不需确认全部切断后方可施工。 （　　）

A. 正确　　　　　　　　　　B. 错误

正确答案:B

40. 拆除工程施工区应设置硬质围挡,围挡高度不应低于1.0m,非施工人员不得进入施工区。（　　）
　　A. 正确　　　　　　　　　　B. 错误

正确答案:A

41. 拆除工程施工区应设置硬质围挡,围挡高度不应低于1.8m,非施工人员可以进入施工区。（　　）
　　A. 正确　　　　　　　　　　B. 错误

正确答案:B

42. 当临街的被拆除建筑与交通道路的安全距离不能满足要求时,必须采取相应的安全隔离措施。（　　）
　　A. 正确　　　　　　　　　　B. 错误

正确答案:A

43. 当临街的被拆除建筑与交通道路的安全距离不能满足要求时,不一定采取相应的安全隔离措施。（　　）
　　A. 正确　　　　　　　　　　B. 错误

正确答案:B

44. 在拆除工程作业中,发现不明物体,应停止施工,采取相应的应急措施,保护现场并应及时向有关部门报告。（　　）
　　A. 正确　　　　　　　　　　B. 错误

正确答案:A

45. 在拆除工程作业中,发现不明物体,应停止施工,不用采取相应的应急措施,保护现场并应及时向有关部门报告。（　　）
　　A. 正确　　　　　　　　　　B. 错误

正确答案:B

46. 拆除管道及容器时,必须查清其残留物的种类、化学性质,采取相应措施后,方可进行拆除施工。（　　）
　　A. 正确　　　　　　　　　　B. 错误

正确答案:A

47. 拆除管道及容器时,不用查清其残留物的种类、化学性质,采取相应措施后,方可进行拆除施工。（　　）
　　A. 正确　　　　　　　　　　B. 错误

正确答案:B

48. 爆破拆除设计人员应具有承担爆破拆除作业范围和相应级别的爆破工程技术人员作业证。（　　）
　　A. 正确　　　　　　　　　　B. 错误

正确答案:A

49. 爆破拆除设计人员不一定具有承担爆破拆除作业范围和相应级别的爆破工程技术人员作业证。（   ）
    A. 正确　　　　　　　　B. 错误

正确答案：B

50. 对烟囱、水塔类构筑物采用定向爆破拆除工程时，爆破拆除设计应控制建筑倒塌时的触地振动。（   ）
    A. 正确　　　　　　　　B. 错误

正确答案：A

51. 对烟囱、水塔类构筑物采用定向爆破拆除工程时，爆破拆除设计不用控制建筑倒塌时的触地振动。（   ）
    A. 正确　　　　　　　　B. 错误

正确答案：B

52. 爆破拆除工程应根据周围环境条件、拆除对象类别、爆破规模，分为 A、B、C 三级。（   ）
    A. 正确　　　　　　　　B. 错误

正确答案：A

53. 爆破拆除工程应根据周围环境条件、拆除对象类别、爆破规模，不用分为 A、B、C 三级。（   ）
    A. 正确　　　　　　　　B. 错误

正确答案：B

54. 拆除工程施工过程中，当发生重大险情或生产安全事故时，应及时排除险情、组织抢救、保护事故现场，并向有关部门报告。（   ）
    A. 正确　　　　　　　　B. 错误

正确答案：A

55. 拆除工程施工过程中，当发生重大险情或生产安全事故时，应及时排除险情、组织抢救、不用保护事故现场，向有关部门报告。（   ）
    A. 正确　　　　　　　　B. 错误

正确答案：B

56. 挖掘机向运土车辆装车时，司机离开驾驶室后也不得将铲斗越过驾驶室装车。（   ）
    A. 正确　　　　　　　　B. 错误

正确答案：B

57. 在行驶或作业中，除驾驶室外，装载机任何地方均严禁乘坐或站立人员。（   ）
    A. 正确　　　　　　　　B. 错误

正确答案：A

58. 推土机转移工地时，距离超过 5km 以上时，应用平板拖车装运。（   ）
    A. 正确　　　　　　　　B. 错误

正确答案：B

59. 铲运机上、下坡道时,应低速行驶,不得中途换档,下坡时不得空档滑行。（　　）
   A. 正确　　　　　　　　B. 错误

   正确答案：A

60. 振动路机在碾压时,振动频率应经常改变,以达到最好的碾压效果。（　　）
   A. 正确　　　　　　　　B. 错误

   正确答案：B

61. 简式柴油锤的冲击体力下活塞。（　　）
   A. 正确　　　　　　　　B. 错误

   正确答案：B

62. 输电线路电压在1~2kV,桩架与输电线路间的安全距离应为1.5m以上。（　　）
   A. 正确　　　　　　　　B. 错误

   正确答案：B

63. 桩锤启动前应注意使桩帽、桩锤和桩在同一轴线上,防止偏心打桩。（　　）
   A. 正确　　　　　　　　B. 错误

   正确答案：A

64. 振动锤振动箱体使用30号透平油,每400h更换一次。（　　）
   A. 正确　　　　　　　　B. 错误

   正确答案：B

65. 施工现场应按地基承载力不少于65kPa的要求进行整平压实。（　　）
   A. 正确　　　　　　　　B. 错误

   正确答案：B

66. 搅拌机作业中,当料斗升起时,严禁任何人在料斗下停留或通过。（　　）
   A. 正确　　　　　　　　B. 错误

   正确答案：A

67. 混凝土泵垂直送管道可以直接在泵的输出口上。（　　）
   A. 正确　　　　　　　　B. 错误

   正确答案：B

68. 机动翻斗车严禁料斗载人,料斗不得在卸载工况下进行平地作业,但可行驶。（　　）
   A. 正确　　　　　　　　B. 错误

   正确答案：B

69. 搅拌车运输混凝土途中,发现水分蒸发,可适当加水,以保证混凝土质量。（　　）
   A. 正确　　　　　　　　B. 错误

   正确答案：A

70. 搅拌机在作业期较长的地区使用时,可用支腿将机架支起。（　　）
   A. 正确　　　　　　　　B. 错误

   正确答案：B

71. 当塔机吊重超过最大起重量并小于最大起重量的110%时,应停止提升方向的运行,但允许机构有下降方向的运动。（　　）

A. 正确 　　　　　　　　　B. 错误

正确答案:A

72. 高架提升机可以采用摩擦式卷扬机。　　　　　　　　　　　　　　　（　　）

A. 正确 　　　　　　　　　B. 错误

正确答案:B

73. 当起重力矩超过其相应幅度的规定值并小于规定值的110%时,起重力矩限制器应起作用使塔机停止提升方向及向臂根方向变幅的动作。（　　）

A. 正确 　　　　　　　　　B. 错误

正确答案:B

74. 司机对任何人发出的紧急停止信号,均应服从。　　　　　　　　　　（　　）

A. 正确 　　　　　　　　　B. 错误

正确答案:A

75. 吊笼(梯笼)是物料提升机运载人和物料的构件,笼内有传动机构、防坠安全器及电气箱等。（　　）

A. 正确 　　　　　　　　　B. 错误

正确答案:B

76. 动臂式和尚未附着的自升式塔机,塔身上不得悬挂标语牌。　　　　　（　　）

A. 正确 　　　　　　　　　B. 错误

正确答案:A

77. 用钢丝绳做物料提升机缆风绳时,直径不得小于9.3mm。　　　　　　（　　）

A. 正确 　　　　　　　　　B. 错误

正确答案:A

78. 卷扬机卷筒与钢丝绳直径的比值应不小于50。　　　　　　　　　　　（　　）

A. 正确 　　　　　　　　　B. 错误

正确答案:B

79. 施工升降机运行到最上层或最下层时,可以采用限位装置作为停止运行的控制开关。（　　）

A. 正确 　　　　　　　　　B. 错误

正确答案:B

80. 风力在四级以上时,塔机不得进行顶升作业。　　　　　　　　　　　（　　）

A. 正确 　　　　　　　　　B. 错误

正确答案:A

81. 连墙件在脚手架中的作用是:不论有风无风均受力,既承传水平风荷载,又承传因约束脚手架平面外变形所产生的水平力。（　　）

A. 正确 　　　　　　　　　B. 错误

正确答案:A

82. 作用于脚手架上的风荷载标准值 W_K 的大小与以下因素有关:工程所在地区的基本风压 W_0、风压高度变化系数 μ_z、风荷体型系数 μ_s。（　　）

A. 正确 B. 错误

正确答案：A

83. 对脚手架立杆接长的规定是：除顶层顶步外，其余各层各步必须采用搭接连接。（　）

A. 正确 B. 错误

正确答案：B

84. 扣件拧紧扭力矩应控制在 40~65N·m 的范围内。（　）

A. 正确 B. 错误

正确答案：A

85. 在水平杆的强度计算中，不计算水平杆的抗剪强度是由于水平杆抗剪承载力很大，不会发生剪切破坏。（　）

A. 正确 B. 错误

正确答案：A

86. 扣件拧紧扭力矩不应小于40N·m，主要是因为拧紧扭力矩过小，会使脚手架的整体刚度过低，降低了脚手架的整体稳定性。（　）

A. 正确 B. 错误

正确答案：A

87. 暴风雪及台风暴雨后，应对高处作业安全设施逐一加以检查。发现有松动、变形、损坏或脱落等现象，应立即修理完善。（　）

A. 正确 B. 错误

正确答案：A

88. 对邻近的人与物有坠落危险性的其他竖向孔、洞口，均应予以盖没或加以防护，并有固定其位置的措施。（　）

A. 正确 B. 错误

正确答案：A

89. 防护棚搭设与拆除时，应设警戒区，并应派专人监护，可以上下同时拆除。（　）

A. 正确 B. 错误

正确答案：B

90. 攀登和悬空高处作业人员以及搭设高处作业安全设施的人员，必须经过上岗培训，并定期进行体格检查。（　）

A. 正确 B. 错误

正确答案：B

91. 临边防护栏杆中，钢管横杆及栏杆均采用符合要求的管材，以扣件或电焊固定。（　）

A. 正确 B. 错误

正确答案：A

92. 采用人字梯作业时，只有高级工可以站在梯子上移动梯子或在最顶层作业。（　）

A. 正确 B. 错误

正确答案:B
93. 悬挑式钢平台的搁支点与上部拉结点,宜设置在脚手架等施工设施上。 ( )
   A. 正确　　　　　　　　B. 错误

正确答案:B
94. 结构施工自二层起,凡人员进出的通道口宜视情况搭设安全防护棚,高度超过24m的层次必须搭设安全防护棚。 ( )
   A. 正确　　　　　　　　B. 错误

正确答案:B
95. 施工前,应逐级进行安全技术教育及交底,落实所有安全技术措施和人身防护用品,未经落实时不得进行施工。 ( )
   A. 正确　　　　　　　　B. 错误

正确答案:A
96. 井架与施工用电梯和脚手架等与建筑物通道的两侧边,必须设防护栏杆。 ( )
   A. 正确　　　　　　　　B. 错误

正确答案:A
97. 有效高处作业重大危险源识别和控制清单就可以了。 ( )
   A. 正确　　　　　　　　B. 错误

正确答案:B
98. 施工现场用电工程的二级漏电保护系统中,漏电保护器可以分设于分配电箱和开关箱中。 ( )
   A. 正确　　　　　　　　B. 错误

正确答案:B
99. 需要三相四线制配电的电缆线路必须采用五芯电缆。 ( )
   A. 正确　　　　　　　　B. 错误

正确答案:A
100. 塔式起重机的机体已经接地,其电气设备的外露可导电部分可不再与PE线连接。
( )
   A. 正确　　　　　　　　B. 错误

正确答案:B
101. 配电箱和开关箱中的N、PE接线端子板必须分别设置。其中N端子板与金属箱体绝缘;PE端子板与金属箱体电气连接。 ( )
   A. 正确　　　　　　　　B. 错误

正确答案:A
102. 配电箱和开关箱中的隔离开关可采用普通断路器。 ( )
   A. 正确　　　　　　　　B. 错误

正确答案:B
103. 配电箱和开关箱中的隔离开关可采用具有可见分断点的断路器。 ( )
   A. 正确　　　　　　　　B. 错误

正确答案:A

104. 总配电箱总路设置的漏电保护器必须是三极四线型产品。 ( )
    A. 正确　　　　　　　　B. 错误

正确答案:A

105. 需要三相四线制配电的电缆线路可以采用四芯电缆外加一根绝缘导线替代。
 ( )
    A. 正确　　　　　　　　B. 错误

正确答案:B

106. 施工现场停、送电的操作顺序是：送电时，总配电箱→分配电箱→开关箱；停电时，开关箱→分配电箱→总配电箱。 ( )
    A. 正确　　　　　　　　B. 错误

正确答案:A

107. 用电设备的开关箱中设置了漏电保护器以后，其外露可导电部分可不需连接PE线。
 ( )
    A. 正确　　　　　　　　B. 错误

正确答案:B

108. 一般场所开关箱中漏电保护器的额定漏电动作电流应不大于30mA，额定漏电动作时间不应大于0.1s。 ( )
    A. 正确　　　　　　　　B. 错误

正确答案:A

109. 分配电箱的总路和各分路均可只设分断时具有可见分断点的断路器。 ( )
    A. 正确　　　　　　　　B. 错误

正确答案:A

110. 乙炔瓶在储存或使用时可以水平放置。 ( )
    A. 正确　　　　　　　　B. 错误

正确答案:B

111. 乙炔瓶在储存或使用时严禁水平放置。 ( )
    A. 正确　　　　　　　　B. 错误

正确答案:A

112. 乙炔瓶内气体不得用尽，必须保留不小于98kPa的压强。 ( )
    A. 正确　　　　　　　　B. 错误

正确答案:A

113. 乙炔瓶内气体不得用尽，不用保留不小于98kPa的压强。 ( )
    A. 正确　　　　　　　　B. 错误

正确答案:B

114. 禁止在乙炔瓶上放置物件、工具或缠绕悬挂橡皮管及焊割炬等。 ( )
    A. 正确　　　　　　　　B. 错误

正确答案:A

115. 可以在乙炔瓶上放置物件、工具或缠绕悬挂橡皮管及焊割炬等。　　　　(　　)
　　A. 正确　　　　　　　　B. 错误
　　　　　　　　　　　　　　　　　　　　　　　　　　　　　　　正确答案：B

116. 氧气瓶体为白色,字体为红色；乙炔瓶瓶体为浅蓝色,字体为红色。　　(　　)
　　A. 正确　　　　　　　　B. 错误
　　　　　　　　　　　　　　　　　　　　　　　　　　　　　　　正确答案：B

117. 氧气瓶体为浅蓝色,字体为红色；乙炔瓶瓶体为白色,字体为红色。　　(　　)
　　A. 正确　　　　　　　　B. 错误
　　　　　　　　　　　　　　　　　　　　　　　　　　　　　　　正确答案：A

118. 室外使用的电焊机应设有防水、防晒、防砸的机棚,并备有消防用品。　(　　)
　　A. 正确　　　　　　　　B. 错误
　　　　　　　　　　　　　　　　　　　　　　　　　　　　　　　正确答案：A

119. 室外使用的电焊机应设有防水、防晒、防砸的机棚,不必备有消防用品。(　　)
　　A. 正确　　　　　　　　B. 错误
　　　　　　　　　　　　　　　　　　　　　　　　　　　　　　　正确答案：B

120. 电焊机的外壳必须有可靠的接零或接地保护。　　　　　　　　　　　(　　)
　　A. 正确　　　　　　　　B. 错误
　　　　　　　　　　　　　　　　　　　　　　　　　　　　　　　正确答案：A

121. 电焊机的外壳不必有可靠的接零或接地保护。　　　　　　　　　　　(　　)
　　A. 正确　　　　　　　　B. 错误
　　　　　　　　　　　　　　　　　　　　　　　　　　　　　　　正确答案：B

122. 焊接铜、铝、锌、锡、铅等有色金属时,同焊接普通钢材一样,焊工应采用相同的安全措施。　　　　　　　　　　　　　　　　　　　　　　　　　　　(　　)
　　A. 正确　　　　　　　　B. 错误
　　　　　　　　　　　　　　　　　　　　　　　　　　　　　　　正确答案：A

123. 焊接铜、铝、锌、锡、铅等有色金属时,同焊接普通钢材相比,焊工可不采用安全措施。
　　　　　　　　　　　　　　　　　　　　　　　　　　　　　　　(　　)
　　A. 正确　　　　　　　　B. 错误
　　　　　　　　　　　　　　　　　　　　　　　　　　　　　　　正确答案：B

124. 焊件进行临时点固时严禁由配合焊工作业的人员进行。　　　　　　　(　　)
　　A. 正确　　　　　　　　B. 错误
　　　　　　　　　　　　　　　　　　　　　　　　　　　　　　　正确答案：A

125. 焊件进行临时点固时可由配合焊工作业的人员进行。　　　　　　　　(　　)
　　A. 正确　　　　　　　　B. 错误
　　　　　　　　　　　　　　　　　　　　　　　　　　　　　　　正确答案：B

126. 电焊钳过热后严禁浸在水中冷却后使用。　　　　　　　　　　　　　(　　)
　　A. 正确　　　　　　　　B. 错误
　　　　　　　　　　　　　　　　　　　　　　　　　　　　　　　正确答案：A

127. 电焊钳过热后可以浸在水中冷却后使用。　　　　　　　　　　　　　（　　）
　　　A. 正确　　　　　　　　　　B. 错误

正确答案：B

128. 氧气瓶应设有防振圈和安全帽。　　　　　　　　　　　　　　　　（　　）
　　　A. 正确　　　　　　　　　　B. 错误

正确答案：A

129. 氧气瓶不应设有防振圈和安全帽。　　　　　　　　　　　　　　　（　　）
　　　A. 正确　　　　　　　　　　B. 错误

正确答案：B

130. 职业健康检查费用是由劳动者本人承担。　　　　　　　　　　　　（　　）
　　　A. 正确　　　　　　　　　　B. 错误

正确答案：B

131. 用人单位与劳动者订立劳动合同时，不应当将工作过程中可能产生的职业病危害及其后果、职业病防护措施和待遇等告知劳动者，不须在劳动合同中写明。（　　）
　　　A. 正确　　　　　　　　　　B. 错误

正确答案：B

132. 用人单位的安全技术人员应当接受职业卫生培训，遵守职业病防治法律、法规，依法组织本单位的职业病防治工作。　　　　　　　　　　　　　　　（　　）
　　　A. 正确　　　　　　　　　　B. 错误

正确答案：A

133. 用人单位不得安排有职业禁忌的劳动者从事其所禁忌的作业。　　　（　　）
　　　A. 正确　　　　　　　　　　B. 错误

正确答案：A

134. 劳动者离开用人单位时，要索取本人职业健康监护档案复印件时，用人单位可以有偿提供。　　　　　　　　　　　　　　　　　　　　　　　　　（　　）
　　　A. 正确　　　　　　　　　　B. 错误

正确答案：B

135. 建设项目的职业病防护设施应按照规定与主体工程同时投入生产和使用。（　　）
　　　A. 正确　　　　　　　　　　B. 错误

正确答案：A

136. 患矽肺病的人主要是吸入了硅酸盐粉尘。　　　　　　　　　　　　（　　）
　　　A. 正确　　　　　　　　　　B. 错误

正确答案：B

137. 尘肺病就是矽肺病。　　　　　　　　　　　　　　　　　　　　　（　　）
　　　A. 正确　　　　　　　　　　B. 错误

正确答案：B

138. 接触苯会中毒，接触甲苯也会中毒。　　　　　　　　　　　　　　（　　）
　　　A. 正确　　　　　　　　　　B. 错误

正确答案:A

139.当可燃物和着火源结合在一起即可能着火燃烧。( )
　　A.正确　　　　　　　　B.错误

正确答案:A

140.贮存易燃物品的仓库大门应当向内开。( )
　　A.正确　　　　　　　　B.错误

正确答案:B

141.施工现场架设或使用的临时用电线路,当发生故障或过载时,就有可能造成电气失火。( )
　　A.正确　　　　　　　　B.错误

正确答案:A

142.能与空气中的氧或其他氧化剂起剧烈反应的物质,都称为可燃物质。( )
　　A.正确　　　　　　　　B.错误

正确答案:A

143.物质的燃点越高,发生的危险性越大。( )
　　A.正确　　　　　　　　B.错误

正确答案:B

144.闪电是指电气设备接触不良,产生的电火花。( )
　　A.正确　　　　　　　　B.错误

正确答案:B

145.建筑物的耐火等级是以梁、柱为基准划分的。( )
　　A.正确　　　　　　　　B.错误

正确答案:B

146.高压电线路下面,可以搭设较矮的临时建筑物,但不得堆放易燃材料。( )
　　A.正确　　　　　　　　B.错误

正确答案:B

147.在一、二、三级动火区域进行焊割作业,焊工必须持操作证动火作业。( )
　　A.正确　　　　　　　　B.错误

正确答案:B

148.施工现场应当设置消防通道、消防水源、配备消防设施和灭火器材,现场入口处要设置明显标志。( )
　　A.正确　　　　　　　　B.错误

正确答案:A

149.施工场地要在结冻前平整完工、道路要畅通,并有防止路面结冰的措施。( )
　　A.正确　　　　　　　　B.错误

正确答案:A

150.大雪过后,必须清理脚手架和施工现场的雪。( )
　　A.正确　　　　　　　　B.错误

正确答案:A

151. 电源开关、控制箱等设施加锁、不设专人负责。 （ ）
    A. 正确　　　　　　　　B. 错误

正确答案:B

152. 雷雨天,为了抢进度工人在作业面施工。 （ ）
    A. 正确　　　　　　　　B. 错误

正确答案:B

153. 工地职工宿舍冬季煤炉设专人管理、房间无通风孔。 （ ）
    A. 正确　　　　　　　　B. 错误

正确答案:B

154. 锅炉按用途可分为:电站锅炉、工业锅炉、船舶锅炉、蒸汽锅炉和热水锅炉。 （ ）
    A. 正确　　　　　　　　B. 错误

正确答案:B

155. 压力容器的结构比较简单,它的主要作用是:储装压缩气体和液化气体,或是为这些介质的传热、传质或化学反应提供一个密闭的空间。 （ ）
    A. 正确　　　　　　　　B. 错误

正确答案:A

156. 压力表或叫压力计是用来测量锅炉、压力容器中介质压力的一种计量仪表。 （ ）
    A. 正确　　　　　　　　B. 错误

正确答案:A

157. 表盘封面玻璃破裂或表盘刻度模糊不清的压力表可以继续使用。 （ ）
    A. 正确　　　　　　　　B. 错误

正确答案:B

158. 锅炉的锅炉房可以与人员集中的房间相邻。 （ ）
    A. 正确　　　　　　　　B. 错误

正确答案:B

159. 锅炉的水位事故包括缺水和满水事故。 （ ）
    A. 正确　　　　　　　　B. 错误

正确答案:A

160. 炉管爆破是指锅炉蒸发受热面管子、水冷壁、对流管子、锅筒、集箱及烟道管的爆破。 （ ）
    A. 正确　　　　　　　　B. 错误

正确答案:B

161. 满水的主要危害是提高蒸汽质量,损害甚至破坏蒸汽过热器。水击现象严重时也能把炉管振裂。 （ ）
    A. 正确　　　　　　　　B. 错误

正确答案:B

162. 使用中的气瓶可以放在烈日下暴晒,可以离火源及高温区较近,但距明火不应小于

10m。 ( )
A. 正确　　　　　　　B. 错误

正确答案：B

163. 每个气瓶上套两个防振圈,当气瓶受到撞击时,能吸收能量,减轻振动并有保护瓶体标志和漆色不被磨损的作用。 ( )
A. 正确　　　　　　　B. 错误

正确答案：A

四、案例题

1. 有一项工程,需挖一条长10m、宽2m、深3m的一条管沟,拟采用间断式水平支撑做土壁支撑,开工前没有搞安全技术交底和安全教育对规范标准理解不深。没有按要求作支撑而发生坍塌事故。
请判断下列事故原因分析的对错。

（1）两侧放水平挡土板,用撑木加木楔顶紧,挖一层土,支顶一层。 ( )
A. 正确　　　　　　　B. 错误

正确答案：A

（2）两侧放水平挡土板,用撑木加木楔顶紧,待土全部挖完后,一次支顶。 ( )
A. 正确　　　　　　　B. 错误

正确答案：B

（3）安全教育不到位。 ( )
A. 正确　　　　　　　B. 错误

正确答案：B

（4）没有进行安全交底。 ( )
A. 正确　　　　　　　B. 错误

正确答案：B

2. 有一项工程设置了一道重力式挡土墙,该地土质松软,挡土墙基础埋深0.5m,墙后有一道山坡,施工过程中,挡土墙倒塌,引起土方边坡的坍塌。
请判断下列事故原因分析的对错。

（1）没按土质基础一般埋深为1.0~1.2m规定,此挡土墙基础埋置太浅。 ( )
A. 正确　　　　　　　B. 错误

正确答案：A

（2）挡土墙埋置过深。 ( )
A. 正确　　　　　　　B. 错误

正确答案：B

（3）山坡一边对挡土墙的压力过大,挡土墙失稳。 ( )
A. 正确　　　　　　　B. 错误

正确答案：A

（4）没有进行安全技术交底。 ( )

A. 正确　　　　　　　　　B. 错误

正确答案：B

3. 某地市政排水工程因修城市地下水管道，挖土 2.5m 深建污水井，土质一类松软土，井坑挖好未放坡，无支撑，即开始砌砖，当井体抹灰时，原污水管道在一侧土的压力下，其接头被管道中污水冲开，大量污水涌入新水井，井下抹灰的工人来不及上来，当场被污水淹死。
请判断下列事故原因分析的对错。
(1) 挖土违反规定，不放坡、无支撑。　　　　　　　　　　　　　　　(　　)
　　　A. 正确　　　　　　　　　B. 错误

正确答案：A

(2) 无排水降水措施。　　　　　　　　　　　　　　　　　　　　　　(　　)
　　　A. 正确　　　　　　　　　B. 错误

正确答案：A

(3) 对工人安全工作无交底。　　　　　　　　　　　　　　　　　　　(　　)
　　　A. 正确　　　　　　　　　B. 错误

正确答案：B

(4) 施工无专人监护。　　　　　　　　　　　　　　　　　　　　　　(　　)
　　　A. 正确　　　　　　　　　B. 错误

正确答案：A

4. 某地一大酿酒厂要建一小型污水处理厂，需开挖 1.5m 深的基坑，无降水措施，放坡不大，无支护，两名工人加夜班挖剩余部分土，土质为回填土。离基坑 1m 外有原排污下水道，下水道向外渗水，夜里正当工人挖土时，原污水管突然爆裂，水冲泥土造成塌方，将两名工人压在土里，第二天发现二人死亡。
请判断下列事故原因分析的对错。
(1) 无支护及降水措施。　　　　　　　　　　　　　　　　　　　　　(　　)
　　　A. 正确　　　　　　　　　B. 错误

正确答案：A

(2) 无监视作业人员。　　　　　　　　　　　　　　　　　　　　　　(　　)
　　　A. 正确　　　　　　　　　B. 错误

正确答案：A

(3) 工人戴安全帽。　　　　　　　　　　　　　　　　　　　　　　　(　　)
　　　A. 正确　　　　　　　　　B. 错误

正确答案：B

(4) 无安全技术措施。　　　　　　　　　　　　　　　　　　　　　　(　　)
　　　A. 正确　　　　　　　　　B. 错误

正确答案：A

5. 某建筑工地将挖基坑的土堆放在离基坑 10m 以外的一道砖砌围墙，围墙的外侧是一所小学校操场，土堆高于围墙。一场大雨过后，一天，小学生课余在操场活动中，突然围墙倒塌,将正在墙边玩耍的 4 名小学生压死在围墙底下。
请判断下列事故原因分析的对错。

(1) 挖基坑的堆土不应堆在围墙边。   (   )
    A. 正确   B. 错误

正确答案:A

(2) 小学生不应在围墙下边玩耍。   (   )
    A. 正确   B. 错误

正确答案:B

(3) 挖土单位违反操作规程。   (   )
    A. 正确   B. 错误

正确答案:B

(4) 挖基坑(槽)应按规定堆土。   (   )
    A. 正确   B. 错误

正确答案:A

6. 在施工现场搭设了一个长 6m、宽 0.6m、高 4.5m 的现浇混凝土梁的模板,其支撑用 $\phi48$ 和 $\phi51$ 的两种型号钢管直接支撑在地面上,浇筑混凝土时,支撑下地面沉陷,模板严重变形。
请判断下列事故原因分析的对错。

(1) 钢管底端未加垫板和底座。   (   )
    A. 正确   B. 错误

正确答案:A

(2) 两种钢管混用。   (   )
    A. 正确   B. 错误

正确答案:A

(3) 操作不当。   (   )
    A. 正确   B. 错误

正确答案:B

(4) 无设计及交接工序验收单。   (   )
    A. 正确   B. 错误

正确答案:A

7. 四层楼面上搭设现浇钢筋混凝土柱模板时,将一木杆斜支撑支在有人作业的脚手架大横杆上。当浇筑混凝土柱时,模板倒塌,击伤了脚手架上的工人。
请判断下列事故原因分析的对错。

(1) 违反了模板斜撑不得支在脚手架上的规定。   (   )
    A. 正确   B. 错误

正确答案:A

(2) 无施工安全措施。   (   )
    A. 正确   B. 错误

（3）安全教育不落实。　　　　　　　　　　　　　　　　　　　　　（　　）
　　　A. 正确　　　　　　　　B. 错误

正确答案：A

（4）无安全技术交底。　　　　　　　　　　　　　　　　　　　　　（　　）
　　　A. 正确　　　　　　　　B. 错误

正确答案：A

8. 某工地一名工人站在一楼的窗台上与墙顶的另一工人共同安装钢模板，半小时后，站在墙顶的工人不小心从墙上摔下。
   请判断下列事故原因分析的对错。

   （1）未按规定搭设脚手架及安全网。　　　　　　　　　　　　　　（　　）
   　　　A. 正确　　　　　　　　B. 错误

正确答案：A

（2）未设置操作平台脚手板。　　　　　　　　　　　　　　　　　　（　　）
　　　A. 正确　　　　　　　　B. 错误

正确答案：A

（3）未进行安全技术交底。　　　　　　　　　　　　　　　　　　　（　　）
　　　A. 正确　　　　　　　　B. 错误

正确答案：A

（4）工人未系安全带。　　　　　　　　　　　　　　　　　　　　　（　　）
　　　A. 正确　　　　　　　　B. 错误

正确答案：B

9. 某工地工人在拆除楼板钢模时，尚未办好审批手续。由于面积大，模板未拆完。中午吃饭时，工人吴某从未拆完的钢模板下经过，突然上边已活动的几块钢模板掉了下来，刚好击中吴某头部，经抢救无效死亡。
   请判断下列事故原因分析的对错。

   （1）拆钢模没有审批手续。　　　　　　　　　　　　　　　　　　（　　）
   　　　A. 正确　　　　　　　　B. 错误

正确答案：A

（2）作业场地没有设警戒线。　　　　　　　　　　　　　　　　　　（　　）
　　　A. 正确　　　　　　　　B. 错误

正确答案：A

（3）模板未按规定连续拆除完毕，而中途停歇。　　　　　　　　　　（　　）
　　　A. 正确　　　　　　　　B. 错误

正确答案：A

（4）工人未戴安全帽进入施工现场。　　　　　　　　　　　　　　　（　　）
　　　A. 正确　　　　　　　　B. 错误

正确答案：A

10. 某工程因抢进度,提前拆除模板。该楼四层楼板在制定拆除方案时,未考虑安全措施,也未经审批。在接近拆完时,突然一大片混凝土楼板掉落,4名拆模工人压在下边,经抢救无效死亡。

请判断下列事故原因分析的对错。

(1) 提前拆模时未经审批。　　　　　　　　　　　　　　　　　　　　　(　　)
　　A. 正确　　　　　　B. 错误

正确答案:A

(2) 违反拆模前必须制定安全措施的规定。　　　　　　　　　　　　　　(　　)
　　A. 正确　　　　　　B. 错误

正确答案:A

(3) 拆除前应有安全交底。　　　　　　　　　　　　　　　　　　　　　(　　)
　　A. 正确　　　　　　B. 错误

正确答案:B

(4) 工人未系安全带。　　　　　　　　　　　　　　　　　　　　　　　(　　)
　　A. 正确　　　　　　B. 错误

正确答案:B

11. 某省建公司在公路局宿舍工程中,安装的龙门架全高20m。9月1日安装到15m高度,临时缆风绳共4根锚在10m高处。9月3日由副班长×××带领4人和部分民工继续安装,先将缆风绳由10m高处移至15m处锚固。9时30分安装到20m高时,突遇一阵强东风。龙门架晃动数次后,将东南方向的缆风绳拉断,龙门架向西倾倒。在高空作业的4人随同龙门架坠落地。副班长×××等3人死亡,1人紧抱在主柱上,造成重伤。后查缆风绳锚固点的水平角度不符合要求,且东南角方向的缆风绳在离锚固点2m处,原已磨断2/3仍继续使用,其他缆风绳也没有收紧。

请判断下列事故原因分析的对错。

(1) 缆风绳锚固点的水平角度不符合要求,遇风时只有1根缆风绳受力,其他缆风绳也没有收紧,遇风后晃动幅度大,增加了对缆风绳的冲击力。　　　　　(　　)
　　A. 正确　　　　　　B. 错误

正确答案:A

(2) 已磨断2/3的钢丝绳仍按原标准继续使用。　　　　　　　　　　　　(　　)
　　A. 正确　　　　　　B. 错误

正确答案:B

(3) 从事故中可以看出缆风绳在使用前作了认真检查,并采取了相应措施。(　　)
　　A. 正确　　　　　　B. 错误

正确答案:B

(4) 龙门架倒塌是遇风时由于其他缆风绳也没有收紧,故全部风载荷由磨断2/3的钢丝绳负担被拉断而导致。　　　　　　　　　　　　　　　　　　(　　)
　　A. 正确　　　　　　B. 错误

正确答案:A

12. 1986 年 6 月 21 日，某省某建筑公司机械化施工处吊装队正在客车厂工地进行主体车间钢筋混凝土桁架吊装，班长王××负责吊装指挥，施工使用的是 40t 汽车式起重机，吊装的构件是 24m 跨钢筋混凝土梯形屋架，高 3.5m，重 10.9t，桁架就位为三榀一组。上午 10 时，在吊装第一组第一榀杆架时，由于吊构件距离超过施工方案中规定的回转半径，吊钩偏斜，仍然指挥起钩时，将第一组的其余两榀桁架碰倒，结果又将第二组的三榀桁架撞倒，把距离起重机 36m 处正在第六榀桁架下工作的起重工白××砸在下面，抢救无效死亡。

请分析原因。

答：(1) 严重违犯操作规程，斜吊造成倒排。
(2) 安全管理不严，违犯施工程序，对职工安全教育不够。
(3) 桁架就位时，加固不牢固。

13. 1987 年 10 月，天津机管局某公司机械站承担津翔铝型材制品分厂 15m 跨屋面梁及大型板吊装，当板（板重 1.1t）吊起约 4m 高度时，由于绳断、板落将正在现场作业的起重工刘××和吊车司机李××当场砸死。后查所使用钢丝绳早就达报废标准，施工人员无安全教育和安全交底。

请分析原因。

答：(1) 违章使用报废的钢丝绳。
(2) 安全管理混乱，缺乏安全教育。

14. 1979 年 12 月，×运输队起重工用蒸汽吊吊起 18t 的锻件后，因用单根钢丝绳（6×37、直径 17.5mm，破断拉力为 17.35t）穿挂起吊，吊起后钢丝绳折断，锻件掉下砸坏汽车，没有加支承器的蒸汽吊翻车，拦在铁路上，影响铁路运行 10 多个小时，刚修好的蒸汽吊也局部损坏。

请分析原因。

答：(1) 超负荷起吊和钢丝绳穿挂不当。
(2) 吊车没有安放支承器。
(3) 冒险作业、违章作业造成。

15. 1998 年 10 月 30 日 10 时左右，×公司设备二队铆工班孙×岗和起重班苏×岗在结构厂二车间北侧露天平台预制方炉钢结构立柱（600 号 H 钢，长 24.04mm），在柱子翻面后吊起摆正过程中（吊起高度 240mm），焊工李×和铆工孙×站在柱子西端外侧扶着柱子，李×站在南面，孙×站在北面。柱子吊起后受扭力作用西端向南转动，孙×将李×推开，跨到柱子南面内侧试图将柱子稳住，但由于柱子惯性较大，西端撞在南侧另一根摆放的柱子上，将孙×左小腿挤在中间，造成左下肢胫骨、腓骨骨折。

请分析原因。

答：(1) 柱子翻个起吊就位时，由于吊点少（对角吊两点，而不是四点平衡），产生扭力，引起柱子转动，构成不安全状态。这是事故发生的直接原因和主要原因。
(2) 孙×本人安全意识不强，站位不当，是事故发生的另一直接原因。
(3) 现场作业面狭窄是事故的间接原因。

16. 王师傅东已有三年多推土机操作经验，近期他参加正处于施工紧张阶段的挖土筑路工程,当晚,项目部施工技术人员及工程队长向施工人员进行技术交底,并提出提前完工的要求。第二天一早,王师傅对推土机进行班前保养及例行检查,在观察推土机周围无障碍物,确定安全后,启动机械,进行施工作业。时值盛夏、天气炎热,项目部准备了防暑饮料、派人送到机前,为抓紧时间赶任务,王师傅一边推一边接过饮料自饮。工程地带有一段坡道,下坡时,他空档滑行,为企业节省了很多油料。当他发现有一台推土机因故无法启动时,主动过去用推土机顶推帮助启动。作业中,他感觉机械底盘有异响,就将推土机停到地势较高的坡道上,然后王师傅熄火下机钻进底盘下检查,突然推土机向下坡方向自行滑移,王师傅未及脱身,惨遭不幸。

试问:王师傅在操作过程违反哪些规定?

答:(1) 推土机作业时上下人,传递物件;
(2) 下坡空档滑行;
(3) 推土机起动时用其他机械推顶启动;
(4) 坡道上停机,未落下铲刀,变速杆未挂低速档,未接合主离合器,未锁住制动踏板,履带未楔住。

17. 某高速公路项目部施工技术员,根据施工现场情况,对施工用机械设备进行安排。因取土区土壤松软潮湿,该施工员作如下安排:
(1) 用具有适合湿地作业的挖掘机进行挖掘作业;
(2) 用推土机将作业场内的土推到 250m 以外的填方区;
(3) 用自行式轮胎铲运机,将软泥土壤运往 350m 外;
(4) 回填区为砂土(属非黏性土壤),用凸压式压路机进行初压、复压,终压用轮胎压路机碾压。因无载人交通工具机操工可乘载在铲运机斗内返回住地。

试问:该施工员的安排有哪些不妥?机操工违反了什么规定?

答:(1) 用推土机将土推出 250m 以外的填土区不妥(因推土机的经济运距为 50~100m);
(2) 不应选择轮胎式铲运机(应选择履带拖式铲运机);
(3) 不应选择凸块式压路机(凸块式压路机适合黏性土);
(4) 操作工违反了铲运机斗内不允许带人的规定。

18. 上海某工程项目,施工场地表层全部是回填土,为了满足钢管桩的施工要求,某施工单位选用三支点式履带打桩机、KB60 锤进行施工。

试问:
(1) 安装打桩机,施工现场应做哪些处理?
答:①施工现场应平整,坡度不得大于 1%,地耐力不应小于 83kPa;
②施工场地排水网络通畅,做到雨后不积水。
(2) 在组装打桩机时,应采取哪些安全措施?
答:① 应在履带下垂直于履带方向铺设路基箱或 30mm 厚的钢板,其间距不应大于 300mm;
② 导杆安装时,履带驱动液压马达应置于后部,履带前倾复点处用专用铁楔块填实。

③ 主机位置停妥后,将回转平台与底盘之间用销锁住。导杆安装完毕后,应在主轴孔处装上保险锁,安装后的导杆,其下方搁置点不少于3个;

④ 在导杆正前方应设置防止导杆后倾的缆绳锚固件,并带好留缆绳。

(3) 在添加柴油打桩锤冷却水时,正好施工场地内有水塘,操作人员添加塘水是否合适?

答:不合适。操作人员在不知道塘水杂质含量的情况下,不能添加塘水,应添加清洁的软水。

19. 广东中心某工程施工中,某单位新购置了的一台德尔玛62锤,用于广东省中山市某工程施工中,在第一天打桩过程中,发生锤坠落事故,致使桩锤重大损坏,给单位造成严重经济损失。

试问:

(1) 有哪几种原因会造成坠锤事故?

答:① 打桩机制动装置失灵;

② 打桩机操作人员,没有按操作程序操作;

③ 桩帽未安装导向板,绳扣长度超过规定。

(2) 安全事故发生后,应做哪几项工作?

答:① 停止施工,立即问上级部门报告,保护好现场;

② 组织事故调查小组;

③ 查清事故发生的原因;

④ 查清责任人的相关责任;

⑤ 举一反三提出安全防范措施,对相关责任人提出处理意见。

20. 某工地,一民工正在开搅拌机,开了半小时后,他发现地坑内砂石较多,于是将搅拌机料斗提升到顶,自己拿铁锹去地坑挖砂石,此时料斗突然落下,把人砸成重伤。

分析原因,该司机违反了以下规定:

答:① 料斗提升后,严禁任何人在料斗下停留或通过;

② 必须在料斗下检修时,应将料斗提升后,用铁链锁住;

③ 司机未经培训,无证上岗。

21. 某建筑公司购置1台由某塔机生产厂生产的QTG25A塔式起重机,该塔机厂雇用李某进行首次安装。按照塔机安装的程序,塔身、塔帽、配重臂安装完毕后,着手安装起重臂(该塔机是自装式水平臂塔机)。起重臂在安装时对吊点位置、吊索的拴系方式、重心所处位置均有严格的技术要求。按照要求应设置六倍率吊索。李某等人设置了2个吊点,使用4根钢丝绳,在吊索未拴牢的情况下,将起重臂拉起,在安装拉杆时,吊点处的钢丝绳在冲击力的作用下,将起重臂两根侧向斜腹杆拉断后,向起重臂根部水平方向移动约450mm。起重臂瞬间下沉,造成钢丝绳断裂,起重臂以铰接点为轴心坠落,在起重臂上的五名操作工人随之坠落,造成4人死亡,1人受伤。经事故调查,该塔机无技术图纸,无生产工艺,无产品检验报告,作业人员未系安全带,无证作业。

请判断下列事故原因分析的对错:

(1) 该塔机生产厂违法雇用无安装资质的安装单位。   (   )

A. 正确　　　　　　　　B. 错误

正确答案：A

(2) 该QTG25A起重机产品属合格产品,但无产品检验报告。　　（　　）
A. 正确　　　　　　　　B. 错误

正确答案：B

(3) 安装时吊点设置不合理,少设了1个吊点,使2根侧向斜腹杆承受的安装自重载荷超过大,造成斜腹杆被拉断。　　（　　）
A. 正确　　　　　　　　B. 错误

正确答案：A

(4) 特种作业人员无证上岗,高空作业无任何安全防护措施。　　（　　）
A. 正确　　　　　　　　B. 错误

正确答案：A

22. 某工程的1号物料提升机吊笼停在二层,女工唐某进行卸料作业,操作人员临时离开。这时另一班组喊叫要求提升相邻的2号提升机,经过此地的工人胡某却开动了正在卸料的1号提升机;唐某正跨于吊笼与平台之间,上升的提升机把唐某掀翻,从二层井架平台坠落到井架底,头部撞在井架立杆上,抢救多日后,因颅内出血过重死亡。
请判断下列事故原因分析的对错。

(1) 当有人在高处提升机吊笼处作业时,提升机操作人员擅自离岗。　　（　　）
A. 正确　　　　　　　　B. 错误

正确答案：A

(2) 违反同一施工现场不得安装2台物料提升机的规定。　　（　　）
A. 正确　　　　　　　　B. 错误

正确答案：B

(3) 女工唐某进行卸料作业时不应该进入吊笼。　　（　　）
A. 正确　　　　　　　　B. 错误

正确答案：B

(4) 非提升机操作人员擅自操作提升机。　　（　　）
A. 正确　　　　　　　　B. 错误

正确答案：A

23. 某工地一台QTZ315水平变幅式塔机,起重臂为正三角形,臂架上无走台,变幅小车一侧设有检修栏。查使用说明书检修栏允许载荷为90kg。一次在更换起升绳时,旧绳已拆除,新绳在滑轮上已穿好,2名作业人员将新绳绳头系在起重小车上后同时站在检修栏内。此时小车向外变幅,行走约2m时小车检修栏侧导轮突然从起重臂轨道上脱出,另一侧导轮也脱离正常位置,只剩检修栏对侧一个导向轮座将小车挂在起重臂上,2个从约30m高的高空摔下,造成2人当场死亡的安全事故。经现场勘察,作业人员未系带安全带,塔机变幅绳未断裂,起重臂和变幅小臂未发现变形,小车脱轨附近轨道未发现金属划痕,小车轮为带轮缘结构,小车上无侧导向轮,小车自重为147kg。
请判断下列事故原因分析的对错。

(1) 小车上未按《塔式起重机安全规程》要求设置小车防脱轨装置或防脱轨装置失效。
（　　）
   A. 正确　　　　　　B. 错误

正确答案：A

(2) 违反使用说明书的限载规定，检修栏限载90kg却站了2人，使小车在无吊载状态下偏载严重，极易造成小车轮脱轨，使隐患发展为事故。（　　）
   A. 正确　　　　　　B. 错误

正确答案：A

(3) 小车上未按《塔式起重机安全规程》要求设置小车行程限位装置或小车行程限位失效。（　　）
   A. 正确　　　　　　B. 错误

正确答案：B

(4) 违反了高处作业人员必须系带安全带的规定。（　　）
   A. 正确　　　　　　B. 错误

正确答案：A

24. 某工地准备安装一台ATG20塔机，此塔机无顶升系统，安装靠拔杆和自身起升卷扬系统完成。项目经理将安装任务承包给了本公司架子工班张某，张某组织了4个同乡打工人员开始安装。张某站在地面指挥，其余4人在塔机上作业。在起重臂拉起到与铰点安装高度呈水平位置准备安装起重臂拉杆销轴时，塔顶上的操作人员要求继续上拉起重臂，司机重新启动卷扬机，这时钢丝绳突然断裂，起重臂前端加速下摆撞击塔身下端，致使塔身瞬间失稳，随即倒塔，将塔顶上的3名操作人员甩下，造成3人当场死亡的重大事故。经现场勘察，起升卷扬钢丝绳发现毛刺且多处有断丝现象，钢丝绳断裂处断口不齐。参与安装的张某等5人均提供不出指挥及安装操作等相关工作的上岗证。

请判断下列事故原因分析的对错。

(1) 所有人员均提供不出指挥及安装操作等相关工作的上岗证，违反了起重拆装作业人员必须持证上岗的规定。（　　）
   A. 正确　　　　　　B. 错误

正确答案：A

(2) 安装方案未经主管部门批准。（　　）
   A. 正确　　　　　　B. 错误

正确答案：B

(3) 进行拆装的作业人员数量太少，配合失误。（　　）
   A. 正确　　　　　　B. 错误

正确答案：B

(4) 钢丝绳有多处断丝且断裂处断口不齐，可以判定其安装前未进行检查。（　　）
   A. 正确　　　　　　B. 错误

正确答案：A

25. 某大厦工程主体工程和外装修工程已基本完成,当 4 名工人乘施工升降机吊笼在该大厦第 9 层拆卸 SS100 型钢丝绳升降机架体时,升降机吊笼从 33m 高处坠落在地面,造成 4 人死亡。经现场勘查,该工地拆除了架体顶部(大厦主体 9～15 层)的附墙杆,使架体自由高度超过 16m,按照该施工升降机使用说明书规定,设置附墙杆使用的升降机,架体自由高度不得超过 8m。违章拆除了架体顶部滑轮上钢丝绳防脱装置,防坠安全器失灵。

请判断下列事故原因分析的对错。

(1) 违章拆除了架体顶部(大厦主体 9～15 层)的附墙杆,使架体自由高度超过 16m,导致架体摇摆。　　　　　　　　　　　　　　　　　　　　　　　(　　)

　　A. 正确　　　　　　　　B. 错误

正确答案:A

(2) SS100 型钢丝绳升降机不允许载人。　　　　　　　　　　　　　　(　　)

　　A. 正确　　　　　　　　B. 错误

正确答案:B

(3) 升降机上的安全防护装置失灵。拆除了钢丝绳防脱装置,吊笼的防坠安全器失灵。　　　　　　　　　　　　　　　　　　　　　　　　　　　　　(　　)

　　A. 正确　　　　　　　　B. 错误

正确答案:A

(4) 由于违章拆除了架体顶部滑轮上钢丝绳防脱装置,导致防坠安全器失灵。

(　　)

　　A. 正确　　　　　　　　B. 错误

正确答案:B

26. 某花园小区 5 号楼工地,需拆除一台 QTG40 塔机。此台塔机产权拥有者李某,将塔机的拆除工程承包给沈阳市某建筑公司机运站维修安装电工石某,石某私招 5 名工人进行拆卸。当拆卸到第十一个标准节并将第一个标准节降到地面后。在塔机未进行调整平衡力矩的情况下,司机徐某作出回转动作和变幅小车向内运行的动作并调整顶升套架滚轮与塔机之间的间隙。此时另一个安装工人开动了液压顶升系统进行顶升,液压油管突然爆裂,平衡臂折断后砸向塔身后部,造成塔身剧烈晃动,致使顶升踏步严重变形,失去支撑能力,继而塔机起重臂、回转机构、顶升套架、塔顶等部件整体坠落,塔身折断。在顶升套架作业的人员,除 1 人幸免外,其余 4 人 3 死 1 伤,酿成悲剧。

请判断下列事故原因分析和责任认定的对错。

(1) 在塔机未进行调配平衡力矩的情况下,司机违章作出回转动作和变幅小车向内运行的动作,造成起重臂与配重臂的前后力矩不平衡。　　　　　(　　)

　　A. 正确　　　　　　　　B. 错误

正确答案:A

(2) 在塔机力矩不平衡的情况下,另一个安装工人开动了液压顶升系统进行顶升,加大了塔身的稳定性。　　　　　　　　　　　　　　　　　　　　(　　)

　　A. 正确　　　　　　　　B. 错误

正确答案:B

(3)塔机产权者无视法规将任务承包给无能力、无资质的个人,应负主要责任。
(   )
  A.正确   B.错误

正确答案:A

(4)现场无指挥协调,管理混乱,各工种操作随意,塔机生产厂家应负管理责任。
(   )
  A.正确   B.错误

正确答案:B

27. 某公寓楼工程发生了一起施工升降机吊笼冒顶坠落事故,造成吊笼内的3名员工死亡。该工程由裙体相连的A、B、C三幢32层高层公寓楼组成,施工总承包单位某建筑公司将该工程的部分装饰工程分包给某装饰公司。事故发生时,工程外墙装修即将结束,内装修进入修补阶段。A楼的施工升降机已拆卸至13层高度。发生事故的施工升降机位于A楼,由某设备租赁公司提供并负责日常维修检查工作,总承包单位工程项目部使用并配备了电梯司机。事故发生当日6时20分左右,某装饰公司员工鲍某等3人在电梯司机尚未上班到岗的情况下,擅自驾乘A楼施工升降机右笼前往7层,在上升过程中,由于超高极限开关未起作用,上行停车操作失控,发生吊笼冒顶,酿成事故。
请判断下列事故原因分析和责任认定的对错。

(1)该施工升降机超高极限开关安装不合格,动作杆不稳固,造成超高极限开关动作不灵敏。在吊笼上升过程中,因超高极限开关动作杆松动,碰到限位块时缩回,致使极限开关失灵。
(   )
  A.正确   B.错误

正确答案:A

(2)某装饰公司对施工升降机的日常维护不到位。未对进入吊笼和升降机控制按钮采取有效的隔离和封闭措施,造成施工人员可以随意进入吊笼,开启操作升降机。
(   )
  A.正确   B.错误

正确答案:B

(3)鲍某等3人非电梯司机,无证且擅自操作施工升降机,对事故应负直接责任。
(   )
  A.正确   B.错误

正确答案:A

(4)工程监理公司在施工现场对发现的职工无证操作施工升降机等违章违规行为,未采取有效措施加以制止,对此次事故负有主要责任。
(   )
  A.正确   B.错误

正确答案:B

28. 正在施工的某建筑工程,主体已经完工,准备迎接验收。项目负责人徐某安排工人当晚加班清扫6层楼面,临时指派无证人员李某使用物料提升机运送废料。当晚20时左右,李某操作卷扬机时突然发现吊篮在下降过程中卡在6层与5层之间,于是又操纵提升物料提升机,吊篮还是不能动。木工班班长黄某和机修工王某听到召唤后随即带着橇杠由6层运料平台爬到卷场提升机吊篮上查看,发现吊篮南侧已滑出轨道。于是2人用橇杠将吊篮拨回轨道,随后乘吊篮下来。吊篮下降近2m又不动了,站在吊篮上的黄某便叫司机提升,提升钢丝绳断裂,黄、王二人随吊篮一同坠落地面,当场死亡。根据事故调查,吊篮坠落时,钢丝绳断头在卷扬机卷筒处,卷筒外缘及底座有明显的钢丝绳环绕磨擦痕迹。

请判断下列事故原因分析和责任认定的对错。

(1) 司机李某是临时人员,未经专门培训,不懂卷扬机安全操作规程,违章操作,应对事故应负直接责任。　　　　　　　　　　　　　　　　　　　(　　)

  A. 正确　　　　　　　　B. 错误

正确答案:A

(2) 由于卷扬机卷筒边缘没有防脱绳装置,致使钢丝绳跑出卷筒边缘,绕在了卷扬机的底座上。　　　　　　　　　　　　　　　　　　　　　　　(　　)

  A. 正确　　　　　　　　B. 错误

正确答案:A

(3) 黄某、王某修理吊篮脱轨,高空作业未按规定系安全带,进入吊篮前又未对吊篮采取防坠落保护措施;吊篮拨回轨道后,违反规定乘坐吊篮。　　　　(　　)

  A. 正确　　　　　　　　B. 错误

正确答案:A

(4) 项目负责人徐某临时指派无证人员李某使用物料提升机,应对此次事故负有重要责任。　　　　　　　　　　　　　　　　　　　　　　　　　　(　　)

  A. 正确　　　　　　　　B. 错误

正确答案:B

29. 某六层住宅主体结构施工时,在工程的外面搭设了一封圈形双排扣件式钢管脚手架,立杆纵距1.8m,横距1.5m。当在五层脚手架上砌筑大型砌块的墙体时,将砌块分五处堆放,每堆宽1.5m、长1.0m、高1.2m,有多处大横杆与立杆连接处下滑,造成两处跳板坍落,5人随之坠落,1人死亡、4人受伤。

分析事故原因。

(1) 经检查,脚手架扣件的平均拧紧扭力距为36.6N·m。
(2) 砌块的容重为7.2kN/m³。
(3) 作业人员缺乏脚手架作业层承载力大小的常识。
(4) 管理人员缺乏对施工现场的检查和管理。

请判断:

(1) 扣件螺栓拧紧扭力不符合规定。　　　　　　　　　　　　　　(　　)

  A. 正确　　　　　　　　B. 错误

正确答案:A

(2) 作业层荷载超过规定值。　　　　　　　　　　　　　　　　（　）
　　　A. 正确　　　　　　　　B. 错误

正确答案：A

(3) 脚手架搭设完毕,没按规定用扭力扳手检查扣件拧紧程度。（　）
　　　A. 正确　　　　　　　　B. 错误

正确答案：A

(4) 大型砌块集中堆放,荷载过大,使扣件滑移。　　　　　　（　）
　　　A. 正确　　　　　　　　B. 错误

正确答案：A

30. 一高层住宅工程,正在装修,外脚手架已经拆到了五层楼板处,三个班组做了分工,一组贴面砖,二组负责剪断脚手架的连墙件,三组拆除脚手架,当五层面砖刚贴完一半时,二组已经将脚手架的连墙件全部拆除,当一组拟转移到下层作业时,脚手架向外倒塌,架上人员全部坠落。
　　分析事故原因。　　　　　　　　　　　　　　　　　　　　（　）
　(1) 连墙件应随施工进度逐层拆除。如不拆除,影响贴面砖的进度。
　(2) 一组作业进度太慢,二组作业进度过快。
　(3) 现场无人协调各组的进度。
　(4) 没有对施工人员进行安全及交底。
　　请判断：
　(1) 拆除脚手架前,没有编制拆除方案,只在现场临时作了分工。（　）
　　　A. 正确　　　　　　　　B. 错误

正确答案：A

(2) 脚手架的倒塌是由于第三组没有及时将架体拆除。　　　（　）
　　　A. 正确　　　　　　　　B. 错误

正确答案：B

(3) 现场管理混乱,缺少监督,不能及时发现隐患。　　　　（　）
　　　A. 正确　　　　　　　　B. 错误

正确答案：A

31. 某工地在3层楼施工,工人在搬运砖块,由于该作业层未满铺脚手架,而只有少数脚手板,并且有的接头处无固定,工人王某在搬了三次砖块后,一脚踏在一块未固定的探头板上,立时倾翻,将王某掉下,造成大腿骨折。
　　请判断下列事故原因分析的对错。
　(1) 作业层脚手板未满铺,而且接头处未做固定。　　　　　（　）
　　　A. 正确　　　　　　　　B. 错误

正确答案：A

(2) 未对脚手架验收。　　　　　　　　　　　　　　　　　　（　）
　　　A. 正确　　　　　　　　B. 错误

正确答案：A

（3）作业层跳板下没有搭设大眼安全网,造成人员坠落。　　　　　　（　　）
　　　A. 正确　　　　　　　　　B. 错误

正确答案:A

（4）施工现场缺乏管理,作业层跳板未满铺,也无人制止。　　　　　（　　）
　　　A. 正确　　　　　　　　　B. 错误

正确答案:A

32. 某住宅建筑采用双排钢管脚手架施工,当施工进入外装修阶段,正值连阴雨季节,由于脚手架地基回填土处理不好,无排水设施,立杆直接立在地面上,夜里地基下沉,造成大面积脚手架倒塌,幸好无人施工,没有造成人员伤亡。
请判断下列事故原因分析的对错。

（1）脚手架基础没按规定进行加固、夯实、承载力未满足要求。　　　（　　）
　　　A. 正确　　　　　　　　　B. 错误

正确答案:A

（2）脚手架验收不到位。　　　　　　　　　　　　　　　　　　　　（　　）
　　　A. 正确　　　　　　　　　B. 错误

正确答案:A

（3）脚手架底部无防水措施,违反了脚手架底面标高应高于自然地坪 50mm 的规定。
　　　　　　　　　　　　　　　　　　　　　　　　　　　　　　　　（　　）
　　　A. 正确　　　　　　　　　B. 错误

正确答案:A

（4）脚手架搭设未经主管部门审批。　　　　　　　　　　　　　　　（　　）
　　　A. 正确　　　　　　　　　B. 错误

正确答案:B

33. 某 12 层高的公寓工程,在建筑物的四周搭设了一道高 40m 的封圈形扣件式钢管外脚手架,外装修以后,就将脚手架拆除。拆除时,将拆下来的构配件向地面抛掷,当拆到 30m 高时,往下掷一根钢管,刚好打在路过此处戴着安全帽的施工员头上,安全帽破碎,施工员当场死亡。
请判断下列事故原因分析的对错。

（1）违反了拆除脚手架时构配件严禁向地面抛掷的规定。　　　　　（　　）
　　　A. 正确　　　　　　　　　B. 错误

正确答案:A

（2）拆除脚手架没有按规定编制拆除方案,没有确定对拆下的构配件的运输方法。
　　　　　　　　　　　　　　　　　　　　　　　　　　　　　　　　（　　）
　　　A. 正确　　　　　　　　　B. 错误

正确答案:A

（3）拆除脚手架时没有设置警戒区域及设专人监护。　　　　　　　（　　）
　　　A. 正确　　　　　　　　　B. 错误

正确答案:A

(4) 施工员安全意识差,对抛掷构配件的行为没能制止,造成伤害了自己。　　　(　　)
　　A. 正确　　　　　　B. 错误

正确答案:A

34. 某市建筑装潢公司油漆工吴某、王某二人将一架无防滑包脚的竹梯放置在高 3m 多的大铁门上。吴某爬上竹梯用喷枪向大门喷油漆,王某在下面扶梯子。工作一段时间油漆不够,吴某叫王某到存放油漆点调油漆,吴某在梯上继续工作。突然竹梯失重向右侧滑倒,导致吴某(未戴安全帽)坠落后脑着地,经送医院抢救无效死亡。
　　请判断下列事故原因分析的对错。
　　(1) 竹梯无防滑措施。　　　　　　　　　　　　　　　　　　　　　　(　　)
　　A. 正确　　　　　　B. 错误

正确答案:A

　　(2) 吴某施工作业时未戴安全帽。　　　　　　　　　　　　　　　　　(　　)
　　A. 正确　　　　　　B. 错误

正确答案:A

　　(3) 王某离开,使竹梯无专人扶梯。　　　　　　　　　　　　　　　　(　　)
　　A. 正确　　　　　　B. 错误

正确答案:A

　　(4) 吴某高处作业未使用安全带。　　　　　　　　　　　　　　　　　(　　)
　　A. 正确　　　　　　B. 错误

正确答案:B

35. 某建筑工地进行主体施工,搭设脚手架外侧未挂设密目式安全网,当日风很大,张某从楼底下经过,突然从五楼楼板边缘处掉下一块 1m 长 4cm×6cm 的方木,正好击中张某头部(未戴安全帽),经送医院抢救无效死亡。
　　请判断下列事故原因分析的对错。
　　(1) 主要是风太大风吹落方木所致。　　　　　　　　　　　　　　　　(　　)
　　A. 正确　　　　　　B. 错误

正确答案:B

　　(2) 脚手架外侧未按规定挂设密目式安全网。　　　　　　　　　　　　(　　)
　　A. 正确　　　　　　B. 错误

正确答案:A

　　(3) 张某违章未戴安全帽。　　　　　　　　　　　　　　　　　　　　(　　)
　　A. 正确　　　　　　B. 错误

正确答案:A

　　(4) 违反高处作业中所有物料均应堆放平稳的规定。　　　　　　　　　(　　)
　　A. 正确　　　　　　B. 错误

正确答案:A

36. 某建筑工地于某和工友张某在 6 层架设脚手架,当于某去接张某传递过来的架管时,由于探身过大,脚下打滑从 6 层处摔下,当场死亡。经现场勘查,于某和张某未佩戴安全带和安全帽。

请判断下列事故原因分析的对错。

(1) 作业前未进行安全交底。（　　）
  A. 正确　　　　　　　　B. 错误

正确答案：B

(2) 于某高处作业未使用安全带。（　　）
  A. 正确　　　　　　　　B. 错误

正确答案：A

(3) 于某和张某2人搭设脚手架人数不够,脚手架搭设应当至少3人进行。（　　）
  A. 正确　　　　　　　　B. 错误

正确答案：B

(4) 于某和张某未佩戴安全帽。（　　）
  A. 正确　　　　　　　　B. 错误

正确答案：A

37. 某高层住宅工地,由于进行清理墙面未经施工负责人同意将15层的电梯井预留口防护网拆掉,作业完毕未进行恢复。抹灰班张某上厕所随便在转弯处解手,不小心从电梯井预留口掉了下去,当场摔死。经现场勘查,电梯井内未设防护网。

请判断下列事故原因分析的对错。

(1) 未经施工负责人同意随意拆除安全防护设施,在作业完毕未立即恢复。（　　）
  A. 正确　　　　　　　　B. 错误

正确答案：A

(2) 全部责任由张某自负。（　　）
  A. 正确　　　　　　　　B. 错误

正确答案：B

(3) 电梯井内未按规定设挂设防护平网。（　　）
  A. 正确　　　　　　　　B. 错误

正确答案：A

(4) 张某未将拆除的防护网恢复。（　　）
  A. 正确　　　　　　　　B. 错误

正确答案：B

38. 某建筑公司施工的2号宿舍楼工程,1名作业人员杨某在进行抹灰作业时,不慎踩滑从6楼窗外18.5m高处脚手架上坠落地面死亡。经现场勘查和问询有关人员,杨某所在作业面下无安全平网,杨某坠落前一只脚踏在脚手板(只有1块,未固定)上,另一只脚站在比脚手板低30cm的五层窗遮阳板上。

请判断下列事故原因分析的对错。

(1) 未按规定搭设安全网进行防护。（　　）
  A. 正确　　　　　　　　B. 错误

正确答案：A

(2) 未按规范架设脚手板,脚手板未固定。 （   ）
  A. 正确   B. 错误

正确答案：A

(3) 杨某应当自行搭设脚手板后,再进行抹灰作业。 （   ）
  A. 正确   B. 错误

正确答案：B

(4) 杨某违章作业。 （   ）
  A. 正确   B. 错误

正确答案：A

39. 某施工现场,一工人徒手推一运砖小铁车辗过一段地面上的电焊机电源线(电缆),一声爆裂,该工人倒地身亡。
请判断下列事故原因分析的对错。

(1) 小车将电缆线辗断,电缆破皮漏电二人手扶小铁车触电死亡。 （   ）
  A. 正确   B. 错误

正确答案：A

(2) 电焊机的开关箱中无漏电保护器或漏电保护器失灵。 （   ）
  A. 正确   B. 错误

正确答案：A

(3) 电焊机电源电缆线不应敷设在地面上,应埋地或架设。 （   ）
  A. 正确   B. 错误

正确答案：A

(4) 该推车的工人未戴安全帽绝缘手套。 （   ）
  A. 正确   B. 错误

正确答案：B

40. 某工地,早晨上班,土建队的木工班继续拆除热电厂蒸发站工程7m高的混凝土平台模板,当一名工人从4~5轴线中间的钢窗进入操作地点时,他左手攀着钢窗开窗器立管跃入室内,突然喊了两声"电着我了"。该班长立即跑去找电工切断电源线,但因电源来自安装队使用的卷扬机上的电源线,土建队电工不清楚,至到7、8分钟后,才切断电源,触电工人经抢救无效死亡。经查拆除的模板钢支架由4.8m处落下,一端砸断了卷扬机的电源线,另一端倒在拆下的钢管上,钢管又搭在钢窗上。
请判断下列事故原因分析的对错。

(1) 事故的直接原因是卷扬机电源线被轧断后,又与钢管和钢窗相连,使钢窗带电,工人手扶钢窗触电死亡。 （   ）
  A. 正确   B. 错误

正确答案：A

(2) 模板拆除前,虽然编写了拆除方案,也做了交底,但对作业环境存在的隐患,没有考虑。 （   ）
  A. 正确   B. 错误

正确答案：A

(3) 在拆除方案中，对拆下的钢管和钢支架等如何从高处放下，没有提出具体措施，才造成模板支架从4.8m落下，轧断了电源线。（ ）
  A. 正确　　　　　　B. 错误

正确答案：A

(4) 卷扬机与开关箱之间的距离超过了规定的3m。（ ）
  A. 正确　　　　　　B. 错误

正确答案：A

41. 某报社工地，加夜班浇筑车库条型混凝土基础，一民工将混凝土振捣器接好线后就下班了，当混凝土工把混凝土填到基槽里后，刘某上来拿振捣器，刚拿起振捣器就喊着哎呀…又一木工喊"触电了，快断电源。"另一民工用木棍、铁锹将振捣器电线铲断，刘某才脱离电源，在地下来回滚了几圈，送医院经抢救无效死亡。
请判断下列事故原因分析的对错。

(1) 振捣器电源线中的相线和工作零线接反了使外壳带电，而开关箱中又未设漏电保护器，当刘某手拿振捣器时，触电死亡。（ ）
  A. 正确　　　　　　B. 错误

正确答案：A

(2) 工地没有对民工进行安全教育，所以，当发生触电事故时，民工不去拉闸断电，而是违章用木把的铁锹将电源线铲断。（ ）
  A. 正确　　　　　　B. 错误

正确答案：A

(3) 工地没设专职维修电工，而使用了一位不懂电的民工充当电工。（ ）
  A. 正确　　　　　　B. 错误

正确答案：A

(4) 工地管理不到位，夜班施工没有安排维修电工值班。（ ）
  A. 正确　　　　　　B. 错误

正确答案：A

42. 某汽车厂二期扩建工程，为加夜班浇筑混凝土，安排电工将混凝土搅拌机棚的三个照明灯接亮，当电工将照明灯接完线合闸试灯时，听见有人喊"电人了"立即将闸拉掉，可是手扶搅拌机位外倒混凝土的杨某倒地经医院抢救无效死亡。经查搅拌机开关箱的电源线是四芯电缆，其中零线已断掉，这个开关箱中照明和动力混设，N、PE混用。
请判断下列事故原因分析的对错。

(1) 事故的直接原因是搅拌机接地线（PE）与照明器工作零线（N）共用一条零线，而且已经断线。当三个照明灯接通电源后，因共用零线已断，相线经灯具和共用零线连通搅拌机外壳致使其带电，当开灯时，杨某直接接触触电。（ ）
  A. 正确　　　　　　B. 错误

正确答案：A

(2) 这段线路没按临时用电TN-S系统的要求使用五芯线，而是使用了四芯线，线路

上没有专用保护零线(PE),当共用零线断掉时,使设备失去接地保护。 ( )
  A. 正确   B. 错误

正确答案:A

(3)搅拌机开关箱中,没有设置漏电保护器,而且搅拌机处 PE 线未作重复接地。因此,当外壳漏电时因无漏电保护使操作者触电死亡。 ( )
  A. 正确   B. 错误

正确答案:A

(4)施工现场应按规定将照明与动力两条线路分设。 ( )
  A. 正确   B. 错误

正确答案:A

43. 某工地清晨上班不久,工人开始往已挖好的桩孔中安放钢筋笼。当第一个 6m 高钢筋笼被 8 个民工抬起,搬到孔洞的边上,准备放下去的时候,在南边角上的一个民工脚下踩空失稳,刚往下弯腰,钢筋笼随着向南倾倒,倒在了离孔洞边沿 2.5m 处的 4m 高的外电线路上,抬钢筋笼的 8 个民工中除一人幸免外,7 人死亡。
请判断下列事故原因分析的对错。

(1)对穿过施工现场的外电线路,没按规定采取防护措施,将其与作业场所绝缘隔离。
                              ( )
  A. 正确   B. 错误

正确答案:A

(2)往深孔洞中放钢筋笼时,没有具体的施工方案,用人工抬放时没设专人监护。
                            ( )
  A. 正确   B. 错误

正确答案:A

(3)用人工抬放 6m 高的钢筋笼的方案是不安全的。 ( )
  A. 正确   B. 错误

正确答案:A

(4)施工现场缺少安全监督管理,发现隐患,未及时排除。 ( )
  A. 正确   B. 错误

正确答案:A

44. 某建筑工地 1 名工人在人工挖孔桩下面取水样时,突然倒下,随后现场 3 名工人在无任何防护的情况下,相继下去救人而昏倒,工地上其他人员随即报警,附近武警战士赶来,穿戴防毒面具和防化服,将 4 人救出,均已死亡。请分析事故原因。
请判断下列事故原因分析的对错。

(1)井下缺氧,换气不好。 ( )
  A. 正确   B. 错误

正确答案:A

(2)无监护情况下施工。 ( )
  A. 正确   B. 错误

正确答案:A

(3) 下井前应点火实验方可下去作业。　　　　　　　　　　　　　　( )
　　A. 正确　　　　　　　　B. 错误

正确答案:A

(4) 深井施工应设通风换气装置。　　　　　　　　　　　　　　　　( )
　　A. 正确　　　　　　　　B. 错误

正确答案:A

45. 某建筑公司一项目部,有3名工人在一长约4m、宽1.5m的坑内用氯丁胶液(成分主要为苯,达86.9%)将603氯化聚乙烯贴在墙上作防水涂层的作业。3名工人均未戴防毒面具及口罩,坑内无通风设备。工作1小时后,在8m处的工人感到头昏眼花,爬上地面后喊叫在坑下11m处作业的工人,未见动静,经采取措施将坑下11m处的2人救起,均已死亡。请分析事故原因。
请判断下列事故原因分析的对错。
(1) 苯成分严重超标。　　　　　　　　　　　　　　　　　　　　　( )
　　A. 正确　　　　　　　　B. 错误

正确答案:A

(2) 操作工人未戴防护面具作业。　　　　　　　　　　　　　　　　( )
　　A. 正确　　　　　　　　B. 错误

正确答案:A

(3) 坑内无通用设备。　　　　　　　　　　　　　　　　　　　　　( )
　　A. 正确　　　　　　　　B. 错误

正确答案:A

(4) 无安全操作交底。　　　　　　　　　　　　　　　　　　　　　( )
　　A. 正确　　　　　　　　B. 错误

正确答案:A

46. 水泥厂一水泥包装工人,认为使用防护用具麻烦且操作不便,不使用相应防护用具,进厂不到一年时间,出现咳嗽、呼吸困难、胸闷、胸痛、咯浓痰,到专门的职业病医院检查后,诊断为Ⅰ期尘肺。
请判断下列事故原因分析的对错。
(1) 作业区通风不好无通风设施。　　　　　　　　　　　　　　　　( )
　　A. 正确　　　　　　　　B. 错误

正确答案:A

(2) 工人不戴防护用具。　　　　　　　　　　　　　　　　　　　　( )
　　A. 正确　　　　　　　　B. 错误

正确答案:A

(3) 工人安全教育不到位认识不高。　　　　　　　　　　　　　　　( )
　　A. 正确　　　　　　　　B. 错误

正确答案:A

(4) 尘肺预防措施不到位。 （   ）
　　A. 正确　　　　　　　　B. 错误

正确答案：A

47. 某建筑公司公司砖瓦厂开办了一个石英粉碎车间,该车间从粉碎、过筛到装袋均为人工操作,敞开式干法生产。经测定,车间空气中粉尘浓度超过国家卫生标准219倍,对工龄三个月以上的88人检查发现矽肺病人50人,疑似矽肺23人,共73人,占受检人数的82.95%。鉴于粉尘危害严重,该厂已被停产。
请判断下列事故原因分析的对错。

(1) 没采取预防尘肺措施。 （   ）
　　A. 正确　　　　　　　　B. 错误

正确答案：A

(2) 应改进生产设备设施。 （   ）
　　A. 正确　　　　　　　　B. 错误

正确答案：A

(3) 没有通风、降尘措施。 （   ）
　　A. 正确　　　　　　　　B. 错误

正确答案：A

(4) 工人未戴安全帽。 （   ）
　　A. 正确　　　　　　　　B. 错误

正确答案：B

48. 某工地需要大量焊接铁件,一时找不到人,经过培训特证的电焊工刘某说自己能烧电焊,领导就让刘某在工地临时焊接铁件,半天过后刘某感到眼睛不适,第二天眼睛肿大,经医院检查被电焊差伤。
请判断下列事故原因分析的对错。

(1) 领导雇用无操作证的人烧电焊没审批。 （   ）
　　A. 正确　　　　　　　　B. 错误

正确答案：B

(2) 刘某不该无证操作。 （   ）
　　A. 正确　　　　　　　　B. 错误

正确答案：A

(3) 操作无安全交底。 （   ）
　　A. 正确　　　　　　　　B. 错误

正确答案：A

(4) 没戴安全防护镜。 （   ）
　　A. 正确　　　　　　　　B. 错误

正确答案：A

49. 某装修施工现场为了节省资金,施工企业把材料仓库兼做值班室,值班人员在库房内用煤炉做饭,不小心将燃烧后的煤球掉在一边垃圾中,夜里煤球中的余火引燃了垃圾中的易燃物引起大火,仓库及材料全部烧光。
请判断下列事故原因分析的对错。

(1) 值班室不得设在库房内。　　　　　　　　　　　　　　　　　　(　　)
  A. 正确　　　　　　　B. 错误

正确答案:A

(2) 库房内不能有火源。　　　　　　　　　　　　　　　　　　　　(　　)
  A. 正确　　　　　　　B. 错误

正确答案:A

(3) 值班人员无证上岗。　　　　　　　　　　　　　　　　　　　　(　　)
  A. 正确　　　　　　　B. 错误

正确答案:B

(4) 值班无严格的管理制度。　　　　　　　　　　　　　　　　　　(　　)
  A. 正确　　　　　　　B. 错误

正确答案:A

50. 某土建工程工地临时仓库易燃物品与其他材料共存,领料的几个工人把烟头丢在库内,保管员发完料即离开仓库,垃圾桶内半小时后仓库着起大火,损失很大。
请判断下列事故原因分析的对错。

(1) 没有进行安全交底。　　　　　　　　　　　　　　　　　　　　(　　)
  A. 正确　　　　　　　B. 错误

正确答案:B

(2) 安全防火制度不严。　　　　　　　　　　　　　　　　　　　　(　　)
  A. 正确　　　　　　　B. 错误

正确答案:A

(3) 仓库易燃物品和其他物品应分开存放管理。　　　　　　　　　　(　　)
  A. 正确　　　　　　　B. 错误

正确答案:A

(4) 工人安全防火教育不够。　　　　　　　　　　　　　　　　　　(　　)
  A. 正确　　　　　　　B. 错误

正确答案:A

51. 某冷库内装修工地,照明用碘乌灯直接用木棍连接放在装修好的墙边,夜里无人施工,碘乌灯烤着墙边的装修材料,引起大火,损失40余万元。
请判断下列事故原因分析的对错。

(1) 工地应人离灯灭。　　　　　　　　　　　　　　　　　　　　　(　　)
  A. 正确　　　　　　　B. 错误

正确答案:A

(2) 防火管理制度不严。　　　　　　　　　　　　　　　　　　　　(　　)
  A. 正确　　　　　　　B. 错误

正确答案:A

(3) 违反规定用碘钨灯照明。 （   ）
　　　A. 正确　　　　　　　B. 错误

正确答案：A

(4) 没执行施工组织设计方案。 （   ）
　　　A. 正确　　　　　　　B. 错误

正确答案：B

52. 某工地宿舍因用电乱接乱拉,在工人上班后电线短路引起大火,损失很大。
　　请判断下列事故原因分析的对错。
(1) 用电管理混乱。 （   ）
　　　A. 正确　　　　　　　B. 错误

正确答案：A

(2) 无值班员。 （   ）
　　　A. 正确　　　　　　　B. 错误

正确答案：A

(3) 无建立用电管理制度。 （   ）
　　　A. 正确　　　　　　　B. 错误

正确答案：A

(4) 未有三级配电。 （   ）
　　　A. 正确　　　　　　　B. 错误

正确答案：B

53. 某工地现场木工房,因木工活多,木材下脚料,木屑满地都是,木工有吸烟习惯,木工认为干了20年木工也没事,一天木工吸完烟烟头没处理好便下班了,半夜木工房内起了大火,把工地木材和木棚烧光。
　　请判断下列事故原因分析的对错。
(1) 木工房不应堆放混乱,应随时保持打扫清洁。 （   ）
　　　A. 正确　　　　　　　B. 错误

正确答案：A

(2) 木工房禁止烟火。 （   ）
　　　A. 正确　　　　　　　B. 错误

正确答案：A

(3) 木工房用火管理制度不严。 （   ）
　　　A. 正确　　　　　　　B. 错误

正确答案：A

(4) 木工没戴防护用具。 （   ）
　　　A. 正确　　　　　　　B. 错误

正确答案：B

54. 10月25日,当日12时20分左右,某小区8号楼2楼一处商住房发生火灾。这个房间被附近一个工地租下来临时当做农民工的宿舍,里面住了40多名农民工。火是从二楼着起来的。附近的邻居一边报警,一边急忙跑到工地报信。"汪、汪……"人群中传来两声狗叫,只见一个头戴安全帽的工人紧紧地抱着一条狗,坐在一堆刚刚抢出来的被子上。据这位工人介绍,着火时,他刚刚走出宿舍,当时屋内火苗已经蹿起老高,不知道里面什么样。情急之下,他拎起一桶水冲进屋内,看见他们养来看家的小狗仍坚守在"岗位"上,他急忙将清水浇到蹿起的火苗上,抱起小狗和行李跑出火海。当他准备再次进屋抢救财产时,火势越来越大,已经无法靠近。

大火被扑灭。一名工人说,屋内没有其他火源和电源。
请判断下列事故原因分析的对错。

(1) 有人使用电褥子,上班时未断开电源,引燃被褥后起火。　　　　(　　)
　　A. 正确　　　　　　　B. 错误

正确答案:A

(2) 宿舍有人吸烟,点燃易燃物后,引起火灾。　　　　　　　　　　(　　)
　　A. 正确　　　　　　　B. 错误

正确答案:B

(3) 宿舍用火管理制度不严。　　　　　　　　　　　　　　　　　　(　　)
　　A. 正确　　　　　　　B. 错误

正确答案:A

(4) 宿舍内不应有易燃物品。　　　　　　　　　　　　　　　　　　(　　)
　　A. 正确　　　　　　　B. 错误

正确答案:B

55. 2001年2月19日某建筑施工队在某城市一街道旁的一个旅馆工地拆除钢管脚手架。钢管紧靠建筑物,临街面架设有10kV的高压线,离建筑物只有2m。由于街道狭窄,暂无法解决距离过近的问题。上午下过雨。安全员向施工工人讲过操作方式,要求立杆不要往上拉,应该向下放。

下午上班后,在工地二楼屋面"女儿墙"内继续工作的泥工马某和普工刘某在屋顶上往上拉已拆除的一根钢管脚手架立杆。向上拉开一段距离后,马、刘以墙棱为支点,将管子压成斜向,欲将管子斜拉后置于屋顶上。由于斜度过大,钢管临街一端触及高压线,当时墙上比较湿,管与墙棱交点处发出火花,将靠墙的管子烧弯25°。马某的胸口靠近管子烧弯处,身上穿着化纤衣服,当即燃烧起来,人体被烧伤。刘某手触管子,手指也被烧伤。

楼下工友及时跑上楼将火扑灭,将受害者送至医院。马某烧伤面积达50%,由于呼吸循环衰竭,抢救无效,于2月20日晚12时死于医院。刘某烧伤面积达15%,三根手指残疾。

经查,马某未接受足够的业务培训和安全培训,刘某从农村来到施工队仅仅4天。
请判断下列事故原因分析的对错。

(1) 高压线距建筑物过近,未采取隔离或断电措施。　　　　　　　　(　　)
　　A. 正确　　　　　　　B. 错误

正确答案:A

(2) 没有按照安全员交底的方法操作,把立杆往斜上方拉。 （　　）
  A. 正确　　　　　　　　B. 错误

正确答案:B

(3) 马某、刘某没有经过安全培训上岗作业;马某没按照规定穿戴合格的防护服。
 （　　）
  A. 正确　　　　　　　　B. 错误

正确答案:A

(4) 未建立用电管理制度。 （　　）
  A. 正确　　　　　　　　B. 错误

正确答案:B

56. 1985年12月16日下午6点钟,某施工队留下8名工人挑灯夜战,从12层楼向11层楼板插电线穿线管。工人潘某在11层楼上操作电焊焊接穿线管。晚11点10分,人们发现11层楼上电焊机周围保温草帘着起火来。一个工人抄起灭火器,但却喷不出泡沫,灭火器早已冻坏了!再抄起一个还是一样!无可奈何的工人们用一切能用东西扑打火苗。但由于楼高风大,火借风威,蔓延开来,越烧越大。一名工人急忙跑到楼下断电,可再想上去时,火已经把楼梯封住了。楼房四周架满了木脚手架,整座建筑物就象一只在夜空中燃烧的巨大火柴盒。

  公安消防部门对火灾现场进行勘察认定:由于该队使用的电焊机没有接线板,焊把线与焊机铁壳摩擦,使绝缘层破损短路打出火花,引燃了保温稻草引起的。副队长林某在队长探亲期间主持全队工作,虽在会上布置过防火工作,但具体措施不力。操作电焊焊接穿线管潘某本人是木工。
请判断下列事故原因分析的对错。

(1) 焊把线与焊机铁壳摩擦,使绝缘层破损短路打出火花,引燃了保温稻草。（　　）
  A. 正确　　　　　　　　B. 错误

正确答案:A

(2) 潘某进行电焊操作,无专人看火。 （　　）
  A. 正确　　　　　　　　B. 错误

正确答案:B

(3) 工地虽然有灭火器,保管不当全部冻结,发生火灾时不能使用。 （　　）
  A. 正确　　　　　　　　B. 错误

正确答案:A

(4) 副队长林某失职,工人夜间施工而没有亲临现场指挥施工。 （　　）
  A. 正确　　　　　　　　B. 错误

正确答案:B

57. 1995年12月16日,某市一大型公寓"豪门住宅"工程,全部是欧式建筑风格,公寓正在施工尚未投入使用,该工程分地上、地下两部分,六栋住宅大厦中C、D、E、F座高各为26m,地下部分面积6800m^2,其中地下车库距地面高为7.5m,面积5400m^2,是一座大型停车场,现为临时仓库,东西两则为出、入口(1出)。存放六栋大厦的装修用的材料,主要有油漆15t(铁桶装)、氨水20桶、约4万m² 的木地板块、门窗半成品材料、纤维板和大量涂及保温材料等易燃易爆物品发生火灾,地下仓库过火面积2400m²。

请判断下列事故原因分析的对错。

(1) 存放易燃易爆物品的临时仓库没有按照规定安装消防喷淋设施。　　( )
　　A. 正确　　　　　B. 错误

正确答案:B

(2) 堆放杂乱,相互毗连,没有防火分隔。　　　　　　　　　　　　( )
　　A. 正确　　　　　B. 错误

正确答案:A

(3) 施工单位严重违反消防有关规定,没有及时扑灭火灾。　　　　　( )
　　A. 正确　　　　　B. 错误

正确答案:B

(4) 结构复杂的大型地下车库不应当作存放易燃易爆物品的临时仓库。( )
　　A. 正确　　　　　B. 错误

正确答案:A

58. 2000年10月26日,一装修公司在某医院北配楼地下停车场焊接暖气管道时,电焊熔渣引燃聚苯乙烯保温材料,从而进一步引燃地下一层西部坡道转弯处设置的床铺以及可燃装修材料,大火使30多人被困,失火面积达500多平米。

起火部位是位于急诊楼北侧的北配楼地下一层停车场。北配楼主体建筑地上9层(办公用房)、地下3层(每层面积约1100m²,其中一、二层为停车场,三层为设备层),建筑面积18400m²,钢筋混凝土结构。发生火灾时,该楼正在进行装修,楼内有施工人员200余人,施工单位在地下一层和二层共设置了100余张床位作为临时工棚,并存放大量的易燃、可燃装饰材料。

请判断下列事故原因分析的对错。

(1) 该楼地下部分正在施工,内部堆放大量的可燃、易然材料。　　　( )
　　A. 正确　　　　　B. 错误

正确答案:A

(2) 临时工棚没有与易燃、可爆物品进行防火分隔。　　　　　　　　( )
　　A. 正确　　　　　B. 错误

正确答案:A

(3) 焊接作业属特种作业,装修单位不应从事暖气管道的焊接施工。　( )
　　A. 正确　　　　　B. 错误

正确答案:B

(4) 装修单位没有落实消防责任制,配备消防灭火设施。　　　　　　( )
　　A. 正确　　　　　B. 错误

正确答案:A

59. 冬天一场大雪过后,某工地就叫工人架设脚手架,刘某在操作过程中不小心踩在结冰的脚手板上,被摔了下来,当场死亡。

417

请判断下列事故原因分析的对错。
(1) 冬期施工中应有防滑措施。 （　　）
　　A. 正确　　　　　　B. 错误

正确答案：A

(2) 大雪过后应先组织扫雪清理现场。 （　　）
　　A. 正确　　　　　　B. 错误

正确答案：A

(3) 架子工应当带好安全带作业。 （　　）
　　A. 正确　　　　　　B. 错误

正确答案：A

(4) 架子工可以不戴安全帽。 （　　）
　　A. 正确　　　　　　B. 错误

正确答案：B

60. 某建筑工地集体宿舍管理混乱,没有建立管理值班制度,冬天采用煤炉取暖,一天夜里气压低,煤炉不好烧,发生煤气中毒十二人。

请判断下列事故原因分析的对错。
(1) 气压低煤炉不好烧。 （　　）
　　A. 正确　　　　　　B. 错误

正确答案：A

(2) 宿舍无透风换气孔。 （　　）
　　A. 正确　　　　　　B. 错误

正确答案：A

(3) 未建立宿舍管理制度。 （　　）
　　A. 正确　　　　　　B. 错误

正确答案：A

(4) 未配备防毒用品。 （　　）
　　A. 正确　　　　　　B. 错误

正确答案：B

61. 某工地没按有关夏季施工的要求,把职工宿舍建在山沟低洼处,一场暴风雨过后,突然来的山洪将宿舍及 15 名工人一起冲跑,造成 10 人死亡。

请判断下列事故原因分析的对错。
(1) 雨季应有防洪水措施。 （　　）
　　A. 正确　　　　　　B. 错误

正确答案：A

(2) 雨季宿舍应建在高燥处防止洪水侵害。 （　　）
　　A. 正确　　　　　　B. 错误

正确答案：A

(3) 夜间应有值班人。 （　　）

  A. 正确   B. 错误

正确答案：B

（4）房子建的不牢固。（　　）
  A. 正确   B. 错误

正确答案：B

62. 某地食堂一次午饭后，造成40人食物中毒，主要是吃了前一天剩余的猪肉包子，一个半小时后，工人不断出现不良反映，经医院检查为集体食物中毒。
请判断下列事故原因分析的对错。
（1）吃了腐败变质的食物。（　　）
  A. 正确   B. 错误

正确答案：A

（2）食堂卫生管理制度不严。（　　）
  A. 正确   B. 错误

正确答案：A

（3）做饭人员无证上岗。（　　）
  A. 正确   B. 错误

正确答案：B

（4）剩余猪肉未消毒。（　　）
  A. 正确   B. 错误

正确答案：B

63. 某建筑企业的跨年度工程，春节过后开始复工，复工前应对工程及施工安全进行一次全面检查（包括安全教育）但没有进行。一天大风沙尘暴天气，风力7～8级，作业没停止，塔吊在吊重物时突然吊臂左右摆动，随即吊臂折断，塔机倒塌，塔机司机及地面5名工人被压在下面。经抢救，4人死亡、1人重伤。
请判断下列事故原因分析的对错。
（1）大风天气应遵守规定停止作业。（　　）
  A. 正确   B. 错误

正确答案：A

（2）经事故分析检验塔吊钢丝绳多股折断。（　　）
  A. 正确   B. 错误

正确答案：A

（3）应进行春季开工前安全大检查，消除隐患。（　　）
  A. 正确   B. 错误

正确答案：A

（4）应当对工人进行安全教育。（　　）
  A. 正确   B. 错误

正确答案：A

64. 1985年夏，广西某单位在检验液化石油气体槽车，槽车在进行外部检查时，更换了部分阀门,按规定应作气密性试验。试验前槽车没有经过内部清理与置换(只打开放空阀排放器内剩余气体),仅用明火在放空阀出口处作点火试验,以器内所放出的气体不能点燃为标准,来判别器内是否还残留有可燃气体。经多次点火试验,认为器内无残余可燃气体后,即关闭阀门。数小时后通入空气进行气密性试验,当试验还未达到规定的设计压力时,整个槽车破裂,封头飞出。经查,事故是由于器内的石油残液在环境温度较高的情况下(爆炸时间是14时左右)继续蒸发出可燃气体,与试压的空气混合,在静电或由高速流动的铁锈、油垢等物所产生的摩擦热的诱发下,发生化学爆炸,爆炸产生的压力冲击,造成容器破裂。

请判断下列事故原因分析的对错。

(1) 仅用明火在放空阀出口处作点火试验,来判别器内是否还残留有可燃气体,这种方法是可靠的。　　　　　　　　　　　　　　　　　　　　　　　　　(　　)

　　A. 正确　　　　　　　　B. 错误

正确答案:B

(2) 在作气密性试验前,槽车应经过内部清理与置换(只打开放空阀排放器内剩余气体)。　　　　　　　　　　　　　　　　　　　　　　　　　　　　　　(　　)

　　A. 正确　　　　　　　　B. 错误

正确答案:A

(3) 进行气密性试验时,无须达到规定的设计压力。　　　　　　　　　　　(　　)

　　A. 正确　　　　　　　　B. 错误

正确答案:B

(4) 背景中槽车破裂是由于(　　　　)造成的。　　　　　　　　　　　　(　　)

　　A. 金属疲劳　　　　　　B. 金属延伸

　　C. 应力腐蚀　　　　　　D. 压力冲击

正确答案:D

65. 1982年11月29日,某厂一台直径为2.58m、长25.6m、容积170m^3的制砖用釜大型蒸压釜在恒温200℃的过热蒸汽蒸压过程中(压力为0.8MPa),无折边球形端盖突然沿法兰边缘断裂,盖板飞出,釜内高压高温蒸汽外喷,大量砖块扫射而出,越过车间大门最远的飞离约200m。车间正面(离蒸压釜端盖约38m)的门窗玻璃及窗框全部破坏,在场的工人全被蒸汽烫伤或砖块击伤。造成多人死亡、十多人重伤,事故发生后,全国各地的有类似结构的蒸压釜全部被迫停止使用,进行检查或更新,造成国内当年青砖减产。经济损失也十分严重。经查,容器设计压力为1MPa。1975年安装完毕后曾作过压力为1.5MPa的耐压试验,1977年投产。主要由于端盖结构不良而引发事故。

请判断下列事故原因分析的对错。

(1) 该大型蒸压釜在投产前的耐压试验压力大于其设计值。　　　　　　　(　　)

　　A. 正确　　　　　　　　B. 错误

正确答案:A

(2) 事故是由于蒸压过程中压力过大。　　　　　　　　　　　　　　　　(　　)

　　A. 正确　　　　　　　　B. 错误

正确答案:B

(3)事故发生后,在全国各地对有类似结构的蒸压釜进行停止使用、检查或更新完全没有必要。   (   )
　　A.正确　　　　　　　B.错误

正确答案:B

(4)事故引发原因是由于(　　)。   (   )
　　A.过热蒸汽温度过高　　B.蒸压过程中压力过大
　　C.端盖结构不良　　　　D.设备到了报废年限

正确答案:C

66. 1981年5月15日,国内某化工厂合成氨分厂在系统停车检修完毕,开车后压缩机的气罐、缓冲器和冷却器发生爆炸。经查,检修时,连接管道上有两个应该关闭的阀门没有关闭,使氧气窜入可燃气体系统内,导致压缩机的气罐、缓冲器和冷却器发生爆炸。请分析原因。
答:(1)氧气的窜入可燃气体系统内,使氨氧混合气引起爆炸。
　　(2)工作失误,连接管道上有两个应该关闭的阀门没有关闭。
　　(3)工厂管理混乱。

67. 国内某县化肥厂的加压变换饱和热水塔,直径800mm,高12mm,工作压力为0.1MPa,1965年投产。1974年在使用中断裂爆炸,造成较大的经济损失。事后经查,使用的变换气中有硫化氢等腐蚀气体,而导致壁厚逐渐减薄,且在使用中未进行定期检验,没有发现越来越严重的腐蚀缺陷。经对壁厚测量,原设计壁厚为12mm的塔体仅剩下3mm。
请分析原因。
答:(1)氧气的窜入可燃气体系统内,使氨氧混合气引起爆炸。
　　(2)工作失误,连接管道上有两个应该关闭的阀门没有关闭。
请判断下列事故原因分析的对错。

(1)加压变换饱和热水塔使用中的断裂爆炸是由于塔体壁厚过薄。   (   )
　　A.正确　　　　　　　B.错误

正确答案:A

(2)为了确保压力容器的安全运行,在使用中必须进行定期检验。   (   )
　　A.正确　　　　　　　B.错误

正确答案:A

(3)塔体壁厚过薄是由于使用过程中的自然磨损。   (   )
　　A.正确　　　　　　　B.错误

正确答案:B

(4)硫化氢等腐蚀气体导致的壁厚逐渐减薄根本无法在检验中发觉。   (   )
　　A.正确　　　　　　　B.错误

正确答案:B

68. 国内某县化肥厂的一液氨贮罐容器,其直径2m、长15m、筒体壁厚20mm、封头壁厚

22mm。1965年安装,投产后多次发现封头焊缝泄漏,都是经过补焊后又继续使用,结果于1974年在运行中发生爆炸;一端封头沿环焊缝附近全部断裂,并碎成四块,最大的一块飞离200余米。贮罐本体向封头飞离的相反方向冲击,穿过一个木工房(摧毁两道墙),停落在离原位约25m的场地上。封头前方距离约17m处的房屋被摧毁。因贮罐内液氨流出,大量蒸发成氨气向四周扩散,造成多人中毒受伤。

请分析原因。

答:检验中发现裂纹,不能在未查明裂纹产生的原因和裂纹未彻底铲除的情况下进行补焊。